未来译丛

危机浪潮

未来在危机中显现

Zukunft entsteht aus Krise

〔美〕约瑟夫·斯蒂格利茨、〔匈〕艾尔文·拉兹洛、〔印度〕万达娜·希瓦 等著
〔德〕格塞科·冯·吕普克 编
章国锋 译

中央编译出版社
Central Compilation & Translation Press

目　录 | Contents

001　译者序：人类文明向何处去

001　序言：危机孕育未来——一种看待当代幽灵的新视角

第一部分　变革的动力

003　我们处在一个转折点，面临一场大变革
　　　——与系统论哲学家、未来学家艾尔文·拉兹洛教授、博士对话

025　出人意料事物的出现是有益的
　　　——与心理学家埃嘉·弗里德曼对话

第二部分　从机器的范式向有机体范式的转变

045　永远不要说什么是不可能的！
　　　——与量子物理学家汉斯-彼得·迪尔教授、博士对话

061　危机引发又一波进化浪潮
　　　——与进化论和未来学家伊莉莎白·萨图里斯博士对话

087 从死亡意识形态向生命力法则转化
 　　　　——与生物学家、哲学家安德烈亚斯·韦伯博士对话

109 直面一种多元一体的意识
 　　　　——与意识研究家、神秘学家吉姆·马里昂对话

133 做旧事物死亡的见证人，做新事物诞生的助产士
 　　　　——与系统论哲学家、生态学家乔安娜·梅西博士对话

151 从理智的逻辑转向心灵的逻辑
 　　　　——与文化学家马尔科·毕硕夫对话

第三部分　未来的种子——一个新世界的公民社会模式

169 全球公民社会作为变革的文化力量
 　　　　——与全球公民社会活动家尼坎诺尔·佩拉斯博士对话

204 用帆船取代运输化石能源的油船
 　　　　——与社会学家、生态学家沃尔夫冈·萨克斯教授、博士对话

224 危机迫使我们向生态农业转型
 　　　　——与量子物理学家、活动家万达娜·希瓦博士对话

253 媒体必须架设通往未来的桥梁
 　　　　——与记者、社会活动家艾米·古德曼对话

266 世界拒绝战争
 　　　　——与医生、和平活动家玛丽－韦恩·阿什福德博士对话

284 从正在显现的未来出发，行动，参与，领导
 　　　　——与社会学家、领导人才培训专家克劳斯·奥托·夏莫教授、博士对话

目录

第四部分　向一种生态经济过渡

305　对危机不加利用是一种犯罪
　　　　——与经济学家、未来学家哈泽尔·亨德森教授、博士对话

326　应对这场全球性危机需要作出全球性反应
　　　　——与诺贝尔经济学奖获得者约瑟夫·斯蒂格利茨教授、博士对话

348　我们所缺乏的是货币的多样性
　　　　——与货币专家玛格丽特·肯尼迪教授、博士对话

370　我要说，快建造木筏吧！
　　　　——与经济学家、深层心理学家伯纳德·利泰尔教授、博士对话

390　谁不仅行动，而且按照未来愿景行动，谁就能生存
　　　　——与 Sekem 创意者、Sekem 社区创建人易卜拉欣·阿布莱什对话

第五部分　培育未来的温室

417　问题的关键是，每一天都要使未来变得更清晰
　　　　——与"争取全球未来"活动家雅可布·冯·郁克斯居尔对话

442　我行动，故我在
　　　　——与环境和粮食问题活动家弗兰西丝·莫尔·拉佩对话

463　后记：下一步——当危机变成我们的教师

译者序：人类文明向何处去

全球生态环境持续恶化，不可再生资源和能源日益短缺；物种大量灭绝，水资源越来越匮乏，气候不断变暖，自然灾害频繁发生，大气质量加速恶化，新的致命性传染病接连爆发；此外，人口爆炸，金融与货币危机不断发酵，世界经济持续低迷；恐怖和暴力横行，人的精神价值与方向失落……今天，人类的生存陷入了空前严重的危机，人类文明犹如一艘泰坦尼克号，随时有沉没的危险。

人类在过去数千年创造了光辉灿烂的文明，但也一手制造了自己的生存困境。历史上每一次文明的进步，都带来新一轮人口膨胀，掀起又一轮变本加厉的资源消耗以及对自然的破坏和摧毁。人对自然取得的每一次"胜利"，每一次"成功"，每一次文明的进步，都已经或正在转化为人类自身生存的障碍与陷阱。时至今日，这一势头仍然未得到有效遏止，人类的生存状况仍在继续恶化。

伟大的东西往往毁于自身。在展示自己的巨大才能和力量，不断扩展自己的活动空间，不但在改造自然和物质生产，而且在精神和文化方面取得辉煌成就的同时，人类的厄运也开始了。而这种厄运的种子恰恰埋藏在人自身之中：人类虽然拥有无比强大的力量，可以将它无限制地运用于一切领域，但却没有能力对这种力量加以控制，无法预见并理性地评估它可能带来的后果。正因为如此，人类创造的成就越大，出现的问题和弊端也就越多、越严重。这便是人类文明的悲剧：它或许将毁于人所具有的、可以摧毁一切的巨大力量。

世界如何演变，人类文明何去何从，这一严重而紧迫的问题已经摆在所有人面前，到了不得不严肃思考和认真对待的时候了。

一

面对当今世界陷入的深重危机，德国著名记者和作家格塞科·冯·吕普克策划并组织了与世界各国 21 位著名学者的对话，集结成这本名为"未来在危机中显现"的书。

在受访的 21 位学者中，有多位诺贝尔奖获得者和"另类诺贝尔奖"得主、有自然科学和人文—精神科学各学科的著名科学家、哲学家、思想家，也有许多国家杰出的公民社会活动家。他们在各自不同的领域对人类文明今天遭遇的危机进行了极具特色的研究，介绍了当今科学领域最新的研究成果、各种前沿知识和理论、各种假想、预测和展望，既得出了清醒的、令人恐惧的结论，也提出了令人震撼的、独到而极富启示性的见解。

学者们一致指出，人类当今之所以陷入生存困境，人类文明的发展之所以不可持续，根源恰在于，狂妄自大的人类中心主义将人视为宇宙万物的中心或最高主宰。这种观念主导了人类社会两千多年的发展史，在所谓"文明"、"进步"、"发展"的问题上存在严重误区，造成人与自然关系定位的错误，人与自然以及与一切其他生物关系的扭曲，人类发展道路的偏颇，以及人的生存价值取向的迷误。

这种物质至上、利益至上的世界观，导致人对自然界的恣意掠夺和破坏。人们长期以来相信增长是无限的，科学技术是万能的。然而，今天的现实告诉我们，这不过是毫无根据的幻想。现代工业文明的无限制增长模式与地球资源的有限性和环境的承受能力在根本上不相容。它用人的欲望的无节制放纵和市场的疯狂代替了人的需要的理性满足。所谓现代化的成就正是以地球生态环境的日益恶化、不可再生资源的急剧消耗、社会两极分化不断加速、社会不公日益严重、各种新的巨大风险和危险的产生与加剧为代价而取得的。今天，建筑在"永恒增长"上的安全与自信，已经让位于对灾难的无所不在性和不可控制性的恐惧。人们虽然为了化解危机而忙于制订各种方案，采取各种措施。然而，这不过是一项"西绪福斯的工作"，原有的问题尚未解决，新的问题又产生了，各种问题花样翻新，层出不穷。用美国系统论哲学家乔安娜·梅西的话来说，"当今世界就像一台疯狂运转的机器，它已经慢不下来，停不下来，或许最终只能炸成碎片，彻底灰飞烟灭。"

一些思想家，如匈牙利"新系统论"哲学家、"罗马俱乐部"的创建人之一艾尔文·拉兹洛和量子物理学家汉斯-彼得·迪尔，提供了一种看待当今这个变化、发展、动荡、危机层出不穷的世界的新视角。他们批判了人类数千年来奉行的世界观念：在旧的世界观中，自然被想象为一部人可以任意主宰、随心所欲地操纵的机器，整个宇宙和自然界被理解为机械运动着的物质，严格按照人所臆想的"规律"运行，人则被视为可以为所欲为的"世界主人"，一个个"贪婪、自私的动物"，人的生存意义和目的仅仅是对物质财富的追求。

正是从这种200年来被合法化了的物质主义—机械论的世界观中，发展出一种不可持续的工业文明。工业文明建筑在化石能源和资源之上，社会的整个经济基础和人的福利全都依赖对地球矿藏的掠夺，然而，这个星球的面积、资源和再生能力是有限的，今天人类消耗资源的速度已经相当于地球资源再生速度的 2.5 倍，人类在一年之内就消耗掉地壳中需要 100 万年才能形成的资源和能源。在开采了 200 年后，主要矿藏在不久的将来将消耗殆尽。从历史的角度来回顾，我们必须承认，这 200 年仅仅是世界历史的一个小插曲，一个偶然提供了特殊条件的幸运时期而已。而这种特殊条件，将来不但对于我们，而且对于我们的子孙后代都将不复存在。

拉兹洛提出了一种全新的观点，认为这个星球上的人和自然构成了一个自创、自组织、自我调节的"多层级"的整体系统或"超级有机体"。包括人在内的生命系统、地球生态系统、社会系统和人的生理和精神系统等等，不过是这个具有生命力、"有智慧"的整体的"子系统"而已。这个整体的系统维持着地球生态的稳定，有效地调节着地球生物的生存环境。自然界并非按照决定论的普适规律在机械地运行，而是不断地变化和演进着，而这种变化和演进充满了不确定性和偶然性。一个非常小的扰动或事件，就可能被"放大"为破坏结构的巨大波澜，从而带来系统"本质的"或"革命性的"突变。

在我们这个时代，人类活动对地球的影响已经远远超过了地球自身的自然进程，从而阻碍了、中止了这个系统的良性循环，破坏并摧毁了它自我调节和自我修复的能力，将其推入了一个灾难性的"地质时代"即"人类世"。当今世界正经历地球历史上"第六次大灭绝浪潮"，地球文明和这个星球上的所有生物即将陷入灭顶之灾。

二

"混沌学"的创始人、诺贝尔化学奖得主伊利亚·普里高津早就指出，持续不断的变化是正常的，不仅不会导致混乱，而且会使系统上升到一个更高的水平，形成一种质量更高的综合秩序。而与此相反，稳定的系统是没有生命力的，这种一潭死水般的"稳定"意味着生命力的停滞和终结，意味着系统行将解体。永远"稳定"的平衡状态只有在所有的差异彻底被消灭，能量达到绝对均衡而不再流动时，才有可能。热力学中的"熵"原理将这种状态定义为一种无差异、无生命、一切矛盾和对立统统消失的死寂状态。在走向灭亡的途中，生命一定会奋起抗争（因此生物学家也把生命称之为"负熵"）。然而，倘若人类目前的倒行逆施得不到逆转，这场抗争将不可避免地遭到失败。

今天，全世界的政治、经济领导人和理论权威，对危机的反应方式几乎一模一样，首先想到的便是如何竭力恢复危机发生前的虚假平衡，防止局面失控，稳定正在崩溃的结构。他们把当前的变革动力视为威胁自己地位和利益的危险倾向，千方百计压制、扼杀主张变革、推动变革的新兴力量的萌生和壮大，幻想恢复对局面的控制。而大多数普通人也盼望能生活在安定之中，害怕失去"安全"。

但事实上，这样一种"稳定"和"安全"并不存在，既不存在于自然界，也不存在于政治、经济和社会领域，更不存在于错综复杂的日常生活中，而仅存在于人们的想象中。这本书中的学者们将多重相互关联的发展动力的系统互动，将连续不断的变化、差异、进化和演化作为自己的出发点。在他们看来，进化往往是由崩溃引发和加速的，危机掀起了下一波进化浪潮。危机的发生预示着旧制度行将解体，预示着一个大转型期即将到来。生命是在绵延不绝的危机和非平衡中自我保存、自我变化和自我发展的。生命的转化与延续必须经历一个死亡和再生的过程，在新的生命诞生之时，旧的生命一定会消亡。

本书介绍的新思想和新观念呼吁人们抛弃控制论和决定论的幻想，看到新事物的萌芽。未来任何事情都可能发生，但只有一种不可能，那就是回到原来，回到旧的秩序中。他们指出，唯有清醒、客观、充分地评估当前形势，看到局面的严重性，积极支持变革，推进变革，找到克服危机的办法，才能避免大灾难的发生。

变革绝不会发生在有权有势的阶层，因为权势总是同现有的体制勾结在一起，而这类体制的既得利益者非常害怕变革，害怕变革会危及他们的权力、地位、财产和安全。真正变革的动力来自下层，来自"草根"阶层。因此，一场深刻变革的巨大机遇就蕴含在"草根"阶层，蕴藏于"公民社会"之中。在那里人们会觉醒，会发现并创造新的价值，会发生意识革命。他们亲身感受到危机的威胁，不受现状的强制，不畏权力的干扰，摆脱了利益关系的束缚，从而全身心地投入到新模型的设计和未来蓝图的规划中来。而这就是未来最大的希望。

在这本书中，接受访谈的学者纷纷指出，哪怕最微小的变化，最终也会累积成引起巨大的破坏结构的波澜。即使最微不足道的变革创意，也蕴含着推动变革的巨大潜能，最终会影响事物的走向和结局。恰恰是那些从"草根阶层"中产生的看似细小的公民社会倡议，共同构成了变革的文化力量。这样的倡议针对当前存在的实际问题，按照不同地域的具体条件，以其多样性和分散性，在极其艰苦的环境下展开了试验。它们为一种新思维奠定了文化基础，从中产生的"另类"经济和政治运行方式，将极大地影响世界的未来。

三

今天世界的危机不仅表现为生态和环境危机、资源和气候危机，而且还表现为深重的经济和金融危机。金融系统的崩溃，恶性通货膨胀，经济萧条，节节攀升的失业率，普遍加剧的贫困，等等，是这场危机的突出特征。

多位经济学家对现行的经济、金融与货币体制进行了批判性审视。在他们看来，今天的金融与经济危机，无疑是整个现行经济体制和结构的弊病带来的恶果。他们指出，当今社会是一个建筑在人与人恶性竞争、相互对立之上的社会。人们看到的是金钱和权力的集中。在这个时代，科技、工业、经济和政治越来越紧密地纠缠在一起，集结成一种经济—政治—科技—工业的"超级结构"，形成一种不可逆转、不受任何外力制约的自动运转、自我加速的"超级机制"。资本和跨国公司上升为国际政治中的"超级权力"，形成了"资本帝国"的全球性统治。这造成了富人越来越富，穷人越来越穷的局面，使"财富的源泉变成了制造贫困的根源"。

当今人类消耗资源和能源的速度，比历史上任何时代都快。尽管如此，各国的政治经济领导人仍然不遗余力地鼓吹"以消费促增长"的主张。多位经济学家严厉驳斥了这种荒谬的逻辑，指出这样的主张和政策只能造成这个星球能源和资源的枯竭更加迅速地到来。应当说，当今这个消费时代是一个挥霍与浪费的时代，而它所挥霍掉的，正是人类子孙后代所赖以生存的有限宝贵资源，以及地球脆弱的生态环境。

诺贝尔经济学奖获得者斯蒂格利茨尖锐地批评了当今在发达国家盛行的新自由主义经济理论，认为这种理论主张放任自由资本主义，将政府干预最小化，让市场毫无约束地自行运作。这种理论所奉行的是一种"市场原教旨主义"，一种服务于特殊利益的政治—经济模式。正是在这种政策的鼓励和纵容下，金融投机泛滥成灾，在美国制造了巨大的信贷泡沫和房地产泡沫，在欧洲使许多发达国家的债务之山越堆越高，最终在2008年导致了空前严重的金融—经济危机的爆发。

此外，他还指出，"非对称的全球化"带来了灾难性后果。全球化违背了自己的诺言，使穷国与富国之间的差距越来越大。今天所实行的贸易规则，是与自由贸易背道而驰的、完全不对称的、歧视发展中国家的。富国的利益凌驾于穷国之上。

美国未来学家、经济学家哈泽尔·亨德森认为，今天许多国家应对金融和货币危机的主要办法是实行所谓的"货币宽松政策",大量印刷缺乏实物担保的纸币。这一愚蠢做法不但推高了通货膨胀,导致货币贬值,而且加剧了世界主要货币之间的恶性竞争,将世界经济推入新的萧条和衰退。

经济学家主张建立一种新的全球性货币储备体系,因为目前这个以美元为基础的体系存在根本缺陷,利泰尔建议发行一种名曰"特拉"的全球性货币。这种货币必须由实际存在的货物作担保,不能用来进行金融投机。这是一种抗通胀的辅助性货币,可以大大加快最重要商品和服务的国际流通速度。此外,它是不附加利息的,仅作为交换手段使用,不会自动增值。

经济学家一致主张,不但应该对税收制度进行改革,而且财政支出制度也必须重组。必须减轻穷人的税负,增加失业救济,而与此同时,提高对富人的征税,减少财政赤字,大大缩减战争经费和军费。

以他们之见,从长远来看,人类要走出化石资源和能源枯竭,地球气候变暖和世界性粮食短缺的困境,就必须将整个地球经济改造为一种建立在太阳能、地热能、风能和其他可再生能源之上的经济,大力发展生态农业,扩大环境友好型、节约型的自然经济,遏制消费主义,制止挥霍浪费。

玛格丽特·肯尼迪和伯纳德·利泰尔要求取消国家对货币的垄断,建议发行地区性的替代性、辅助性或补充性货币,用货币的多样性来弥补官方货币早已丧失的效益。在这方面,美国的"伯克夏尔"、瑞士的"WIR"、德国的"希姆高元"等等,已经提供了成功的例子。这种替代性货币将城市、地区和国家迄今为止未被利用的资源同公众需要结合起来,为繁荣地区经济、创造就业岗位作出了贡献。

四

20世纪60年代以来,"公民运动"在世界范围内日益高涨,各种各样的"非政府组织"大量涌现。这类组织作为现代社会的第三种因素介入世界事务,成为一种新兴的全球性力量。人们将其称为"公民社会"。公民社会被看作"草根阶层"发出的、反映社会良心的声音。作为一种道德尺度,它对决策者的立场采取批判的态度,为反映普通民众的诉求,为他们争取生存权利和切身利益而发起并组织了多次大型活动。

在这本书中,一些公民社会的活动家介绍了公民社会的许多新创意,发起的许多卓有成效的运动,以及取得的许多新成就。

印度裔加拿大学者万达娜·希瓦作为世界反转基因技术和"生物殖民主义"斗争中最重要的活动家之一、全球化的批评者,坚决反对跨国公司对农作物种子的垄断,反对专利权的滥用和国家对转基因技术的纵容。在她看来,转基因技术试图主宰生命,这种逆自然法则和生命进化法则而动的疯狂技术导致了生命本身的殖民化。它改变并操纵植物、动物甚至人的基因,给自然界的良性循环带来毁灭性灾难。

瑞典的公民社会活动家雅可布·冯·郁克斯居尔1980年自行设立了"环境奖"和"第三世界奖"(即"另类诺贝尔奖"),以表彰在环境和生态保护以及人类可持续发展方面作出杰出贡献的人。30多年来,它已经向120多位在生态和环境保护、资源和能源节约、帮助社会底层民众摆脱贫困等方面取得显著成就的人士颁发了这一奖项,从而获得了巨大成功。它的影响越来越大,启发并鼓舞了许多人在保护生态、发展绿色经济方面进行积极、有益的探索和实验。

——埃及化学家、企业家易卜拉欣·阿布莱什,1977年在开罗以北60公里的沙漠中建立了一个名为SEKEM的大型有机生态农场，并在其中建立了学校、成人教育设施、幼儿园、医院、艺术中心、社会保障系统，以及平等和人权组织，2009年还建立了一所大学。这个有机生态农业社区目前已经拥有大约850个子农场，吸纳5万多人就业，在10000公顷土地上推广有机生态种植技术，使开罗周边大片土地转变了种植方式，成为绿色经济的示范性基地。

——"转型城镇运动"：为帮助人类社会顺利过渡到"后石油时代"，2006年，罗布·霍普金斯等爱尔兰学者选择英国小山城托特尼斯为试验地，发起了以社区为本的"转型城镇运动"。经过几年发展，托特尼斯已成为英国乃至全球"转型城镇"的样板，"转型城镇运动"也在全世界数百个社区展开，到2009年，在全世界，"转型城市"的数量已经上升到数千个。

——肯尼亚妇女旺加里·马塔伊发起的"绿带运动"发动非洲贫困农村妇女植树造林，既建立了让她们可以自给自足的农场，为她们提供了日常生活的燃料，也使她们更加紧密地团结起来，组成了一个个相互帮助、和谐相处的社区。这一项目已使100多万人受益。

——巴西的"无地农民运动"到1990年底，已为35万个家庭争取到土地。引发一场大规模土地改革。贫苦农民不但成立了自己的农业合作社，而且建立了数千个新型社区，数千所学校，通过自己选举出来的领导人出色地经营和管理着他们争取来的土地。

——孟加拉国银行家穆罕默德·尤努斯1976年开办第一家小额贷款银行，向无法得到大银行贷款的最穷困阶层发放贷款，帮助其开展自主经济活动，获得就业机会。据统计，自1976年小额贷款在孟加拉国诞生以来，已有8000万人受益。另一位孟加拉国银行家迪帕尔·巴鲁阿创造了一种极其成功的、以市场为基础的可持续发展模式，通过向农民发放小额贷款，为没有电网的农村地区人口安装了24.5万套家用太阳能系统，以和煤油差不多的成本让220万人用上了电。

以上成功例子表明，世界的希望就蕴藏在世界公民社会之中。它使我们看到了蕴藏在公民社会运动中的巨大潜力和能量。

五

在这本书中，一种看待危机的新视角像一条红线贯穿始终。接受访谈的学者和活动家一致认为，必须对危机概念作出全新的理解。他们不是将危机视为威胁性的、带来灾难的，而是确信危机蕴含着推动变革的因素，主张将混乱和无序看作充满风险的良好机遇加以利用。危机的爆发不但使人认识到一种制度的阴暗面和缺陷，而且呼唤一场大变革的到来。为了促进这场变革，人们应当展现一种直面危机、利用危机的勇气。

然而迄今为止，大多数人仍然在不祥的预感中摇摆不定，时而忧虑，时而自我安慰，既感到越来越临近的危险，又怨天尤人，自暴自弃，得过且过。许多人仍然沉迷于财富和金钱的疯狂追逐，沉迷于物欲放纵，浑浑噩噩地让这个醉生梦死的消费社会的娱乐文化麻痹自己。

学者们指出，我们不但应该抛弃逃往别的星球，逃进外太空以躲避大灾难到来的所谓"未来主义"幻想，更应当摒弃试图使一切重新回到旧秩序的所谓"稳定"和"安全"，拒绝因循守旧的政治—经济和理论方案，我们需要的是具有创造力和适应能力的、高度灵活的批判性思维和创新活动，在似乎难以克服的危机氛围中保持清醒的头脑，勇敢地迎接一个充满希望的未来。

一场大变革正在到来，这或许是人类最后的机遇。为了迎接这场大变革，造就一个公正、和平、可持续的、值得生活的世界，必须首先冲破囚禁思维的牢笼，恢复人类早已萎缩了的能力、想象力和创造性，使新的认识、新的方案、新的社会模式和新的生活方式在我们的内在生命中重新萌发，以令人振奋的态度推进文化和精神的创新，而这种创新将引导我们进入一种崭新的知觉方式、思维范式、社会形态和生存方式。

留给经济和政治改革的时间已经不多了，经济危机、气候危机、生态危机和文化危机在今后几年将急剧恶化，现行的结构在这种根本性的危机中将遭到全面颠覆。我们面临的不但是一次危机四伏的"时代终结"，而且是一场极富挑战性的、充满危险的大转换过程。彻底的变革虽然是艰难、痛苦的，但却是必须和值得的。所有人都应当勇敢地投入到变革的大潮中，在这一伟大的浪潮中冲浪。

章国锋

序言：危机孕育未来

——一种看待当代幽灵的新视角

危机无处不在。然而，西方文明面对此种现象，却像兔子面对毒蛇一样，似乎集体被震慑住了。从媒体日复一日传来危机发生的信息，如冰雹一般砸向我们的生活，接着又日复一日地被淡化，被宣布为不可信、不负责任。我们目瞪口呆地望着可能到来的灾难，既不能理解，又好像被麻痹了一般动弹不得。面对难以估量的威胁，对于我们来说，似乎经过长期进化遗传下来的三种反应方式"进攻"、"逃走"和"装死"，只剩下最后一种了。这本书就是献给这样一个事实的：为了对当今的事态作出反应，我们仍然有许多其他的可能性。

毫无疑问，危机发生的层面是多重而复杂的，很久之前便有人预言，它一定会到来。可是大多数人却将脑袋埋进沙子，抱着一种天真的想法，以为凡是我们不想看见和看不见的事情就不会发生。一旦饥饿危机在非洲爆发，大面积森林砍伐在热带雨林国家发生，气候危机威胁到格陵兰的因纽特人以及亚洲腹地或太平洋岛国，我们便会充满忧虑地表示关注，提供一些施舍或在一些呼吁书上签名，这样一来，我们的良心似乎便得到了安慰。至于金融和经济危机首先袭击北半球富裕国家，我们虽然十分震惊，但工业增长社会在几乎盲目的乐观主义情绪中仍一如既往地相信，它的口袋里装着治愈一切疾病的万能药方：财富、更加快速的增长和能够拯救一切的科学技术。这样的看法显然是幼稚的希望，一种狭隘和愈来愈过时的世界图景，并在西方文化的所有层面——学校、大学和媒体——善意地传播着。这是一种世界范式：这个世界犹如一部巨大的、运转着的机器，其中忙碌着相互竞争的人，他们生活在自然世界之外，在一个毫无意义的宇宙中追逐着个人财富。这是一种机械论的、简单化的世界图像，其产生的效果有如一场文化洗脑。

这场文化洗脑带来的部分后果表现在，所有的人——直至政治和科学的最高层——都坚信，当今世界的多重危机彼此间并无关联。它们被孤立地处理，就像一位免疫力丧失的病人被十个科室的医生按照不同症状分别进行治疗，直至病人死亡，他们仍对疾病发生的根本原因一无所知。

这类俗话所说的"头痛医头，脚痛医脚"的做法导致许多原本善意的危机修复和改革措施加剧了总体的不平衡。所谓解决方案大多仅取得了局部和暂时的效果，但却在另一些领域引起了更大的麻烦，从而对全局造成长期损害。出版这本书的动力恰恰来自于这样一种认识：我们今天再也无法承受这类失败做法所带来的消极影响了。汇集在这本书中的学者和未来思想家共同的出发点是，我们处在一种积重难返的困难局面之中，而造成这一局面的原因恰在于迄今为止人们孤立地处理危机而带来并历史地积累起来的负面后果。此类危机在未来数年和数十年可能演化为一场无法控制的全面危机，从根本上危及人类文明的持续存在。专家们得出了清醒的、令人恐惧的结论，但也毫不隐晦地谈到了一个即将发生的巨大文化变革过程，在这一过程中，化石能源可以预见的枯竭将不可避免地导致以太阳能为基本能源的区域经济、新型基础设施和一种全球性生态农业的产生。他们还清醒地谈到了气候变化，谈到"在一个炎热的星球上建立一种更好的生活"，而在此之前，这个星球由于海平面上升，不得不应对因气候变化而出现的前所未有的灾难。专家们以令人振奋的乐观态度谈到了文化和精神进化的可能，而这种进化将引导人们进入一种崭新的知觉、思维范式和社会形态。

为了迎接这场大转折，造就一个可持续的、公正、和平、值得生活的世界的大转折，人们再也不能用陈旧的、事实上制造着危机的手段和工具一成不变地处理越来越复杂的问题，而必须首先冲破囚禁思维的牢笼。

这本书中的各篇对话不是把社会、经济或生态系统视为恒定的客观对象——只要它们稳定不变便能被稳妥地把握和掌控——相反，一种全新的看待世界的眼光像一条红线贯穿全书，这种眼光将多重相互关联的发展动力的系统互动，将连续不断的变化、差异、进化和演化作为自己的出发点。谁若相信人们永远不能两次进入同一条河流——如赫拉克利特所说——谁就必须理解，在这条始终进化、变迁着的河流中，他当下所持的立场不过是一幅瞬间图像罢了。一张瞬间照片在当前奔腾汹涌的大潮中可能漂向不同的方向：或逆流而动，或随波逐流，或停留在流速缓慢的岸边。也有人可能被激流吞没。然而，在这一景象中最不可能出现的就是水流的凝固和停滞，即现状的固定，因为它违反进化的法则，阻挡进化的潮流。但这样一种状况恰恰是今天的政治和经济所希望并试图维持的：孤立采取的消除恐慌的措施，这类措施不是把当前的大潮理解为变革的动力，而仅仅试图维持和稳定局面，不是去争取另一种未来，而是幻想恢复控制。

这里的核心问题是，必须对危机概念作出全新的理解。传统的世界观以及从中导出的政治总是将危机视为威胁性的、带来灾难的，而这本书所推荐的前卫学者和活动家却指出，危机蕴含着推动变革的决定性的、充满希望的因素。虽然"危机隐含着机遇"的口号数十年来在心理学层面广泛流传，并在许多具体的危机应对措施中成功地得到贯彻，但迄今为止，这种思维方式在政治经济领域却很少体现出来。其中的原因也许正如本书的对话伙伴之一、心理学家埃嘉·弗里德曼（Ega Friedman）所说，是因为我们这些受害者面对危机有一种束手无策之感，恰恰是这样一种感觉，让我们羞于承认，进而装出若无其事的样子。

"另类诺贝尔奖"① 获得者、活动家弗兰西斯·穆尔·拉佩（Frances Moore Lappé）认为，一棵看上去根深叶茂的大树一旦倾倒，人们便会发现这棵树的根扎得多么浅。这个比喻使我们明白，我们正经历一场猛烈的暴风雨，许多表面十分牢固的东西会轰然倒塌，破碎。而我们在灾难之后，不仅可以从大厦的倒塌中吸取教训，而且可以在它的废墟上建设一个新的未来。这一事实表明，危机提供了认识一种制度的阴暗面和缺陷的可能。

危机并不等同于灾难和毁灭。在古希腊语中，"危机"一词意味着，在一场战车竞速中，车手作出危险的转弯动作，撞倒旁边的车辆，从而导致车毁人亡。不过，这个词并不含有要求车手急刹车的意思，而仅仅提醒人们拐弯时要特别小心而已。今天我们恰恰处在并仍将处在"转弯"的紧急关头。在医学术语中，"危机"的意思是一场疾病已发展到最严重程度，但它绝不等同于所有器官的衰竭和病人的死亡。大量事实告诉我们，危机的发生预示着一个大的转型期的到来，经历了这种转型，整个系统将失去原有的平衡，并在更高的水平上达到一种新的平衡。我们平日奉为科学神明的进化论教给我们的正是这个真理：突变和选择乃是进化和进步的前提。这恰恰意味着，必须在成功和失败的未来规划与生命设计之间作出充

---

① "另类诺贝尔奖"（Altenativer Nobelpreis），亦译"诺贝尔奖替代奖"，为瑞典裔德国人雅可布·冯·郁克斯居尔（Jakob von Uexküll）用他在邮票上的投资所获赢利设立的奖项，旨在奖励在环境和生态保护以及人类可持续发展方面作出杰出贡献的人，每年在诺奖颁发的前一天，在瑞典议会大厅颁发，但此奖与诺贝尔奖并无关系。在英语中，此奖称 Right Livelihood Award（RLA），即"正确生活方式奖"。——译者注

满危险的选择。希腊裔美籍进化论生物学家、未来研究者伊莉莎白·萨图里斯（Elisabet Sartouris）向我们指出，她和她的同事将当前危机的破坏力及其带来的后果定义为这个星球历史上发生的第六次大灭绝浪潮。正因为如此，当今变革在进化论意义上与光合作用的发现、与用鳃呼吸向用肺呼吸的突变处在同一水平上。它说明，我们面临一次规模多么巨大的时代历史过渡，这一过渡既充满风险，又蕴含着全新发展的潜能。在社会和经济危机频发、日常生活往往变得十分困难的情况下，即使暂时置身于这样的进化环境，也足以让我们从牺牲者的角色中摆脱出来，参与一个虽充满危险却使人无比振奋的时代，参与一个进化着的伟大未来的设计。

当然，这一未来设计在进化论的意义上是否真正可称之为突变，是否能得到贯彻或被选择所淘汰，答案仍然是开放的。但答案必须是开放的，因为我们的全部努力极有可能失败，倘若失败，那么在一场向可生存的未来转型、似乎可望成功的突破中，我们几乎就再也无计可施。一场不可逆转的崩溃将使我们陷入丧失前途的冷漠。对未来幼稚的乐观主义将误导我们滑入危险的"就这样下去"的泥潭。正因为这样，为了树立积极的态度，做不可不做的事，我们必须将危机视为行动的动力，作为思想的刺激剂，甚至作为推动我们的创造力的燃料。因此说，没有危机，我们缓慢的死亡将不可避免。

从这一角度来看，为了在事物的进程中向一种与过去完全不同的、创造性的未来迈出关键性的一步，危机的出现是十分必要的。它要求我们对复杂的矛盾、充满痛苦的冲突、紧张的碰撞作出真正植根于文化的评估，要求一种直面危机、利用危机的勇气，而不是在危机面前退缩。美国经济学家哈泽尔·亨德森（Hazel Henderson）在本书的一篇对话中提出，"让危机从身边溜掉是一种罪过"（a crime to waste a crisis）。在这本书的21篇对话中，学者们指出，从根本上说，未来产生于今天的危机，因为新事物在变革时代最容易得到贯彻，因为迄今为止似是而非的真理会像朽木一般断裂破碎，变革的渴望会无比高涨，似乎坚不可摧的事物会动摇。一旦旧制度在自身的重压下变得脆弱，前途未卜的选择所遇到的抵抗便会削弱。倘若新事物不是在这时发芽生长，又能在什么时候呢？

　　混沌学告诉我们：一只蝴蝶在欧洲扇动翅膀，便可能在美洲引起一场改变世界的风暴。这个道理看似难以置信，却说出了一个事实：处于一种脆弱平衡的全球现状是如此不稳定，只要某一地区稍稍出现动荡，便会在别的地区引发完全出人意料的后果。蝴蝶的比喻对那些将全部希望寄托于稳定和安全的人无异于一记响亮的耳光。事实上，这样一种安全并不存在，不存在于错综复杂的生活网络中，而仅存在于我们的想象中。这个真理使一些人害怕，因为它意味着失控、无法预知的互动，最后还有猛烈的风暴。而我们今天必须面对的风暴便是危机。我们必须直面它，对它作出新的理解，并充分认识危机所蕴含的巨大变革力量。我们应当思考，为了在积极的意义上创造另一种未来，危机对于现有的经济及其货币系统来说，可以怎样得到利用。恰恰是现在，系统固有的缺陷和不稳定使平时遭到嘲笑的改革变得可能。

　　对危机作出重新评估最后还意味着，我们必须认识到，社会今天所处的不安全和不知所措的状态恰恰是它的常态。在所有时代和所有文化中，人类都曾经历危机频发的变革时期，并创造性地利用了它。这样说或许让人震憾，但关于变革的古老知识能够使我们更好地认识今天的危机。传统文化告诉我们，人的生命转化必须经历一个死亡和再生的过程，在新的生命诞生之后，旧的生命一定会消亡。当一种解释和行为模式不再有效并陷入危机，那么，由一个生命周期向下一个生命周期的过渡便开始了。而这个过渡阶段往往是充满痛苦、毫无安全感的。在旧的信念和解决办法失灵之后，我们今天集体所处的过渡期同样如此。

　　然而，为了使更加深刻的真理和隐藏的潜能得到显现，这个过渡阶段是绝对必要的。麻省理工学院（MIT）的社会学家、国际企业界著名危机研究家克劳斯·奥托·夏莫（Claus Otto Scharmer）在这本书中便指出，为了看到并理解隐藏在危机中的未来，危机所引发的局面失控是一件好事。它表明，危机绝不意味着终结，而是一种无所不在的促使变革的动力。

本书收录了与众多学科的学者的对话，他们在各自领域对危机进行了各具特色的研究，并提出了不同的看法。其中有诺贝尔奖获得者以及"另类诺贝尔奖"的得主、著名自然和人文科学家、哲学家以及几乎所有公民社会领域的社会活动家。最后一类人起着核心作用，因为推动当今基本变革的全部动力都并非来自于国家体制——其任务仅仅是维持现状而已——而通常来自于公民社会的创意，他们不受现状的强制，亲身感受到危机的威胁，从而全身心地投入到新模型的设计和未来蓝图的规划中来。通过介绍一种可持续的、与未来相契合的思维和行动方式的先锋人物，本书为一种共同参与的、全新的、创造性的未来研究作了宣示。他们以各自的方式表明，不断加剧的社会动荡——金融市场危机、世界性饥饿危机、全球气候变暖和心灵—精神价值与方向的失落——为什么会成为一场大变革的共同推动力。

对于世界和现实的建设，我们需要一种新的眼光，它与线性的、单向度因果论的、可预知的世界图景有根本区别。倘若有机的、紧密互动的、自创的、具有高度活力的生活结构被大多数人所认识和理解，那么，确立另一种未来，建设一种新的文化，改造农业，终结已经全球化的暴力，释放一种新经济的潜能，变革人与人之间的交往方式，便将成为当前正在发生的这场总体文化大变革的组成部分。如果这样来理解，我们面临的就不是危机四伏的"时代终结"，而是一场极富挑战性的、并非没有危险的大转换过程。为了促进这场变革，我们必须将混乱和危机看做充满风险的良好机遇加以利用，而不是竭力维持现状，通过稳定正在崩溃的结构来应对危机。

　　危机这个当代的幽灵同样可以理解为一次伟大的变革浪潮，在这样的大潮中冲浪是值得的，但前提必须是对危机概念作全新的理解。在互联网上，一位有创意的程序设计者曾开了个玩笑，只要"危机"这个词一出现，便立即用"机遇"来替代它。出发点固然很好，但事情并不那样简单。为了迎接这次变革浪潮的到来，我们必须彻底更新我们的头脑、我们的身体和心灵。在此，我愿邀请您亲自加入到这一浪潮中来，因为没有人能剥夺我们参与的权利。

格塞科·冯·吕普克
2009年7月于奥尔辛

第一部分　变革的动力

我们处在一个转折点，面临一场大变革

出人意料事物的出现是有益的

我们处在一个转折点，面临一场大变革
——与系统论哲学家、未来学家艾尔文·拉兹洛教授、博士对话

艾尔文·拉兹洛（Erwin Laszlo）教授、博士，通用系统论最著名的理论家之一，1932年生于布达佩斯，曾任乐团钢琴手，后攻读自然科学并在法国索邦大学获博士学位。此后在美国、欧洲和远东多所大学任哲学、系统科学和未来学教授，为"罗马俱乐部"创建者之一，"布达佩斯俱乐部"创始人、主席。此外，他还是《世界未来——总体进化通讯》季刊及系列图书《世界未来，总体进化研究》的出版人，以及《行为科学》和四卷本《世界和平百科全书》的出版人之一。作为"世界变革网"的创建者之一，他承担着通过网络将众多争取一种根本变革的文化和政治活跃人物与活动家联络和组织起来的任务。

我们今天是否生活在一个相互勾结、狼狈为奸的金融世界之中？或者，这一发展仅仅是一个没有未来的世界的一个方面？

我们生活在一个不可持续世界，处在一场危机浪潮的开端。金

融危机的到来迅速得令人震惊，但它仅仅是这场危机的第一个先兆而已。正在袭来的危机浪潮就像一场铺天盖地的海啸，我们已经感觉到了它的震荡。我们再也不能像迄今所做的那样无视环境了，它已经向我们进行了大规模报复或"反击"。在许多方面社会问题越来越严重，总有一些东西不那么对头。在这个星球上差不多7亿人仍在忍饥挨饿，为生活而担忧。总之，问题不但没有解决，反而愈来愈严重了。我们并没有战胜危机，而是面临诸多无法解决的难题。如此下去，现有的秩序或许只能持续到曾有人预言的那个著名的日期2012年末。到那时，危机将变得积重难返，它不再是偶然现象，而会越来越成为常态。因此，我们必须学习怎样去应对它。

这个星球目前的现状如何？我们身处何处？

我们处在一个决定人类未来的转折点。我们或许可以利用危机，控制它的摧毁力。不过也有一些危机是再也无法控制的，我们把这类危机称为"不可逆状况之临界点"（Point-of-no-return-Situationen）。目前还不清楚，这样说是否符合当前危机浪潮的实际状况。长期以来我们存在两个复杂地纠缠在一起的问题，一个是目前社会和经济秩序的现状，越来越多的人在经济上被边缘化，在文化上同样被边缘化、被压迫。另一个问题是生态问题——一切自然的生命循环都遭到了污染并被破坏。我们必须把两个不同领域的问题联系起来看，并以某种方式扭转今天的局面，使社会不至于倒退，并在一种动态平衡中继续发展。今天的局面其实早在一万年前就形成了，从新石器时代开始，我们便不再去适应自然，而是迫使地球顺从我们的意志。在统治自然的漫长历史中，常常会发生规模较小的局部性危机，但这些危机都得到了修补，使文化的发展在没有大的动荡的情况下得以延续。然而，在这期间，人类占领了几乎所有可以居住的地方，占据了所有可利用的资源。情况于是变得越来越危急。我们1950年以来所消耗的资源就相当于过去所有时代消耗掉的资源的总和。这种局面再也不能继续下去了。我们正面临一次转折，它已经酝酿了很长时间，而现在终于到来了。

诺贝尔奖得主保罗·克鲁岑将我们所处的时代称之为"人类世"（Anthropozän）①，因为人类已经取代自然，拥有了改变自然进程的力量。但同时我们也陷入了一种困境：这种力量把我们推向灭亡。这难道就是危机的核心意义吗？

这里涉及的其实不是程度的差别，而是一个根本过程。我们拥有巨大的力量，但并未在可持续的意义上使用它，这就是关键。我们对待别人，对待我们的资源不是以一种可以持续的态度，我们改变着一切，但并非以可持续的方式。权力与责任应该联系在一起，然而迄今为止我们只行使权力，而责任则远远落在了后面。②

增长的神话是危机发生的主要根源吗？

问题并不在于人们赞成还是反对增长，而在于增长的方式。我们必须抛弃量的增长而追求质的增长，不是追求生活水平的提高，而要追求生活质量的改善。我认为，西方曾经经历的量的快速增长

---

① "人类世"（德文 Anthropozän，英文 Anthropocene 或 Age of Man），亦译"人类时代"，为1995年诺贝尔化学奖得主、荷兰大气化学家保罗·克鲁岑（Paul Crutzen）于2000年提出的一个概念。他认为，在这个时代，人类活动对地球的影响已远远超过地球自身的自然进程，足以使其进入一个新的"地质时代"。按照一些英国科学家的看法，这个时代开始于1800年，即大规模工业化开始的那一年，美国环境学家威廉·拉迪曼（Williams Ruddiman）则主张，"人类世"可以追溯到8000年前，即农业出现的时代。——译者注

② 参见艾尔文·拉兹洛：《我如何能改变世界——布达佩斯俱乐部的一份报告》，Ullstein 出版社，2005年。

时期是短暂的，这种增长方式迅速扩展到全球，但它是不可持续的，没有生命力的。当量的增长同中央集权的体制结构缠绕在一起时，情况尤其如此。我们应当探寻另外的增长途径，建立分散的、使用可再生能源的、结构完全不同的经济方式。这一变革已迫在眉睫。

关于这场变革进程的推动力，系统论能告诉我们些什么？

我们看到，进化永远不会是线性发展的、有序的、均衡的。系统的演进是无序而不可逆的。它并不会线性地发展，而是跳跃式的，充满混沌间歇的。假如一个系统处于稳定和平衡状态，那么该系统的突变只有在它的多数部分发生改变时才有可能。可是，当系统处于混沌的边缘，突变便可能在瞬间发生，而无须多数部分的改变。开放系统的发展变化与环境密切相关，而地球就是一个开放的系统，能量以太阳光的形式源源不断地输送到这里，孕育并维持着生命。我们改变、利用和挥霍掉的物质越多，这个系统自我修复的能力就越弱。在一个开放的系统，一个愈来愈多的能量被消耗，愈来愈多可能引发"无序"的"临界点"被制造出来的系统中，整体被推向突变边缘的那个时刻一定会到来。到那时，这个系统将到达一个所谓的"分叉点"（Bifurkationspunkt），即一个再也无法自我维持的时刻。这是一个混乱、混沌的阶段，存在着两种可能性：系统或者崩溃，解体，或者自我重组，跃进到一个新的更高的组织阶段。而我们今天已经到达这个"临界时刻"或"分叉点"。

在危机中，社会的生命系统，比如一个社会，会怎样发展？对它来说，难道也存在一个"临界点"或"分叉点"？

我觉得是这样。社会并不处在这个系统之外，在这个星球上，社会和自然界共同构成了一个统一的综合系统。当然，人类社会的生命系统被许多自然系统特有的他律因素所制约，但鉴于人的意识的自为性，社会系统也存在许多随心所欲和错误的成分。自然界不可能长时间犯同一个错误，一切不适于生存的东西，将会在一次危机中自动被选择所淘汰。然而，我们犯错误却不能自动地从中吸取教训，而会力图用过时或错误的思想和方法尽量维持现状并为它辩护。这就导致了一种无法收拾的危险局面的出现。人类社会和自然界今天正处在这样一种局面之中。在自然界，它已经危及到生物进化，而在人身上，文化和社会进化也越来越成问题，真是祸不单行。

我们已经习惯了西方的思维方式，总是以一种线性的眼光去看待一个过程，所以金融世界当今突然出现的失衡使我们迷惑不解。那么，生命系统，还有社会系统的危机发展过程是否是线性的呢？

完全是非线性的。一旦线性法则失效或局面失控，从某个临界点开始，所谓"混沌力学"（Chaosdynamik）便会突然起作用。通过对完整系统的模拟我们知道，在危机发生时会出现这样的情况：直到这一时刻，有些东西是可能改变的，人们转动一个旋钮，可以观察到系统是如何直接作出反应的。转动稍多一些，变化就大一些；转动少些，变化就小一些。可是，到了某一个临界点，所谓蝴蝶效应就会突然显现，非常小的干扰就能引起巨大的破坏结构的波澜。[1]这便是"混沌力学"在起作用的典型例子，在这种情况下，只要轻轻转动旋钮，系统就会出现戏剧性的变化，或者突然崩溃，解体，或者以一种异乎寻常的方式发生突变。

---

[1] 参见艾尔文·拉兹洛：《作为世界观的系统论，对我们时代的一次全景透视》，Ditrichs 新科学图书系列，慕尼黑，1999年。

■ 危机浪潮：未来在危机中显现 ■ Zukunft entsteht aus Krise

在这样的临界时刻，一些综合系统如社会，会发生什么事？这是不是系统即将崩溃的先兆，或者，彻底的失衡会不会引起一次突破，即走向一种新的文化或一个新的社会的突破呢？

这个所谓的"临界时刻"或"分叉点"导致的结果虽然多种多样，但只有一种不可能出现，即现状的维持。回复到原来的状态已绝对不可能，事物必须要向前发展。前进的道路是通向深渊还是越来越平坦，谁也不知道。至于选择哪一条道路，按照系统论和混沌学原理，并不取决于外部因素。这便是伊利亚·普里高津①作出的巨大贡献，正是由于对耗散结构的自组织功能（Selbstorganisation der dissipativen Strukturen）所作的研究，他在1977年获得了诺贝尔化学奖。通过他我们得知，在这样一个转型阶段，分叉点的出现既不受系统的过去，也不受系统所处的环境所支配，而仅仅由系统内部细小的波动所引起，即最终是由于系统自身的敏感反应而产生。这一原理完全适用于社会系统，而我们便是这一系统的一个个小的组成部分，我们每个人的敏感都起着作用。问题在于我们利用这种敏感，是取得突破还是走向崩溃。系统行将解体，没有什么可以留下来，它极有可能在一个新的水平上重组，并达到一种新的动态的平衡，一种流动的总体平衡。它或者会像一个混沌的系统那样崩溃，解体为一个个小的单位。在社会系统中，崩溃可能会引发战争和无政府状态。而这类灾难是否发生，完全取决于我们自己。问题的关键在于我们应该作出反应，及时作出反应。人们今天应当推进逆向思维、横向思维、跨学科思维，在世界层面上行动。这类行动通常只有人们亲身经历了危机才可能采取。反过来，深陷危机而无所作为也是一场危险的游戏，一旦能源价格飞涨，粮食和资源耗尽，数以百万

---

① 普里高津（Ilia Prigogine，1917—2003），比利时化学家、物理学家，1977年诺贝尔化学奖获得者，非平衡态统计物理学与耗散结构理论的奠基人。——译者注

计的人死于饥荒，种族和社会冲突越来越频繁，环境急剧恶化，那就太危险了。只要我们还有一些空间，我们就必须做点什么。

迄今为止，我们在未来研究和未来规划中遵循的是一种线性的思维方式，热衷于炮制数据和规划前景。在当前我们所处的错综复杂的情况下，规划未来是否还有可能？

用决定论的观点去规划未来当然不可能。如果作这样的尝试，我们就必须将所有的偶然性因素都考虑进去，要极富敏感性、极富创意、极富灵活性才行。然而我们现在能够做的，也是未来研究目前尝试着做的，仅仅是对未来的前景作出预测。[①] 我们可以指出，假如目前的的状况不能得到改善将会发生什么。这样人们就会明白，今天已经出现的所有危险倾向都可能导致毁灭，一种负面倾向将引起一连串连锁反应，整个系统将以崩溃而告终。我们当然也预测了一种积极变革的前景，为这种正面的、消除危机的发展方向制定了标准。我本人就作了这样的尝试，指出积极的变革决不能通过决定论、机械论的观念和方法去实现，相反，我们每一个人都应当自主地迈出坚实的第一步，应该知道什么是必要的，什么是我们的主导原则——而这就是可持续地、和平地生活——并且朝着这个方向迈出坚实的一小步。在这种动力的驱使下，每一个人都应当坚持不懈地、创造性地把握住出现的机遇和偶然。

我想起哈泽尔·亨德森说过的一句美好的话，她曾说："让危机从身边溜掉是一种罪过"。这句话的意思是，未来总是在危机状态中显现并发展起来的。那么，我们今天就可以在公民社

[①] 参见艾尔文·拉兹洛：《第三个千年，未来前景透视》，Suhrkamp 出版社，法兰克福，2003 年。

■ 危机浪潮：未来在危机中显现 ■ Zukunft entsteht aus Krise

会中寻找到这种未来吗？

完全可以。我们今天有各种各样的文化创意运动①，有"LO-HAS"②一族，有许多文化创新组织和团体。全球公民社会在世界范围内实验性地蓬勃发展，人们到处都在尝试多种多样的变革可能性。从根本上说，社会的每一个局部都可能发生变化和变革，不过很显然，人们对于必要变革以及如何推进实际变革的敏感，在公民社会中比以前要强得多了。变革不会发生在穷人身上，因为穷人每时每刻都必须为生存而斗争。变革同样不会发生在有权有势的阶层，因为权势总是同现有的体制勾结在一起，而这类体制的既得利益者非常害怕变革。因此说，一场深刻变革的巨大机遇就蕴含在公民社会之中。在那里人们会觉醒，会发现新的价值，会发生意识革命。而这就是我最大的希望。

如果说一场变革需要意识的转变，那么您如何定义意识呢？

所谓意识，就是构成我们世界观的东西。我们如何思考自己？如何思考世界以及我们同它的关系？我们把责任叫做什么？关于伦理道德和价值，我们都相信些什么？所有这一切加起来就是人的意识。一种文化肯定有其意识内涵。现代、古典、东方文化的区别不仅仅是科学技术、实力和财富的区别，其实，根本区别就在于人的意识水平的差异。我们长期以来相信，社会变革只有依靠高新科技，

---

① 见艾尔文·拉兹洛与马尔科·毕硕夫的对话。
② LOHAS，我国有人将其译为"乐活族"。这个词由英语 Lifestyle of Health and Sustainability（"健康和可持续的生活方式"）的每个词第一个字母组成，指奉行一种重视环境和健康，崇尚可持续发展的生活方式的人。LOHAS是美国社会学家保罗·雷伊（Paul Ray）1998年提出的生活理念。据统计，在西方国家已有1亿多人属于"乐活"一族，60%的成年人认同这种生活方式。——译者注

也就是依靠"硬实力"或"硬件"才能实现。而"软实力"或"软件"便是人类文化，人类价值和人的意识。一种"新型意识"再也不是一种从物质出发安排一切，在经济上仅着眼于金钱和技术资源的纯粹机械论意识。① 在未来的经济中，观念、价值、伦理道德将起到巨大作用，即使是消费者也必须受它的引导。它更多的是一种精神和心灵的态度——当然不是在神秘的意义上，而是说，我们已经意识到，我们生活在一个越来越紧密地相互依存、越来越滑向危机深渊的世界，我们承担着巨大的责任。

为了制止战争，这方面是否也蕴含着创造性的潜能？

这里存在一种类似于社会免疫系统的东西，正如前面说过的那样，公民社会的敏感性是最令人印象深刻的。一旦社会受到威胁，这一免疫系统便会有感觉，并作出应激反应。这种应激反应在最坏的情况下会引起瘫痪，或者，它会激发一种创造性，人们会问："现在有什么事情必须做？我能够做什么？我可以出多少力？"这种敏感性源自于每一个人的心灵。而这就是积极的因素。

这种行动的动力蕴含在议会制民主中吗？或者，它愈来愈频繁地源自于隐藏在表面之下的别的结构？

新的结构正在形成。从系统论中我们得知，一个有生命力的系统始终是多层面运作的。但这个系统的组织决不会建立在等级制的基础上——人们也可将这种非等级制的组织模式称之为"异质多元性"。在这样一种模式中，一个多层面系统的每一个层面都可以作出

---

① 参见艾尔文·拉兹洛、伯恩德·塞里希曼：《在宇宙之家——一种看待现实的新视角》，Allgeria 出版社，慕尼黑，2005 年。

自己的决策，而这类决策也许具有示范功能，它可能会传导到上一个层面，并从那里被整个系统所认同和采纳。在这一过程中，信息是朝两个方向流动的。相反，在等级制结构的系统中，信息总是自上而下地流动，自下而上地流动，即从草根（Grassroots）阶层向上层流动的情况很少出现。正因为如此，我们必须自下而上地改造我们的社会，让我们的邻居、让乡村和城市按照自己的意愿作出自己的决策，然后在地区层面上进行比较评估，最后再在国家的层面作出综合选择。不过，这也仅仅是向跨民族层面，如一个整体文化区域——欧洲、印度次大陆、北美或南美——过渡的一个中间层面而已。这些跨区域的联合体应当在全球层面上得到整合。以系统论的观点来看，目前最大的问题是，联合国192个成员国差异巨大，有大国、强国、富国、穷国，各国人口也各不相同。正是由于这个原因，人们几乎无法制定出合作的纲领，在涉及到各国自身利益时更是如此。所以，我们或许需要建立一个多层次的"异质多元"的系统。今天，由于信息技术的高度发达，这个目标极有可能实现。在这方面，欧洲已经走在了最前面，但其他地区同样可以联合起来。那样一来，联合国就不再是一个以国家为单位的俱乐部，而会成为一个跨区域对话的讲坛，它的根便将深深地扎在世界草根社会之中了。

在个人和经济层面，人们能做些什么？

在一个高度网络化的世界①，越来越多的人成为信息流中的分子，他们通过自己的行为发挥作用，可以推动许多事情发生改变——例如作为消费者，可以通过负责任地购物和可持续地使用商品，

---

① 参见艾尔文·拉兹洛：《网络化世界的重构，全球性思维，全球性行动》，Via Nova 出版社，彼得堡，2004年。

对整个经济系统产生影响。在政治层面，个人行为，如表达什么意见，选举什么人，参加哪一种运动，加入哪个非政府组织，也可以改变许多，他可以起到榜样作用，可以被别人效仿。所有必然的新事物都只能出现在这一层面上，而且，我们也很难期待变革会从别的什么地方发生。只有看到民众行动起来，等级社会高层的领导人才会被迫动起来。

迄今为止，传统的信念往往使我们相信，我们不过是无助的牺牲者而已，无法改变现行制度。这样的神话是否阻止我们作出适当的反应？

绝对如此！文化的任务便是质疑这种看法。最糟糕的一种看法是，所有人都是孤独的个体：孤立无援，自己顾自己，很少与别人发生联系。这种看法背后的哲学思想是，我们被封闭在自己的身体里，无依无靠，所有的旁人都是"外"。这种看法非常危险，是伽利略、开普勒、牛顿等人建立的机械论思维方式的组成部分，按照这一思维方式，一个大的整体是由许多小的部分通过机械联系组合而成的。在人类社会我们同样相信，"市场"将一切组合为一部机器，人人都为自己的利益着想，或迟或早，大家最终都会将别人当做利用对象。

那个关于"无形的手"的神话与这种状况是合拍的吗，据称，正是这只手维持着市场的平衡？今天，这种平衡完全被颠覆，这说明这只看不见的手并不存在。

事实上，"无形的手"始终是一只践踏一切不顺从市场法则事物的脚。市场机制只是在游戏场平坦的情况下，也就是说，只有当所有人都享有同等权利、同等机遇时才有效。唯有在这种情况下，人们才能在市场上游戏，才可以每过一段时间平均分配一次利润。然而，当一个人手中掌握了所有的牌——更大的权力，更多金钱——那么，市场就会只为强者效劳。我们今天看到的不过是金钱和权力的集中，富人越来越富。虽然发生了金融危机，但这样的集中从未停止过。至于权力，情况同样如此。而普通人不明就里，一如既往地沉迷于这样的游戏，因为他们仍然相信"金钱带来幸福"的神话。这当然是一种过时的迷信，与科学研究背道而驰：通过研究人们发现，从某个时刻开始，一切便会逆转，金钱仅在一定的度之内才是有用的，超过这个度就必须迷途知返，返回到对于幸福生活必不可少的东西上来，而这个东西就是质量。

我们能够打破文化神话吗？您所列举的这些事实我们都知道，但它们直到今天仍未使人信服，没有得到贯彻，没有被当做新的范式被接受。

当前存在着两种变革倾向[1]，一种来自公民社会，另一种是公民社会正在发展的文化。后一种倾向对传统文化表现出极大兴趣，通过沉思冥想重新发现了一种相互关联的平静生活的价值。在公民社会，变革的动力来自下层，来自"草根"。在最深的层面上，这种动力就是，发现我们拥有共同的诉求，我们同属于自然。另一种强大动力来自于上面，即科学。从量子物理学开始，新的科学——包括天文学、现代大脑研究和新的生物科学——证明，系统是相互依存、互相促进、自我调节的，比我们想象的要复杂得多。新的科学研究证明，我们不但通过眼睛和耳朵，而且通过感觉即我们的直觉感知世界，一种本能的感觉把我们同世界联接起来。现在我们看到，我

---

[1] 参见艾尔文·拉兹洛：《网络化世界的重构，全球性思维，全球性行动》，Via Nova 出版社，彼得堡，2004年。

们从世界接收的信息比我们想象的要多得多。量子物理学告诉我们，所有的量子和原子都是互动的，即使隔着很远的距离也相互影响。此外，在量子生物学、大脑研究和精神病研究领域，研究成果也证明，这种量子互动效应并不局限在微观层面，而且在生活世界的层面上也起着重要作用。实验结果说明，量子互动效应在细胞和大脑中时刻都在发生。最近人们还发现，在光合作用的过程中，量子效应同样存在。所有这一切都意味着，在这个星球上，没有量子效应，生命的起源是不可能的。

这些认识是否构成一种"反科学"——犹如"反文化"一般？或者说，我们是否处在一种状况的边缘，即这些认识已经成为科学的主流？

我们这里说的是最前沿的科学认识，即所谓"刀锋认识"。虽然新的范式要作为主流得到贯彻，并最终在所有大学里成为教学内容，过程还是比较长、比较缓慢的，但在引领科学发展的人那里，这一过程早就开始了。我相信，在短短几年之内，它就会成为科学的主流。

系统论在言说"系统"时，能够告诉我们什么？

每一个有机体都是一个系统。当然，也有许多系统并非生物学意义上的有机体。银河系、细胞单位或生态环境虽然不是有机体，但也是系统。人类文化、人类共同体，总之，这个星球上的人和自然构成了一个自我调节的系统，但它并不是狭义的生物有机体。一个系统在形式上并不仅仅是所有部分之和，而构成一个能动的整体，对自身进行调节。

我们能够将个体发展与集体发展区别开来吗？

每一个系统都是一个双重意义上的整体（Holon），即既是部分又是整体。① 从一个方面来看，它是一个子系统或一个更大系统的一部分。从另一个方面来看，它又构成一个完整的系统并有自己的子系统。当然，从一个人的器官、细胞、分子和原子来看，人是一个高层次的完整系统，可是，从他的家庭、所从属的共同体，从自然、生物圈甚至从宇宙的角度来看，他便不过是一个子系统而已。不能说唯有社会才构成整体的系统，而个人仅仅是部分。个人同样是完整的系统，而他的器官和细胞就是部分。在这种完整的整体系统中，在自组织（Selbstorganisation）的层面上，最高级的系统总是具有最高价值。整体调节着系统的各部分，但也给予它们一定程度的自由，部分服从整体，使更高一级的系统，即超级系统，得以自我保存。这对于生存竞争来说是一个巨大的挑战，即是说，个体之间的竞争决不可以导致这些个体组成的整体系统的崩溃。

这对于一种可持续的未来意味着什么？

我们可以从中推导出许多道理。例如，从一个系统中不能只发展出一种价值体系，相反，应当形成一个完整的不同价值的体系。同样清楚的是，人并不是这个地球上最高级的系统，最高级的系统是人与自然的统一。这样一种视角与孤立地看待个人的视角明显地对立。极端地说，从机械论的观点中会产生一种利己主义，一种无视自己的环境系统、病变为危及更高系统的癌瘤的利己主义，因为它会无节制地自我增生。反之，在极端情况下，有些系统也会做出

---

① 参见艾尔文·拉兹洛、乌利克·克莱默：《双重整体——新的科学世界》，Via Nova 出版社，彼得堡，2002年。

危及个体的自我摧毁举动，就像刚才说的那样：系统的利益高于一切，一旦需要，个体就必须牺牲自己。因此，应当在两个极端之间找到一种平衡，建立一种健康的关系，个体既可以在一定的空间内自我实现，又能让别的个体自我实现。只有这样，自我与他者共同组成的这个系统才能继续发展。

那么，系统论的规律对我们改造一个系统的可能性又如何定义呢？

我们眼中的系统是一个有组织的、自我发展的整体。在其中起作用的既有宏观决定论（Makrodeterminismus）也有微观自由（Mikrofreiheit），也就是说，整体受几条原则的制约。例如机体内环境的动态平衡（Homöostase）原则，只有在这种状态下，机体才能在一种相对稳定的平衡中运转，使生命得以自我维持。但是，这一平衡怎样建立，却并不由整体所决定。机体的各种细胞会相互适应并进行分工。也就是说，作为机体的整体差不多是一个被决定的系统，而它的部分为了履行自己的功能、各自有一定的活动自由。

那么，包容人的那个更高一级的系统有自己的智能、自己的灵魂或自己的意识吗？

自然科学很难对灵魂的概念作出定义，但我们决不能因此而将这一概念彻底否定掉，说灵魂不存在。相反，我们应当找到一个点，在这个点上某些特定的完整的系统会显现出精神的或类似于灵魂的特性。或许这类现象的根源在较为简单的系统中十分隐晦，只有在达到某种特定的复杂程度时才会显现。然而可以肯定的是，凡是有意识的地方，就一定会有精神的因素、灵魂的因素或类似的因素在起作用。从自然科学的角度看，我不能说灵魂是超自然的，但它的确是自然系统进化过程中出现的一种现象。

那么，完整的系统具有一种类似于集体智能的东西吗？

我们可以从以下观点出发来思考：我们大脑的一个神经元即使有意识，也不会知道大脑作为一个整体是否有意识，因为，它只能与它自己的意识或类似于意识的智能发生关系。同样，目前难以证明的是，由于每一个个人都拥有意识，那么，人类作为整体，是否具有一种共同的意识和智能呢？当然，我们可以间接地得出结论说存在着这样一种可能性。正如一个个完整的神经元组成了大脑，而大脑作为共同的神经系统拥有了共同的意识一样，人类或许也具有一种集体的意识。卡尔·古斯塔夫·荣格和皮埃尔·泰亚尔·德·夏尔丹[①]便已经作过这样的设想，但直到今天，这一点仍未得到证明。我们只知道，从系统中完全可以产生出智能，不过它被局限在系统内部罢了。每一个能够在这个被连续的涨落和扰动所统治的世界上得以自我保存的系统，必定具有某种自创能力和"智能"。我把"智能"这个词加了引号，因为与智能相当的是适应能力，而这种适应能力在每一个细胞身上都体现出来。智能就产生于系统所面临的持续不断的挑战，为了在世界上生存下去，它必须不断地自我更新。

但这幅图像展示的是一种始终充满危机的更新……

……但系统论所包含的隐喻、所展示的图像对人的自我理解及其对自然的理解有着根本的意义。对于作为文化生物的人来说，这幅图景影响着他所做的一切。假如他将自然想象为一部机器，把整

[①] 荣格（Carl Gustav Jung，1875—1961），瑞士心理学家，分析心理学的创始者，提出了"人类集体无意识"的理论。夏尔丹（Pierre Teilhard de Chardin，1881—1955），亦译德日进，法国哲学家、古生物学家、地质学家，以其对新生代地质研究和对北京人的研究而闻名。——译者注

个宇宙理解为机械运动着的物质,那当然会孕育出一种与所谓有机的或整体论的图像中产生的文化完全不同的文化。有趣的是,这种有机的、整体论的图景,对我们的时代和未来时代具有极其重要的意义,因为它涉及的是在许多更高层面上发生的、比以前频繁得多的互动作用,这种互动不但发生在个人、单个的共同体和民族之间,而且发生在跨文化层面,甚至整个星球层面。正因为如此,我们最终需要培养一种全球意识,而这种意识完全可以建立在新的科学的基础上。

这样一种新思维与旧的看问题的方式有何区别?

旧的思维方式把一个系统的部分看做相互独立的,将所有对象——从原子直到完整的生物体——想象为一个个孤立运动着的台球。在这个机械论的系统中,每一个客体或主体都与别的客体或主体发生碰撞,而这类碰撞又是可预计或预知的。总之,整体是一部机器,我在其中不过是一个独立运动着的个体而已。机械论的思维方式只重视外部关系,即是说一件事物,一个物体完全自行其是,不受彼此间相互关系的影响。在这里,这种关系只对物体施加着外部影响而不能决定事物本身的性质。长期以来,西方人就是这样看待事物的。然而,从有机论的观点来看,所有部分之间的关系都是内部的,它们的总和决定着一件事物是其所是的性质。换言之,每一个系统都被它的部分所塑造,并通过自我与他者关系总和的互动,不断地重新塑造着自己。这样一种看待事物的方式可以追溯到遥远的过去,长久以来,它被机械论的思维方式所排挤,而现在,在新的水平上返回这种观察视角的时候已经到了。

在全球金融危机时代,我们从这种基础研究的认识中可以学到些什么?在通力合作的、网络化的、开启未来思维的意义上，这类知识怎样才能促进一种适合于未来的自我保存的全球性经济？

从新的科学中首先可以推导出一种认识：我的利益同别人的利益是联系在一起的，此外，我对别人造成的所有伤害，最终也会伤害到我自己。从积极的方面来解释，这样可以形成一种紧密协作的经济体系，其中每一种行为都服务于所有人，而创造性则被组织在网络化结构之中。多领域协作是可能的，今天在区域层面常常带来非常好的结果，但在全球层面始终没有得到真正体现：协作更多地被视为经济利益和目标冲突的代名词。经济价值始终被囚禁在"股东哲学"（Shareholder-Philo-sophie）的牢笼里，仅仅被归结为"赚钱"。于是，经济管理唯一的责任就是为股东即持股人创造利润。这是一种过时的理论，在上世纪70年代，即30年前，被米尔顿·弗里德曼[1]所大肆宣扬。

新的市场哲学是怎样主张的？

必须把股东哲学转化为财富保管者哲学（Stakeholder-Philosophie）。根据这种哲学，我们应该照顾到所有参与经济过程的人的利益，甚至顾及自然界的利益，因为这个经济过程同样涉及自然界。这就必须将企业的一切活动置于一种新的责任之下。我认为，我们现在就必须将这种财富管理者哲学扩大，使我们不仅为合伙人、委托人和消费者负责，而且为社会本身承担责任。而这完全是可能的。

---

[1] 米尔顿·弗里德曼（Milton Friedman, 1912—2006），美国经济学家，1976年诺贝尔经济奖获得者，以主张自由放任资本主义，将政府干预最小化，让自由市场自行运作而闻名。——译者注

穆罕默德·尤努斯①就开了个好头。他向世界表明，"社会经营"（Social Business）是完全可以获得成功的。

　　如此说来，一个紧密协作的经济系统似乎更多的取决于协作的智慧，而不是获取利润的成功斗争的知识……

用金钱是买不到人际关系或幸福的，智慧一方面必须来自于共同生活价值的重新发现，另一方面必须从哲学和自然科学的前沿人物那儿获取，因为从他们那里我们得知，并没有什么单纯的进化，有的只是共同进化（Koevolution）。自我发展着的始终是整体，永远不会是系统内部的个别部分。

　　"共同进化"的确切含义是什么？

这一点我们可以在自然界那里看到并学习到：每一个人都是整体的一个部分，只有与别人共同努力，才能自我保存，自我发展。在每一个任意的系统内部——不论它是一个共同体、一个城市，还是一个民族、一个大洲或整个人类——所有部分都是休戚与共、相互制约的，这就决定了，大分裂状况将严重阻碍一个系统的继续发展。从宏观自然的角度看，每一个生态系统都是这样：一旦哪一个特殊的部分不再服从于更高层面的平衡，它便会被淘汰。在微观层面同样如此：在我们的身体内，只要细胞不再与更高级的系统相契合，就会死亡，即使不死亡，也会恶变为癌，导致整个系统的摧毁。

---

　　① 穆罕默德·尤努斯（Mohammed Yanus，1940—），孟加拉国经济学家、银行家，1976年开办第一家小额贷款银行，向无法得到大银行贷款的最穷困阶层发放贷款，帮助其开展自主经济活动，获得就业机会。据统计，自1976年小额贷款在孟加拉国诞生以来，已有8000万人受益。为此，穆罕默德·尤努斯获得了2006年诺贝尔和平奖。——译者注

在社会层面，例如贫富差距过大，权势者和无权无势者之间的矛盾激化，等等，都会导致社会的分裂。如果系统作为整体要继续生存下去，就必须重新建立平衡。

这样一种看问题的方式是否需要一种新形式的民主思维？我们需要更多、更积极的参与吗？

在我看来，继续扩大民主是开启未来的最大希望。在这个世界上，独裁统治越来越少，人们获得更多参与权的可能性愈来愈大。我们可以获得大量信息，拥有高度发达的通讯网络。整个世界被这个网络紧密连接在一起，每一个人都可以让他的声音被别人听到。即使盘踞在巨大权力结构中心的权力垄断者也无法阻止个别人的声音传到外部，因此只要稍微不小心，就会有负面的和不利社会的消息通过这个通讯网络传出来。

一方面是越来越严重的摧毁，另一方面是不断增长的克服危机的动力，在二者的竞赛中，我们今天处在何种位置？

这的确是一场胜负未决的竞赛，我们也无法预测结局究竟如何，我们只能做我们力所能及的事。对此，H. G. 威尔斯[1]曾说："未来将在一场教育与灾难的竞赛中被决定。"而今天我要说，未来的命运将在一场新文化与现有问题的竞赛中被决定——因为二者都在迅速增长。我们不能预言未来，而只能创造未来。我们现在所做的，将决定我们拥有一个怎样的未来。

---

[1] 威尔斯（Herbert George Wells, 1866—1946），英国小说家，尤以科幻小说闻名，1896年以《时间机器》崭露头角，后又写了《世界大战》、《隐身人》、《莫罗博岛》等多部作品，对战争与和平、人类未来等作了深入思考。——译者注

"我们必须改变我们自己"的说法比常规的政治、行政管理和经济层面上的未来研究更进了一步，因为现在的问题似乎是个人内在伦理价值的转变……

这与新系统论的观点并不矛盾。只要人们以机械论的思维方式认为："我可以支配别人，我要改变别人，创造新的结构！我可以控制一切！"那么，他便将自己从系统中分离出来了。可是，一旦人拥有了新的看问题的视角，新的世界观，他就会将自己置于系统之中，就会通过改变自身来改变系统。这样的改变不可能从外部发生。我们无法确切地说，它怎样发生，涉及哪些人，但我们每一个人都应该尽自己的力量，必须意识到，我们处在一个紧急关头，能够做点什么，而行动必须从我开始。每个人都可以做"穿越混沌的飞行员"（Chaospilot），驾机穿过不安全的地区。系统所不能容忍的是一种彻底等级化的思维：应当怎样做一切都由上边说了算，只要一切都听从上面的安排就万事大吉。在生命系统中恰恰相反：在变革过程中，每一个个体都发挥着自己的作用，正如蝴蝶效应所说，只要有一点风吹草动就会迅速引起巨大的波澜。不过，一切都取决于我们每一个人。

为了实现这一飞跃，我们需要做些什么？

我们需要更加广阔的视野，应当明白，我们是一个更大整体的一部分。我们可以亲身感受到、感觉到这一点。认识到这一点非常重要：今天，地球上这个社会和生态系统已变成一个高度相互依存的整体，每一个局部发生的事件都会带来全局性影响，而非常明显的是，这个整体的系统以目前的存在方式是不可持续的，必然会走向毁灭。只要牢记这一点，我们就会懂得，我们生活在一个大变革的时代，既面临巨大的危险，也拥有巨大的可能性。"危机"在中国人那里由"危"和"机"两个字组成,"危"的意思是危险,而"机"则意味着新的可能性。中国人早在五千年前就知道,每一场危机都蕴含着机遇。如果我们意识到,在这一动荡过程中混乱与秩序并存并相互影响,那么,我们便被赋予了巨大的责任。其次,作为系统不可分割的部分,我们应该认识到我们行动的可能性。从系统论的观点看,每一个个人都有权采取行动,这就是英文中所说的"授权"。在一个拥有精密组织的秩序、我们今天可以科学地解释的混乱的系统中,哪怕最小的变化也会引起系统的扩散和质变。倘若一只蝴蝶就能引起一场风暴,那么,我们人可以做的事情不是更大、更多吗?

出人意料事物的出现是有益的
——与心理学家埃嘉·弗里德曼对话

　　埃嘉·弗里德曼（Ega Friedman），生于1948年，瑞士心理学家、作家、文化批评家，曾学习戏剧和戏剧教育学，专门研究了仪式和心理空间创造在戏剧中的作用，并在C. G. 荣格研究所学习深层心理学。受美国深层心理学家詹姆斯·希尔曼（James Hillman）启发提出自己的理论，把精神病治疗理解为综合心理过程自组织的核心和强化手段。在与米尔顿·埃里克森（Milton Erichson）就催眠术和弗朗克·法雷利（Frank Farrelly）就"挑衅疗法"①的辩论中，她把现代系统论自然科学的认识与心理学结合起来，写出了《出人意料事物的降临》一书。在为精神病人治疗的同时，埃嘉·弗里德曼目前从事当今时代理解的研究，并为《世界妇女》杂志撰稿。见www.ega.ch。

---

　　① 挑衅疗法（Provokative Therapie）为美国精神病学家法雷利（Franke Farrelly）首创的治疗精神病的方法，通过幽默的挑衅性语言刺激病人的反抗意识，唤醒其责任感和自主性，从而改善其症状。——译者注

我们在生活中追求安全和秩序，这种追求是错误的吗？变革是否一定会带来安全呢？

两者我们都需要。当然，变革，无论是个人变革还是集体变革，正在某个街角等着我们。为了将变革的成果固定下来并纳入我们的生活，我们同样需要稳定的阶段，但重要的是时机。变革和整合是一个时代过程，有自己的节奏，仅有认识是不够的。安全持续得太久就会出乱子，人们的视线就会暗淡下来，意识过程就会变缓并失去弹性。相反，如果变革毫无间歇，那么它就没有时间在现实中生根，变成我们生活中理所当然的东西。那样一来，"革命就会吞噬自己的儿子"。自我专注于它的核心价值，即安全和可持续性，是十分重要的。变革的到来不会事先打招呼——该到来就一定会到来。

我们需要一种熟悉的环境，为了从个人方面应对危机，需要一种相对安全的环境。

更确切地说，需要一种值得我们信赖的环境。尽管环境本身不一定要充满信任，但一种冷漠的、人与人之间丧失信任、充满偏见的稳定社会环境，比不安定但从根本上对人表现出关怀的环境更让人感到不安全。相互信任是"安全感"的代名词，植根于人与人的相互关爱之中，并在人与人的关系场反映出来。统计数字——当然，我们对待一切统计数字都必须十分小心——表明，在缺少关爱的环境下长大、未来前景暗淡的孩子，在生活中只要获得一次好的机遇，就会释放出更大的发展潜力。信任是不怕失败、始终如一地探索未知事物、敢于冒险的精神的基础。在心理经验的储存库中，假如缺乏关于让人信任的环境的经验，那么，正常的安全需求就会变质为反常的替代性老生常谈。同时，信任仅仅是硬币的一面，只有在与它的孪生兄弟——灾难——联系在一起时，才能展现它的内在可能性。我们可以想象，信任是我们的心理与生俱来的免疫系统，保护我们不受有害病毒和细菌的侵害与摧毁。在一种安全、熟悉、"无菌"的环境中，人无法得到与有害细菌斗争的锻炼，这会阻碍这种免疫系统的产生和生长。相反，假如我们不是生活在温室之中，每日每时就会遇到许多迷惘、偶然事件和矛盾，受到必要的刺激，我们的感觉就会变得敏锐，情感就会变得丰富，内心就会变得坚强——这一切将激活我们的心理免疫系统。这种挑战能让我们在巨大的危机面前——犹如面对大海上突然刮起的风暴——保持镇静而不会惊慌失措。有谁能说，我们不能像我们的前辈一样做到这一点，适应改变了的环境，在一切不利条件下生存下来？难道不正是这令人畏惧的大风大浪使我们在生活中变得如此坚强吗？

当支撑我们整个生活的社会基础发生动摇时，我们会作出怎样的心理反应？

当有意识的立场逐渐僵化，不再开放、灵活，不能创造性地解决问题时，个人危机便会产生。但个人危机也可以朝好的方向转化，使我们对此时尚处在萌芽状态的未来发展采取积极的态度。在这一过程中，完整生命系统的自组织功能始终在起作用。正是这一自组织功能使我们保持平衡。就像湍急的水流看上去混乱无序，实际上却有高度的组织性一样，这种功能同时制造着无序和有序。在整个生命世界，混沌都会转化为有序，对于集体危机来说同样如此，当政治经济系统丧失了在现实基础上理智地调整自己行为的能力时，危机就会爆发。在这里，危机所发挥的恰恰是这种功能：为了让具有——适应改变了的世界的——必要潜能的新力量起作用，一切满足现状、丧失生命力的东西都应该牺牲掉。这是一个创造性的、艰难的过程，其中革命和复辟不断增长的无序能量将猛烈爆发，直至一种新的平衡在更加完整的层面上建立起来。①

这听起来好像是一个健康的、值得期待的过程……

……然而我并未看见有哪一个人没有被这场集体危机所吓倒。可怕的是，一场变革根本不顾及个人的需要，而个人危机则恰恰相反，因为它关心的是作为意识过程的个人要生存下去，要向一种有希望的未来过渡。集体过程却不是这样，它承载的使命是，为一个群体、一个民族、一个种族开启一场为生存下去而必须进行的变革。恰恰是集体过程对个人的冷漠使我们害怕。在这样的时代，个人被固定在各自的位置上，时刻被提醒，他不过是一个部分而不是整体，必要时整体没有他也毫无关系。当然，个体的贡献也很重要，但说到底，他只不过是有机体的一个细胞而已。除此之外，比较严重的集体危机往往是困难的长期过程，也许会持续几十年，直到一种新的有效的平衡建立起来。于是，集体危机就造成了一种我们无能为力的印象，使我们默默忍受并装出若无其事的样子。

可以说我们对个人危机和集体危机的反应大体相似，社会危机在我们的个人生活中将继续下去吗？

集体危机会让我们团结。普遍的痛苦使我们自己的痛苦变得可以忍受，失败被大家分担，让人与人亲近起来。个人的痛苦由于羞耻感而会变得更加强烈，使人从集体中孤立出来。一场危机，不论是个人危机还是集体危机，同暂时的困扰、偶然的失败、适应的困难以及类似的问题的区别就在于，每一场危机的核心都是价值的失落。价值危机不能通过相反的行动，即重建已经失去的价值来消除。

---

① 参见埃嘉·弗里德曼：《出人意料事物的降临》，Walter 出版社，杜塞尔多夫，1997年。

一场危机的目的在于，用一种更加符合实际的理解去取代已经过时的对现实的想象。危机过后我们会说，没有这场危机，危机之后发生的一切都是不可能的。然而在集体和个人危机爆发的时刻，我们并没有明确的解决办法。在一定程度上，危机是可以预言的，但它真正到来时，人们才发现自己并未准备好。

我们在生活中寻找安全，但假如生活一成不变地延续，我们就会把出人意料事情的出现看做反常的或打乱生活节奏的。

如果我们满足现状，固守成规，我们就不能将生活中发生的小波澜作为行将到来的变革的催化剂加以利用。这种状态是极其危险的，因为那样一来，只有一场灾难才能推动生活向前发展。而开放状态不需要一场灾难就可以推动生活改变。僵化越是严重，程度越是激烈，变革的发生便越是确定无疑。

在个人层面上，是什么阻止我们把每日每时都可能发生的出人意料的事情看做创造性的动力？

是我们赖以评价事物的意义系统的重负，是我们在观照我们自身时看到的图像。有时候我们把这幅图像看得过于积极，有时又看得过于消极。在我们不把自己想象得过于高大，做我们应该做的事而不去探究这样做会产生什么后果时，在这样的时刻，我们对推动生活发展的温和变化就会持开放态度。在这样的时刻，我们会在正确的时间打电话，在与陌生人偶然的交谈中获得盼望已久的信息，看到我们平时忽略的细小变化，用我们的意义系统去评价它们。出人意料事物的出现的确每日每时都在发生，我们不应该屏住呼吸等待它的到来。在童话中它就是"傻子"——"傻"在这里应当翻译成"没有成见"——公主最终爱上了他，因为他对世界传递给他的信息持开放态度。我们应当允许自己有一点不知所措，有点片面，因为这就是人们可以想象的自然状态，正是它使我们同现实保持着信息联系。

能够说，一切原教旨主义的价值（fundamentalistische Werte）都是破坏性的吗？它挑起冲突难道不正是为了使一种新的平衡的建立成为可能？

这是一种积极的解决办法。在消极的情况下，个人或集体的危机往往被暴力所掩盖，从而导致长期的压抑。关于圣杯的传说①就是一个迁延日久的冲突的比喻：一位身受重伤的年迈国王无法死去，他已被时代抛弃，孤独地忍受着痛苦，而他的国家也变成了荒芜的沙漠。他的痛苦源自于他同女性纠缠不清的关系，在一则古老传说中，这种复杂关系并不涉及妇女解放，在生命系统自组织的意义上，圣杯中的女性因素同方案、策略和信仰系统毫不相干。只有当中了魔法的女人被解救，生命重新流动起来，年迈的国王才能最终死亡并为变革腾出位置。

在个人层面上，重要的是不要将危机病理化。价值系统的危机不可归咎于过去的事件，它标志着一种新的生活观的出现。个人价值系统的这种危机每个人在其一生中至少会经历三至四次，并带来生活的重大转折：青春期、成年期、中年危机、老年期以及寻找自己灵魂的时期。遗憾的是，我们再也不会为这种生命的转折举行仪式，赋予创造性的生命危机以其应有的意义。

---

① 在瓦格纳的歌剧《帕西法尔》中，保管圣矛和圣杯的国王安弗塔斯（Anfortas）因受女妖诱惑而被邪恶的克林索尔（Klingsor）夺走圣矛并被刺伤，虽然他伤口长期无法愈合，希望死去从而从痛苦中解脱，但圣杯的魔力使他不死。在圣杯骑士帕西法尔的帮助下，圣矛最终被夺回，安弗塔斯也获得了拯救。——译者注

集体危机也要经历类似的过程吗？

集体危机的特征是，它释放的破坏性力量要比个人危机大得多，危险得多。陷入危机的集体价值往往是被久远的传统所维系的，它会顽固地保护自己的地盘。据我所知，迄今为止还没有一场集体的价值危机不伴随着暴力冲突。虽然新事物最终将取得胜利，或迟或早会建立新的稳定，但却必须付出多么大的代价！我们可以想想20世纪初期早已腐朽的欧洲君主制是如何崩溃的，直至稳固的民主制度建立起来，人们付出了多么巨大的代价？

假若令人吃惊的、出乎意料的事情出现在我们的生活中，会发生什么？

出乎意料的东西往往是我们尚未认识、超出我们想象的东西。没有这种超出我们生活想象的东西，我们将一辈子原地踏步，毫无长进。生活不断用我们从未预料到的情况让我们吃惊。我们炮制策略，制定工作日程，规划一个理想世界的蓝图，通过巧妙地掩盖出岔子的地方确保现有的世界图像不被颠覆。有这样多幼稚的行为，生活可以轻而易举地欺骗我们，它很容易找到我们忘记修补的角落。等到突如其来的事件发生，后悔已经晚了。我们总是被迫改变我们自己，或者说总是被欺骗。

人们将这样的欺骗称之为危机，总是负面地评价它。在生活中，正在出现的混乱有什么积极的作用呢？

负面评价可能是一种聪明的预防措施。童话不是靠我们的道德和文化想象来维持的，而是受精神的自然法则所支配，它警告人们不要无缘无故地挑起一场危机。为了将危机转化为变革，需要合适

■ 危机浪潮：未来在危机中显现　Zukunft entsteht aus Krise

的时机。一场危机不但可以被掩盖，变得具有破坏性，而且对我们来说也许来得太早。而合适的时机就是现有观念理所当然的有效性行将枯竭，新事物拥有足够的能量，并得到人们足够关注之时。同这种"死亡—变革过程"的危险平衡一起前进的，是精神自组织的调节能力所必须做到的。它打造出那只维系生命的神奇指环，而我们自己则会破裂成碎片。危机必然被生活秩序的平衡所维持，对这种必然性的理解在所有文化的创造性仪式中都可以发现。谁若过高地估计自己，放弃自己的位置，离开他的家庭，散光自己的钱财——因为他想，他可以通过危机发现自己的潜力——那么，他就打错了算盘。一场不请自来的危机不会有好的结局，在这里，根本不具备必要的条件。

那么，有没有成功和失败的危机呢？

我更愿意说输了或赢了的危机。一场输了的危机意味着赔光本钱而一无所获。现状会变得比以前任何时候都糟糕，变革的信心会丧失殆尽。在那则名为《霍勒太太》的童话[1]中，那个浑身粘满沥青，从一次失败历险中回到家的丑陋的玛丽，她的危机就不是不可避免的，她之所以倒了大霉，是因为她太过算计，而所谓"沥

---

[1] 《霍勒太太》为格林兄弟所作童话，讲述了这样一个故事：一个寡妇有两个女儿，一个是继女，漂亮、勤劳而善良的玛丽，另一个是亲生女，又丑又自私懒惰的玛丽。继女为把掉进井里的纺锤捞上来而跳进井里，发现自己来到另一个世界。助人为乐的她把快要烤焦的面包从烤炉里取出来，又将苹果树上熟透的苹果摇落。姑娘替霍勒太太做家务，老太太很满意她的勤快。一段时间之后，姑娘想家了。霍勒太太送她回家，为了奖励她，让一场金雨落在她身上，使她浑身粘满黄金。继母也想让她的亲生女儿得到金子，便让她也跳下井去。但她既不愿将面包从烤炉里取出来，也不愿摇落树上的苹果，替霍勒太太做家务时也懒得出奇。回家时她得到的不是黄金，而是劈头盖脸的沥青雨。——译者注

青"①，则意味着心情沮丧，自我形象的摧毁和思想强迫症。与此相反，赢了的危机意味着生活信心的增强，意味着财富，即此前从未预料到的生活前景的突然敞开。在童话《霍勒太太》的比喻中，"黄金玛丽"象征着面对挑战所表现出的创造性和开放态度。赢或输同危机发生的初始条件有很大关系。

在个人心理学领域，我们早已知道危机和机遇并存，但是在集体心理学层面上，我们却似乎完全忽略了这个道理，这是为什么呢？

对于个人来说，重要的是自己的一切都应当改变，但整个大环境却不能改变，应该保持原样；而面对集体变革，千百万人的期待要大得多，会产生这样一个问题：在这场前途未卜的运动中，我作为个人，应当怎样自我定位？从心理学的角度来看，这里至少有一点是应该考虑的：新事物产生于微小的运动，最初出现在知识阶层和社会的边缘，几乎不被人关注，其出人意料的潜在能量往往被低估。但这恰恰是它最强大的武器。路德维希·霍尔②曾写道："事情的发展不是从中心开始，而是从边缘取得突破。"通过在被忽略的边缘地带创造新的条件，变革是由点到面逐渐展开的。在这些边缘地带，新事物破土而出。此外，重要的一点是，作为社会的细胞，我若要作出自己的贡献，就必须对发生在我生活边缘的细小变化保持开放态度。可以肯定，任何狂热，任何一种自以为是的情感和行为都将对世界造成损害，比一场海啸造成的损害更大，并干扰生命系统创造性的自组织进程。英雄的模式早已过时了。

---

① 沥青（Pech）在德语中也有"倒霉"之意。——译者注
② 路德维希·霍尔（Ludwig Hohl, 1904—1980），瑞士小说家、诗人、散文家，主要作品有小说《登山》、《夜路》、《三位山村老妇》等，此外还著有《笔记》十二卷。——译者注

那么，出人意料的事情的发生对此会有所帮助吗？

唯有出人意料的事物才能帮助我们。通过常规渠道传来的信息必然会有一种倾向性，会固守现有的历史观念，尽管以非常巧妙的方式将其变形，差异化，扩大化，但那是相同的历史，需要出人意料的事件给予猛烈的一击，或通过无数个容易被忽略的变化在现有的世界观念中打开一个缺口。在这样的间歇中，历史可以获得一种前所未有的转折。

难道没有一种倾向，使这个缺口很快重新合拢？

不错，但问题在哪里？很幸运，一位朋友或一位治疗师提醒我们注意："喂，你刚才的反应和平时完全不一样，你好像不再坚持原来的想法了，你察觉到了吗？"这类提醒像一面镜子让我们意识到，平时陷入危机的事重又被固有的观念限制得牢牢的。

能不能这样来总结：我们其实不需要外来的帮助，而需要一种有益的、推动自我治疗过程的反思？

在我们有意识的观念中，这种对我们来说如此理所当然的自信，即一切的一切都取决于我们的智慧，让我们对生物系统的自愈能力变得盲目了。例如，当我们的生活中有什么事同我们计划的不一样时，我们不会恼怒，而会问："难道我的想法过时了么？已经发生的事难道真的错了吗？如果我放弃现在的想法，不去考虑结果、关系、好处、发展，那么，我将如何面对眼前的现实呢？"这样一种态度将打开我在正常情况下无意识排除掉的创造性的可能性。我也许不会立即知道答案，但它的意义在于，可以使我看待身边的现实及其丰富性的眼光变得更加敏锐。

倘若危机降临到我们头上,那么最严厉的禁忌也会变成废纸,神圣的牛也可以触摸了。危机能够激活我们的神话意识,或甚至使神话再度流行吗?

佛教有一句偈语:"你若遇见一位佛,就要将他打死。"人们能够通过打死一位佛而将佛杀死吗?如果不能,那么人们打死的又是什么呢?也许这类教条观念自身就设定了一位佛。C. G. 荣格表达了同一个意思,他说,只有当所有的教堂都空了,基督的意义才能显示出来。所有一成不变的故事、图像和声音——包括口头传说——都是创造性精神的一个陷阱。对我们来说同样如此,我们几乎强迫性地一再向自己讲述同一个故事。然而,如果世界每一天都自由地创造着新事物,不断改变自己的面貌,它就会充满神秘感而令人激动。

这是不是说,只有在所有方案破产之后出现的虚无的空间才是创造性发挥的场所呢?

我所知道的和刚才讲述的故事在虚无的空间内将彻底丢失。虚无的空间在音乐中是停顿,是鸟儿不再歌唱并尚未开始歌唱的时刻,是世界重新开始创造之前的时刻。艺术家在不同的创作阶段,就是使给他们以灵感的主题这样重新复活的。每一次都是同一种主题和激情,但从新的角度来看,却以不同的、此前从未有过的形象出现。在这种意义上,我们大家都是处在不同创作阶段的艺术家。早先的激情仍然是——有一点幸运——我们毕生的动力。我们赖以创作的故事就是我们经历过的脱胎换骨的标志。

在这种干预作用之后隐藏着怎样一种心理模式?

正如圣地亚哥的理论家翁贝托·马图拉纳（Humberto Maturana）和弗兰西斯科·瓦列拉（Francisco Varela）① 曾经指出的那样，是生命系统的自组织模式，在这里，精神不是被理解为抽象的构成物，而是一个有生命力的过程。认知即认识过程并不发生在一个抽象的空间内，而是生命过程的一部分。把精神与生命等同起来在科学中是一个激进的新思想，而且是人类最深刻、最古老的直觉。对认知的理解不能局限在理性的层面，而是贯穿生命的整个过程。

也就是说，必须打破自我僵化，开启更深的无意识层面？

我觉得无意识的概念过于狭窄。正如我们理解的那样，在生命系统自组织的意义上，认知既发生在意识层面，也发生在无意识层面。我本人更倾向于"内省知识"（implizites Wissen）的说法。当然，这里也会出现一个问题：为什么我们不再信任那些来源于内部和外部的信息，就像我们平时所做的那样，我们的思维只能有限地利用这些信息。我们把自己固定住，总是将认知和思维等同起来，于是便忽略了我们认识过程的整体性。此外，作为单个的生命，当我们固守别人教给我们、并告诉我们是对是错的东西时，就很容易被操纵，正因为如此，要摆脱这种集体的僵化是非常困难的。

---

① 翁贝托·马图拉纳（1928—），智利神经生物学家、哲学家。弗兰西斯科·瓦列拉（1946—2001），智利生物学家、哲学家，马图拉纳的学生。二人提出了一种"新系统论哲学"，认为生命系统、生态系统、社会系统和人的精神系统等等，都具有一种"自创"（Autopoiesis）和"自组织"（Selbstorganisation）功能，系统的产生、维持和自我再生产正是在这一基础上进行的。他们用"系统与环境的关系"来描述系统间的关系，以取代传统哲学中的主—客体关系，认为系统与系统互为"环境"，通过把自身与"环境"区别开来，系统将环境设定为一个意义发生的"他者"的领域，并通过"自我参照"（Selbstreferenz）、"自我调节"（Selbstregulierung）来维持自身存在的同一性与正常运转。——译者注

这是否也意味着，出人意料事件的发生会使事物、经验、变化等等突然出现在可见的空间内？

这就是事物最令人着迷之处。当我们放下自恋心态，投入到这一过程中，成为一个包罗万象的生命网络中一个自律的有机体，我们便打开了一座金矿，生命就将向我们敞开。而执着于固定的观念，我们便会进行不必要的抵抗，就会在特定时刻错过我们在现实生活状况下所保存下来的潜能。倘若我们放弃世界应该怎样运转的观念，我们便把生活变成了我们的同盟者。

能否这样说，危机就像启蒙，像一场考试，把我们带入个人或集体发展的下一个阶段？

按照马图拉纳的观点，所有的生命过程都是认知过程。是危机让我们得到这种知识的。危机是开启未知之门的钥匙。

也就是说，现代生命仍然处在一个永恒死亡和永恒再生的张力场中？

我们的灵魂需要启示，它可以帮助我们理解，我们生命的历程已经到达哪一站。我们今天注重的是战略性的生活规划，诸如健康和养老保障等等——或许这就是早已被遗忘的天启的替代仪式？我们忽略了现实的另一面。灵魂也需要面对现实，它同样必须经历不同的生命阶段和时间段，并逐渐变得成熟。当一个人失去灵魂，丧魂落魄地走完剩余的生命历程，他就会生病，就会失去生活的乐趣。我们今天不再将生活描绘得如此美好，而是直截了当地谈论我们遭受的压抑，即使如此，现状也不会有所改变。有时生活会通过"偶然"事件给予我们这样一种启示，有时则需要有人或某个特定的人给予我们启示。创造意义的心理治疗有时可以充当已被遗忘的启示的替代品。

由安全感向未知领域的跳跃也是"令人发狂"的一跳，不是吗？

至少是充满激动人心的恐惧的一跳。有不少人，特别是年轻人，便追求这样的瞬间。具有创造性的人，不论有意识还是无意识，同样渴望寻找各个世界之间的裂缝。

在恐惧的背后隐藏着什么样的潜能？

恐惧的根源有多种，一种是踏上不熟悉的内部或外部领地时的恐惧。人的感觉会突然敏锐起来，精神高度集中，充满紧张，直觉被激活。恐惧过去是，现在仍然是启蒙仪式的一部分，它源自于游戏。当我越过想象世界的边界，打破禁忌时，就必然会产生。恐惧在任何情况下肯定都不是一种扩展意识的麻醉剂，但在突如其来的事件发生的瞬间，它可能就是，因为它大大超出我们迄今为止经历的事情。假若我们刚才还在想象什么事情，那么恐惧的突然降临就会让我们对发生在我们身上和我们周围的事变得开放、高度专注而警觉，并将一切的一切浓缩为此时此地。当我们试图逃脱恐惧时，它的确可以毁灭我们。另一方面，当我们做好面对它的准备时，它就会让我们具有无比的勇气，具有创造性和坚韧不拔的毅力，我们便可以觉察到我们身上的盲点。

就危机的应对而言，这意味着什么？为了使恐惧的创造性潜能得以发挥，我们应当怎样处理它？

我们应当沿着黄金玛丽的足迹前进！当黄金玛丽掉进井里，来到另一个世界时，她既不知道自己身在何处，也不知道应该朝哪个方向走。这就是典型的危机状态。困扰人的不仅是危机本身，而且还有一种感觉：我处境不妙；我遇到大麻烦了；我本来不至于这样，我一定做错了什么；星期五之前我一定得脱离困境回家……她愈是放弃这种抗拒——至少是暂时放弃——采取新的行动就愈是容易。黄金玛丽只简单地看了看周围便上路了。从这种面对未知事物的开放态度出发，她知道自己该做什么：把面包从炉子里抽出来，将树上成熟的苹果摇落。她并未做什么惊天动地的大事，没有同凶恶的龙搏斗，没有找到宝藏，但她做了在危机状态下最应该做的事情。每一个有意识地经历过危机的人都知道，在他做了必须做、能够做和应该做的事情之后，他离成功还有多远，并且会问："下一步我该干什么？买面包，熨烫衣物，接孩子。"尽管麻烦并没有完全解决，但生活仍在继续。应该、能够和必须做什么的选择不再折磨我们，最紧急的危险解除了。在这一阶段，个人看待事物的方式会发生分化，世界获得了新的颜色和声音，新的自我决策的种子开始萌发。

在我们遭受生活的打击后，还有什么能把我们破碎的世界重新整合起来？

假如我们接受了生命自组织这个科学真理，我们就会将这一自组织过程中出现的混乱、令人迷惑和不安的因素理解为一种始终在起作用的秩序的一部分，就会放松下来。在整个生命世界，秩序可以转化为混沌状态，混沌状态也可以转化为秩序。我们的生活也是这样，但前提是，我们决不要在对我们认为是混乱状况的抗拒中浪费我们的精力。

这种看待问题的方式并不是孤立存在的，而是出现在一种正在产生的范式——将世界理解为一个由生命系统组成的网络结构——的框架内。在这一框架内，是不是机械论的安全范式已不再有效，并已被一种创造性的非平衡所取代？

我们生活在一个由可以想象的系统构成的多维世界中。量子理论虽然早已超越了牛顿，但牛顿定律在大多数日常生活情况下仍然有效。物理学家力图将量子力学与相对论统一起来，但前者在微观空间中更加适用，而后者在宏观宇宙中得到广泛证实。我们时代面临的最大挑战在于，必须逃离大大小小理论盒子的正方形束缚，对世界的解释永远不会穷尽，世界仍将是其所是。

系统——混沌学主张非线性的系统。是否可以说，这一论点不仅适用于整体的文化系统，而且适用于人的成长和成熟？

新的物理学将精神理解为非线性发展的完整系统，就此而言，它所作的贡献比其他任何学科都大，因为它找到了解释生命和意识过程的感性模式，而这种模式是我们迄今为止的思想体系所不能理解的。相反，思维却继续按照牛顿定律运行，即整体并不能通过理论话语来解释。生命过程就是认知过程，这种理解体现在一种——对个人和集体经验来说——改变了的观念中：将生命看做一个具有自我调节能力的完整的网络结构。这样一来，维持一个能动的交往网络的共同体，很快便能从它所犯的错误中学习，找到更加适当的行为方式。被理解为自我调节网络的完整的个人，亦将通过自恋情结的克服，更加自信地面对危机和成长的烦恼，应对骚动和生存挑战，会较少受到威胁，并在某种意义上以游戏的方式克服所有这类困扰。一种更加完整的安全感便会从经验中产生：变革就可能是一个安全的港湾，它将以动态的方式给予我们信号和方向，使似乎无序的发展变得完全可以信赖。

对于当前和未来的危机时代，这意味着什么？是放弃控制，还是希望、未来？

我的希望是，对生命系统自组织的理解导向一种参与的，而不仅仅是分析的自我理解，转化为一种对我们周围世界充满热情的关怀。最晚自康德以来被贬斥到天上的灵魂应当回到地上，这就是：生活在当下就像生活在自己家里。

第二部分　从机器的范式向有机体范式的转变

永远不要说什么是不可能的！
危机引发又一波进化浪潮
从死亡意识形态向生命力法则转化
直面一种多元一体的意识
做旧事物死亡的见证人，做新事物诞生的助产士
从理智的逻辑转向心灵的逻辑

永远不要说什么是不可能的！
——与量子物理学家汉斯-彼得·迪尔教授、博士对话

汉斯-彼得·迪尔（Hans-Peter Dürr）教授、博士，生于1929年，是量子物理学家维尔纳·海森伯格（Werner Heisenberg）的学生。作为"氢弹之父"爱德华·泰勒（Eduard Teller）的博士研究生，他对第一代核物理学家的思想非常熟悉，因而能够通过科学上的联系，在最高层面发起和平倡议。这位慕尼黑的量子物理学家和马克斯-普朗克学会天体物理学研究所前所长，也是许多公民社会机构的创建人。汉斯-彼得·迪尔除获得众多奖项外，还在1987年由于参加反对美国总统罗纳德·里根的"星球大战计划"的国际运动而荣获"另类诺贝尔奖"。迪尔最近的壮举是2005年起草《波茨坦宣言》，在这份宣言中，来自世界各国近一百位科学家倡导建立一种旨在促进一元性世界图景的"新思维"。今天，他是批判的科学界道德高尚声音的最重要发出者之一，致力于为一种长久的并具有生命力的文化寻找新的思维。见 www.gcn.de。

■ 危机浪潮：未来在危机中显现 ■ Zukunft entsteht aus Krise

面对无所不在的危机，科学处在何种位置？它能够为我们提供解决方案吗？

研究的视野不断扩展，科学家的工作过去和现在都成果丰硕，已经并仍将带来激动人心的，有时甚至是难以置信的知识。然而，科学是否使我们对世界的现实有了更深刻的认识，却成了问题。人们有这样的印象：这些知识一方面使我们的生活更加美好、更加便利和丰富多彩，另一方面却赋予了我们越来越大的统治人和事物的权力。我们今天掌握的许多知识可以称之为统治的知识——它并没有扩大和加深我们对世界的认识，而是让自然界为我们服务。应当追问的是，我们今天是否已经丧失了最本质的东西。知识本来不应该是一种我们用来干涉自然、统治自然并让其为己所用的主宰的知识，相反，它首先应当帮助我们对自己和世界的意义有所认识，并以这种方式指明方向，从而为我们应对未来作出更加合适的定位。

科学研究的首要目的是什么？

我觉得，当前对于我们来说，统治自然、征服自然仍然占据着绝对优先的地位。这就向我们提出一个问题：为了使别的维度引起重视，我们怎样才能扭转这一趋势？倘若我们仍然用旧的工具——无论它怎样完善——处理问题，我们便被囚禁在认识的牢笼中，换言之，我们不仅会由于无视实际的知识而迷失方向，而且将犯更为严重的错误，因为现实并不像我们理解的那样，而是有完全不同的结构。当我们对现实进行言说时，我们使用的是一种与现实根本不相符的语言。

那么，我们对世界的认知是根本不一致的吗？

我们所面临的危机从根上说，肯定是一种认知危机。我们的现代文化从某一时刻开始，就把我们所感知的现实，我们的世界，阉割为一种物的现实，为的是能用思维来把握它——从外部为我们的生活服务，——并主宰它。为了重建我们同原初的、活生生的现实的联系，我们需要更加广阔的视野，没有这种联系我们将没有根，没有未来的机遇。今天对我们来说重要的是，重新发现这个更加开放的世界，以便在现实（Wirklichkeit）和实在（Realität）之间建立平衡。

> 从您的角度看，现实和实在之间的差异是什么？

我们所能理解的，就是我们可以把握到的，而这就是实在。与此同时，我们深知，有许多我们经历过的事物实际上是我们所不能理解的。我们拥有活生生的语言，它远远超出我们所能理解的范围。我们有希望、信任、爱等词汇，即我们无法作为客观对象把握的情感，尽管如此，我们彼此间仍然可以达成相互理解。这就是更加广阔的现实。现代物理学知识表明，我们在客观—实在的意义上所运用的知识，严格说来并非完全恰当。为了使我们的思维更好地介入，我们需要确立一种新的世界图景和人的图像。

> 那么，这种新的世界图景和人的图像应当建筑在什么基础之上？

最终必须建立在新物理学的革命性认识之上，虽然这种认识已存在了一百多年。马克斯·普朗克1900年作出了决定性的贡献，年轻的维尔纳·海森伯格①于1925年，即25年之后，提出了令人震惊的解释，或更确切地说作了非正统的阐述。令人诧异的是，这一新认识直到今天仍几乎不被知识界所接受。这并非因为它没有导出本质的结论，恰恰相反，不仅对于科学，而且对于技术的发展，它都产生了不可估量的影响。从中不但发展出了整个核工业，连同它可怕的武器，而且还有庞大的化学——医药工业、整个微电子产业和现代通讯技术。尽管如此，认识论的结论似乎简单地被排斥了。相比于实践和技术上的接受，对现代物理学在理论——内容上的拒斥，根源无疑在于，现代物理学如此另类，致使每一个人开始都会说："这不可能！这如此荒唐，我们丝毫不能理解！"现代物理学需要彻底的新思维。②

如此说，常规的科学思维应对危机的能力是很有限的？

对于每一种科学观察来说，我们的思维方式与处理问题的方式是极其重要的。思维是我们分解和拆解事物的方式。科学建筑在分析方法之上，运用的是演绎法。然而这样说的意思是，一切在分解过程中被拆散的东西并不是运用科学方法就可以直接被把握的。对于常规研究来说，一切未经对象化的东西都是无法把握的。这种处理方式好比一个渔夫用一张大网眼的渔网打鱼，所有比网眼小的鱼他都打不到。虽然有这种研究的演绎法，但科学仍然要求对现实作

---

① 马克斯·普朗克（Max Plank，1858—1947），德国物理学家，量子力学创建人，因发现能量量子，对现代物理学发展作出重大贡献，于1918年获得诺贝尔物理学奖。维尔纳·海森伯格（Werner Heisenberg，1901—1976），德国理论物理学家，量子力学创建人之一，创立了矩阵力学并提出"测不准原理"，于1932年获诺贝尔物理学奖。——译者注

② 参见汉斯-彼得·迪尔、鲁道夫·楚尔·里珀和丹尼尔·达姆：《波茨坦宣言》，2005年。《我们必须以一种新的方式学会思考》，波茨坦纪念文集，Oekom出版社，2005年。

出普遍有效的陈述。在这里，科学陈述原则上就像一台绞肉机，现实被放入其中，被绞碎，被塑成型，最后出来的是不同形状的香肠。我们今天处在一种状态下：许多科学家有一种完全错误的印象，似乎原初的现实便是——打个比方——由这些香肠构成的。可是与此相反，我们今天需要这样一种认识：已知的现实碎片始终只是我们看待和加工现实的方式的产物。今天在21世纪，我们仍然绝望地尝试着用过时的思维方式——特别是经济理论——来掌控现代科学技术，我们当然会不可避免地遭到失败。

旧的看问题的视角同新视角的根本区别在哪里？对于我们看待未来意味着什么？

对于我们来说，古典的世界图景是最熟悉不过的了：世界就"在那里，在我们眼前"，我观察并描述着它。作为静止的观察者，我与外部物质世界并无关系，它就在我面前，并不包括我，我只需要给"在那里"的事物逐一命名，感知"在那里发生"的事情。物质性在我们看来是世界首要的性质，所以我们把现实称之为"实在"，换句话说就是"物的现实"。然而，在那里总是有什么事情在"发生"，这表明，这个拥有三维空间的世界并不是一成不变，而是随着时间的流逝不断变化的。一个新的"当下"正在到来，而我们在它到来之前对它却一无所知，因此我们尝试着从过去的"当下"中获得对它的认识，了解未来将带给我们什么。在这方面，古典物理学相信的是严格的规律性，并明确地将这种规律性视为决定论的自然法则：世界被描绘为一部巨大的机器，一个结构精密的钟表，严格按照既定的规律运行，只要我了解这些规律，根据所有已知的条件，原则上就不仅能够预言未来，反过来也可以精确地追溯过去。

如此说来，人不是承担着钟表匠或机械制造者的角色吗，而表面上,他却不动声色地操纵着这部庞大的机器?

的确如此。问题的关键在于,我作为人,是把自己看做钟表的一部分,还是视为玩弄和操纵钟表的局外人。每个人可能都会说:作为人,我当然是局外人,因为我不是机器,明显地具有按自己意愿行动的能力。如果肯定这一点——在文化上,我们迄今为止就是这样认为的——那么,我们就落入了人与自然相分裂和彼此对立的老框框。人若抱有这种观念,就必然会滋生出狂妄自大,就不但会觉得自己是"造物的皇冠",而且会自我想象为一切造物的主人或至少是它们的创造者。一些人,特别是有权有势的世俗统治者,过去觉得,现在仍然觉得这样很好,而另一些人,首先是无权无势者,当然还有女人,因为自古以来女人就被看做自然的一部分,却认为这是不可接受的。

除此之外,在这幅世界图景中,一切情感因素都被彻底排除——不但我们对失控的恐惧,还有我们对生命的同情……

也可能科学过于单纯,根本看不到最重要的东西,更不用说理解它们了。[①] 启蒙运动之后,科学在理性思维成功的幻觉和光荣的狂妄中,成了反对和摆脱传统势力监护的强有力的工具,科学开始彻底排斥宗教,人们以为借助科学揭示的知识便能最终驱逐上帝和宗教。科学家似乎终于变成了可以并有权宣示真理的人。在古典的世界图景和人的图像的基础上,自然科学家,特别是物理学家的职责就是通过对物质世界及其自然规律的精确研究,彻底把握世界。为了达到这一目的,就必须寻找纯粹的物质,而寻找纯粹物质则意味着寻找"不可分"的粒子,寻找"A-粒子"。这是一场对组成一切

---

① 参见汉斯-彼得·迪尔、玛丽安妮·厄斯特莱歇:《我们所体验的比我们所理解的更多:量子物理学与生命问题》,Herder 出版社,弗莱堡,2008 年。

物质形式的最小粒子的寻找。人们相信已经找到了化学元素最小的构成单位,并将其称之为原子,原子似乎不再是可分的,它就是纯物质的候选者。从中产生了一个世界,这个世界好像一只乐高积木盒①,人们始终信任它。后来大变革就到来了……

……变革的内容是什么?

首先,卢瑟福②用阿尔法射线轰击氢原子,确定原子有一个内部结构:一个被一群散乱电子围绕的细小的原子核,原子由比它更小的粒子组成。人们把这些粒子称之为"基本粒子"。不过,后来却发生了令人震惊的事:按照经典物理学的原理,这个由一个内核和外壳构成的系统不可能保持稳定,必定会自动坍塌。只有给予它特殊的推动力,它才能保持稳定。于是人们认为,根本不可能存在这样的粒子,它不过是被一种稳定的非物质震动伪造出来的。从中可以得出结论:原子不再由物质构成,物质消失了,只剩下形式,古老的物理学大厦坍塌了。人们通过铁的事实相信,世界有一种"存在结构"(ontische Struktur),一种"存在"(Sein),依照这种结构人们必须追问:存在是什么?是什么存在着?然而,"在"与"存在"是与物质的概念联系在一起的。人们发现,物质并非由物质构成,世界的基础是非物质的。相反,我们在这里发现了信息场、领导场、期待场,它们同能量和物质并没有关系。这当然是一种令人迷惑不解的观念。假若物质不是由物质构成的,那也就是说,物质与形式

---

① 乐高积木盒(Legokasten)为丹麦乐高玩具公司自1934年起生产的一种积木玩具,可以用各种形状的彩色积木和零件拼装成多种多样的物体,如房屋、汽车、机器人等等。"乐高"一词来自丹麦语,意为"玩得好"(play well)。——译者注

② 卢瑟福(Ernest Rutherford,1871—1937),新西兰物理学家,通过对放射性的研究发现重元素的衰变,提出原子的内部结构模型,此外还实现了人工核反应,从而对现代核物理学作出巨大贡献,被称为"核物理学之父"。——译者注

究竟谁是第一性的问题便被颠倒过来了。

这意味着，社会和文化结构赖以产生的世界图景的基础彻底崩溃了？

人们无法逃避这个事实！就此而言，物理学的基本观念必须改变。人们不得不得出结论：从根本上说，自然仅仅是一种"联系"（Verbundenheit），而物质的东西不过是后来才出现的。"有的仅仅是联系"在我们的语言中听起来似乎是人为拼接而成的，尽管如此，它是不是最基本的呢？因为，如果我们不考虑是什么将什么联系在一起，我们就几乎无法思考"联系"。在我们的语言中，能将"联系"基本表达清楚的名词很少：爱，精神，生活，等等，应当说最适合表达这种状态的还是动词：生活，爱，感觉，工作，存在，等等。因此我们说，现实并非物的现实，现实是纯粹的联系或潜在性，仅仅是在某些情况下以物质和能量的形式显现的"能够—可能性"（Kann-Möglichkeit），但它并非显现本身。这种基本的联系使世界成为一个整体，严格说来，不存在将世界拆解为部分的可能，因为一切的一切都联系在一起。这样一来，试图通过演绎法来解释世界，将它拆解并探究它的各个组成部分的基础，原则上就被抽去了。

那么，用演绎法也不能预测未来了吗？

的确如此。这首先意味着，未来并非仅仅由自然法则所决定，它在一定程度上是开放的，当然并不是随心所欲地开放，而是说，我具有这样或那样走的可能性，并且我们也被要求这样做。在这个现代世界，不存在时间上始终与自身保持同一的物质粒子。事物在创造过程中产生并消亡：一些东西从虚无中产生，再回归于无。我们再也不能像过去那样使用"进化"的概念了，我们有新的世界图景，在这幅图景中，创造并非在时间中均衡地发展，相反，世界每时每刻都在更新自己——不过残留着对它"曾经是怎样的"的记忆。换言之，它并不会彻底改变自己，而会与过去的它有些相像。存留下来的仅仅是例外——物质上已"死亡"的客体，我们的世界图景曾建立在它们之上。然而，这就是我们前进的方向！所以，真正的现实——这种创造性的"联系"或"潜在性"，不管我们叫它什么——同具有生命力的，而不是已死亡的事物更加相似。它在原则上是创造的，没有边界——我可以把这种现实称之为精神。① 也就是说，世界的基础并非物质性，而是精神性的。而物质在某种意义上就是精神的残渣，是经过一个过滤过程才产生的。

这种奇怪的看法对我们同世界打交道意味着什么？

在旧的物质世界图景中，我们为了解释世界，总是由被割裂的东西入手，然后再补充它们之间的相互作用，并好奇地追问，这些由彼此无关的物质和相互作用组成的乱七八糟的东西怎么能形成越来越复杂的形式，直至最终形成了人。在新的世界图景中，一切看起来都完全两样，它过去、现在、将来都是"一"或无法分割的整体，是开始分化然而并未失去共同性的东西。这种分化是有组织的，不像旧的图景中是彼此无关的东西的组合。也就是说，我们有完全不同的世界图景，因为它并非呈现于彼此分割的事物之中。世界在某种程度上更像一个开始分裂的受精卵，但它根本没有破碎，而是转化为一个胚胎，左半部稍稍被右半部遮蔽，一道矮树篱但并不是墙，它仍然是同一个系统，但人们在左边可以比在右边更加随意地动作。这意味着，如果我们用现代观念看待整体，那么子系统便随

---

① 参见汉斯-彼得·迪尔、玛丽安妮·厄斯特莱歇：《科学也在比喻中言说：宗教与自然科学的新关系》，Herder 出版社，弗赖堡，2008 年。

时可以回归本源，并以这种方式从总体关联中推导出意义和有意义的结论。

这幅始终互动的整体图景只对原子的微观世界有效，还是对人的生活世界也起作用？

迄今为止，似乎这个微观世界的生命活力是微不足道的，因为在那里，这种关系过程的无穷大的量如此被表述，好像在我们的世界中，它的生命活力基本上并未向上传递。然而事实并非如此，我一直试图用钟摆的例子来说明这一点：一只摆动的钟摆有一个静止的不稳定点，这个不稳定点会使钟摆失去平衡而向左或向右运动，因此，钟摆向左或向右运动的自由，是受细微的力的控制的，并最终被这种"可笑的"力所支配。这种力在量子物理学中极其重要。假如一个钟摆有多个不稳定点，即多个活动的关节，那么，这个钟摆的摆动就完全无法预料，便陷入了"混乱"。我现在要跳过一些环节了。我认为，"混乱的"运动是生命体存在的基础，从根本上说，生命体不是一部被螺丝固定得牢牢的机器，而起源于静态不稳定状态下的混乱运动，也就是说，作为生命表现形式的生命活力，源自于一种高度敏感性，它建立在不稳定之上，在这种不稳定状态下，主要的力相互补充。但在"偶然"的意义上，运动并不是杂乱无章的，而说明微观生命力的存在。

这难道不也意味着，斗争与竞争的范式再也站不住脚了吗？

唯有共存才行得通[1]。两种不稳定状态的共存才可能引起力学上

---

[1] 参见汉斯-彼得·迪尔：《量子的现实与日常生活世界》，载莫妮卡·绍尔-萨赫特勒本、格塞科·v. 吕普克：《在进化中共存》，Diederichs new science 出版社，慕尼黑，1999年。

稳定的运动。生命力是力学上的稳定的不稳定。我们每一个人都是一次性的、独特的，这就是存在的差异。但这种一次性并不说明我们在根本上是彼此分隔的，我们同时也相互关联着。是创造造成了差异。第二点，有差异的事物可以共存，并以某种方式建立新的联系，在这里，差异并未按照达尔文主义的法则被排除，而是产生一种保留差异的结构，并在更高的层面上彼此共存，而这恰恰是发展的下一个阶段。我们应该明白：差异与共存的整合乃生命体的特征！进化正是这样得到延续的：差异出现，但仅发展到一定程度，紧接着便出现了差异的共存整合，使一个并未摧毁差异的新的整体得以产生。

这种观点与无所不在的竞争范式合拍吗？而这种范式当前仍然占据着统治地位。

当然不，最坏的就是这个竞争的概念。它在双重意义上是错误的。把竞争当成目的已经很糟糕了，但将竞争看做手段，以使个人的特殊能力在集体中凸显出来，从而摆脱某种状况，那就更加错误了。就我们迄今为止对竞争所下的定义来看，我们完全没有兴趣将自己的能力与他人的利益结合起来以达到更高的境界。其实，生命体的发展犹如一支乐队：必须增添新的音素才能使自己的和声更加饱满。只有以这种方式，人在过去35亿年中才能进化成今天这个样子，而不是相反：每个成员都使用一件新乐器，压倒别人，将别人排挤出去。竞争摧毁相互信任的关系，这种相互信任之所以存在，是因为我们大家联系在一起。共存最终意味着对一个更大的自我的认知。这绝不是利他主义，而是我在他者中认识自己。博爱其实就是自爱，而这个"自"的本来意义便是整体。倘若我在一个更大整体的高度上定位我自己，那么我便会要求自己充分发展自己的才能，为这个集体的发展作出贡献，将我自身的发展视做丰富我所从属的共同体的一份力量，并在共同体的丰富中——我自己就存在于这个共同体之中——认识和发展我的特殊性。

对于今天存在的问题和困难，这样做究竟有什么意义？

我们必须从以下前提出发：重要的并非在实现某个固定目标过程中的自我最大化，而是差异的敏感平衡。这意味着，我应当在别人身上，从他与众不同之处看到他的长处。假如我单腿——无论哪条腿——站立，就可能随时摔跤，可是如果两条腿相互协作而不是一条腿站立，我就可以奔跑，可以做一条腿不能做的动作。同样，倘若一个共同体中的每个人都同别人协作，在别人身上发现自己所不具备的东西，那么，这个共同体就可以做到单个人无法做到的事情。这就是生命体的基本原则：成功的合作可以提高生命体的活力。

对于我们改变现实的机会，这又有什么意义？

这要求每一个人都参与到创造中来，在某种意义上共同描绘这幅蓝图。我是一个对外没有清晰边界的参与者，我们大家都应参与到这一事业中来。创造这一切的不是哪一位"上帝"，一切存在着的东西都具备了继续这一计划的特性，但条件是，新的创造始终必须在已经存在的背景下进行。在物理学中我们常说，一个"期望场"正在形成，其中下一次创造活动极有可能朝这个或那个方向发展，但我们对这种可能性能够施加影响。整个进化过程就在于，每一刻都会出现新问题，而每一个问题都打开了一个"是"或"非"的空间，而答案则要求相应的责任。

在我不知道未来会变得怎样的情况下，这如何才能做到？

让我尽可能灵活地行事！灵活性就是共存的能力。发展的模式告诉我们，应该将不同的才能在协作中投入到必须把握的未来中去，这个未来恰恰是我们不得不创造性地适应的。这就是我们生存下去的理由：我们是地球上最有韧性的生物，而这便是生命体的自然发展原则。无生命物体的信条是，可能的事未来愈发可能发生，而生命体与此相反，它们的信条是，不可能的事未来并非不可能发生。生命体的进化从简单的系统开始，而35亿年之后我们有了人，这是一个无比复杂的整体系统，是人们无法想象的、最不可能出现的事情。当初如果预料到这多么不可能，那么人们也许会说，忘掉它吧，这根本不可能！尽管如此，35亿年之后，它还是成功了。对于整个生命网络来说同样如此，一种想象不到的不稳定的共存将整个系统整合为我们称之为生物圈的东西。多么美妙的共存！

这听起来充满乐观，似乎这个网络系统是无所不能的。事实是这样的吗？

我们不能把地球的生物系统想象为一棵像金字塔一样的石榴树：下面是比较简单的物种，越往上就越复杂，而树顶盘踞着人——人们能够想象到的最复杂的系统。我们人有一种奇怪的想法：我们可以在什么东西上随便折腾，这个东西绝对是坚实的、稳固的。然而生物系统更像一所用纸牌搭成的房子，所有的牌都相互支撑，每一张牌都是一个不稳定点。不过生物系统比纸牌搭成的房子要牢固，因为它（通过太阳光的照射）获得了一种动态的稳定。在这里，这些牌某种程度上在一对对相互作用的力的作用下相互挤压，咬合得更加紧密，所以从上面施加重压时不会倒塌。经历了这种几十亿年的稳定过程，自然变得无比坚实。因此这所纸牌搭成的生物房子尽管有我们人的倒行逆施，直到目前仍然没有坍塌。当然我还应该预料到，假若这所纸房子的负担再加重，它就会轰然倒塌，生物圈的物种多样性和共存能力将遭到严重损害，从而将人推入致命的危险。

如此说来，危机就是我们对现实结构缺乏认识而产生的实际结果吗？

我们目前正经历政治，特别是经济因素的结构性暴力的升级。地缘政治的、社会文化的以及经济学的权力战略，全球化市场经济无止境的扩张及其强制性的生产效率，正威胁并摧毁着我们这个地球有限的空间和资源，毁灭性的后果是显而易见的。权力战略以及与此相关的人的图像，同物质主义—机械论的世界图景紧密结合在一起，这就是统治着科学和政治—战略思维主要方面的，所谓在科学上被合法化了的意识形态。现代社会从此便陷入了一场反对多样性和变革，反对差异与整合，反对开放发展的冷战之中：这场冷战反对一切自然界中决定生命进化乃至人的性质的东西。而为此所必须具备的统治的知识，首先是由经验科学提供的，正是通过政治和社会科学以及经济学，经验科学将这幅世界图景投射到地球上所有生命关联和生命过程之上，而这又在人的行为模式中被固定下来，这种模式的产物在短期内似乎将这样一种现实合法化了。

对于我们同世界的关系，以及同我们重新塑造现实的机会来说，这一切意味着什么？

我们今天必须面对的、超出我们想象、威胁着我们的多重危机，是一种在人与生命世界的关系上出现的精神危机的表现。这一危机的出现，同我们在与已经习惯了的物的实在的对比中，拒绝有意识地接受革命性地扩展了的现实的性质有紧密关系。这要求我们不能像迄今为止那样，仅从形式上，仅在科学语境中解释现实，要求我们在看待已知事物时持一种谦虚的态度。倘若新物理学告诉我们，未来原则上是不可预知的，自然并非一部机器，那就意味着，一切依照过时的世界图景建立起来的社会和经济结构，都应该遭到质疑。微观物理学提出了一种对世界的解释，可以引导人们抛弃这种唯物主义—机械论的世界图景。新近获得的、然而又是古老的关于世界的知识，向我们展示了一种伦理学，一种更加全面看待世界的新的"自然主义"眼光，一种不再孤立看待人的视角，而这种伦理学和看待世界及人的视角，将向我们开启一个新的未来。我们必须明白，我们，还有其他一切生命，不仅是这个奇异的地球生物圈的部分，而且是与它不可分割地联系在一起的组成者。只有人和与他共存的生命世界之间充满活力的互动，才是真正值得珍惜的，才能增进人的整个本质。我们必须扩展我们的思维，彻底改变我们当前的行为方式，必须将思维从僵化的结构中解放出来，代之以灵活的关系。紧接着，必须消解一元结构和中央集权结构：中央集权式组织的统治，笨拙的跨国康采恩①，庞大的制造风险的科学技术。

> 这听起来似乎是一项艰巨的、几乎无法完成的任务……

但我们的新视角同样表明，我们有多么巨大的潜力。每一个单独的人都不是孤立的，在一个将所有人联系在一起的共同体中，每个人的能力似乎渺小，但同时又很重要。我们的行为影响着整个社会的现状，可以改变动态变化着的生命现实。这就是作为生命机体的细胞，作为共同文化进化过程的组成部分的个人的独特性。这意味着：永远不要说有什么事是不可能的，相反，在你思考这种不可能性的时候，你已经将变革的种子撒向了世界。如果你说，未来发生的只会是你过去经历的事情，那你就恰恰把过去拖进了未来，就

---

① 康采恩（德文 Konzern 的音译），由不同经济领域的多家大企业联合而成的、旨在垄断市场、原材料供应和投资场所，以获取巨额利润的垄断组织，一般被大银行资本所控制。——译者注

会比造成你目前现状的物质好不了多少。你会说:"过去怎样,现在和将来还会怎样。"而这就是我们所说的物质。那样你便根本无法运用你摆脱这种模式的灵活性。我们今天遇到的困难在于,我们的"现实主义者"恰恰是那些否认构成生命的东西,否认未来将会和过去不同的人。

假如新科学迫使我们接受新的看待世界的眼光,从中能够导出扭转危机的战略吗?

新的、分散的生产、分配和决策结构应当首先建立起来,为了应对未来,经济必须适应地方和区域社会文化的现状与需要。在这方面,应当尽最大可能发挥分散的、自给自足的经济创意和能力。地球的生态基础再也不能被分散管理,被垄断了——既不能被私人、也不能被国家和超国家垄断——必须建设互补的经济结构。在这方面,减少少数企业的垄断结构,增加经济的多样性和大力促进民营企业是非常必要的。为了使自然生命基础不致遭到进一步破坏,我们必须建立经济上封闭的生产和物质循环,将生态风险最小化。我们必须增进生命的活力和多样性,确保这种生命力在我们身上发扬光大。因为我们可以称之为爱,并正从生命中喷涌而出的无所不在的联系[1],就蕴含在我们和其他一切生命体之中。

---

[1] 参见汉斯-彼得·迪尔、莱蒙·潘尼卡:《爱——宇宙的最初源泉:一篇关于自然科学和宗教的谈话》,Herder 出版社,弗赖堡,2008 年。

危机引发又一波进化浪潮

——与进化论和未来学家伊莉莎白·萨图里斯博士对话

伊莉莎白·萨图里斯(Elisabeth Sahtouris)博士是将常规科学与盖亚理论(die Gaia-Theorie)① 和传统文化知识结合起来的现代自然科学家群体中的一员。这位希腊裔美籍哲学家、生物学家、未来学和系统论研究者及联合国顾问,生活在旧金山,在生命系统和"另一种进化论"领域从事教学工作。正是在这一范围内,她担任联合国、一些企业和美国、巴西、澳大利亚政府顾问,她执教于马萨诸塞州

---

① 盖亚理论为英国大气学家拉夫洛克(James E. Lovelock,1919—)于20世纪60年代提出的地球作为一个生命体的理论。盖亚是希腊神话中的大地女神。盖亚理论的核心思想是将地球视为一个生命有机体(即拉夫洛克所称的"超级有机体"),其主要特点有:(1)地球上各种生物有效地调节着大气的温度和化学构成;(2)地球上各种生命体影响生物环境,而环境反过来也影响达尔文意义上的生物进化过程,两者共同进化;(3)各种生物与自然界之间主要由负反馈环连接,从而保持地球生态的稳定;(4)大气能保持在稳定状态不仅取决于生物圈,而且在一定意义上也是为了生物圈;(5)各种生物调节其物质环境,以创造各类生物优化的生存条件。盖亚理论经拉夫洛克与美国古生物学家马古利斯(Lynn Margulis)共同完善后,受到欧美科学界的重视,并成为生态和环保运动以及绿党行动的重要理论基础。——译者注

■ 危机浪潮：未来在危机中显现　Zukunft entsteht aus Krise

立大学和麻省理工学院（MIT），并任科学记者和专业作家，在国际上就生物学和未来学的新发展作报告。她的著作中已有《盖亚：地球的过去与未来》（1989）被译成德文，在美国，她的《地球之舞》和《穿越时间》已成为畅销书。见 www.sahtouris.com。

您不仅是进化论生物学家，对过去进行深度研究，而且作为未来学家，您也对未来作深层探究。为了发掘未来的深度，我们是否应该认识过去的深度？

假若您真正想获得对进化过程的了解，您就不但要知道短期内发生的事情，而且要想想几十亿年是个什么概念。我相信，我是为了成为一个好的未来学家，才成为进化论生物学家，即研究过去的专家的。我们从哪里来，我们过去的行为是怎样的，我们是如何发展的，其他物种又是怎样发展的，对这些问题了解得越多，我们就能对我们未来的可能性获得越多的认识。

在过去几十亿年中，进化已经历过多次存在危机。从这个角度来看，当前最根本的危机是什么？

当前我们面临的最大危机无疑是地球气候的变暖。与几十年前有人担心一个新的冰河期将到来不同，一个"炎热的时代"正向我们走来——也就是说，与过去的预测完全相反，气候不但没有变冷几度，而是变热了几度。而这不仅在气候方面，而且在地球地质学方面都带来了严重后果，并将决定地球上的生物会到哪里去生存、怎样生存以及还能不能生存。在这种背景下，问题当然也会涉及我们人是否有能力适应这种炎热的气候。

直到今天，占据上风的仍然是否认的态度。虽然科学越来越清晰地向我们证明，这一前景已经离我们不远了，但我们仍然希望，事情不会发展到那一步。我们拒绝承认未来的现实。一旦克服了这种回避态度，事实将向我们证明什么？

的确，人类，特别是生活在气候比较温和地区的人，直到今天仍在回避。在极端气候肆虐的地方，全球变暖早已不再有疑问了，因为对那儿的人来说，这已经是显而易见的事实。在格陵兰，大陆冰盖正在消融，在北冰洋，大块冰面正在碎裂，让北极熊无法捕食海豹从而饿死。逆戟鲸，即我们所称的"杀人鲸"，正迁往现在已经变暖的水域，它们愈来愈多地猎食海豹，这将导致北极熊很快灭绝。与此相关的还有人类食物链的巨大破坏。在极北地区，越来越多的土著长老自杀，因为他们不知道在这种极端条件下如何才能生存下去。不久之后，太平洋一些岛屿的居民就不得不撤离自己的家园，因为海平面的上升比人们预计的要快得多。在孟加拉国的低海拔平原，自从气候变化的节奏加快以来，海啸、洪水和山林火灾的次数大幅增加。除此之外我们还观察到，世界各地为河流提供水源的高山冰川快速消融，当这些冰川彻底消失，这些河流将全部干涸。到那时，世界大片地区将变成干旱草原并荒漠化。而20个超大城市中的很大一部分，不妨说13个位于海边的大城市，将完全被海水淹没，那里的居民不得不退避到地势较高的地方从而失去家园，而这将带来无数难以解决的社会问题。所有这一切都迫使我们必须找到一种解决办法，使我们将来能够在一个炎热的星球上更好、更可持续地生存下去。[①]

---

① 见伊莉莎白·萨图里斯、詹姆斯·拉夫洛克：《地球之舞：进化中的生命系统》，旧金山，2000年。

■ 危机浪潮：未来在危机中显现 ■

Zukunft entsteht aus Krise

我们怎样才能在一个炎热的星球上更好地生存？这是否意味着我们必须通过危机来变革，在一个由于水的缘故而变得非常不一样的世界上建设一种可持续的未来？

不错，结果恰恰会是这样。气候变暖现象中最令人感兴趣的是，它加快了进化过程。您刚才提到这个星球过去遇到的危机，在一系列危机中地球气候曾发生剧烈变化，使50%至93%的物种遭到灭绝。有科学家将当前的气候危机称之为这个星球上第六次大灭绝浪潮，因为所有忧虑中最令人担心的，是由于全球气候变暖，生态系统遭到人为破坏，自然的循环被人为中断，物种的灭绝在相当程度上变得非常严重了。我们今天面临一种困境：生态系统被摧毁，我们不得不适应变化了的气候，不得不经历过去一百年建立起来的整个经济系统的崩溃。当前所发生的，乃是各种危机发展的综合效应。这种正在走向危险阶段的危机综合效应，的确迫使我们严肃地去质疑我们迄今为止的生活方式，质疑我们所有的基本习惯，从我们使用的货币，我们试图维持的经济形式，直至我们发展新科技的方式。所有这一切必须是清洁的、绿色的，还有我们如何建设沙漠的问题，因为我们知道，沙漠面积将大大扩展。上述所有问题好的方面是，它们仍然是可以解决的，我们完全可以胜任。[①] 我们是具有巨大创造力的特殊生物。

进化有没有对危机作出反应的特定模式——这个星球过去是如何应对危机的——我们或许可以认识它，并从中学到些什么？

---

① 参见伊莉莎白·萨图里斯：《全球化的生物学：展望责任和全球变革》，旧金山，1997年。

我是这样来理解进化的：它在一种逐渐成熟的循环过程中运动。在这一过程中，年轻的特殊物种必须经过斗争和竞争才能生存下来，斗争和竞争使它们富有发明创造性。例如，这个星球上第一批细菌类物种，在早期的竞争中就创造了类似于第一个万维网①（World Wide Web）的东西———一种地球上所有细菌之间通过基因的媒介不断进行信息交换的形式。直到今天，它们仍然交换着 DNA，就像它们之后所有其他物种那样。除此之外，它们那时就创造了类似于电子推进器的东西：所有细菌末端都拥有一个细微的像分子推进器的东西，使它们可以更快地运动并侵入别的细菌。它们还发明了多种不同的"技术"：在吞噬了地球表面形成的自由碳水化合物和酸之后，它们可以利用太阳能、水、阳光和无机物合成营养物质。这种充满激烈竞争的进化阶段后来演变为一种本能：彼此友好共存是最节省能量的，例如不是杀死而是养活敌人。从这一时刻起，细菌之间就建立了一种共生共存关系，最终导致了单细胞物种的产生，而它的后代最后发展成了我们人。又经过数十亿年的竞争—共存，各个大类的单细胞生物之间同样保持了共存关系，并进化为多细胞生物。在生态系统形成的最初阶段，这些多细胞生物也充满创造性和攻击性，直至它们明白同一个道理：共生和共存比相互间你死我活地争斗经济得多，消耗得少。正是以这种方式，最终才形成了成熟和紧密共存的生态系统，如热带雨林、南美大草原和珊瑚礁群，在那里，所有物种连接成一个大的网络，相互保护，为对方提供养料、食物或栖身之所。

从这种进化过程的竞争和共存的钟摆运动中，我们可以学到什么？

---

① 万维网（World Wide Web）缩写为 WWW，"环球信息网"的简称，发明者为美国麻省理工学院的蒂姆·伯纳斯－李（Tim Berners-Lee），他于1980年建立世界上第一家万维网。——译者注

■ 危机浪潮：未来在危机中显现　Zukunft entsteht aus Krise

我相信，处在全球化进程中的我们，今天恰恰到达了相同的点，因为我们正在从充满敌意的竞争——例如它导致了金融危机——走向一个不断增长的、成熟的共存阶段。而这种共存又由于一些新发明如互联网，得到促进，正是互联网的出现使得相互合作成为可能并越来越便利。此外，这种共存还由于一百多万个非政府组织（NGO）而得到加强，这些组织在完全没有集中领导的情况下，共同致力于将这个星球建设成一个更适合生存的场所。从进化论的观点看，人们应当明白，这场没有名称的、声势浩大的运动乃是人类历史上最伟大的运动。

可是与此形成鲜明对照的是，尽管我们对我们的思想、我们新的世界图景和我们的成就感到自豪，我们事实上仍然处在与早期细菌相似的阶段，即一个充满竞争而并非合作共存的系统。难道我们作为复杂的多细胞有机体，要像细菌一样行事吗？

我们完全可以尖锐地这样说。但同时我也要强调，在进化的每一个阶段，从原始细菌开始直到每一个新的发展阶段，所有有机体都经历过一个学习过程——犹如每一个孩子要长大成人，出生后就必须经历一个成长和学习过程。[1] 我们不应当奇怪，青少年为什么好斗，为什么在竞争中相互攀比。但这并不会妨碍他们后来逐渐成熟，变成在集体中乐于同别人合作的成年人。我相信，我们每个人所经历的成长过程，在这个星球上，在进化的每个阶段都精确地反映出来。不错，在我们当前基于竞争的经济系统中，企业感兴趣的仅仅是获取利润，为某些人谋取利益，但它明显地还处在一个生命系统的青少年或未成年阶段。而那个合作共存的、更加成熟的阶段，正

---

[1] 参见伊莉莎白·萨图里斯：《穿越时间：从星云到我们》，John Wiley & Sons 出版社，纽约，1998 年。

是我们目前所要努力争取的。我们已经可以看到合作和联合的雏形，如欧洲联盟（EU）、北大西洋公约组织（NATO）或互联网络，还有所有其他的合作方式，尽管它们中的许多仍建筑在旧的思维之上。在联合国，在不同宗教的对话中，在航天领域的国际科学合作中，同样也有许多合作行动。在通讯技术方面，也出现了合作的迹象，我们已经由一对一的交往过渡到一对多的联络，现在正在向一个多对多的通讯网络迈进。旨在促进合作的文化变革也在不断增强的和平呼声中变得越来越明显，因为大多数人已经厌倦了无休止的争斗，认识到战争只会对旧的竞争体系有利，而对建设清洁的、绿色的、服务于全人类的经济有百害而无一利。所有这一切虽然还没有实现，但在可预见的未来，这一目标是可以达到的。我们置身于一场旧世界和新世界并存的变革之中。

您所描述的进化同古典的达尔文主义进化观有很大区别，按照后者的观点，继续进化是由匮乏和偶然性决定的。您的基本出发点是，进化的动力不仅存在于有机体自身，而且也蕴涵于生命系统之中，我理解得对吗？我们应该修正我们对生命和进化的理解吗？

是的，这也是对生命系统的理解为什么非常重要的原因。迄今为止，我们数百年来把所有的组织，我们的经济企业，我们的政府，甚至我们的学校和医院以及一切社会机构，建筑在机械论的命令—控制模式之上，在其中我们拥有中心权威，可以决定每一个人在系统中做什么，并要求其担负责任。这一模式已经走到了尽头。今天，年轻人不愿再在这样的机构中像齿轮一般运转，而要求将他们作为一个有生命力组织的智慧型成员来对待。我们应当把生命系统的原则运用到这种新的组织形式中，因为我们完全可以说，人体的每一个细胞都是由数万亿个细胞组成的共存机体有智慧的参与者，它们中的每一个都如此完整，就像一个大城市。①

这是否意味着，我们可以在有机体的组织中找到与社会中相同的共生结构模式——因此生物系统可以成为我们的典范？

这一点始终是不太容易理解的，因为这种类型的生物学比较前卫，从产生到现在只有几十年，还没有真正为公众意识所接受。然而许多人间或会提到"分形"②的概念。这一概念试图说明，在微观和宏观宇宙中，存在着相似的复杂组织形式：有这样一部电影动画，一个人坐在一艘宇宙飞船里，望着前面的一个点并离它越来越近，而这个点也越来越大，他最后发现那就是整个银河系。如果飞船再向前飞行，并进入这个银河系，他就会看到远处又出现一个点，而这个点慢慢变大，原来这便是太阳系，他看到一些行星在围绕一颗较大的星球旋转。后来镜头又转向其中的一颗行星和一个由数万亿个细胞组成的人，进入一个细胞内部，人们就可以发现，作为它的功能之一，它有3万个细小的循环中心（Recyclingcenter）。所有这类系统都是高度完整并相互关联的。人们可以想象，我们是由数万亿个完整的细胞组成的，而它们之中的每一个又拥有3万个循环核，每时每刻不停地更新着蛋白质。每一个这样的细胞都有储存能量和信息的功能，储存量丝毫不逊于几千家银行。每时每刻都有"钱"源源不断地汇入这些银行，使细胞的"经济"能顺畅运转。也就是说，我们人每天跑来跑去，身体内装着无数个细微的完整系

---

① 参见伊莉莎白·萨图里斯、威利斯·哈尔曼：《被修正了的生物学》，North Atlantic Books 出版社，纽约，1998年。

② "分形"（Fraktale）为美国数学家曼德尔布罗特（Benoit Mandelbrot, 1924—2010）提出的概念，所谓"分形"就是粗糙或零碎的几何形状可以被分解为数个部分，且每个部分都与整体缩小尺寸的形状相同，它能用数学描述现实世界中常见的、表面上看似无规律的粗糙形状和物体，在各种学科中都有广泛运用。——译者注

统，维持着一种"共存的经济"，使健康的生命系统得以存在并是其所是。在这里没有一个凌驾于系统之上的操纵者和控制者，但每一个子系统都"知道"自己该做什么，身体内的每一个器官亦如此。同样毫无疑问的是，整体的每一个部分都是不可缺少的，缺少了某一个器官，整体将无法存活。我们看到，这里的许多组织模式是我们在文化和社会上应该认真学习的。

将自然作为社会的楷模，对此首先在德国，人们就有很大的顾虑，因为在第三帝国的历史上，希特勒的种族政治，最后还有大屠杀，在意识形态上被一种社会达尔文主义的谬论合法化了。按照这种谬论，大地母亲是残酷的，只有最野蛮的特殊物种或种族才能获得胜利。正因为如此，人们对所有生物主义（Biologismus）的世界图景都十分怀疑。对于生物主义，我们今天应该作出新的理解吗？

这的确是非常重要的一点。毫无疑问，社会达尔文主义不但支持了一个机械世界中——在那里人被机器所束缚——人对人的剥削，而且事实上也导致了希特勒种族理论的产生以及由此演变而来的残暴实践。然而古典的生物主义建筑在一种误解之上，因为它只承认进化的一部分，并将其当做全部。达尔文物竞天择的理论被上升时期的资本主义和帝国主义工业社会的理论家所接受，因为被片面化了的"适者生存"的口号非常适合现实的经济利益。为了使少数人通过狡诈和暴力对大多数人的剥削合法化，社会达尔文主义恰恰为它准备了合适的理论。而法西斯主义也利用了这一理论。在意识形态的另一面，以苏联为首的东方将克鲁泡特金——他将自然界中的进化发展描述为一个共存共生的过程——的进化论当做反面教材。我则把两者的结合视为我的任务，为的是理解进化过程中竞争与共存的关系是怎样互动互补的。

■ 危机浪潮：未来在危机中显现

从这种共存与竞争的互动互补中将产生怎样一种世界图景？

倘若克服了此种意识形态上的对立，把两者结合起来，就会帮助我们更好地理解蕴藏于大自然中的成熟过程，因为我们既可以在自然界看到竞争的例子，也可以得到共存的证明。一旦认识到竞争仅仅是通往共存系统——其中每一个生命系统的所有部分都同等重要，具有和谐与和平发展的同等机会——道路上的一个发展阶段，那么生物学便重新获得了它健康的重要性。

难道共存本身永远是好的吗？不是也有无数例子说明战略共存加剧了竞争、暴力和剥削吗？

这样的例子不但在历史上，在当今时代也有：相互勾结、狼狈为奸的大企业为了增强它们在争夺市场时的竞争力，也会相互合作。只要想一想那些在第二次世界大战中暴发起来的大石油康采恩就够了。在那次战争中，美国新泽西的美孚石油公司便与德国的西门子公司和法本化学公司开展过合作，互相为对方的武器系统提供原料。这种合作甚至达到如此程度，使德国的许多工业设施免遭轰炸。战后，双方的合作扩展到价格互惠、开采油田和开发石油产品方面的战略协作。这使得双方可以变本加厉地对世界人民进行剥削，更加肆无忌惮地掠夺全球资源。假若把这样的战略运用到经济全球化方面，那么在最坏的情况下，这个星球上再也没有人能摆脱剥削了。幸好这只不过是一种尚不成熟、没有前途的竞争手段。今天越来越多的人已经看清了这一点。我们必须始终用新的眼光看待一切，审视怎样才能制止这类滥用行为，怎样才能继续前进，将一个灾难性的剥削的系统转化为一种合作共存。我们应当不断探究，这种合作共存关系在自然界是如何发展起来的，在大自然共存的生态系统中，每一个个体都是一个共存共生的集体中不可或缺的部分。而这应当成为这个世界的范型。

在竞争与合作之间是否有一种动态的平衡？或者您会说，在自然界，竞争关系出现在合作共存的大框架之内？

在一定意义上，它肯定发生在更大的背景之下，正如青年时代蕴含在长大成人的过程中一样。一个人如果不经过某个时间点之前的青春阶段，是不能成长为成熟的成年人的。一只蝴蝶不经历之前的毛毛虫和蛹的阶段，同样不会羽化为一只蝴蝶。这一发展过程有其自然基础。不过假如在这个发展过程中成熟状态没有出现，那么，竞争阶段便会导致一场灾难，就像第三帝国时期发生的那样。反之，倘若成熟状态及时出现，那么，它就会导向一个共存的世界。所有这些可能性都寓于大自然之中，我们的责任是确保我们的文化决不让极端达尔文主义或法西斯主义将人类推向深渊，而是向一个合作共存的世界转化。

这是否意味着达尔文——现代性的范式正是建立在他的理论之上——错了？或者说，他的理论过于简单化，有片面性？

我更想说，达尔文并没有完全错，进化论的基本思想也被广泛接受，只有神创论者（Kreationisten）还在逐字逐句引用《圣经》的一些段落，顽固地反对这一理论。不过，在进化如何起作用，所谓无所不在的生存竞争将导向何方的问题上，达尔文的理论有很大的局限性。他完全没有意识到，在一个我们理解为成熟的发展过程中，在竞争阶段之后会出现一个合作共存的阶段，只有这样，进化的过程才会完整，才会有意义。同时，人们也不应该忘记，现代世界的这个达尔文主义的基本范式根本不是源出于自然界。今天我们知道，达尔文的理论建立在托马斯·马尔萨斯的思想之上，而托马斯·马尔萨斯是东印度公司的经济主管和英国黑利伯瑞学院（Hilabiee College）经济系的主任。在英国帝国主义完成了所有的发现和征服之后，他的职业就是计算被征服的财富能够维持多久，应该如何分配，用这些财富能否创造一个可持续的未来。他得出的结论认为，由于需求始终超出供给，人们将不得不长期忍受匮乏，对资源的无休止竞争将无法得到遏止。当达尔文为他的自然观察寻找一种解释时，便接受了马尔萨斯关于人类经济体系的理论，并猜想自然界遵循着同样的规律。在他的主要著作《物种起源》中，他明确表示，他的主要工作是把马尔萨斯的经济学原理与自然界的所有方面联系起来。从我的角度来观察，他过于相信这种经济学的范式，并没有对它作认真的思考，因此忽略了竞争仅仅是一个过渡性的发展阶段而已。而马尔萨斯也忽略了人类在合作共存的关系中同样可以生产足够的东西满足所有人的需要，而不会导致整体的衰落，因为一个真正合作共存的社会完全能够自行控制自身人口的无限增长。

这一点应该怎样来理解？

假如人太多而可分配的东西太少，对资源的争夺便会越来越激烈。我们必须遏止人口的过快增长。在一个立足于合作共存的社会中，最合理的道路是限制人口的增长，为女孩子创造更多的受教育机会。在一种文化中，一旦年轻女性学习的机会大大提高，出生的婴儿就会减少。她们会发现在生活中还有许多她们可以做和想做的事情——而且完全是自愿的。正因为如此，在贫困问题较少的发达国家，没有人口过快增长的现象。只有在人们感到不安全的情况下才会生许多孩子，为的是他们的后代在灾难之后能够幸存下来，他们自己老了之后有所依靠。

在某种意义上，达尔文主义成了一部近代的创世史，今天的世界便是用它来解释的。您看待事物的观点会不会成为一个合作共存的未来的另一种形式的创世史呢?

的确如此!这在历史上开启了一种非常有趣的前景,因为在历史上,在多数文化中,只有教会、僧侣阶层或寺庙中的长老才负责讲述创世的故事。直到欧洲的教会同国家结合,成为国家的统治者,发生了工业革命之后,情况才有了变化。那时,一个新的年轻的阶级,即企业家的阶级成长起来,对此前被教会拒绝的科学持开放态度,从此经济和科学便结成了联盟,并在这个基础上发展了工业。科学知识在工业社会建设中的普遍运用,使世俗国家变得强大起来,科学家于是获得了用知识重新书写创世史的权威。所以,工业时代的这种现实创世史,有一半应当归功于物理学家和生物学家手中的笔。物理学家向我们描述了一个受各种自然规律支配的非生命宇宙,按照热力学原理,假若宇宙中的熵[①]达到极值(die absolute Entropie),那么,在它带来的冷寂(kalter Tod)状态中,所有这些规律亦将随着宇宙的死亡而终结。这个令人悲哀的过程被形容为冷酷的,毫无意义和目的可言,肯定将导致宇宙的死寂。生物学对此补充说,在走向宇宙灭亡的途中,生命奋起抗争——因此生物学家也把生命称之为"负熵"(Neg-Entropie)。生命面对无所不在的匮乏,在一种残酷的竞争中繁荣兴旺起来——简短地说,这就是达尔文主义的基本观点——然而,这场抗争在宇宙某个时刻的死亡中不可避免失败了。这的确是一段令人悲哀的创世史。

[①] 熵(Entropie)为德国物理学家克劳修斯(Rudolf Julius Emmanuel Clausius,1822—1888)于1850年提出的概念,用来表示一种能量在空间分布的均匀程度,能量分布得越均匀,熵就越大。对于一个系统(如宇宙)来说,当能量完全均匀分布时,熵就达到了最大值,即"全熵",这时能量不再流动,整个系统就会陷入所谓"热寂"(或"冷寂")状态,该系统便死亡了。——译者注

今天应该讲述的新创世史是怎样的？当您把进化描述为一个成熟过程时，人们想象中会出现一个理解力、智力和完整性都不断增长的有机体……

是的，正是由于这个原因，西方的许多科学家从20世纪30年代开始，特别在60和70年代，纷纷转向了东方世界的科学解释。在西方的宇宙模式中，宇宙起源于物质创造：在一次温度极高的"原始爆炸"之后，一切慢慢冷却下来，留下了一个无意义、无目的的物质宇宙，然后，从有神经系统的生命体的化学—生物进化中产生了意识。但东方的宇宙模式完全相反，它告诉我们：意识即"宇宙意识"，乃进化之源，宇宙之本，后来才从中产生了宇宙物质。今天科学家们在两种对立的世界图景之间来回摇摆，一种主张宇宙是无生命、无意义的，而另一种认为宇宙是一个自组织的、有生命力和智能的完整系统。新的创世史讲述了一个有生命的宇宙，在其中各个星球在一个自组织的过程中发展演化，一切生命体通过DNA的媒介交换着它们的遗传基因。总之，今天我们懂得了，地球是一个大的生命系统，一个有智慧的系统。

对于今天堆积如山的冲突和问题，这种世界观念意味着什么？它可以使现状向好的方向转化吗？

我们可以从一个生命系统那里观察到持续不断的学习过程，在这一过程中，关键问题是使对立和敌意朝着合作与共存的方向转化，并最后达成成熟的解决方案。即使在一个气候越来越炎热的星球上，这也是可能的。在某些国家如摩洛哥和冰岛以及类似的地区，人们正在学习如何利用有限的水资源，如何抵御酷热，如何保障粮食生产。这一切我们都可以学习。另一些合作的范例出现在互联网的交往形式中，年轻人可以施展他们创造性的才华，在博客中，在"网络平台"上相遇，交流，相互认识。如果整整一代人达成一致，要求"停止当前由于文化差异而发生的谋杀！让我们尊重多样性，在差异中看到价值，看看我们能建设一个怎样的世界！"，那么，战争就再也没有市场。您再想想，那样我们可以节约多少资源，可以创造哪些可持续的科学技术。我们能够创造一切我们需要的东西，前提是我们再也不能毒化我们的地球，而必须建设一种可循环的经济。我们必须改造和建设目前正在扩大的沙漠，可以用我们巨大的创造力实现一切可能的事业。我们是一个非同寻常的物种，当我们同一个有生命力、有智慧的自然界相结合而不是摧毁它时，便拥有了无比巨大的潜能。到那时，我们就会成为世界的共同创造者：可以改变经济方式，可以相互尊重对方的知识，可以精诚合作。这一切并非科幻故事，而是在世界许多地区，在创造性的自组织中发展着。即使在危机中：当纽约的股市行情暴跌时，投资者几乎都转向了清洁和绿色的企业市场。现在，这些企业开始相互间使用诚实的而不是通过利率片面榨取财富的替代性货币。所有这一切都是这个星球上处处可以看到的学习的例子。我知道，我们会成功！

这样的系统可能有合作的结构，但它显然并未脱离等级制。我们难道应当向自然界学习，作为个性的整体和一个更大系统的部分，应当服从这个系统的规则吗？

完全正确！生命系统并不是无政府的，也不是等级制的，而是层级制的（holarchisch）。多层级整体（Holarchie）[①] 是一种非常简单的构造，表示生命体彼此包容，就像一个俄罗斯套娃，较大的娃

[①] "Holarchie"，国内尚无中文译名，暂译为"多层级整体"。这一概念为阿瑟·克斯特勒（Arthur Köstler）1967年在《机器中的幽灵》一书中提出。一个多层级整体本身既是一个有多个层次的整体，又是一个更高整体的一部分。——译者注

■ 危机浪潮：未来在危机中显现 ■ Zukunft entsteht aus Krise

娃里套了一个较小的娃娃一样，人体也是一个由器官、器官系统和身体各种细胞组成的多层级整体。我们在作为家庭一部分的个体的人身上，在社会共同体，在生命系统，民族甚至世界那里，都看到了这类多层级整体。在较高的层级上，个体仅仅是一个星球、一个太阳系、一个银河系的一部分——依此类推。在自然界，所有存在物都被包容在另一个更大的体系之中。而这就形成了一种秩序，它是不同的系统层级之间"有智慧"行为造成的结果，因为你身体内的每一个细胞都必须满足身体的需要，每一个器官亦如此。只有各种不同的需要在协同合作中得到满足，生命才能维持，假若各部分持续对立，生命就无法长久。对于社会系统来说同样如此。在共产主义和资本主义作为竞争对手相互对峙的时期——按照双方都认可的进化论——资本主义的西方为了共同体牺牲了个人的利益，苏联人同样为了集体而牺牲了个体的利益。在这里，人变得无足轻重，失去了表达个人意愿、展示自己创造性的机会。然而，如果两方面能走到一起，使个人利益在一个共同体中得到实现，个人与共同体一起发展，在两个极端之间实现平衡，那么便可以出现一个明显完整的合作共存的系统。

　　那样一来，个人在这场伟大而高度完整的游戏中将扮演什么角色呢？

　　到那时就会出现美好的情景：人类进化的最新阶段就会致力于真正促进个性的发展，因为到那时我们对个人的权利和责任将会有更深的理解。如果说我们今天组成了一个共同体，那么，我们那时就更会在不同的、更高的层面上这样做，因为我们每个人作为个体，将为了自身利益而发挥我们的特殊能力。当然我们也知道，这种正当的个人利益必须与整个共同体的福祉相协调。所以，我们所面临的进化工程，就是发展一种新型的共同体——一个由具有创造性的个体组成的共同体。它有别于今天我们所从属的共同体，在这样的共同体中，个人仅仅是必须作出自我牺牲的部分而已。

在这个完整的结构中，个人利益起什么作用？

这么说吧：作为人，我们带着某种才能、特殊愿望和好恶来到生命之中。假若一个人生活在专制之下，上面的什么人规定他必须当医生，而他内心却渴望当一名马戏团演员，那么情形就会很糟。我们必须创造良好的社会空间，使我们每个人身上的潜能最大程度得到发挥，从而在共同体中找到自己的最佳位置，并能够与他人和谐相处。这当然并不意味着我们就摆脱了竞争，但我们至少迈出了由充满敌意的竞争向友好竞争转化的第一步。让我们用体育竞赛作为例子吧，我回忆起一个由充满火药味的竞争向一种合作共赢转化的场景：20世纪70年代我有机会访问中国。一次人们邀请我参加一场篮球赛。当我投中第一个球时，我身边的中国人拍手大声叫好。紧接着对方球员也投进一个球，他们同样热烈鼓掌。此后只要双方一个队员投进一个球，大家都鼓掌叫好。我问其中一个人他支持哪一方，他不解地问："您说什么？我希望双方打得都精彩。"我说："比赛时每一个观众通常都会希望他所支持的队赢。"他却回答道："我希望两个队都展示他们精彩的球技。"的确，对一场比赛人们会有不同的解释，一种是希望双方都表现得精彩，另一种是希望能决出胜负。而这就是竞争与合作之间的区别。

从竞争向合作共赢转换的最终文化突破怎样才能实现？这种突破将如何发生？为了从旧的范式中走出来，我们必须采取哪些步骤？

我们必须首先看到其中的优点。以伊拉克战争为例，摧毁整个

■ 危机浪潮：未来在危机中显现 ■ Zukunft entsteht aus Krise

国家当然是最简单也最划算的，而战后重建同样会带来巨大经济利益，因为，这个过程拖得越长，某些人从这个国家掠走的资源和财富就越多。可是反过来想一想，假若当初人们不是通过战争而是用和平手段来解决问题，用美国迄今为止在伊拉克战争中花费的钱来与伊拉克人民乃至整个中东地区缔结友谊，情形会怎样？如果我们当初竭尽全力避免冲突，帮助那里的人发展经济，我们很可能就会迎来一个合作共赢的中东。阿富汗问题同样如此——提高所有阿富汗人的生活水平而不是把这个国家变成一片焦土，要比现在的局面好得多。事实证明，建设一个合作共赢的世界是最好的办法，比我们目前所做的要经济得多。

为了采取这样的步骤，我们首先必须建立一种新的自我理解，而这又要求我们对作为共生共存生命系统的世界具备一种系统论的理解。那么，我们是否可以从我们对生物生命系统的知识中推导出建立一种有生命力的、合作共赢的经济的方案呢？

完全是可能的！比如，我们可以从我们自己的身体中感受到，倘若它按照世界经济的机制运转，会发生什么。我们可以想象，如果心脏—肺脏系统是"北方的工业器官"，拥有无上的权力，可以掠夺身体骨骼中的矿藏，如果所有被开采出来的骨髓细胞都被输送到心脏—肺脏系统，血液在那里被净化并被配氧，情形会怎么样。假如那样，"北方的工业器官"就会垄断血液的输送和加工，心脏—肺脏系统就成了血液分配中心，就有权制定血液价格，便可以只给那些付得起这一价格的器官供血。每一个孩子都明白，这样一种"赢家—输家系统"之所以能够维持，是因为整个身体都需要供血，而不是个别器官可以不顾身体其他部分的需要而发财致富，因为那样一来，身体将彻底崩溃。每一个人的身体都是一个完美的例子，说明一个高度发展的生物系统早已超越了充满敌意的竞争阶段而确立了整体合作共赢的基础。同样的情形在许多自然生态系统中都可以观察到。

> 然而，常规生物学告诉我们的恰恰是弱肉强食的法则……

不错，所有关于自然的纪录影片和电视节目，都把食肉动物和食草动物之间的关系作为无所不在的、充满敌意的竞争的例子来展示。然而这不过是一种片面的解释。至少在那里，在同一物种内部，并没有发生像我们人类自相残杀那样势不两立的竞争。人们看到的是一个物种为另外的物种提供条件，使其保持健康稳定的例子。即使不同物种的竞争，也不过是甲物种选择乙物种中的病弱者作为食物而已。从总体上说，各个物种之间就像一个系统中的器官那样，保持着相互依存的关系，彼此提供食物和保护。从人类的视角出发，我们将这一过程解释为"暴力的"或"坏的"，然而这里并没有发生令人愤慨的事情。这些动物猎食其他物种只不过是生存的需要，而不是为了囤积超过自己需要的东西。它们的行为与土著文化的居民十分相似：例如在北欧，那里的原住民就在人的共同体和驯鹿群之间建立了相互依存的关系。人只取自己需要的那一部分，而将保护和饲养驯鹿作为自己最重要的工作。这种相互依存使人和驯鹿的种群都保持良好、稳定的状态。人们清楚地知道，只有尊重驯鹿，爱驯鹿，为它们做一切事情，他们的食物来源才有保障。倘若我们明白，大自然将这样的系统建筑在多么坚实的基础上，就不会产生"残暴的狮子撕碎兔子"的误解：事实上，一旦狮子不以兔子等食草动物为食，自然界的整个食物链便会断裂，那狮子和兔子也都无法生存了。我们不要只看到血腥的场景，而应当认识到，大自然正是在循环的基础上组织起来的。

为了建立合作共赢的经济结构，我们显然应该彻底转变我们的文化观念。我们首先必须相信一部新的创世史！而这是否意味着，我们的首要任务便是在文化上学会理解，世界在最本质的层面上是如何运转的？而这恰恰是因为我们迄今为止对"自然法则"有太多的误解吗？

这样说是对的。一旦我们理解了"层级整体"的内涵，我们就会明白，每一个层级的健康生命系统从根本上说，都遵循着相同的原则在运转。我想再重复一遍：在整个机体的细胞之间起作用的，是同一种合作共存的原则，这一原则在家庭结构、在共同体、在每一个民族甚至整个世界都是行之有效的。人们不会为了养活第四个孩子而让前面的三个孩子饿死，这就是人性原则。如果发生这样的事情，那便是极其恶劣和不可原谅的。在家庭层面，这种合作共存的情感是理所当然的，在我们所从属的社会共同体的层面上同样如此。但我们却无法做到向一种世界经济的飞跃，尽管它也像我们的机体一样，是一个有生命的系统。我们现在首先需要做的，是在每天的生活实践中——在我们的共同体和社会网络中——奉行一种更好的生活方式，应当思考，如果大灾难发生，我们怎样才能保证生活必需品的供应，在发生火灾、洪水或其他灾难时怎样共同渡过难关，因为我们中的大多数人不可避免地会陷入这样或那样的危机。倘若我们把健康生命系统的基本原则真正贯彻到我们的共同体中去，我们就会将世界看做一个不可分割、相互依存的整体，就会选出能带领我们战胜挑战的合适人选，或者建立起比今天的所谓民主形式更好的政治体制，因为，当半数人不再参与时，民主就再也不能称之为最好的治理方式了。或许的确存在通向一种有生命力的、人人都可参与决策过程的民主和政治的道路？要知道，今天随着互联网的普及，出现了一种全新的通讯和交往方式，在许多重大问题上人们都达成了共识。当前在世界范围内出现了一种新的态势，愈来愈多的决策不是由政府，而是由企业，由公民社会团体或社区组织来作出或实施的。这些团体和组织承担了建设因地制宜的经济的职责。根据不同的实际情况，它们有许多事情可以做：一个企业排出的废物能否被另一个企业所利用？工厂产生的多余热能如何应用于居民采暖？工业垃圾是否可制成建材用于住宅建设？哪一些资源可以得到循环利用，如此等等。我想说，在一个共同体中，我们越是在如何建设一种更好的生活方面相互交流，互相帮助，我们就越有可能拥有一个不同的未来。

您是否可以举一个实际的例子？

我曾在西雅图附近居住过一个冬天，那里的人喜欢喝咖啡。有着灰蒙蒙的漫长冬天的西雅图成为星巴克这样的企业的诞生地绝不是偶然的，那儿的人知道，当地不能种植咖啡，他们于是在中美洲找到一个长期专门种植咖啡的小岛，对那里的农民说："如果你们采用生态技术为我们种植咖啡，我们愿意以十倍于市场价的价格收购你们的咖啡豆。你们只需将产品装进口袋，运费由我们来付！"他们就这样成交了：在西雅图，有人自愿承担加工和运输，并以生态咖啡的价格出售产品，由于省去了中间商的盘剥，农民们的收入也提高了好几倍。很明显，这就是一个每一方都从中受益的双赢的例子。西雅图的居民感受到他们同加勒比的合作伙伴紧密相连，经常帮助那里的农民将挣来的钱投资于当地社区的发展，而不是扔进赌场。这个例子说明，合作共赢的模式可以增进人与人之间的情感——即使隔着很远的距离——使和谐共处蔚然成风。

依您之见，这样一种"不同的未来"离我们还很遥远吗？或者，可持续的生活甚至促进生活的道路，已经从当前制度的危机中显现出来了吗？

■ 危机浪潮：未来在危机中显现 ■　Zukunft entsteht aus Krise

我以为，未来只能从合作共赢的可持续性中产生。这样一种未来的确已经在某些方面初见端倪，世界上一些人的群体已经成功地实践了这一理念，如印度40年来一直保持自己特色的庞蒂彻里，苏格兰的芬德霍恩①，类似于洛杉矶"宗教科学教堂"（Religious Science Church）的"心灵社区"（Spirituelle Gemeinshaft），等等，都是成功的例子。这些先行者今天奉行一种许多人希望在未来能够奉行的生活方式，似乎现在就是未来！他们尝试着把每一个人看做值得爱的人，看做老师，看做一个心心相印、充满爱的世界的成员，从而造就了一种人人能幸福生活，能发挥自己的创造性并相互合作的现实。然而就在同一个世界上，仍然肆虐着可怕的战争。建设这些蕴含着未来希望的岛屿完全是可能的。

可是，他们在世界经济波涛汹涌的大海中不仍然是一个个小岛吗？

并不一定！例如，在西班牙巴斯克地区有一个名叫"蒙德拉贡合作社"（Mondragon Kooperative）的社区，这个社区由150个农场组成，为26000人提供工作岗位，生产总值占整个巴斯克地区国民生产总值的4%。蒙德拉贡发展了工业，合作生产洗衣机、电冰箱、洗碗机等产品，与此同时，那里的人还造大轿车，修筑公路和桥梁。在欧洲市场上，他们有很强的竞争力。那儿所有的企业都归社区所有，企业工作人员轮流从事各种工作，因此没有人能长期占据领导

---

① 庞蒂彻里（Ponticherry），泰米尔文为"新村"之意，印度东南沿海四个互不相连的前法属地区组成的行政区域，1954年回归印度，共有人口97万，现为印度的一个联邦属地。至今仍有不少人保留法国国籍，法语仍是当地一种常用语言。芬德霍恩（Findhorn）位于苏格兰东北芬德霍恩海湾的一个半岛上，20世纪60年代，这里建立了世界上第一个"心灵社区"和"生态村"，作为国际生态村和可持续项目的一个范例，得到联合国资助。——译者注

岗位。所有领导人员都在流水线上工作过，而且还会定期回到这类工作岗位上来，以使每个员工熟悉每一种工作。除此之外，所有问题都必须由全体员工集体讨论解决，比如最低工资与最高收入之间的差距应该是多少等等。讨论结果是，最高领导人的收入不得超过最低工资的六倍，而在美国，此种差距有时达到上千倍之多。他们一致同意："我们虽然不赞成所有人都拿相同的工资，工作不同，报酬也应当有一定差距，但我们反对收入两极分化。为此，不同工作岗位应当定期轮换，以使每一个人都熟悉不同的工作，能在集体中生活得很好。"这便是合作经济的一个令人惊奇的例子。当然，这也不是什么绝对新鲜的事物，过去在许多文化类型中也出现过相似的集体经济形态，其宗旨是使每一个人都能幸福生活，都能养活自己并居有其所。喜马拉雅山不丹国的国王最近还提出，衡量国家繁荣的标准不是国民生产总值的多少，而是公民的幸福程度和满意度。世界上有许多例子说明，今天已经有许多人开始践行未来的生活方式。

您刚才说，只要我们明白，我们并非生活在一种竞争系统，而是处在一种"层级结构"之中，变革就有可能……为了找到危机的根源，我们应当怎样做？或者说，为了达到另一个层面上的理解，崩溃是必要的吗？

这是一个很好的问题。我一生大部分时间都希望，我们的意识能够有超前思维，能规划未来，看到可能出现的危机并做好相应的准备。我年纪越大，便越清醒地认识到，人类社会的运行规律与自然界完全相同。自然界对运行得好的事物是保守的，但它会毫无征兆地突然陷入极端的危机，并很快从中获得信息，使系统重新回到平衡状态。在这种意义上，可以说进化往往是由崩溃引发和加速的，危机掀起了下一波进化浪潮。它的发展并不像达尔文所描绘的那样，是由于偶然事件缓慢发生的，而是由危机状态下的突变而引起的。正因为如此，人们在进化史上，在每一次物种大灭绝之后，都会看到大量新物种似乎同时出现的现象。这样的情况今天也正在发生，但更多的是在人类文化的层面上。所以我有时会讥讽地说，未来时代愈是严酷，推动我们进入下一个进化阶段的速度也愈快。

您能够预测，我们将面临什么吗？

在世界某些地区，情况会更加恶化，而在另一些地区，也可能不那么糟糕。我无法预言未来，不知道结局会怎样，但我明白，哪些东西将引导我们迈向一个可持续的未来，哪些东西会将我们推入灾难。正因为如此，我始终鼓励别人：用一个合作共赢的世界概念和结构来思考问题，按照这种理念去行动，做你们力所能及、你们内心所希望的事情，寻找能够将这一理念贯彻到人类大戏中去的途径，不要浪费精力，绝不要有负罪感或仇恨，而应当斩钉截铁地对自己说："我要让我的思想与时代保持同步，为建设一种可生存的未来尽我绵薄之力。"

今天，想象在一个即将到来的"炎热时代"可以更好地生活，似乎也成了一种罪过。难道这样想真的是罪过吗？我们应该更加实际一点吗？

绝对是这样！这就是我们目前面临的危机。在人类历史上，我们听到过无数传奇故事，讲述的往往是一位英雄如何同恶龙搏斗从而拯救了一位公主，以及诸如此类的壮举。犹如一个未成年的孩子，必须经过一场成人礼才能长大成人一样，这类英雄业绩似乎是人类壮大成熟必须经过的关口。许多土著文化其实早已意识到这种必然性，他们能够同大自然和谐相处，培育一种可持续的文化，而这类文化往往保持了数千年之久。相比之下，我们的现代"世界帝国"通通是失败的，而这种失败带来的后果，人类在不同的地理环境下，肯定将不同程度地感受到。我们越是做好这方面的思想准备，就越不会不知所措。

在前面，您谈到了许多位于海平面之上的城市，那里生活着将近一半的世界人口。仅格陵兰的冰川融化，就将使海平面上升达7米之多。那样一来，我们便不得不生活在一个大灾难的时代。这是不是我们为了改变自己而必须经过的一条"黑暗隧道"呢？

格陵兰冰川融化将使海平面升高7米的说法已经过时，因为在这期间南极洲的冰盖也开始融化了。在进化史上，上一次地球两极都无冰的时候，海平面曾升高60米。这意味着，在世界许多港口城市，海水将淹没15层以下的建筑物！我们可以想象一下，在东京或曼哈顿，如果海水淹没15层的高楼，那会是什么景象！所以，在大灾难发生之前，在人们不得不迁往地势较高的地区，在数百万饥饿的难民流离失所之前，我们为什么不能好好讨论一番，并及时做好迁往地势较高地区的准备呢？因为，这种灾难必定会发生！观望和无所事事都是有害的，我们目前还没有掌握能使南极和北极重新被冰雪覆盖的技术，但我们必须渡过难关，而这也许需要数千年的时间。

这听起来好像是一幅启示录般可怕的景象。

尽管这样说，地球气候也不会变得那样炎热，以致人类不得不在一个被沙漠覆盖的星球上受苦受难。海洋依然存在，只不过由于陆地上的淡水全都被海水吞噬，比以前扩大了许多而已。总之，未来的景象会与今天大不相同。这就是为什么我们再也不能把头埋进沙子，再也不能对现状视而不见的根本原因，也是我们必须摒弃无谓的争吵和敌意，共同致力于改变现状的根本原因。中国首先开始在内地建设"绿色城市"，但同时也在建造以煤炭为燃料的、破坏环境的发电厂。世界上到处充满了矛盾，正确的事和错误的事同时发生。难道我们就不能同心合力朝正确的方向迈出坚实的一步吗？在美洲，情况也差不多，美国能不能建立起绿色经济，更新已支离破碎的基础结构，建立一个社会健康保障系统，引入替代性货币，使美国人即使在经济完全崩溃的情况下也能生活下去呢？如果那样，危机的压力将会减轻。反之，假若我们让现有的潜力在一种彻底崩溃中丧失殆尽，那么，比及时作出正确决策所带来的阵痛更大的灾难和痛苦将等待着我们。

面对所有这一切，您是一位乐观主义者还是悲观主义者呢？

我是一个坚定的乐观主义者，因为悲观是无济于事的。举一个小小的例子：即使您不相信人死后还有生命存在，并自认为很有道理，那您也不能说"我不是一再告诉过你们吗？"可是，假如我死后的确经历过另一次生命，并对此坚信不疑，那么，我就既不怕死，也可以向别人讲述我死后所经历的奇异的事情。那样一来，我所坚信的东西是否正确，别人相不相信就无所谓了。无论如何，我以一种乐观的态度度过了一次生命，为一个更好的世界尽了一份力，所以我相信，危机过后我们会有一个更好的未来。

从死亡意识形态向生命力法则转化
——与生物学家、哲学家安德烈亚斯·韦伯博士对话

安德烈亚斯·韦伯(Andreas Weber)博士,生于1967年,曾在柏林、弗赖堡、汉堡和巴黎攻读生物学和哲学。作为自由作家、记者和编辑,他定期为知名杂志和报纸撰写文章,其中包括GEO①、《自然和宇宙》、《时代周刊》和《焦点》。在与弗兰西斯科·瓦列拉(Francisco Varela)长年合作后,他在巴黎一位研究认知行为的前卫专家的帮助下,在柏林的文化理论家哈特穆特·波默(Hartmut Böhme)的指导下获博士学位。在文学散文集《一切都在感觉》出版后,他于2007年提出了"创造性的生态学"理论,并在整体论生物学的基础上对自然界作出了全新的理解,2008年他将生物学和哲学结合起来,出版了《生物资本》一书,主张对健康自然的价值作出纯粹金钱的评估。安德烈亚斯·韦伯在联邦德国以记者身份而知名,并被数

---

① GEO(Group on Earth Observations)为"地球观测小组"的缩写。这是一个政府间组织,领导一个国际项目,旨在建立一个全球性的地球观测系统。——译者注

个州政府和"持续发展委员会"聘为顾问,目前与妻子和两个孩子生活在柏林。

我们生活在两个乌托邦之间:一方面,我们试图通过无限的增长建立一个消费天堂;另一方面,我们又梦想拯救自然,拥有一个可持续的未来。我们怎样才能跳出用两种相互矛盾的希望构筑起来的文化陷阱?

决定性的问题是,哪一种才是真正危险的梦想。直到今天,所谓"持续增长"的要求从未遭到过怀疑,而所有对此提出批评的人,都被扣上了乌托邦主义者和狂热分子的帽子。然而,就连小孩都明白的简单的真理是,我们的地球仅仅是一个有限的空间,它不会变大,它蕴含的矿藏不会变多,生物圈不会扩展——它甚至还在萎缩。我们怎么能实现一种永远持续的增长呢?这才是真正的乌托邦,与那些拙劣的乌托邦神话如出一辙。现实是,就像一支试管无法容纳一头大象一样,作为人类社会,我们的增长相比于这个"小小的星球"提供的全部资源实在过于巨大了。这一冲突的后果已经开始显现出来:持续变暖的气候,不断扩大的、灭绝了所有物种和生命的荒漠。

在统治着我们的范式中,最致命的错误甚至谎言是什么呢?

谎言这个词或许击中了要害。它并不是一种有意愚弄人民的宣传谎言,而是一种伴随了我们数百年之久的深层形而上学的谎言。它的出发点是,我们人类生活在匮乏之中,而匮乏使我们不能过一种我们想要的生活,这种匮乏只有通过物质条件的不断改善才能一劳永逸地被消除。持续增长的市场经济通过物质供应的增加,不但应当减轻我们的痛苦和匮乏,而且必须消除我们精神上形而上的脆弱。在某种意义上，这种充斥着彻头彻尾经济学现实考虑的信条，其实就是《圣经》中人类最终获得拯救的弥赛亚承诺的变种："终有一天一切都将变得美好，所有问题都已解决。"凯恩斯甚至认为，这场竞争虽然残酷但绝对是必要的。20世纪30年代他便预言，为了彻底解决"经济问题"，即物质匮乏问题，人类还需要忍受"一百年美的丑恶和丑恶的美"。这无异于同魔鬼结盟，意思是说，美或爱都是丑恶的，唯有充满恶的竞争才是好的，这就是与魔鬼结盟的要害。

　　长期以来我们都相信，一切对经济和经济增长有利的都是好的。这种看法今天是否有所改变？

　　长期以来我们相信，经济增长会自动使人越来越满意：经济增长的尺度就是人民满意度的衡量标准，这似乎是理所当然，毋需证明的。人们于是炮制出了国内生产总值（Bruttoinlandsprodukt，BIP）这个荒唐的衡量数据。罗伯特·肯尼迪甚至说，一切让生命不成其为生命的苦难都一去不复返了。可是，海湾发生的一场石油灾难虽然也可以提高国民生产总值，但并不会提高人民的满意度。事实证明，长久以来，国内生产总值的曲线虽然继续上扬，但人们并没有变得愈来愈满意。一般说来，生活在赤贫中的人倘若由于经济状况的改善而终于得到一个栖身之所，他们的满意度便会提高。然而我们虽然早已超越了这个阶段，甚至在许多发展中国家，人民的满意度也达到了这一最低限度，但之后却不但没有提高，反而越来越低。西方人变得忧心忡忡，森林被砍伐，生活越来越要求效率，越来越忙碌，生活节奏越来越快。"更多"和"更好"被捆绑在一起，但我们心里很清楚，两者实际上完全没有关系。这就是一个转折点，就是一种流行了数百年之久的哲学的终结。您可以想一想，共产主义同样试图通过"更多"，即通过全面发展的、社会主义的人创造的物质财富，来满足所有人的需要。

如此说来，我们是需要少一些还是多一些经济考虑呢？

人们可以说，我们迄今为止占统治地位的经济观念其实是非经济的，因为它不理解错综复杂关系的真正性质，因此也不理解，财富应当适当地，即公平、有节制和有效率地分配。今天，面对层出不穷的自然灾难，人们的确可以说，我们的市场已经遭受了地球历史上最严重的失败，遭受了"史无前例"的经济破产。

市场并不是一个与社会隔绝的、独立的恒量，而是自然而然地建立在文化信仰的基础之上，传承着过去的科学理念。倘若市场彻底失灵，那么，支撑它的范式是否也就走到了尽头呢？

是的，我认为我们关于生命的想象是完全错误的，从根本上说，我们几乎相信，生命和生命过程中出现的问题——经济问题在最宽泛的意义上也是这类问题之一——通过死的物质规律，也就是说，用牛顿物理学所发现的规律就可以得到解决。这种观点直到今天仍然很有市场。假如人们继续这样想，这样做，用一种死的物质的意识形态来看待有生命的东西，那么人们收获的也只能是尸体。我们的问题在于，我们一方面把生命世界描述为死的机械世界，同时又摧毁着现实自然的生命力。这就是同一件事物的两面，一枚硬币的两面。所以我想，思考一下生命是什么，是问题的关键。只要这个问题不解决，"拯救自然"这类口号就只能是空话，因为自然在许多人看来仅仅是死的物质。而为了使这种逻辑变得完整，在我们对死的物质的滥用中，最后当然是我们高度发达的文化的崩溃，而现在，我们离这条界线已越来越近。这当然并不意味着自然史的终结，它仍然会延续下去，总有一天会创造出新物种。可是，这一辩证法的结论只能是,"我们错误地理解了生命,不该用我们自己的生命去冒险"。

如此说来,我们奉行一种过时的、非现实的、危险的意识形态?

不错,当然如此。假如我们用最小的基本粒子来解释宇宙中的一切,我们遵循的就是一种关于死的物质的意识形态。这是毫无疑问的,在我们的科学史上已经得到证明,极而言之,这不过是一种宗教主题:通过消除匮乏建立一个人间天堂,最后甚至驱逐死神。我们可以清楚地看到,近代自然科学如何使人越来越获得了上帝的能力,并使人最终变成了上帝,而这种能力便是完全的理性。只要预知了理性的"蓝图",一切便在人的掌控之中。于是人们确信,根本就没有什么上帝,有的仅仅是万能的理性而已;根本就没有生命,有的不过是或多或少有计划发生的物质事件,而这些事件无不以最合理的方式发展,这就是宇宙的全部意义。我们今天的状况就是这样造成的,全部意义都是死的,压抑变成了这个星球上的一种大众病。第六次物种大灭绝已经开始,而我们却寄希望于持续增长,以为那样一来——按照某些人的承诺——所有的问题都会迎刃而解。近代以降的科学发展所梦想的全知全能的力量,以及它所造成的短视而粗暴的现状,不过是与魔鬼结盟的又一种后果罢了。有趣的是,我们看到,几个世纪以来被视为罪恶的东西,今天却变成了美德。

您的专业领域把生物学作为"生命科学"来研究。假如它也追求永恒的增长并与魔鬼结盟,从而创造出基因技术、纳米技术或人工智能,它会怎么样呢?

那它就忽略了一个非常重要的道理——即使它的技术制造出来

的东西很有用。它忽略了，每一个生命都无法按照决定论来加以控制，而在一定程度上是自律和不可预知的。这在绿色基因技术，即转基因农作物的推广中可以看得很清楚。毫无疑问，人们只要掌握了生物技术，就可以从植物中提取纯粹的基因，但人们无法百分之百地预测，改变了植物的基因后会出现什么情况。这一点从超级杂草（Superweeds 或 Superunkräuter）的例子就可以看出。每一种生物都是一个自律的、自我维持的生命体，只要它活着，就会对外界持续不断的刺激产生抵抗力，而我们就会突然看到无人希望出现的令人吃惊的后果，在我看来，绿色基因技术的一大问题是，我们虽然能够做到我们力所能及的事，但却无法预料这样做的后果。我们掌握了作为机械运行的那一部分生命，却无法控制另一些生命。我相信，生物学今天正面临一次物理学 20 世纪初曾经历过的转型，它的当务之急同样是摆脱那种僵化了的思想，即认为外部规律按照机械论法则决定着客体的思维方式。我想，这就是我们所盼望的根本范式转换，因为只有那样，被旧思维禁锢的生命图像才会获得解放。一种新的生物学必须成为充满诗意的生命科学，我将它称为"创造的生物学"①，因为它应当明白，对生命的客观描述并不能完全反映生命的现实和本质。

那么，我们看不见的那一半现实又是什么呢？

直到今天，人们评价一名好的生物学家的标准始终是，他拿起一件生物标本，分析它，解剖它，将它的各部分分离开来，依照电子技术或电脑技术的原理作出理解。这样一种科学完全忽略了，生命细胞并不是机器，而是自创和自组织的系统。在传统生物学看来，

---

① 参见安德烈亚斯·韦伯：《一切都在感觉：人、自然和生命科学的革命》，Berlin 出版社，2007 年。

一个生命体无论多么复杂,都是一部机器,根本没有什么自我意识可言,不像我们有内在感觉的人。然而它忘记了,对于每一个生命体来说,都存在着一个意义、感觉、内在性和价值的世界,而在人们眼里,似乎这样的感觉和价值只对凌驾于自然之上的人才有意义。这的确是一个天大的误会。一旦人们认识到这个错误,就会把生命体作为有感觉的主体而不是机械的客体来看待。

就生命体而言,"自我同一性"和"主体性"概念的内涵是什么?

这些当然都是哲学概念,但如果我们把它们运用到生命体,比如细胞上,那就很实际了。一个细胞就是一定数量的被组织起来、有秩序的物质,它始终保持着这种秩序,并在物质交换过程中不断地自我再生。听起来似乎难以置信,但我们的确不能将它理解为只要按一下电钮就可以被我们制造出来的机器。机器仅仅是一堆没有生命的物质,绝不可能在一种秩序中自我维持,自我再生。一部机器对自身毫无意识和感觉可言,而一个生命体完全不同。这其中也包含着人与非人的自然世界的关系。阿尔伯特·施怀泽[①]曾说:"我是有生存意愿的生命,生活在有生存意愿的生命之中。"所以我们会说:啊,在每一个生命体那里,我都可以发现一种我非常熟悉的东西——对自我同一性的追求,对生存、意义、充实和发展的渴望,而这一切是我过去所没有看到的。因此,生命科学自然也是一种生命物质的科学。

---

① 阿尔伯特·施怀泽(Albert Schweitzer, 1875—1965),德国音乐家、医生,1952年诺贝尔和平奖获得者。1913年,38岁的施怀泽决心将自己的精力和爱心献给生活在困苦中的人,于是来到非洲,在加蓬的兰巴雷斯建立诊所,并在原始森林奥顾河畔建立医院,在蛮荒和贫穷落后地区为素不相识、语言不通的土著人治病,直到90岁高龄去世。——译者注

可是迄今为止，这种"对生存的渴望"在经济世界的成本——利益算计中从来就无足轻重。这个直到今天仍不被重视的因素——感觉——可以被引进生物学吗？

感觉只是作为整体的细胞面对世界自我组织的方式。假若我不再纯机械论地、决定论地、因果论地对我所处的环境作出反应，而是追求我自己的目标——即使这目标很渺小——我周围的世界就会突然充满价值和意义，那么就会有好的影响和坏的影响，也就是说，一旦我成为这样一个小的有生存意愿的系统，我便自动拥有了价值。一个一切都在感觉的世界是一个充满价值和意义的世界，一个我们再也无法摧毁的世界。我相信，真正的理性不过是心灵的智慧而已，它不是纯粹的算计，而是在自我感觉的生命中对现实作出的评估。

这场大规模的洗脑，将我们感觉的本质部分从我们对世界的解释中彻底排除掉的洗脑，是怎样发生的？

的确，这就是今天的核心问题：它是怎样发生的？因为，假如我们想对这个问题作出回答，就有可能要追溯过去。我想，我们的确应该对遥远的过去作一番追溯。我认为我们仍然生活在基督教的阴影之下，而基督教是一种宣扬救赎的宗教，包含一个正面的历史终结的神话；除此之外，我们还生活在古希腊的遗产之中，而抽象化方法就诞生在那个时代——也就是说，人们从有生命力的、一切都相互关联的世界中抽身出来，把世界想象为一个尽可能简单的系统。两种因素共同作用，造成了今天的结果。在近代，人们把基督教的救赎诺言转化成了建立人间天堂的希望：人自以为破解了上帝的创世计划，似乎准备替代上帝来完成这一伟业。这就是人类过去几个世纪所作所为的简单公式。人热衷于做自认为能够做到的事情，而充满意义的精神内涵却日益衰退。为了取得成就，人们把一切简化，简化再简化，科学的构架就是这样搭建起来的。科学成了衡量现实的最终标准，不再遭到质疑，因为它致力于破解上帝的创世计划。

这样一种将内在情感重新融入我们对世界的解释、充满诗意的生物学，会不会落入"为艺术而艺术"的俗套？或者，为了让这样一种哲学改变我们的生活现实，我们应该怎样做？

我当然希望，它不会陷入为艺术而艺术的罗网。我们现在应当懂得，人的生存必须纳入自然生存的大框架之内。为此我们必须反省，作为"当家"物种，我们的自我想象在旧生物学观念的影响之下，犯了多大的错误，走入了怎样的歧途。我们能不能抛弃"经营"的思维和做法，在有生命的生态系统中发挥我们的创造力呢？如果是那样，我们就必须与两种范式作斗争：一是错误的自我想象，将自己视为与自然相分离，凌驾于自然之上的生物；另一种是错误的观念，认为自己生活在匮乏之中，并试图通过获得更多财富来消除这种匮乏。有两个重要步骤必须采取：首先我们必须懂得，心灵的平衡和满意绝不是通过更多的占有、更多的财富、更舒适的生活就能获得的，而取决于在一个生命共同体中享受自由的程度和形式。我们应当思考，为了提高我们的满意度，我们真正需要的是什么。这是第一个步骤。第二个步骤是，即使对物质，我们也应该重新定义。在古典的新自由主义经济学中，人们至今仍然认为，市场是完全独立于自然界的。这是一个天大的错误。我们必须看到，生命只有在与其他生命的象征性关联中才能健康地繁衍生息，因此，我们的经济也仅仅是生物圈的一个象征性的子系统而已。在这里有两种新的方向必须落实为具体的要求：从这种形式的创造性生态学中必须产生出一种"生命政治"，虽然它目前还没有成为我们的政治目标，但为了实现可持续性，应当成为我们的一个政治目标。在我看来，这种生命政治的目标恰恰是大多数人通过努力可以达到的最高目标，因为它关涉到我们每一个人。

那么，新的生命法则应该是什么呢？我们所缺失的是怎样一种法则？

第一条法则是相互依存；第二条法则是具有自我保存和自我发展本能的生命一旦出现，就产生了善与恶；第三对于处在平衡状态下的生命来说，自律既是必须的也是可能的；第四是协同互动的义务。这些法则可以运用到许多方面，甚至可以用它们设计出一个微型的社会模式，在理想情况下协同互动的原则可以使每一个层面获得一定的行动自由，做自己认为正确的事情。当然，这种自由是有限度的，前提是不能对整体造成损害。

这对于我们如何看待生命世界有什么意义？

当达尔文1858年在伦敦的林奈协会（Linnean Society）第一次公开宣读他在《物种起源》初稿中提出的理论时——科学界、文化界和经济界直到今天仍认同他所描绘的世界图景——他的第一个句子是："大自然是一个所有生物相互争斗、自相残杀的战场。"然而事实远非如此，自然界并非只有毫无意义的原子为了争得最佳生存彼此间展开你死我活的斗争。今天科学观察证明，个体——无论是细胞还是高级生物——在不同层面上总是集结为一个更高一级的自我并从属于它，是无数个个体共同创造了这个更高一级的自我。换言之，在这些个体之间总是会产生某种形式的关联，使它们处于一种相互依存的状态。我们必须以辩证的眼光来看待每一种生物与其他生物之间的关系，一方面，为了保持自己的独特性，它必须与别的生物区分开来；另一方面，为了自我保存，它又不能缺少其他生物的存在。

关于自然的传统观念可以比喻为一个市场，在那里，所有人都为了自身利益而相互争斗。假如生态学和系统科学强调生命的网络结构，那么，个体之间还会有竞争吗？

自然这个市场恰恰缺少人类市场的决定性前提。自然这个市场是由许多自律的、相互竞争的个体组成的，为了获得最佳生存条件，所有这些个体展开有时是你死我活的争斗。毫无疑问，自然界充满了竞争，但它的顺畅运转同样必须建立在系统的所有部分彼此合作与互动的基础上。我们可以想一想基因以及基因对生存进化所起的作用。它并未被生命系统最重要的成员当做专利所垄断，而是为每一个研究它的人提供标本，DNA完全是一种公共资源。然而，就是这种公共资源，却被某些大的工业化农场不道德的基因技术人员申请了专利！除此之外，所有生物都是相互依存的，只要想一想自然界中几乎所有东西都是可以食用的，我们生活在一个一切都可食用的宇宙之中，在我们技术的意义上，没有什么是废物，没有什么循环利用，有的只是可食性，这就够了。这是因为，所有生物都是由相同的物质演变进化而来——尽管它们是一个个独立的个体，但却是一个相互关联的网络中的一个个网结。生命世界的迷人之处恰恰存在于这种既相互竞争又相互依存的关系，这种相互制约的自由之中。

这是否意味着我们应当告别竞争的范式，而转向合作共存呢？

我想，我们再也不能用二元对立的眼光看问题了。但我同样相信，仅有协同互动也不能使我们高枕无忧。事物总是两方面平衡的结果。即使在一个生物体中,各个细胞、各个器官之间也必须保持一种动态的平衡。一个生物体就是一个由许多细胞组成的生态系统,系统平衡的张力将它的所有部分在更高层面上集合为一个统一体。在我们看待社会和经济现实时,也需要这样的思维方法,因为,对于我们这个人与人之间残酷竞争的社会,重建二者之间的平衡,弘扬合作共存的精神是非常必要的。

在我们与自然相隔绝的经济观念中,我们自身与自然的隔绝是否也得到了反映呢?

是的,我们把自然看做一堆死的物质,认为我们可以掌握它的规律性,以为认识了这些规律就可以拯救我们。于是,人一方面完全变了质:他所面对的自然仅仅成了原料和废料堆积场,而他却幻想着,自然——恰恰是自然——可以拯救人类。另一方面,我们作为"主人"又被同一种规律制约着。在新古典主义经济学中,人变成了纯粹抽象的"经济人"(Homo oeconomicus),可以用数学公式来替代。这样,我们自己也成了决定论中我们为了获得自由而被自己制造出来并被自己所控制的机器。这是一种疯狂的辩证法:我们想让自然来拯救我们,为此不得不将自己理解为自然的普通一部分,但我们又通过把一切生命作为纯粹的、无声的、无生命的物质来对待,从而毁掉了我们自己。

市场这只"无形的手"可以解决任何问题的想象是否已经过时了?

"无形的手"的确是一种绝妙的说法。大约与康德第一次使用这个说法的同时,就出现了一种自组织的理论:不再是上帝主宰一切,而是必然的法则自行塑造了一切,在这一点上,生命系统比上帝的主宰更有智慧。就此而言，我相信我们应该对这个亚当·斯密在其著作中经常使用的说法作全面的理解。那样我们就会懂得，"无形的手"永远需要一个有规则的游戏场所。在当今的新自由主义经济学中，我们愿意这样来解释市场：它应当是万能的，应当安排好一切——适当的物流量，公平的分配，高效率的交易。可是无形的手只能做到最后这一点，至于我们市场的规模和公平正义，在自然这个大市场经济的框架之内，只能由我们的文化来操心了。

迄今为止，自然界不但作为提供原料的资本，而且它保持系统平衡的功能都被排除在经济核算之外。今后我们还能够这样做吗？

有趣的是，"经济"这个概念被定义为"持家之道"（Gesetze des Haushaltens），而"生态学"则被译成"持家之说"（Lehre des Haushaltens）。然而，持家之道却丝毫没有操持地球生命这个家的智慧。直到今天，经济市场完全无视自然，自然仅仅是资源提供者，人可以无偿地索取，恣意浪费。这种做法至今被认为是理所当然的，在逻辑上似乎也没有什么问题，因为这些资源取之不竭，即使人类的活动再肆无忌惮，也不会对无穷无尽的自然产生什么影响。这就是我们今天梦想的"空旷的世界"（leere Welt），浪漫主义者首先对它的消失提出抱怨。他们确信，森林被毁，工业设施不仅吞噬煤炭，而且也吞噬了美。可是我们今天却生活在一个"拥挤的世界"（volle Welt），我们的增长抹平了现实的边界。事实证明，我们大家都身在其中。自然界并不是一个"黑箱"，而是真正的经济，是提供物质的经济，没有它，人类的经济是不可想象的：饮用水，可呼吸的空气，可食用的植物，稳定的气候，农作物的授粉，防洪，毒素的清除，这些都是自然无偿提供的服务，百分之百不可替代的服务，这就是真正的"持家"。每一个快速增长的、从而对这个真正的"持家者"

造成损害的经济系统，损害的其实都是它自己的基础。经济学家赫尔曼·戴利（Herman Daly）曾说："这种增长是不经济的。"这一点今天在许多发展中国家可以看得很清楚，那里的人目光不像我们纬度较高的地方的人那么长远：在那些国家，对自然的滥用——如在生长着红树林的海岸推广网箱养殖（Shrimps-Farmen in Mangroven）——由于从生态被破坏地区的贫民大量涌入，立即造成了经济损害。当然，毁掉的还不止人的幸福，如果加上所有的工作岗位，那么人们从经济上就会看明白，倘若我们不把真正的经济放在眼里，我们就会犯错误，就挥霍了自然这个资本。

如此说来，我们仍然被19世纪的思维所束缚，并试图用这种思维来解决21世纪的问题？

遗憾的是，我们并没有想解决21世纪的问题。我们现在解决的仍然是19世纪的问题，即所谓的物质匮乏问题。在19世纪，这个问题困扰着许多人。那时人们梦想着通过物质的改善达到真正的福利，充满幸福的福利。今天，这个问题虽然仍然困扰着地球上数亿贫穷的人群，但遗憾的是，19世纪的道路在发展中国家，往往会直接导致21世纪严酷的现实。

通过对这样一种思想的诊断，人们会把注意力转移到哪个问题上，是我们对"自然"的理解吗？

我更愿意说，是我们把自然作为一个有创造力、有生命的宇宙来理解的观点。如果自然退化了，那就意味着我们没有理解生命，没有理解构成生物圈的生命的"持家"之道。我们必须重新理解生命，将生命作为宇宙的基本现象来认识，因为我们自己就是生命的表现。只有我们把经济学理解为生命的持家之道，这样一种经济学才会有意义。

为了理解一种一元论的、整体论的或生态学的持家之道，现代生物学可以给人哪些启发？

现代生物学看到，自然史并不仅仅是无名的、自私的基因为了生存而展开的一场你死我活的斗争。传统生物学追随庸俗达尔文主义，过分相信一种"合理化的经济"，从中于是产生了对"经济学"的重新肯定——而且是它最僵硬的历史形式。然而生物学早就发现，有机体并不仅仅是生存机器，相反，它更应当被理解为替自己的福祉操心的主体，既追求某种自由，又与其他所有主体相互依存。在自然界，我们并不是生活在一个恃强凌弱的社会（Ellenbogengesellschaft）中，而是置身于一个"全球共同体"，一个合作共存、追求共同福祉的系统之中。除此之外，自然也是不会增长的经济，大自然的国内生产总值（BIP）不会增长，而是保持不变。它是赫尔曼·戴利所说的"固定不变的国民经济"，即使增长，也不是它的物质层面，而是它的"深度"，换句话说，是它的意义内涵。越来越多的小生境①与生活蓝图，越来越多的生存可能性发展起来，不仅有功利主义的利益最大化，而且还有顽强的生命力。这种景象是现实的，是真正的生命的"持家之道"。我们怎么可以视而不见，怎么能狂妄地认为，我们那小小的、微不足道的"家政"——经济——可以对这种生命力的喷张无动于衷呢？

您所主张的"生态经济"是怎样的？

---

① 小生境（英 Niche，德 Nische）是一个生物学概念，指特定条件下的一种生存环境。生物在其进化过程中，总是与相同的物种生活在一起，共同繁殖后代，并生存在某一特定地区。如北极熊只生活在北冰洋而不会生活在气候温暖的海域。——译者注

生态经济是一种将我们自己作为一个生命共同体中的一分子来理解的"持家之道"。它看到，唯一真正的"家"便是生物圈，它不满足于将我们的生物学和心理学体验当做"经济人"迟钝的剩余价值来吹嘘，并用这种价值来衡量一切。一种适应生态系统条件的经济，必须脱离新自由主义的轨道。

您最近出版的书标题是"生物资本"①，它是否涉及到对自然的新的评价，以及自然为我们所提供的无数种服务？

这个口号式的标题的确非常吸引人的眼球，使用它意在提醒人们，我们根本不懂得真正的资本是什么，而这就是有生命的生物圈。我们只盯着它的一小部分，并准备为了这一小部分，廉价出卖我们真正的价值，而展示这种真正价值的途径就是将自然向我们提供的服务金钱化。倘若要计算它的价值，衡量一下自然这个真正的市场比我们"拥挤的世界"上那所谓的经济要大多少倍，那么，人们就会得到一个令人印象深刻的数字，比起它，最近一次金融崩溃所损失的财富显得简直太可笑了。当然，用金钱价值来衡量自然仅仅是一个比喻，并不是真的要把自然界的价值换算成金钱，更不是要将它出卖，相反，是为了将自然每时每刻无偿提供给我们的服务形象化地显示出来，将其引入我们讨论的话题，因为，在我们的经济话语中，有说服力的始终是"硬数字"（harte Zahl），比如，人们将去年由于森林面积的减少给生态系统造成的损失估价为60亿美元。这还仅仅是森林！再想想红树林吧：联合国的一项研究报告称，这一海岸树种每一公顷每年创造的价值约合2100美元——作为经济鱼类的栖息地，作为沿海渔民的劳动场所，作为抵御海啸的天然屏障，

---

① 参见安德烈亚斯·韦伯：《生物资本：经济、自然与人的和解》，Berlin 出版社，2008年。

作为旅游目的地。假若将这些抗盐树种清除掉而养殖龙虾，那么，每一公顷创造的价值将降低为420美元——就连这笔钱也会被装进某个跨国康采恩的口袋，或者作为雷曼兄弟公司或另一家快要破产的银行的抵押债券而化为乌有。

对自然财富的这种评价方式意味着什么，例如对农业而言？

有意思的是，它意味着，几乎所有对自然最友好的利用都是最经济的。具体说来，我们的工业化农业生产对生态环境造成的损害，如果换算成货币，成本非常巨大。德国纳税人每年仅为了净化由于使用化肥和农药而遭到污染的水资源，就不得不支付50亿欧元，而这些支出并未向公众公开。此外，还有机械化作业所产生的大量高浓度二氧化碳呢？事实是，我们今天每生产1公斤粮食，就要花费10公升以上的石油，所以，我们吃的其实就是石油。具有讽刺意味的是，大规模推广生态农业竟然被许多"国民经济专家"说成是"胡思乱想"和"乌托邦"！然而，这些所谓的乌托邦恰恰是唯一现实的解决办法。最不能叫人容忍的是，我们欣赏美丽的风景，需要更健康的饮食，想避免生病，需要物种多样性，需要自我证实，需要意义，然而，我们却全力阻止生态农业的大面积推广。

倘若将过去被认为可以无偿获取的自然价值纳入我们的视野，保护自然会成为一种经济因素吗？

结论应该是这样的。假如真正用数字，即生态系统所提供服务的价值来衡量，并将这种价值换算成金钱，那么，我们仅通过保护自然就可以变得很富有。我们可以看一看经济数据的变化曲线，在一个拥挤和炎热的世界，这一曲线将会急剧下滑。再让我们想一想中国，这个国家的国内生产总值年平均增长率的15%是以破坏自然为代价而取得的。绿色经济学家肯定地说，如果自然有价，那么市场这只"无形的手"就完全可以保护它。这一"绿色核算"（green accounting）在一个化石能源日益紧缺，大气负担愈来愈沉重的星球上，是通往经济转型唯一可行的道路。

直到今天，仍有许多人认为，这种破坏是值得的，因为修复这种破坏本身就可以提升社会生产总值，使增长率得到提高。您所说的"绿色核算"是否要求从根本上转变我们的经济思维？

是的，未来不会从消费，而必须从重建、从"修复"中产生。倘若我们计算正确，就会懂得，对自然的破坏始终是损害收支平衡的。反之，珍惜自然、保护自然是值得的，那种通过常规的化石能源的高消耗达到增长的做法早已行不通了。在德国，就有许多社区迈出了摆脱化石能源的第一步——那里的人发展太阳能，使社区财政十分充裕。根据牛津的动物学家巴姆福德（Balmford）的估算，我们今天为保护自然而投入的 1 欧元，未来将获得 100 欧元的回报。每一位金融投资者都明白，拒绝这样高的利润率是多么愚蠢。

迄今为止，我们的文化始终觉得自然生命系统是有缺陷的，需要改善的。这样一种观念应当更正吗？您所提出的"生物资本"的思想主张建立一种理想的平衡，而我们却用我们的"控制"和"进步"的想象破坏着这种平衡。

无论如何，我们的文明长期以来抱着法厄同①式（phaetonische

---

① 法厄同（Phaethon 或 Phaeton），希腊神话中太阳神赫利俄斯之子，其父允许他驾驶一天太阳车，但他驾驭不住神马，太阳车于是冲向地球，导致大地骤热，河流干涸，森林燃烧。神王宙斯遂用雷电将法厄同打入河中淹死，从而拯救了大地。——译者注

Haltung）的幻想，觉得我们生活在地球上还不够，还应该拥有别的星球，想把太阳车的控制权掌握在自己手中。我相信，我们最好还是采取现实主义的态度，谦虚对待现实，接受人的局限性，而这就意味着接受人的生命的有限性，人类存在的时空有限性，接受没有什么是完美无缺的，一切都是相对的，接受这样一种态度是困难的，我们只能忍受它。我不相信世界上有什么是长存的，有什么"理想的平衡"。这样的平衡不存在。生命绝非什么平衡，而是一次冒险的、愈来愈深地跌入死亡深渊的过程。所以我也不相信生态转型是为了在我们眼前最终建立起一个自然的天堂。这样的天堂不存在，但却会促使我们放弃人为地建立这样一个天堂的幻想，因为这种只存在于想象中的拯救，如同许诺给我们的物质自由一样，只会带给我们奴役。没有这样的天堂，有的只是我们渴望获得的神性的东西——美、崇高和优雅！或许，只有未获拯救的生命，始终忍受痛苦并接受这种痛苦的生命，才能拥有这些东西。这是一种反乌托邦，意在劝告人们放弃寻找那种超越瞬间的所谓的平衡。为了形象地说明这一点，我们应当回忆一下，即使那最后的呼唤"你真美呀，请停留一下！"①也不过是被固定在某一瞬间的与魔鬼订立的契约。

倘若我们不是追求增长、利润和效率，而是把生活质量作为衡量幸福的标准，会发生什么改变？

迄今为止，市场参与者的主观感受根本未被计入我们视之为经

---

① 在歌德的《浮士德》中，主人公浮士德以生命为抵押与魔鬼靡菲斯特订立契约，重获青春。双方约定，浮士德可以享受各种快乐，但永不能满足，否则便将失去生命。在经历了爱情和美的幻灭之后，仍然很失望的浮士德决心围海造田，征服大自然以造福人类。但他此时已双目失明。靡菲斯特让小鬼为他挖掘坟墓，他听到铁锹撞击声后为幻觉中的劳动场面所陶醉，感到满足，并情不自禁地喊出："你真美呀，请停留一下！"说完便倒地而死。——译者注

济效率的东西之中。今天，人已经沦落为数字化的符号，重要的经济决策建筑在效率优先的原则之上——人们为此所付出的心灵成本被看做不可避免的副作用。可是，这已经不再是解决人类问题的"经济"。人们最原始的想法就是如此——经济应当成为克服物质匮乏的工具。然而，这样一种经济——为了取得高增长的国内生产总值——同样贪婪地造成了摧毁和破坏，所以是不人道的。美国作家比尔·麦克琪本（Bill Mckibben）说："经济上最健康的人按照 BIP（国内生产总值）的标准，好比一位在前去办理离婚手续的途中，将汽车撞得粉碎的病入膏肓的癌症患者。"

面对危机，我们应当用另外的数据来取代 BIP 吗？若果真如此，那么，这些数据应该是什么呢？

赫尔曼·戴利和小约翰·柯布（John Cobb Jr.）提出了"ISEW"（Index for Sustainable Economic Welfare）即"可持续经济福利指数"的评估方法，其中列举了大约 50 种不同的衡量可持续性的因素，包括往返交通成本和空气污染成本。若以 ISEW 为衡量标准，那么，西方国家的福利从 20 世纪 70 年代就开始不断下降，而这也是人们的满意度持续下滑的年代，是最后的未开垦处女地消失，蝴蝶越来越稀少，电子计算机大举入侵我们的生活，工作节奏越来越快，大规模失业成为社会常态的年代。当然，我们还可以举出另外的标准，如在特定的区域内物种是灭绝了还是保持稳定，二氧化碳排放量是增加了还是减少了，等等。这些都是今天经济是否健康的衡量尺度。事实证明，凡是经济破坏自然的地方，所谓的经济都是极不经济的。我们用不着举出数字化的评判标准，只要想一想已经消失了的鲜花盛开的田野和欣赏它的人，就可以看出，我们的行为是否经济了。我们必须意识到这一点。

我们是否应当用"生态经济"来克服匮乏和争夺的神话，并用自然所提供的充裕来取代它呢？

我相信，匮乏和争夺是我们必须面对的现实，我们就生活于其中。然而，现实也有它的另一面，即过剩和挥霍浪费。美国人类学家马歇尔·萨林斯（Marshall Sahlins）20世纪70年代在对澳大利亚土著居民进行实地考察时惊奇地发现，这些人——我们想象他们像我们石器时代的祖先那样，仍然过着最原始的生活——虽然每天平均只干五个钟头的活，而且劳动强度并不大，但他们并没有挨饿，有无数种方法来满足自己的需要。与此同时，他们对这个美国人提出的问题也迷惑不解，他告诉他们"坏日子就要来了"，劝他们储备一些食物。很显然，最早的人类劳动效率并不高，但他们并不劳累，生活得非常轻松惬意，有充裕的时间同朋友和邻居玩耍闲聊，或者举行一些类似于宗教仪式的自然崇拜活动。用我们的经济标准来衡量，他们的劳动和生活的确算不上效率很高。其实，西方垃圾影片中的那些大强盗，那些"高效率的掠夺者"才是自然财富最大的浪费者。他们像街道上疾驰的豪华轿车，虽然"心"是热的，但能源使用效率却十分低下，是最不经济的，产生着太多的废热。真正有效率的是那些生活在深海的生物，那里的海星每年只移动几米。自然界有时也很浪费：为了孕育出幼鱼，一条雌鳕鱼每次必须排出500万个卵。这虽然是真正的浪费，但那是有深刻意义的：另一些共生并与之竞争的生物，每一个物种置身其中的整个系统，都依靠它来生存。在大自然中，生命存在的根本原则便是丰富和充盈，这也是指导我们行为的准则：生命的实质不是吝啬的效率，而是充盈、无限。生命的原则必须成为我们经济活动最重要的指南。

我们能够奉行一种"生命政治"吗？

生命政治建筑在每一个个体在与他者共存、与世界共存的共同体中获得自己应有位置的基本思想之上。我们需要在个人最大程度的自主与整体最大程度的繁荣之间建立一种平衡，在这方面，决定性的支柱是自由和必然。个体自由的扩大必须建立在整体繁荣的必然之上。使用太阳能的、分散的、生态的文化是一种有归属感、人人参与抉择的文化，一种生命文化，而不是迄今为止的死的物质文化。威胁着当今生命系统生存发展的不是自然界，而是我们的文化。许多事实说明，我们正面临一个"黑暗时代"，处在一个过渡时期，这个时期之后留下来的东西将会很少。因此，我们应当设计出一种生命政治。在我的书结尾处，我曾这样写道："一个不同的世界将会到来，尽管小一些，但仍然是一个有生命的世界。或许'生命政治'就是那之后的时代，是等待着我们的、转型和危机之后的新世界的模型，我们现在就应当规划它。这是一个创造性的机遇，我们可以立即开始新的事业。在一个更加炎热、比较小的世界上，诗歌仍将会引导现实。"

直面一种多元一体的意识
——与意识研究家、神秘学家吉姆·马里昂对话

吉姆·马里昂（Jim Marion），生于1950年，集各种不寻常的职业于一身，既是记者、作家，也是神秘学家、彻底的教会批判者和心灵教师。他与意识研究家肯·威尔伯（Ken Wilber）共同成立了"整体精神研究所"（Institute for Integral Spirituality），自己也是"心灵知性研究所"（Institute for Spiritual Awareness）的创始人和主席。由于支持男性同性恋运动，他与教会机构的分歧愈来愈大。从1973年到2004年，他担任华盛顿特区政治律师，为吉米·卡特政府和美国国会提供咨询，在心灵研究方面取得进展的同时，他也深化了意识领域的研究。在《通往基督意识之路》中，他为基督教精神的自由作了辩护，在他的第二本书《上帝神话的死亡》中，他分析了21世纪初的意识发展，并勾画了宗教价值向一种"整体意识"转化的过程。

今天，为了找到解决旧问题的新办法，人们越来越多地谈论意识转变。这是否可能？在意识的发展方面，我们存在哪些可能性？

■ 危机浪潮：未来在危机中显现 ■ *Zukunft entsteht aus Krise*

我坚信，意识的转变完全是可能的，因为我们人的成长和发展是在多个层面上实现的。说到底，我们每个人在九个月之内便在母腹中走完了生物进化的全过程：最初是两个单细胞的结合，然后发展成多细胞体，再变成鱼形、爬行动物形、哺乳动物形和灵长类动物形的胚胎，最后才变成了人的形状。出生以后，一个人似乎还要经历社会文化进化的全部过程，最后才能到达主导我们各自文化的意识层面。有些人——由于在这种或那种传统中接受了精神的训练——可能会超越他们自己社会的平均意识水平，致力于探究未来的精神形式。但无论如何，每个人在生物进化过程中都是从零开始的。

假如我们在生物学意义上必须经历鱼、爬行动物、哺乳动物和灵长类动物阶段，那么在意识形成过程中，我们又必须经历哪些阶段？

意识研究者已经弄清楚，我们的意识成长在文化史上必须经历哪些阶段，并且知道了这种成长在今天的人的精神发展过程中如何反映出来。从石器时代的人的史前意识——相当于今天婴儿的水平——开始，紧接着是一种在信奉万灵论和萨满教部落社会中普遍流行的神秘意识，相当于今天七岁儿童的意识水平；第三阶段是在游牧部落、氏族、诸侯国，或——以今天的眼光来看——成帮结伙的青年中盛行的个体化战争意识；第四个阶段是一种神话意识，在历史上，这种意识在古典时代的世界帝国和一神教鼎盛时期最为流行，意识发展水平上相当于今天即将成年的孩子；第五个阶段是理性意识，在文化上，这种意识发端于提倡个性自由、发扬科学成就的民族国家世俗化的民主，其意识发展水平相当于今天成长起来的年轻人；接下来的阶段也就是第六阶段，是一种全球性的多元主义，即文化多元主义，所有种族、性别、信仰等等相互尊重与平等的意识；最后，从第七阶段开始，会出现一种高级神秘意识，上述阶段的各种意识在其中将融合为一个统一体。

> 您刚才提到的"主导着我们文化的""意识层面"似乎与现实的世界问题有些关联。那么，我们今天身处何处，哪一个意识层面是占主导地位的？

现实状况非常复杂，因为今天存在的所有文化并非以同一种方式发展起来的。比如，目前仍然有像阿富汗这样的国家，带有鲜明的部族和军阀统治的烙印，这里的人意识发展水平还停留在第二和第三阶段。而在美国和部分欧洲国家，第四、第五和第六意识发展阶段的代表人物之间正展开一场文化斗争，即具有神话意识的传统维护者，拥有理性主义科学及跨国企业的世俗化政治的拥护者，以及致力于建设一个全球化的、在社会和经济上公正的、可持续发展的健康的世界，弘扬一种非正统的精神文化的前沿人物之间的文化斗争。这样的局面当然很复杂。例如我想说，在美国有四分之一的居民还在用神话意识观察、思考和行动，将近一半人口仍生活在意识发展的第五阶段，即理性主义阶段，或许只有20%的人达到了第六阶段。在西欧，我觉得有一部分人已经超越了纯理性主义、消费主义和唯科学主义的观念。

> 倘若意识发展水平和与此相应的世界图景发生变化，我们关于上帝的观念也会发生变化吗？

是的，我们心目中上帝的形象是随着时代的变迁而变化的。这与童年时代的世界图景长大成人之后会发生改变是同一个道理。用新的眼光看世界，同时也意味着用新的眼光来看上帝和宗教。这不仅会发生在个人层面，而且会扩展到整个社会层面——当然，速度会明显慢一些。

我们既生活在所谓现实的世界之中,也生活在我们的宗教观念中。在您最近出版的一本书①中,您谈到了"神话的上帝之死"。您指的是什么?

我相信,西方人像东方人一样,大约3000年以来,对神和神性的东西就有一种神秘或神话的想象。在这样的想象中,神是一种同我们完全隔绝的、住在天上的生灵,倘若人向他们祈祷和请求,他们就会介入人间的事情。神永远是男性的,神的世界是一个父系社会,在这个社会里,人信奉着宗教神话中不容置疑的真理。如犹太人和基督徒相信上帝在六天之中创造了世界,穆斯林相信先知穆罕默德的确是从圣殿山一座建在岩石上的清真寺升天的。这一类型的神话信奉者把自己看做"善的"而将所有其他人视为"恶的"。他们坚信神站在他们一边,他们必须让全世界都皈依他们的信仰。我们正是在这种观念的阴影下生活了3000年之久,只是在最近100年才开始摆脱这种神和世界的图像,抛弃它所有的信条。

在基督教中,人们至今信奉的不容置疑的真理,建筑在《圣经·福音书》的基础之上。这样一种认知形式难道是彻头彻尾的神话吗?

不错,它就是一个神话!神话是有象征意义的,对事物可以给出神秘的解释或精神的暗示。我们人可以从神话中学到许多东西,但它从来就不是就事论事的,即使在原始基督教中也不是。当前有

---

① 吉姆·马里昂:《上帝神话的死亡:进化精神的崛起》,Hampton Roads 出版社,2004年。

一个问题摆在我们面前：人们大多不再以神话思维来看待事物，而是以理性主义的、科学和历史的态度对待那些曾经不容置疑的真理。当他们读《圣经》时像读他们生活中的其他文献一样，仍然盲目地相信它所宣示的"真理"，那么，他们就会犯巨大的错误。从这种角度来看，原教旨主义不能不说是一个绝对现代的现象：人的意识在95%的时间里是理智的，合乎逻辑的，然而，只要一碰到《圣经》或《古兰经》，便完全乱了套。

在宗教世界里，理性与神话的矛盾无所不在，诸如上帝在七天内创造了世间万物，圣母未婚生子的故事就是例子。这是不是表明，我们的意识混淆了神话和理性真理的界限呢？

岂止是混淆！我们简直将每个句子、每个词都当成了真理。具有讽刺意味的是，连中世纪的人也从未想到过要这样做。他们很清楚，《圣经》和其他神圣的经典只不过提供了比喻、隐喻、暗示和充满哲理的故事而已，人们可以对它们的深层含义作各种各样的解释，但决不可将它们每个字、每句话都视为神圣不可侵犯。而今天，某些有理性、有科学思维、受过历史分析教育的人，却时常犯这样的错误。

我们常常把什么东西当做真理，而它实际上仅仅是一个神话。我们怎样才能克服这样的误解？神话可以翻译得被现代人理解吗？

我们肯定需要这样的翻译。可是，那将是一项多么艰巨的工程？在宗教领域，整个基督教信仰和教义连同它所有的教条都是用神话的语言写成的，假若要将它们翻译出来，首先必须在天主教徒、新教徒和东正教徒之间取得平衡，消除他们在认识和理解上的分歧。在众多的仪式和大量赞美耶稣诞生，一位处女如何生下了他，他为了替我们赎罪如何被钉在十字架上，然后又如何复活并升天的颂歌方面，困难同样不可克服。人们放眼望去，到处都是神话！要把它们全部翻译出来，那几乎是不可能的。如果教会500年前便开始做这件事，那么它今天也许已经完成了。然而，教会今天自己就完蛋了，因为人们一群一群地脱离了它，而且它也再不能理解神圣典籍的语言。

原教旨主义不仅是一个宗教范畴，而且在涉及危机应对的现实政治中也可以看到。那里同样说着一种许多人无法认同的语言。难道说，神话思维不但影响着我们对神圣事物的看法，而且也影响着我们的日常生活世界？

是的，肯定是这样。一种神话意识可能在宗教原教旨主义中反映出来，例如，有人认为只有自己信仰的宗教才是唯一正确的、真正的宗教，拥有神授的经典，因而是无可比拟的。不过，这仅仅是表现形式之一，总体说来，处在神话意识阶段的人，大多持一种种族中心和社会中心的思维方式，换言之，他们将自己的族群、自己的民族、自己的家族、自己的宗教、个人的性偏向或政治意识形态凌驾于别人之上。神话意识的另一个特征是对握有强权的、大多是男性家长式的权威人物的绝对服从。这在今天的某些国家如朝鲜、沙特阿拉伯、喀麦隆和古巴可以看到。因此，世俗化的民主体制在彻底的神话文化中既不能生根，也无法发展。神话意识的第三个特征是，当问题涉及性别或社会阶层时，在角色分配上表现出极端的僵硬：印度的种姓制度，许多发展中国家对妇女的歧视，对国际组织如联合国的不信任，对同性恋的绝对排斥——所有这一切都是神话意识形态的典型反映。最后一点是，生活在神话意识中的人在教育体制中，总是把传统价值置于科学、经济或进步之上，今天的索马里——显然被神话思维所束缚——为了回到中世纪伊斯兰国家的传统中，就把所有知识分子和从事学术研究的人赶出了国门。

您把神秘意识看做意识发展的最高阶段，如今许多人正在为全球性、文化多样性和尊重差异而奋斗，这是否是朝这个方向发展的一种努力呢？我们应当怎样来理解这个意识发展的最高层次？它会被今天的宗教机构所接受吗？

不，它肯定不会被接受。在神学领域，一些伟大的先驱思想家如比德·格里菲斯和卡尔·拉纳①就说过，基督教的未来——如果它还有未来的话——寓于神秘主义之中。② 也许我可以举一个宗教方面的例子来加以说明：在意识层面上，人们不应该再在神话的意义上，而应当从神秘主义的角度来理解信仰的真理，很实际地说，就是不再想象上帝离我们很远，端坐在天上的宝座上，而是相反，存在于每个人的心中，存在于创造之中。这使得一个全新的自我，一种新的伦理学得以显现。某些思想先驱已经看到这一点：比如，德日进③就曾说，上帝在一切造物中现身，在世界中显现自身。假如基督教以及从中产生的文化想拥有未来，这样一种视角的确是非常必要的。

神秘主义的世界观并不是什么新东西，在中世纪的神秘主义者那里我们就已经见识过。为什么恰恰在今天，在神话意识

---

① 比德·格里菲斯（Bede Griffiths，1906—1993），英国本笃派神父，20世纪最著名的神秘主义者之一。卡尔·拉纳（Karl Rahner，1904—1993），德国神学家，宗教哲学家。——译者注

② 参见比德·格里菲斯、罗兰·罗帕尔：《一个世界，一个人类，一种宗教》，Sheeman Medien 出版社，华盛顿，2007 年。

③ 德日进（Teihard de Chardin，1881—1955），亦译夏尔丹，法国哲学家、耶稣会会士、科学家，自 1923 年至 1946 年先后 8 次来中国，对中国的地层、古生物、区域地质研究作出过重要贡献，曾与中国政府合作绘制中国地图，并参与了中国史前文明研究和对周口店"北京人"的发掘。——译者注

应当被抛弃之时，要提倡神秘主义的或者说一元论的意识呢？

您说得对，在宗教史上，神秘主义的传统从来就没有中断过。耶稣是神秘主义者，圣保罗、耶稣的其他门徒和许多教皇和主教或许都是，但人类中的绝大多数却对神秘主义知之甚少，认为那不过是修道院中的僧侣和修女们的修行之道，对于普通人来说没有什么意义。宗教改革运动以后，两大教派即天主教和新教，与神秘主义拉开了距离并转向了理性主义，后者被视为通往现代性的唯一道路。在两大教派看来，系统完整的神学比纯粹神秘的经验更为重要，这类经验不过是背景材料而已。但今天我们必须认识到，排除了这类直接的心灵经验，宗教剩下的东西恐怕就很少了。

弗里德里希·尼采提出的"上帝已死"的口号被广泛引用，而您刚才也表达了相同的意思，宣布"神话的上帝已死"。您同尼采的区别在哪里？

没有什么大的区别。当尼采1885年宣布"上帝已死"时，赞成他的说法的知识分子只有几千人，这些人对上帝"天国国王"的称呼很不以为然，但大多数人那时仍信奉这个上帝。可是，从那以后，这位伟大哲学家的观点被越来越多的人所接受，渐渐成了一个大众口号。从尼采时代到当代，情况发生了巨大变化：今天不再是几千个人，而是千百万人不再相信那个高踞于世界之上，主宰我们的生活并惩罚着我们的上帝。

有没有研究清楚地表明，一种集体的神话意识正在消退，因为在许多方面，这种思维似乎仍然非常顽固？

您说得对，这种思维的确还相当普遍。我甚至想说，世界人口中的多数——假如把南美人、非洲人和亚洲人都算上的话——仍然停留在这一意识发展水平上。对宗教问题经常发布统计数据的北美巴尔纳基金会（Barna-Stiftung）① 在其研究报告中确认，1950年还有一半美国公民自认为是"传统的西方基督徒"，百分之百地相信《圣经》。但根据最新的调查报告，近些年这个数字大大减少了，已下降到19%。这也是为什么基督教原教旨主义者在乔治·布什总统任内变得极富攻击性的原因之一：他们明白，文化的发展已将他们远远抛在了后面，他们的世界图景不再为多数人所认同，于是便疯狂地发起攻击，以夺回失去的阵地，重新主宰文化。然而，他们似乎已经输掉了这场战斗。

也就是说，我们不但从各自的意识水平出发创造和选择我们心目中的神，而且也创造并选择我们的政治领袖？

我相信是这样。一个社会的领导团队反映了这个社会的成员处于怎样的意识水平。如果幸运，人们会拥有一位能加快变革进程的领袖人物，因为他出类拔萃，在意识发展水平上大大超前于民众。甘地和纳尔逊·曼德拉就是这样的人物。今天，人们在这方面对巴拉克·奥巴马也寄予厚望。另一方面，我们也不能不说，通常有什么样的社会就有什么样的领导人。只要我们人类由于精神的束缚而没有把命运掌握在自己手中，我们就会将优秀品质投射到我们的政治领导人身上，而将所有坏的品质归咎于国家的敌人，这再正常不过了。在传统上，国家领导人的任务便是继承前任的遗产，在人民面前充当父亲般的角色，解除他们的痛苦，给他们以勇气。在神话思维的无意识层面，总统或国王起着领路人的作用，国家领导人承担的角色，其实就是神话中神所扮演的角色。

---

① 见 www.barna.org。

这样说来，是我们自己创造了与我们相适应的社会和国家结构吗？

笼统地说，所有的社会体制都是塑造了它们的意识的表现。在这方面值得重视的是，过去的意识并不会完全销声匿迹，相反，以往每一个阶段的意识都构成了当前意识的基础。即使过去的意识水准被超越，旧的真理在更大的语境中仍然会起作用。除此之外我们也应当明白，每一个社会都有一些人由于某种原因完全无法或不愿意接受新的意识，这些人虽然必须得到尊重，但也不可不防。

您能不能举几个实际的例子，来说明一个社会的意识差异和分歧是如何引发冲突的？

例如，军队、警察和法庭就产生于一个神话意识占绝对统治地位的时代。然而，只要人的本质不发生集体改变，取消这些机构就是相当愚蠢的。同样，简单地禁止神话宗教意识——就像苏联和共产主义中国所尝试的那样——也是徒劳无益的。在现代的西方，人们如今正在把工业生产转移到发展中国家，试图将建筑在神话思维之上的一元化工业社会转变为以多元性思维为基础的信息社会。但这样做不会成功，因为相当多的人不赞成这种做法，因为那样一来他们将失去工作岗位，他们和他们的家庭将靠什么生活？事情总是这样，犹如一个人想锯掉桌子的一条腿而让桌子保持平衡一样，一旦有人试图无视或简单地越过意识进化的某一个阶段，他肯定会遭到失败。

倘若大多数人仍然按照神话模式在思维和行动，是否必然会出现社会危机呢？

遗憾的是，世界人口的 70% 仍处在神话意识的水平上。尽管如此，由于世界范围内教育事业的努力，许多人的意识水平得到了提高，持理性意识的人数已大大增加。现代交往手段和通讯技术如互联网、电视、电影和无线广播也加快了这一进程。今天，人们到处都可以通过媒体了解发达国家的生活方式，渴望自己也能过上那样的生活，但他们往往忽视了，要将整个社会提高到这样的水平，需要意识和文化素质的彻底改变。因此，对许多人来说，移民到发达国家，让他们的孩子在那里长大成人，便是最简单的办法，最快的捷径。不过，只有少数人能够做到这一点。

当今时代的金融危机、气候危机和环境危机在多大程度上与神话意识有关？

今天的金融和生态危机的发生不应当归咎于神话意识，我认为，其根源更应该从理性意识中去寻找。这类危机在欧洲本来并不存在，只是在公元 1500 年至 1945 年期间，理性意识逐渐取代神话意识之后才出现的。但我们不应该忘记，在这之后，我们在超越有缺陷的理性意识方面已经迈出了第一步，从 20 世纪 60 年代开始，越来越多的人采取了多元主义的立场。这种多元主义强调的恰恰是，为了应对经济、生态、健康和政治方面的挑战，必须制定出全球性的、跨国家的解决方案，而不是像理性时代那样，让各个民族国家自行其是。理性主义主张经济的无序竞争，多元主义则强调合作。理性主义将科学理解为征服自然的工具，对其进行无限度的掠夺，并以此来满足人的欲望；多元主义则将人视为自然界不可分割的一部分，决不允许整体的生物系统——一切生命的存在均有赖于这个系统——遭到毁灭。目前的"文化冲突"有很大一部分正是发生在理性主义和多元主义之间的公开冲突。

假若如您所说，我们的精神信仰系统建筑在神话之上，而我们的日常生活和职业活动却更多地依赖理性，那么，会出现什么问题呢？这种分裂的意识状况对于我们应对越来越严重的问题和危机有帮助吗？

大约一百多年来，现代西方世界的人恰恰生活在这种分裂之中。理性意识对于西方世界的大多数职业，如教育、企业管理、金融事务、科学和医疗行业是绝对必要的，然而，当这些具有高度理性思维的人星期天去往教堂，他们突然间又回到了童年被灌输的神话语言和与此对应的世界图景之中。我猜测，这些人如果在宗教方面遇到私人问题，他们一定非常矛盾。不过在美国，许多教堂70年代末以来越来越政治化了，试图利用国家权力来强迫全体人民接受从神话意识中产生的价值，结果却非常糟糕，因为人们从此一群一群地离开了传统的教堂。由此可见，一种超越了现实水平的意识，一种"新酒"，绝不可能再被灌回到旧的酒囊中去，正如耶稣所说，如果人们尝试这样做，酒囊一定会破裂。而现在，旧的罗马天主教会及其文化便面临这种状况。

能不能说，当今所有层面——金融、文化、原教旨主义、生态、社会等等——出现的危机，都有一个共同的根源，即过时的意识范式？

我相信，危机的出现肯定是两种不同的意识范式之间矛盾和斗争的结果。每一种意识范式既有其内在的价值，也有它的阴暗面。一场危机永远是一次旧事物向新的、更好的事物转变的机遇。如果人们对现有的意识状况感到满意，就不会出现危机，只有当一种新的意识范式出现，质疑旧价值和观念的合理性时，危机才会发生。在我们当今这个由于现代通讯技术的普及而迅速全球化的世界，在社会和文化的各个层面，存在着许多相互矛盾和斗争的思想与能量，意识的生长正在加速——对于我们面临的问题来说，这显然也是必要的。

如果我们不能摆脱神话思维和理性思维的束缚，一场必要的文化变革还可能发生吗？

无论我们愿意或不愿意，我觉得，如果我们想让这个星球免遭一场大灾难，就必须克服这两种意识范式。与此同时，我们也要努力保存今天已过时的思维方式的好的方面。正确生活方式的伦理代码——如十诫①——在3000年前被引入世俗生活，从而突破神话意识的障碍时，其实是革命的。今天我们不能简单地将它们抛弃，而应当将其发展为伦理原则，运用到某些领域中去，如国际金融、基因和遗传技术、自然世界的生态保护等等。

在您的书中，您列举了神话意识在教会内部死亡的几个阶段。您能否具体描述一下，当意识发生转变时，旧思维的死亡会经历哪些阶段？

伊莉莎白·库布勒（Elisabeth Kübler）在她那本非同寻常的书《对濒死者的采访》（*Interwie mit Sterbenden*）②中，描述了濒临死亡的人通常会经历的五个阶段，按顺序排列就是：否认，愤怒，讨价还价，抑郁，最后是接受。这些过程完全适用于神话及其世界图景的死亡：否认意味着抗拒任何对现实的新的理解；假若这种新的观

---

① 据《圣经·旧约》载，以色列人出埃及后，上帝在西奈山上将十条戒律授予摩西，让他传达给民众。——译者注
② 参见伊莉莎白·库布勒：《玫瑰：对濒死者的采访》，Droemer-Knaur 出版社，慕尼黑，2002年。

念过于强大，再也无法视而不见，旧势力的反应往往是愤怒；讨价还价作为第三个阶段意味着，代表现状的势力表面上似乎接受了新事物，实际上仍然抓住旧的东西不放——我们目前显然正处在这个阶段；抑郁以及旧制度最终灭亡的那个阶段——接受——我们尚未经历过。

我们应当把这些阶段作为死亡和再生的进化过程来理解吗？

对旧范式不断进行审视并提出挑战，直至新的、更好、更加适用和更广泛的范式出现，是科学最重要的本质。应当说，科学对于这个死亡与再生过程来说就是最好的例子。在宗教和神话语言中，意识在更高层次上的每一次运动都是一个死亡和再生的过程，亦即将旧事物抛在身后、拥抱新事物的过程。精神的文本常常用羽化成蝶的比喻来形容这一过程：一条毛虫织一个茧将自己包裹起来，然后化成蛹，最后变成蝴蝶破茧而出。这一方面可以看做一个进化生长的过程，但对人来说，这一过程主观上可能是一次极其痛苦的体验，特别是在他错误地相信一切均在掌控之中的时候。总的说来，假若这个转变过程一切顺利，我们就会看到，我们的某些假想是正确的而另一些是错误的，但仍需要一次综合评价，而其他的一切在新的层面上如同在旧的层面上一样，仍然有效。只不过人们通常只有在这一转换过程结束之后，才能对它有清晰的认识而已。它需要的是信任——对进化过程的智慧的基本信任，为的是亲自参与到这一进程中去并与它合作。而现在，我们就应当接过这一使命。

在我们目前的状况下，必须经历上述阶段的这个过程，已初见端倪了吗？

就像我刚才提到的那样，这一进程在科学领域不断地发生。然而在政治领域，特别在已经建立的、仍在运转并定期进行选举的民主制度中，它同样在发生。它使得社会在不爆发暴力冲突的前提下发生变革。相反，暴力革命在大多数情况下是破坏性的，因为它犯下的罪行同不公正的旧制度犯下的罪行一样多。如果旧制度连同它所代表的世界图景僵化到要用一切手段来阻止进化和变革，那么，革命就必然会发生。因此，明白以下道理非常重要：人的意识是不断发展的，变革植根于人的内在本质，我们应该促使我们的机构、宗教、政府和科学顺应这一进化潮流，并走在它的前面。

神话观念在精神层面上是怎样死亡的？为了在如此重要的伦理层面摈弃旧思维，我们应当怎样做？

笼统地说，人应当在自身中发现神性的东西。耶稣基督所要求的根本变革就在于此。他说天国离我们并不远，指的正是我们的意识状况——一种精神发展的状况。他也说过："主与我同在"，从而描绘了一种我们同周围的人息息相关的意识状况。除此之外，《圣经》中还流传下来这样一句话："你们若没有伤害过这个可怜的人，那你们也没有伤害过我。"这句话表达了一种一元性的世界观念，把宇宙中的所有生命视为一个整体，而上帝就活在一切造物——包括我们——的充盈之中。很显然，这里的核心含义是，人应该在精神层面认识自己的内在价值，医治自己的心灵创伤，在整体中成长，使内心变得敏感。

您是否认为，不同的精神方案和世界观念孕育了不同的文化——作为"副作用"？

不错，我相信是这样。在伽利略的时代，文化上占统治地位的是地心说，人们相信地球是平面的，是宇宙的中心，而地狱就在地球的下面，星辰之上就是天堂，它们不过是覆盖着地球的天幕上的一个个小洞而已。在这样的世界图景中，人们理所当然地相信，复活了的耶稣能够升天，他的身体能够从星星旁飞过进入天堂。今天的大多数基督徒或许仍然笃信这一切——天堂是一个人们死后可以进入的物理空间。某些基督教原教旨主义者甚至相信，人的肉体可以直接飞进这个天堂。然而，这并不是耶稣的本意，他说"天国离我们并不远"仅仅是一个比喻而已。他说，人"可以看见但又看不见，可以听见但又听不见，所以什么也不理解"，因此，他说的是一种内在的现实，一种可以达到的内在意识。

> 从中得出的结论对于教会来说显然是毁灭性的，因为，如果道德所追求的价值仅出自于人的内心需要，即个人心灵转变的需要，那么，教会所宣扬的"救赎"则必须有一个外在的物理场所如"天堂"，有赖于人们对道德规范的服从……

您说得对。在旧的神话世界图景中，个人其实用不着做太多事情。他只要"相信"和接受耶稣是他的救星就行了，除此之外不用做其他事情。

相反，新的世界观念对个人所承担的责任提出了很高要求，要求人在心灵耕耘的道路上艰苦工作，取得自我内在精神的发展。当耶稣说："一个手握犁把却回头看的人不配进入主的王国。"这意味着，人必须努力转变自己的内在意识，并为此独自承担全部责任。从大的方面来看，这就是约翰·F.肯尼迪所说，如果人的确是上帝在尘世的替身，那么上帝在尘世的工作就是我们的任务。那样一来，我们对地球上的道德状况，对世界上还有半数人在忍饥挨饿，死于可以治疗的疾病，便负有责任。不是"亲爱的上帝"，而是我们自己应当为此承担责任！如果我们是上帝在尘世的替身，那么所有这一切就完全是人自己的责任。这样的要求比旧的思维模式提出的要求更大，更多。

　　这是一种极富挑战性的观点，不过，那样一来我们会不会冒一种新人类中心主义的风险呢？假如把人视为进化过程中出现的一种神性的生物，那么，我们是否赋予了我们自己一种过分中心的，或宇宙的作用？

我们肯定在这样做！我们让自己承担了极其重要的角色，但这并不意味着我们在某种意义上主张人类中心主义，同其他造物处于一种敌对状态。毫无疑问，我们承担着极其重要的角色，但我们不应当忘记发展的需要。大多数人在心灵层面肯定还不大成熟，被各式各样的情感问题所困扰，有太多的恐惧，在许多方面还相当幼稚——总之，他们身上还残留着许多被旧宗教称之为"原罪"的东西。我们每个人身上都隐藏着许多应当改善之处，要达到耶稣、圣雄甘地或爱克哈特大师①的意识水平还相当困难，需要时间。我并不是说，人作为孤立的个体是神圣的，因而可以在这个星球上为所欲为。不，完全相反，为了获得道德的敏感性和真正的心灵高尚，我们的确需要改变我们自己。

　　您曾经提到，人在个体成长中所经历的意识发展阶段，同历史上人类文化经过的发展阶段非常相似。以这样的观点来衡量，现代神学、意识研究和心理学是否相互契合呢？

　　所有这一切都是在过去60年里发展起来的，在这段时间，一些

---

① 爱克哈特大师（Meister Eckhart，约1260—1327），原名艾克哈特·冯·霍赫海姆（Eckhart von Hochheim），德国中世纪后期神学家、神秘主义哲学家。——译者注

■ 危机浪潮：未来在危机中显现 *Zukunft entsteht aus Krise*

心理学家如皮亚杰①，特别是后来的跨人格心理学家，揭示了人在意识层面是不断成长的，即进化是在人的内心发生和进行的。让·盖布塞②发现，文化如同个人的成长，必须经历相同的发展阶段，即从婴儿期的史前意识上升到孩童期的神秘意识。神话意识在皮亚杰那里被称之为"形式—程序意识"，通常相当于 7 岁至 13 岁儿童的水平。在现代社会，相当一部分人已经具备了理性意识，某些正面的基本原则如"所有人都是平等的"得到广泛认同。此后，一种后现代意识兴起了，许多人认识到对于同一个问题，不同的人可以持不同的立场，有完全不同的看法——这一意识阶段首先在欧洲迅速扩展。最后是各种信仰的神秘主义大师数百年来谈论的多元一体的、高层次的神秘主义意识阶段。

换言之，您是不是说，世界社会的绝大部分今天仍然停留在 13 岁儿童的意识水平上？

不错，的确是这样！某些个人或许超越了这个阶段，但如果我们想把整个社会、整个文化推进到更高的层次，那就困难得多了。哲学家肯·威尔伯对此作了深入研究，他认为，世界人口的大约 70% 仍然生活在神话意识之中。我们不得不承认，面对我们遇到的全球性问题，这的确是令人沮丧的，因为只有 30% 的人达到了理性意识或更高一些的水平。

---

① 皮亚杰（Jean Piaget, 1896—1980），瑞士哲学家、心理学家、发生认识论的创始人。——译者注

② 让·盖布塞（Jean Gebser, 1905—1973），原名汉斯·卡尔·鲁道夫·赫尔曼·盖布塞（Hans Karl Rudorf Hermann Gebser），德国哲学家、意识研究家、语言学家、诗人，对人的意识结构作了分析和描述，并提出了相应的结构模型。——译者注

这种看问题的方式是否意味着，我们应该更多地关注内在精神的成长，而不是物质增长？这能否成为教会和宗教运动的一项新任务？

这的确是教会应当做的事情，也是教堂和修道院数百年来的中心任务，因为那里的一切都围绕着怎样引导人走过意识发展的各个阶段，最后到达更高级的神秘主义阶段。这同时也是宗教机构本来应该履行的义务，而不是充当某种特定文化传统的道德说教者。基督教的所有机构今天都犯了将当代思想传统所主张的道德规范与《福音书》定下的规则混为一谈的错误。这显然同意识的进步风马牛不相及，而不过是一种政治化的、在物质和文化上有局限的事情而已。只要庞大的教会机构继续这样做，西方世界数千万基督徒就会同他们的宗教发生异化，使教会的状况越来越差而不是得到改善。

那么，教堂和修道院的本来任务是不是在西方的精神传统中，维护和发扬一种贯彻始终的、有目的的意识发展的传统呢？

是的，提高意识水平的工作在我们这里并非什么新东西，只不过人们忘记了这种传统而已。耶稣基督降临一百多年之后，出现了希腊神学家克莱门斯·冯·亚历山大①，他把意识的发展划分为三个阶段，并将第一阶段形象地称为"泻泄之路"（abführender Weg），意思是说，人在这条上可以改正最严重的错误，抛弃最坏的行为；第二个阶段是"豁然开朗之路"（Erleuchtungsweg），按照他的看法，人们经过几年的修行才可达到。此时，人确实产生了深刻的内心认识，感悟到精神的现实，产生一种豁然开朗之感。克莱门斯将精神

---

① 克莱门斯·冯·亚历山大（Klemens von Alexandrien，约150—约215年），拉丁文名为 Titus Flavius，希腊神学家、宗教作家，试图将基督教教义与希腊哲学融合起来。——译者注

发展的最高阶段称为"统一"（Einheit），意指人的意识已经与神性合为一体，修行者已经达到了圣人的精神境界。这样一种传统，这样一种看待事物的方式其实在耶稣死后就已经存在，只不过人们必须重新将它发扬光大罢了。

近一段时间有人提出了"精神进化"的概念，它指的是什么？

我相信，这个概念所描述的，是一条现代修行之路，意在说明人在心灵学习的过程中，可以不断超越原来的意识水平，一步步自我完善。只要他不犯错误，迷途知返，就能按照神的形象来要求自己，增长智慧，最后到达精神的真理。精神进化的出发点是，人应当不断扩展自我意识的边界，获得内心的丰富和充盈。因此，"精神进化"指的是一种心灵自我完善的形式，它厌恶道德原则和教条的说教，而主张坚持不懈的努力，使自己的内心愈来愈高尚，并帮助和鼓励别人也这样做。

这种身心不二论①的立场我们不但在欧洲中世纪的神秘主义者那里，而且也在许多土著文化那里见到过。我们今天应该对这种古老的智慧作出新的理解吗？

我相信是这样。这一新的倾向比过去更加推崇这类文化中关于意识发展的知识。50年来，人们始终不分青红皂白地贬低土著文化，

---

① 身心不二论（Nondualismus），欧洲中世纪哲学的一个流派，代表人物为斯宾诺莎，认为身和心都不是实体，实体只有一个，那就是自然，身和心都是自然的一部分，分属于物质和精神领域，身体和心灵是同一的，这种同一的根据在于，它们是同一个实体——自然——的一部分，是二者在实体中的和谐的并存。——译者注

对它们存有偏见，认为它们是原始的，留恋过去的，而今天，人们却愈来愈尊重土著文化的智慧。尽管这些土著人不能像现代社会成员那样抽象地表达，然而，当他们说，神就在自然、树木、岩石和山峦之中时，他们说出了一个深刻的真理——所有事物都具有神性。这意味着，我们在一定程度上已经接近了这些土著神秘主义者的意识水平。我们决不能认为他们没有智慧，而只能说，这种智慧表达的方式不同而已。

如果我们把这种认识贯彻到"心灵进化"中去，对于我们生活于其中的等级化制度来说，将产生哪些后果？

等级制总是指挥人应该做哪些事。然而，假若自我意识的发展成为人们关注的中心，那等级制的末日也就到了，因为人人都会追求个性的独立。这就是我们要走的路，或许也是即将发生的事情：人们将越来越蔑视权威，无论是主教、大主教、教皇还是总统，不会再听任他们指挥自己怎样做和怎样想。

我们是否可以期待，不仅传统的宗教机构，而且习惯性的社会治理方式在一定时期之内将会死亡？

神不需要传统方式的崇拜，需要它的其实是人自己。今天所有的世界宗教都是人类文化几千年创造的结果，它们不会很快消失。仅罗马天主教就有11亿信徒，而信奉伊斯兰教的穆斯林的人数2008年甚至超过了这个数字。所有这些传统的宗教都有可能成为意识向更高层次发展的道路。正因为如此，我不相信某个大的传统宗教会在可以预见的未来消失。人是一种生活在某种文化、某种信仰传统之中，植根于自己家庭的社会生物，这是无法改变的，但他们也许会为这种宗教和制度找到一种不同的表达方式。

可是您认为，这种新的意识将在公民社会中发展，从哲学讨论中萌发并成长。

我认为这是不可避免的，因为它符合精神的自然运动法则。倘若我们相信一种不断进化着的精神的存在，那么我们也会相信，精神的东西——无论我们称它为神圣的、伟大的还是别的什么——是这种进化发展进程最原始的发动机。这种精神的质量是从人的内心中生发出来的，也是社会内在发展的动力，它永不枯竭，不可阻挡。人们可以顺应它，也可以抗拒它，可以逆它而动，也可以成为这种动力的一部分，但进化却不以人的意志为转移，继续向前发展着。由于超个人心理学①家、神秘学家和意识研究者的努力，我们今天已经有了一幅路线图，它告诉我们，为了逐步提高人们的意识水平，下一步应该如何走。这方面有一点是十分清楚的，我们不能跳过任何一个阶段，不论是个人还是社会，都必须在文化的广度上，在世界范围内，沿着同一条意识发展的道路前行。这就是我们此前所未能理解而今天终于理解了的人类意识发展的基本规律。

倘若我们的确处在一种后理性意识或"一体意识"的开端，那么，这对于我们理解世界，理解国家，理解经济有什么实际意义呢？从一种更高的意识水平出发，我们可以看到哪些我们过去所不能理解的东西呢？

---

① 超个人心理学（transpersonale Psychologie）为20世纪60年代末、70年代初兴起于美国的一个心理学流派，试图将世界精神传统的智慧整合到现代心理学研究中去，将二者结合起来。提出身体—心理—精神（body-mind-spirit）合一的观点。代表人物为苏蒂奇（Anthony J. Sutich, 1907—1976）、马斯洛（Abraham Maslow, 1908—1970）和肯·威尔伯（Ken Wilber, 1949—）。——译者注

在发达的现代社会，占统治地位的无疑是理性意识，这是民族国家、世俗化民主、个人的人权和自由市场竞争的古典表现形式。甚至连平时习惯于神话思维的天主教会，都以理性为依据，在第二届梵蒂冈宗教大会的声明中正式宣告了宗教信仰的自由。不过，在美国，特别在西欧，我们看到，意识的发展已经在多元主义的层面上展开了。这是一个国际组织纷纷成立、经济迅速全球化、世界范围内的人际交往通过互联网越来越紧密，但也是强调保护少数族群及其传统的阶段。不过，这个"多元主义阶段"建筑在非常崇尚思辨意识的基础之上，即它并非后理性的，而是一种能够同时兼顾多种视角的、发展了的理性形式。至于您在刚才的问题中提到的"一体意识"，指的是接下来的更高发展阶段。此外，所有低于一体意识的意识层面有一个共同点：相信它所代表的思维是唯一正确的，是不折不扣的真理。而这恰恰是为什么处在神话、理性主义和多元主义意识阶段的人常常爆发激烈冲突和斗争的根本原因，因为每一个族群都想主宰和控制别人，然而在一体意识阶段，战争将会停止。同时人们还应当明白，要达到这样的意识高度，就必须首先经历个人和社会意识发展的所有阶段。我个人相信，奥巴马总统已经达到了一体意识的高度，因为只有这样才能解释，他为什么如此重视对话和外交，致力于结束党派纷争，抛弃意识形态分歧的原因。这也是他为什么能够如此友好地对待别的民族、不同的文化和社会，尊重它们而不是试图改变它们的深层原因。

我们能把当前的危机理解为一个意识内在转型阶段的明显表现吗？

宇宙在其发展过程中始终在与惰性的力量作斗争，而进化却是负熵（umgekehrte Entropie）。生命永远是在寻找自身更加完整、更高的表现形态的道路上发展自身。出于这个原因，已经发生的一切，

■ 危机浪潮：未来在危机中显现 ■ *Zukunft entsteht aus Krise*

每一次冲突，每一个困难都是对我们的一次挑战，每克服了一次这样的挑战，我们就会前进一步，就会成长，就能更加清晰地思考，变得更加警惕，更深地去爱。对我来说，作为人能够成为这一进化过程一个有意识的部分，是非常值得自豪的。

做旧事物死亡的见证人,做新事物诞生的助产士
——与系统论哲学家、生态学家乔安娜·梅西博士对话

乔安娜·梅西(Joanna Macy)博士,1939年生于纽约,深层心理学的创始人之一、系统论的前沿人物、美国最重要的佛教教师之一,曾攻读政治学,后在美国国务院供职。20世纪60年代,她开始参与反对种族主义、核武器和越南战争的民权运动,与此同时积极参加争取和平和保护生态的运动。80年代中期以来,她与世界各地人士合作,致力于将政治责任、生态行动、精神成长、整体科学和心理危机的克服结合起来。由于她的努力,在世界范围内出现了大量建设一个美好的未来社会的创意。

您怎样评估世界目前的状况?

多年来,我们生活在一种疯狂追求工业增长的体制之下,这个体制建筑在原料的贪婪掠夺、排放愈来愈多的废物的基础之上,从而摧毁着这个星球维持生命的系统,摧毁人类和非人类生物的生存。在这一点上可以肯定的是,无论我们如何否认,我们的子孙后代都

将生活在一种被严重破坏的环境之中。

许多人对此的反应是恐惧，他们或者陷入恐慌，或者失去理智。社会的歇斯底里正在扩展，在宗教原教旨主义、民族主义和仇外浪潮中明白无误地表现出来。或者，人们的恐惧以另一种较为表面的方式反映出来：他们对所有的政治和社会问题感到束手无策，无能为力。他们用每年获取数十亿美元利润的传媒业提供的庸俗肤浅的娱乐来麻痹自己，转移自己的注意力。而这意味着，他们把自己封闭起来！

我相信，在所有威胁着我们的危险——无论是气候变化、环境污染、人口过剩还是物种灭绝——中，没有一种比无动于衷更严重的了，因为那样一来，一切将变得无法控制。所有自组织的系统，包括一个群体、一个星球或一个民族，都是通过自我回顾和反思来改正自己的错误的，一个放弃自我反思的系统无异于自杀。每一个拒绝回顾自己行为后果的系统，都必将灭亡。

这种危险的麻木状况是如何形成的？

我们觉得自己如此脆弱和渺小，随时可能被撕成碎片，根本无力改变世界的现状，我们害怕暴露我们内心的压抑或麻痹。然而事实完全相反。假若我们将我们的感觉表达出来，就会发觉我们并不是孤立的，我们的焦虑已超出那个小我，不再是我们个人的需要和愿望，而这就意味着，我们是同呼吸共命运的。而假如我们把我们对世界的忧虑封闭在自己的内心，那我们不过是一个个孤立无援的个体而已。如果我们拒绝接受现状，表达我们的不满，那就是我们同一切有生命之物团结一致的一个活生生的见证，就表明了我们行动的意愿。

我认识到，我们对世界目前状况的痛心同我们对世界的爱紧密联系在一起①,二者是同一枚硬币的两面。

> 我们在经济、社会、生态层面看到了多种多样的危机症候,它们是不同的危机呢,还是同一个问题不同的表现形式?

威胁着我们的危险,以及人在这个星球上遭受的苦难,是看待和理解世界的传统方式面临破产的表现。但这种认识同时也为我们理解生命打开了更加广阔的视野。这种新的看问题的方式的核心,是把世界放在一个更大的生命背景下来观察。倘若我们把世界理解为一个生命系统,在最广泛的意义上将我们自己定义为一个有生命的星球的一部分,那么,我们在世界上的地位就将发生根本改变。这个对越来越多的人来说理所当然的认识,对于我们同世界的关系、我们的创造力、我们的生活质量以及我们的内在和集体成长将会带来戏剧性的后果。

> 这样一种认识目前似乎仅存在于"反文化"之中,并且被主流所嘲笑……

面对这个世界的主要问题,它可能显得有点不切实际,似乎是梦想,但在三个非常重要的方面,已经在现代文化中反映出来:首先,我们在人类历史上不得不首次面对由我们自己一手造成的生命基础的摧毁,从而加大了变革的可能性。在我们之前还没有哪一代人曾遇到过如此错综复杂的问题,如此严重的威胁。作为一个着眼于持续生存的物种——同其他物种一样——继续生存的问题加剧了进化的压力,使旧的思维和行为模式陷入危机,也使新的观念得到

---

① 参见乔安娜·梅西、诺伯特·加布勒:《爱地球,成熟的自我:鼓励社会变革,为生态转型而努力》,Jungfermann 出版社,帕德博恩,2009年。

承认。还没有哪一个时代的人类像今天这样，认识到一种简单、孤立、狂妄的自我图像所造成的全球性后果如此严重，对新的相互关联的知识和认识如此渴求。

这种新的关于现实的看法怎样才能获得愈来愈大的合法性？

若干年来，现代科学要求我们以关键性理论和全局性思维为工具，去突破在个人与环境之间划一条清晰界线的常规观念。许多生物学、物理学、化学和遗传学方面的研究试图破解生命之谜，它们得出了与系统论完全相同的结论：古典思维方式在人及其生存环境之间所划的那条界线完全是人为的，生命过程是一个相互依存和互动的过程。此外，主要的宗教传统也纷纷开始重新研究不二论关于精神的学说（nondualistische Spiritualität），这种学说反对在个人的自我与周围环境之间，在内与外、天与地之间划一条绝对的界线。一种社会神秘论（soziale Mystik）终于出现，它取代内心的沉思冥想，将个人修行同社会或生态行动融为一体。在这里，精神的探索不再是从一个恶的世界逃往某个天上的乐园，而是把世界本身视为修行的场所、精神转化的场所，看做精神的导师甚至神圣之地。科学甚至神学的整体论思维在其核心以不断更新的表达方式，强调人与生命，与一切其他存在物之间不可分割的相互依存性。特别是现代通用系统论的科学观念，让西方人理解了这种相互依存性的重要意义。

这种观念同传统观念的本质区别在哪里？

直到 20 世纪末，西方的古典科学始终相信，只要把世界分割为微小的部分，把精神从物质中、器官从机体中，植物从其所从属的生态系统中分离出来，并对每一个部分作微观研究，就能了解并统治世界。我们的确从这种观念中学到了许多东西，但也从不去追问，为了维持作为整体的生命,部分是怎样相互配合、相互协作的。正因为如此,越来越多的科学家开始更多地关注整体而不是部分,关注过程而不是孤立的结果。他们发现,这个整体,无论它是细胞、个体、生态系统,或甚至是星球自身,并非由一些相互毫无关联的部分拼凑而成,而是一个个有活力的、复杂地组织起来的、保持平衡的系统,这些系统维持着一种相互依存的关系,在每一次运动,每一种功能、每一次能量交换中都是协同互动的。人类学家格里高利·贝特森(Gregory Bateson)将这一发现称之为"人类2000年来从认识之树获得的最大一颗果实",因为系统论的观念改变了我们观察现实的视角。

那样一来,我们的认识会发生哪些改变?

我们看到的将不再是被随意分割的部分,而是互动之流——能量、物质和信息的流动——不再把生命形式理解为孤立的现象,而会获得一幅新的世界图像:生命形式乃是能量、物质和信息之流中具有活力的存在方式。这一观察视角对我们看待自身,看待盘根错节的各种危机现象间的关联,具有重要意义。过去,我们不是把自己看做可以改变的开放的系统,而总是将我们的个人关系、我们的经济行为和国家间政治置于一种堡垒意识之下,正是这种意识使我们的私人生活变得越来越狭窄,我们的经济活动越来越受制于竞争,受制于权力和利润的追逐,我们的政治愈来愈滑向冷战的深渊。

个人在构建这个生命网络——个人作为这个网络的一部分——的过程中,将起到怎样的作用?

新系统论指出了这样一个生物学的事实:我们每个人都是一个开放的系统,在与环境和同类之间的交流中生存并延续这种生存。

每一个系统——不论是细胞、树木还是人的精神——都起着转换器的作用，改变着流经它的一切，物质和能量的流动创造了物理的形体，信息的流动创造了精神，而两种流动又共同造成了彼此间的相互依存关系。这种相互依存的关系使每一种生物成为生命网络中一个更高的生态系统的部分。与过去生活在隔绝和竞争之中，彼此间少有往来不同，我们现在对现实有了完全不同的理解。① 过去彼此分离、只为自己而生存的个体，现在成了整体中高度相互依存的部分，它们之间的界限完全是任意的、人为划分的，过去被视为"他者"的东西，必须被纳入到同一个有机体之中，被视为一个更大机体的一部分。

这是否意味着，我们应当抛弃我们是孤立的个体的观念？

这种新的思维方式对人的自我理解，对我们对世界的看法，以及我们在整体创造中的地位、任务和责任产生了戏剧性的影响，对于这种影响的规模，我们正在一步步地理解。如果我们把世界看做一个紧密互动的整体，将我们自己视为整体中不可分割的部分，那么我们便跃进到了一个更高的经验层次、意识层次、对现实自然认知的层次，以及对我们在自然中的行为进行反思的层次。一旦我们的意识和知识得到了增长，我们对网络的意识和知识也将随之增长，我们将认识到，我们是一个更大、更广的意识过程的一部分。生命的网络将承载着我们，召唤我们更加紧密地融合到它之中去。

这似乎是一种纯粹的哲学思辨。认知和思维方式每一次另类的突破，不是都会引发对崩溃赤裸裸的恐惧，从而对个人带来充满威胁的后果吗？

---

① 参见乔安娜·梅西、莫丽扬-布朗：《去往有活力的生命之旅，建设一个可持续世界的战略》，Junfermann 出版社，帕德博恩，2004 年。

完全相反，个人的恐惧恰恰是认知的缺陷造成的。从心理学上说，这种视角的转换，带来的其实是孤立感和恐惧感向信任感的转变，说明我们不再试图支配整个系统并艰难地将其保持在控制之下，而是参与到整体之中。它可能导致一种超越既定目标的向自由的转变，在这种自由中，我们的目标可能随着不断产生的新的可能性而展开。这是一种从牢笼中解放出来的感觉，可以使我们迄今为止有限的个人思维和行为经验汇入到一个更大的系统之中。

如果说我们迄今为止看到的系统都具有分离、控制、支配、权力和等级制的特征，那么，我们应该怎样来想象新的结构呢？

阿瑟·柯斯特勒①提出了"霍伦"②的概念，为了说明我们必须重视部分与整体的关系。柯斯特勒指出，所有生命系统，无论它是有机的，如一个细胞或人的身体，还是超有机的，如一个社会或生态系统，都是一个"霍伦"。这个词出自希腊语，包含"整体和部分"两层意思。霍伦具有双重特性：它自身既是整体，又是一个更高级的整体的部分。按照这种理解，生命的存在虽然呈现出等级结构，但并不能与一种等级制的权力结构等同起来，彼此间更多地体现出一种相互依存的关系。常规的统治概念把权力与统治，与"对……行使权力"等同起来，然而在自组织的有机系统中，各个部分的相互配合与协作产生了一种真正的"协同效应"，形容这种效应的最合适的词应当是"齐心协力"。生命系统的适应能力和智慧，不是在与环境的隔离和抵御能力的建立中发展起来的，而是通过对能量、

---

① 阿瑟·柯斯特勒（Arthur Köstler，1905—1983），匈牙利裔英国作家、记者，作品有小说、戏剧、散文等，代表作为《黑夜里的小偷》、《梦游者》等。——译者注

② 霍伦（Holon）指一个包含若干层次子整体的整体，与此相关的概念还有"Holarchie"（多层级整体）。——译者注

物质和信息之流不断扩大的开放而获得的。而这又反过来为如何组织社会和经济提供了巨大的启示。

在这种观念中，作为理性和启蒙时代一大成就的个人力量，岂不是会被淹没吗？

我不相信这种说法。个性被压制、被集体所淹没的情况不会再发生了。我们今天的任务是，在承认相互依存性的同时重新定义个性。过去，我们始终把个性化进程（Prozess der Individuation）理解为通向更大的自主性和分离之路，然而，"个人"（Individuum）在拉丁语中恰恰意味着（"不可分之物"）。更大的整体并非由许多同级的部分，而是由多个不同等级的部分构成。一块无生命的岩石是没有内在智慧的，但有生命的、自组织的整体的生存却有赖于构成它的各个部分的内在多样性与活力。个体的悖谬就在于，我愈是成为我自己，便愈能成为整体具有创造性的部分。多样性和对其价值的承认是变革发生的前提。只有充分承认整体中各部分的内在差异，它们的共同性才可能具有活力。只有这样，将权力视做个人力量和统治的表现的旧观念才不会有市场，也只有这样，权力才会成为相互关系和内在力量的一种表现和功能，这种力量和功能产生于相互协同、紧密合作的个体。变革的源泉不在于个人的意识，而存在于个体之间的互动、交流和相互依存关系。我们所需要的，是建立相互间的互动关系，共同分担、共同作出反应的能力的量的飞跃。①

那么，在社会现实方面，又有哪些事情要做呢？

---

① 参见乔安娜·梅西：《作为情人的世界》，载格塞科·冯·吕普克：《心灵的政治，与我们时代的智者对话》，Arun 出版社，2003 年。

做旧事物死亡的见证人，做新事物诞生的助产士

在建设相互协同的认知、工作和生活结构——这是我们迫切需要的——方面，应当加强我们的能力和力量，并慷慨大度地与别人分担责任。为此，我们不可避免地需要毫无偏见地承认别人的长处，并鼓励他们发扬这些长处。唯有我们支持新事物，抛弃旧事物，协同与合作才有可能。我们应当随时准备行动，而不必知道，我们的行动在我们的有生之年是否会取得成果，应当坚信，从长远来看，它们一定会收到成效。返回生命之网是人类迎接未来的伟大任务。对于我们的认知结构以及从中产生的文化来说，我们应当充当旧事物死亡的见证人和新事物诞生的接生婆。像所有时代伟大进化的变革者，我们既是前者又是后者。

当前，死亡这个比喻似乎很流行。在这种情况下，我们还能控制危机的进程，或对未来作出预测吗？

我们从未拥有过这种能力，所不同的是，越来越多的人现在开始认识到这一点。今天，谁还会真正相信，我们的所谓领袖、我们推选出来的议员，或大企业的老板，能够控制正在发生的一切？人类社会已失去控制，虚构出来的经济安全神话已经破灭，自然界提供的石油越来越少，极端气候愈来愈频繁，地球表面温度不断升高，所有这些事实都说明，我们正在失去集体安全的基础，一种集体的感觉正弥漫开来：我们面临巨大的变革，而目前的经济危机只不过是它的开端而已。在这种情况下，恐惧是无济于事的，更明智的做法是承认正在发生的一切，深刻理解生命的循环过程，而认识到我们无法控制一切，反而会减轻我们的恐惧。

这是否意味着，我们试图避免的集体和个人的不安全，在社会变革过程中，会对我们有所帮助？

无论如何，直面而不是回避不安全的现实是十分重要的。如果我们做不到这一点，就会产生闭目塞听、麻木不仁的危险。倘若我们不能坦然面对我们的生存困境，我们就会惊慌失措，而介于麻木不仁和惊慌失措之间的情绪就是恐惧感。但如果我们坦然面对不安全的事实，我们就会明白，不安全始终存在，它之所以引起人们的恐慌，是因为它蔓延到了更重要的方面，如金融市场和地球大气层。其实不安全始终是我们生活的一部分，有谁知道，一对恋人会不会白头到老？又有哪一位正在分娩的母亲知道，她的孩子会一生健康呢？也许，诸如此类的危机恰恰可以帮助我们放弃这种追求无所不在的控制和安全的幼稚愿望。除此之外，我们需要不安全来充当我们行动的推进剂。

如此说来，危机一定是帮助我们破冰的动力吗？

当然！不但在智力层面，而且在精神层面都是！危机蕴含着唤醒我们放弃控制的梦想，回归生命现实的潜能。这时会有一种更高的、令我们惊奇和肃然起敬的东西闯进我们的生命，我们试图用以控制局面的一切手段和工具都将失灵。危机的作用就在于，它将推倒所有的保护墙，使我们再也不能藏在它后面，躲进一个有限的世界。危机让我们直面生命的奥秘，使我们明白，生命中没有什么是安全的。出现在我们面前的是一个未知的领域，承认这一点对于我们来说当然是困难的，然而却非常有益。

随着愈来愈多的事情失去控制，随着安全的丧失和计划的失败，我们的前景似乎也变得暗淡了。而与此同时，我们却用我们的行为塑造着未来。倘若我们着眼于另一种未来，我们关于"未来"的想象是不是在整体上出了偏差？

做旧事物死亡的见证人，做新事物诞生的助产士

的确，与我们的前辈相比，我们的时间视野非常狭窄。过去各代人的生存更多地是为后代着想，他们甚至并不拥有他们为后代建立起来的宗教和文化的大厦。这种与时代深度相隔绝的状态是我们这个工业增长社会的一个显著特征，并带来某种后果。一方面，它在心理上割断了我们与过去和未来的联系，使我们与它们相隔绝，另一方面，这一进程——正如我们的经济以季度增长为衡量标准，我们的科学技术以毫秒来计算一样——大大加快了。这意味着同时发生了两件事情：我们的时间视野在萎缩，我们对时间的体验却在加速。我们的时间经验被分割，我们好似被禁锢在当下之中。

被困在这个几乎强加于我们的茧里，我们身上发生了什么？

它侵蚀了我们在时间和空间上作为巨大的宇宙旋风一部分的感觉，它将我们孤立起来，给我们以这样的印象，仿佛我们对任何东西都无能为力。它在心理和精神上给我们以一种束手无策和被隔绝的感觉，而这又使我们在日常生活中为了小利和钱包里多一点点钱而挥霍属于我们后代的东西。我们的祖先会认为，这样对待未来，精神肯定出了毛病。这样的时间观念的确是我们摧毁世界的行为不可分割的组成部分。不过我相信，回到一种对时间和未来，对"深度时间"更加全面深刻的理解，仍然是可能的。

您指的是什么？

感谢古生物学、地质学和天体物理学的研究成果，我们今天对过去比任何时候都看得更清楚。我们可以回溯到空间—时间产生的瞬间，回溯到宇宙大爆炸发生的时刻。在这个随着进化的运动不断自我展开的宇宙的巨大时间框架里，我们渺小的生命不过是微不足道的一瞬间而已。但只要我们把短暂的个人生存视为这一伟大运动

中的一个姿势，一首漫长乐曲中的一个音符，那么，这种生存就有意义。如果能在这方面跨出一步，我们就在心理上和精神上得到了提升。那样一来，我们便会从充满挫折感的自我图像——觉得自己不过是一只蜉蝣——中解放出来，将自己看做一首正在展开的交响曲的一部分。然而，这不仅是一种心理体验，而且，这一认识还将我们推入一种责任：我们的个人生命应当成为拯救这个世界的行动的组成部分。此外，我们还会停止把"生命"局限于自己的生存，而将它看做一场延续了数百万年的舞蹈。难道我只想作为一个渺小、孤立的个人存在吗？或者，我应该将自己视为一个伟大过程的一部分？我相信，我们能够从这种局限中走出来，重新进入时间的深度。

这种视角的转变对于我们创造一个新的未来的决心能有所帮助吗？

我相信能够。我们总是告诉我们的孩子，他们的行为举止"要和自己的年龄相称"。倘若我们把这一告诫用到自己身上，我们就会懂得，我们是一个延续了45亿年之久的星球上生命长河中的一部分，或许是一个仍将持续14或15亿年的宇宙进化过程的最新表现形式。如果我们要为生命的保存而奋斗，就必须作为这种深度时间的部分来行动。

假设我们在一片经过数万年才形成完整生态系统的原始森林里遇到野牛或驯鹿，我们将不再会为了小我或个人利益去杀死它们，而会遵循生命本身的法则，尊重和保护它们。这赋予我们的行为以另一种尊严，另一种权威。因此，这种看待时间深度的态度是非常重要的，它并非一个诗意的比喻，而牵涉到重新获得一体性的问题。

尽管这样，我们当前的所作所为仍然在受我们对未来有限的理解所制约。我们究竟能不能为我们的子孙后代着想呢？

对此我坚信不疑。超前两代人去思考问题，看到未来的实质，由此出发反观我们自己的时代，是我们想象力的一种道德责任。我看到了什么？我想看到什么？从未来的角度看，我们的时代究竟干了些什么？假若人们为未知的未来着想，完成这样一次精神跃进，便会摆脱局限，抛弃旧的信念和假想。以我们对待核废料或基因技术的态度为例，这两项技术对未来产生着深刻的影响，如果我们不把它们同未来联系起来，就会忽视这种影响，就会在时间的压力下匆忙作出决断，为后代留下永久的后患。但是，如果我们换一个角度，站在未来的立场反观现在，我们就会对我们制造的危险和挑战看得更清楚，就会对我们的行为感到后悔和痛心。更重要的是，我们就会对今天反对这类技术的行动和行动者心存感激。而作出这样的行动并不困难，只要我们心中装着我们的子孙后代⋯⋯

那么，应该怎样做呢？

未来的生命就活在此时此地，而不在我们的想象中。放射学家、"另类诺贝尔奖"获得者罗莎莉·贝尔特尔（Rosalie Bertell）曾说："每一个未来的生命都活在此时此地。它存在于我们的精囊和卵巢中，从我们体内产生。我们现在就孕育着未来！"这不仅仅是一个思想游戏，未来就寓于我们自己和我们的行动中。它正在我们的身体和思想中发育，它就在这里。这就颠倒了我们关于空间—时间的常规想象。拥有这样的经验可以说是一次智力和道德的历险。

我们有多大的可能拥有这样的经验？

例如，我在我的小组中始终要求学生按照自己的方式想象未来。"想一想，"我说，"如果你生活在100年或200年之后，会怎么样。你不用努力想象那时的人是怎样生活的，但你的文化回忆可以使你回到21世纪初。现在你可以想象,你正在以这种未来人的眼光回忆我们这个时代。这时,你想对你现在看见的祖先说些什么……"学生们纷纷拿起笔和笔记本,以未来的名义给自己写下一封信。这样的事当然也可以自己单独做。令人惊异的是,这些信流露出了多么大的同情和关怀。

这些生活在未来的人会怎样看我们?

如果我们的后代回顾21世纪初,或许会将现在这个时代称为"伟大变革的时代",因为在这个时代,我们必须完成由工业增长社会向尊重和延续生命的社会的转型。这是一场巨大的转型,目前正在发生。倘若这一转型不能继续,那么生命也就无法延续,因为我们现在占主导地位的生活方式与它格格不入。如果未来的人类回顾今天,他们会充满敬佩、同情和感激地谈论我们在这个"伟大变革的时代"所作出的贡献。

我们现在似乎把注意力首先集中在世界所遭受的破坏上,这场"伟大的变革"发生在哪里呢?

我在三个极其重要的方面看到了这场变革的发生。最明显的是在行动方面。这些行动足以让破坏社会和生态系统的行为刹车,从而为我们赢得时间。这里有政治行动,游行示威和阻塞街道的行动,有修改法律的倡议,有积极干预的公民创意与和平抵抗。在这方面,行动者甘愿受到处罚,然而他们却影响了公众舆论。大多数民众是认同这类行动的,对他们来说,社会变革的希望就在于此,相信它们最终会取得成功。

然而正如我们今天看到的那样,这显然还远远不够……

是的，我们还需要第二个方面的行动，即消除畸形发展的结构性根源。我们必须追问，目前的制度有哪些体制性因素和权力因素导致了今天的危机，为了播撒一个尊重和保护生命的社会的种子，我们有哪些选择、哪些方案可以尝试。例如，那些批判全球化的运作机制、揭秘世界经济的倡议就如此。目前一个令人惊讶的过程正在展开，人们对所谓"自由市场"的机制、企业合并和世界贸易的规则提出了强烈质疑。从中并没有爆发了什么大的运动，产生了什么组织，而是提出了可持续的、公正的经济模式和选择性货币的方案，并在这方面作了一些尝试。这些模式和方案在一场突如其来的崩溃中可能会成为我们的救生船，成为进化转型过程的样板。这个方面对于推动变革来说绝对是本质的，因为它播撒着未来的种子。

> 可是，即使是这些举措，最终也只停留在消极的层面上，从中可能发生根本性的变革和改变吗？

为此我们还需要第三个方面的行动：应当追问人的本来意义是什么。也就是说，我们应当思考：我们为什么而生存？我们是谁？我们究竟需要什么？这涉及我们行为的本质，涉及一场意识变革。在这场意识变革中，我们必须改变我们的认知方式，重新思考我们的需要，重新定位自我以及我们与世界的关系。所有这一切都关系到我们同自然世界原初的关联，关系到一种新的精神，关系到系统论的看问题的方式。所有这一切都以一种飞快的速度在世界范围内发生。

> 这是否意味着，我们既生活在一个破坏和分裂的时代，又生活在一个变革和一体化的时代？

这种状况被我们称为"积极的去一体化"（positive Desintegration)。它往往发生在一个系统出现变故和应激反应之时。对于社会系统、思想系统和个人而言同样如此。这个概念描述的是,当所有的方针、规范和价值突然失灵或失效,一个系统会发生什么。而今天,现代工业社会的许多价值和目标——"越大越好"或"不惜一切代价保增长"——已经危及我们的生存。如果这样的基本价值失去合理性,我们就会陷入混乱,产生失败感,觉得无法生存下去。这时,我们看问题的方式和行为方式就会同濒死之人相似。这时,我们必须找到新的形式才能活下去。"积极的去一体化"有一点像一只螃蟹,在生长过程中必须脱掉原来狭窄的壳而长出比较宽松的新壳。这一过程无疑会让螃蟹感到害怕。

长出新壳以后会怎么样?

我们便长大了,变得成熟了。但并非仅仅是社会生产总值的增长。旧事物一去不复返,但新事物要有一个成长的过程。我们不再是无辜的,我们的手甚至可能会沾上鲜血。现在发生的,是发展螺旋上的又一次上升。这时存在着返回生命关联的可能性,我们处在是否选择这种关联的点上,然而我们是息息相关的,这毫无疑问,我们同生共死,这就是我们的宿命,但我们不应再充当牺牲者,而要成为行动者,采取相应的行动。

对于仍然在加剧的危机,这意味着什么?

我们会流露出恐惧、愤怒和绝望,这些都是崩溃的表现。为了克服这些情绪,我们必须学会怎样看待和适应变革。如果我们现在就处于变革过程中,渐渐在越来越多的危机中建设一种可持续的、促进生命的文化——尚不真正知道它是什么样的,下一步将会怎样——那么,我们就需要对尚无把握、不明确和未知的前景表现出极大的宽容。这一点是极其重要的：为了消除社会上出现的恐慌和歇斯底里情绪，我们必须保持内心的平衡，这可以使我们避免像集权的、法西斯主义的或原教旨主义的意识形态那样，作出轻率而廉价的反应。这样的意识形态在危机频发的时代很有市场。因此，我们必须——特别在教育体制中——锻炼我们的能力，在不安全的时代以游戏的心态保持平衡。

以游戏的心态？游戏能起到什么作用？

游戏以轻松的方式向我们打开未知之门。倘若一切都可以预知，那就没有游戏的空间了。游戏永远蕴含着神秘的成分，它对多种可能性保持宽容，要求我们在看似山穷水尽之时具有创造性。这种创造性不但对于游戏，而且对于危机的应对来说都是一门艺术。二者可以刺激我们的想象力和创造性，使我们看到和感知到平时看不到的东西，发现隐藏的联系。这会让我们获得新的安全感，也许是作为自然系统一部分的生存的安全感，因为正是这个系统——假如我们不去摧毁它——作为生命的网络承载着我们。这种安全感比患了阳痿的消费社会人为制造出来的所谓安全要可靠得多。

这些话听起来好像您并不害怕危机……

正在发生的事的确让人害怕。不过它也蕴含着比过去大得多的可能性。迄今为止，我们在处理我们同地球和未来的关系时表现出两种主要倾向，一种是直到今天仍然支配着我们的观念：将世界看做一个战场，一个善与恶、光明与黑暗力量斗争的场所。一旦所有的结构失效，这种观点很容易流行起来。另一种流传甚广的观念把世界视为一个巨大的陷阱，我们被困在其中，在其中摸索，试图挣脱出来。我们始终怀着深深的渴望，想脱离苦难，遁入内心或逃进某个"更加真实"、"更加有价值"、"更加自由"的天国，以获得拯救。我相信，两种观念造成了我们今天所面临的困难，巩固了我们今天仍在摧毁我们的世界的思维方式。因此，我倾向于一种不同的思维方式：我把世界视为情人，看做我自己的一部分，因此我要把恐惧颠倒过来。谁若有爱，谁就会心存感激。我心存感激，因为我生活在一个文化根本变革的时代，能够成为这场变革的见证人，甚至亲自参加这场变革。此外，对充满挑战和危机的生命心存感激，是一种颠覆性的态度，因为当我们心存感激时，我们便不再会被消费社会空洞的许诺所催眠，而会对已经到来并仍将到来的新事物敞开胸怀。

从理智的逻辑转向心灵的逻辑
——与文化学家马尔科·毕硕夫对话

马尔科·毕硕夫（Marco Bischof），1947年生，自由科学家、科学作家、精神和自然科学边缘学科顾问，曾在苏黎世攻读人种学和宗教科学，20世纪60年代曾是"另一种生活方式"和整体论世界观的先锋人物，他的著作《生物光子，我们细胞中的光》拥有众多读者并使他一举成名，此书在德国成为另类科学的畅销书。此外，他曾在费城的坦普尔大学和柏林洪堡大学任教，目前正在法兰克福参与一个整体论医学教学点的创建工作。马尔科·毕硕夫在专业媒体和普通报刊上发表了大量有关生物物理学和电磁学、社会—文化发展、"另一种医学"（Altenativmedizin）、地占术①、释梦学、萨满教、水研究和其他课题的论文。见 www.marcobischof.com。

---

① 地占术（Geomantie），即地理占卜术，通过地貌，如山脉、河流的走势、形状、分布、朝向等等，来预测凶吉、预言未来的一种法术，起源于古代阿拉伯和北非，12世纪传播到欧洲，文艺复兴时期成为欧洲占卜术中比较流行的一种。中国的风水学亦属于此。——译者注

■ 危机浪潮：未来在危机中显现 ■   Zukunft entsteht aus Krise

　　毕硕夫先生，我们是否生活在一个大变革时代，一种超越表面变化的文化和社会转型已初见端倪？

　　我想是的。真正的变革往往是长期的，现在还看不出它的全貌，因为它发生在几乎看不见的领域。正因为如此，或许只有少数人能看得清楚。不过，在某个特定时刻，它肯定会跨越一道界限，使隐蔽的变革进程突然变得清晰起来。我相信，我们目前正处在这个点上，人们会突然看到已经发生的变化。然而，这也并不意味着，这场变革今天不再是少数人的事而涉及社会的广大阶层。应当说它现在仍未蔓延到全局而仅发生在局部。

　　依您看，这场变革是什么时候开始的，它可能会经历哪些阶段？

　　我想，很久以前它就开始了。正如弗利德里希·希尔[①]半个世纪前在他那本名为"第三种力量"的书[②]中所描述的，这场整体改革运动的根源之一，在于异教徒运动，在于中世纪的神秘主义，以及——更直接地——在于19世纪的浪漫派，当然还有德国19世纪后期和20世纪早期的生活方式改革运动。然而更正确地说，这场变革其实发端于第二次世界大战之后的一系列科学和艺术的先锋派运动。而20年来，即从20世纪80年代开始，它已经发展为一个相对而言规模甚广的运动。这不是一场古典意义上的政治运动，而更应当说是一场文化运动。是从"垮掉的一代"（Beatniks）开始的，后

---

　　① 弗利德里希·希尔（Friedrich Heer, 1916—1983），奥地利历史学家、作家，主要著作有《第三种力量》（1959）、《欧洲：革命之母》（1964）、《神圣罗马帝国》（1970）、《查理大帝和他的世界》（1977）等。——译者注

　　② 参见弗利德里希·希尔：《第三种力量》，S. Fischer出版社，法兰克福，1960年。

来在"嬉皮士"运动中找到了表现形式，并最终在1968年的学生运动中扎下了根。我在这里说的不是60年代学生骚乱的政治成分，在公众讨论中，这往往成为关注的中心。例如，我自己就属于68年那一代人，然而我并未参与政治活动。我那时在乡村公社，我们组成了一个思想—生态小组，正在试验一种新的生活和思维方式，而我是其中的积极分子。68年运动的这一倾向从长远来看，比它的政治倾向也许要有效得多。

依您看，转变价值，改变对现实的认知方式，希望应该寄托在哪儿？

就在这里，就在于人们今天又重新谈论价值了。很有意思，人们过去总是认为，只有保守派才谈论价值，而现在开始谈论价值的却是左派人士。由此就可以看出，过去对政治范畴和阵营的划分，今天已不再有效。如果我们一定要深究第二次世界大战之后在价值层面发生了什么，那么只能说出现了虚无主义和存在主义，也就是说出现了一种迷失在这个世界，再也得不到庇护的生活感受。这就是生存危机出现之后，人们看问题的出发点和"零点"，从中发展出了某种新的东西。

战后那一代人要在文化上获得表达，必须走过怎样的心路历程？

他们不得不接受现有的结构、体制和价值通通失效的事实。今天的人具有批判的眼光，独立自主，有足够的反思能力，认识到每个人只能自己追求自己的价值。人们普遍认识到，每个人都有自己的尺度，必须自己去创造自己的生活方式，而毋需按照被给定的模式行事。过去我们总是毫无疑问地接受某种指令，而今天，我们却学会了用批判的目光去看待和探究一切：对我来说，什么才是有用的？我们的基本态度是："我要立足于我的生活经验，建立一种个人的、全新的、适合于我的世界图景。"在这方面，我的生活经验是最重要的。

可是，这样的文化多元主义常常被传统文化斥之为"随心所欲"，这类说法是否有道理？

乍看起来似乎是这样，或许有一段时间也的确是这样。可是从根本上说，这是一种全新的多元主义，因为今天不再有普世价值，不再有还能告诉我们什么该做什么不该做的教会和国家。这一点今天每个人心里都应该明白。这看起来当然有点随心所欲，会起破坏作用。可是，我们今天已经到达一个所有人都寻找自己的道路、并找到自己道路的点："在创造一种新生活的过程中，我并不是孤立的，相反，与我走相同道路的还有许多人。"人们越来越多地相互交流，逐渐形成一个社会群体。人们谈论各式各样的经验，找到越来越多的共同点，但并未形成一个新的教会或一种共同的意识形态，整个过程不过是一种多元的、充满活力、不断变化的过程而已。

过去几十年，一些社会学家，如罗兰·英格尔哈特（Roland Inglehart）[①]、杜安·艾尔金（Duane Elgin）、保罗·雷伊（Paul Roy）、雪莉·鲁斯·安德森（Sherry Ruth Anderson），对社会价值的变化和新价值群体的出现进行了研究，您的观点同这些研究相符吗？

---

① 参见罗兰·英格尔哈特：《现代化、文化变迁与民主：人的发展序列》，Cambridge University 出版社，2005 年。

在本质上是相符的。这种相符 20 世纪 90 年代在社会学家和未来学家杜安·艾尔金①的研究中便得到了印证。他特别研究了生态思维、可持续经济的新形式转向和宗教的价值。根据这些研究的结果，艾尔金预见到一场全球性的意识变革即将开始，这场变革将使 21 世纪变得与 20 世纪大不相同，犹如现代世界同中世纪完全不同那样，没有一个领域，没有一种机制不会受到冲击。按照艾尔金的看法，这场意识变革最重要的特征是，不但在工业国家，而且在发展中国家，生态意识都将得到提高，对可持续的生态经济的理解不断增强，从而使后代人能够生存下去。在社会领域，他期待人们对传统的权威和机构表现出越来越大的怀疑，并更加信赖自己的感觉。人们注重的不再是竞争和物质利益的追求，而是合作的愿望和融洽的关系。总体说来，人类正处在一个过渡阶段。

这种变化了的文化价值已经在政治和社会领域得到体现和贯彻了吗？

其中的许多方面今天已经得到了体现。最新调查表明，一个全新的社会群体已经形成。"美国生活公司"（American Lives Inc.）——一家市场和民意研究机构——社会学家保罗·雷伊②的副总裁得出结论说，除了两个社会学已经熟悉的传统群体，又形成了第三个群体。旧的社会群体或多或少是用左—右模式来加以区分的，即是说，一方是保守的而另一方是进步的，而这个新的社会群体却

---

① 参见杜安·艾尔金：《对未来的承诺，对我们星球的继续存在所作的充满希望的承诺》，Kamphausen 出版社，比勒菲尔德，2004 年。另见杜安·艾尔金、迪帕克·科普拉：《有生命的宇宙，我们在哪里？我们是谁？我们向何处去？》，Berrett-Koehler 出版社，纽约，2009 年。

② 参见保罗·雷伊、雪莉·鲁斯·安德森：《文化创造者：5000 万人怎样改变世界》，Three Rivers 出版社，纽约，2001 年。

既部分体现出这个群体的特征,又带有那个群体的部分特征。在某些问题上,这个群体同代表进步倾向的群体保持一致,而在另外的方面却与保守派气味相投。不过它最终仍然是一个走自己道路的群体。保罗·雷伊将其称为"文化创造者"或"超现代主义者"(Transmodernisten),因为,这个"文化创造者"群体的主要特征是,虽然以批判的态度看待过去遗留下来的东西和传统,但却用创造性的方式对待它们,发展它们。他们对生态问题和行动非常关注,以独特的方式介入这些问题与活动。他们为和平和正义而斗争,追求个人的精神发展,寻求自我发展和自我表达。他们不但关心自我内心的完善,而且参与社会行动,为崇高的目的而奋斗。

不过有趣的是,这一"文化创造者"群体至今既未被社会视为一个整体,也未被其成员作为一个独立的群体所承认。在奥巴马当选为美国总统这件事上,这个群体才第一次显现出它巨大的政治影响力。而奥巴马的竞选活动也对它的价值观的转变产生了直接影响。

一个社会群体当然超出了一个小宗派或小团体的范畴。那么,这样的新文化人群应当有多大的规模才能被称为"社会群体"呢?

肯定不再会是少数。保罗·雷伊确信,这个群体大约占到美国总人口的四分之一,也就是说差不多5000万!不但如此,这个数字近年来还呈现出增长的势头。与此同时,前面提到的那两个群体,即现代主义者和传统维护者的人数,却呈现出下降的趋势。相应的调查在欧洲一些国家也已经完成,结果表明,在那里出现了同样的情况。

我们是否像进化过程中常常发生的那样,生活在一个突变的时代,即全新事物大量涌现的时代?

我想是这样。然而有一点很重要：这个社会群体自己尚没有意识到自身的存在，还没有在政治上得到体现。直到目前为止，政治制度仍在按照旧的方式运行，可是已不再符合我们的社会所发生的变化。必须经历一个过程，这些人才会真正认识到自己的共同性，意识到自己共同的目标。不过，一旦需要，他们肯定不会按照习惯的方式，而会以完全不同的方式在政治上将自己组织起来。在这方面，我们今天已经看到了一些迹象：许多世界性的活动和行动不再以党派的形式，而是以灵活多变的方式，以松散联盟的形式组织起来。

您刚才说，我们国家的党派环境及其机构，已经完全无法反映社会在政治和文化方面正在展开的变革进程。我们是否应该认为，我们的上层建筑已经僵化过时，而我们的基础正在出现全新的变化呢？而这恰恰说明，政治上层建筑与基础之间的联系已经被破坏……

无论如何是这样。让我们用宗教为例来说明吧。我们今天有两个教会，即福音教和天主教，它们的日子都很好过。天主教会是联邦德国最大的地主。然而，不论是教会成员的数量还是前去做礼拜的人数都在急剧减少。尽管如此，教会仍然拥有巨大的政治影响力。它不得不关闭一些教堂，因为再也没有人愿意当神父。相似的情况也发生在政治领域：各个党派不再能真正代表民众利益，它们所谈论的，同社会上发生的事情再也没有关系。

您说，人将不同的传统和世界文化装进一个积木箱，并用这些积木来构建价值和世界图景，您刚才还谈到，大的教会的影响已大大降低。那么，从这种新的文化中会产生一种什么样的信仰，一种什么样的伦理？按照常规标准，这还能称为信仰吗？

我想不能。人们把"信仰"和"心灵"区分开来不是没有道理的。"信仰"涉及旧的结构，涉及教会，与此相反，现在越来越多的人注重心灵层面，而不加入某个教会。此外，这里还应该看到乌尔里希·贝克（Ulrich Beck）所说的人的"个体化"（Individualisierung）现象。这种"反思的现代性"恰恰意味着，每一个人都有一幅个性化的世界图景，有自己的生活方式。这一点也体现在信仰中。长期以来人们相信，一个经过启蒙的人是不会再相信宗教的，宗教是一种过时的现象。然而我们今天看到的情形正好相反。"心灵"这个词越来越时兴——然而不再以传统的形式。尽管教会成员的数量日益减少，注重心灵完善的人却越来越多。这或许意味着，除了宗教机构，还有一种我们这个社会的精英尚未发现的新的寄托心灵的场所。

　　　传统的宗教机构是如何看待——不知它是否表过态——这种现象的？

大的宗教机构对这种现象的反应，从所谓的教派特使就新宗教运动展开的辩论中表现出的反对态度就能看出来。在他们看来，人们应当保护思想尚未成熟的公民，防止他们受这类群体的诱导而误入歧途。这的确是一个笑话。然而情况完全相反——当然也有例外——事实上，今天的公民在思想上非常成熟，同过去相比，在世界观方面具有更强的判断力。正因为如此，他们才会脱离教会，寻找被某些人以宗教的标准称之为小教派，实则是新的宗教运动的群体：这些群体部分受到别的文化影响，与神性、与心灵和整体建立了一种新的关系。在这个圈子中，许多人完全不用上帝或宗教的范畴，而更多地用整体的概念——同宇宙心灵相通、冥化合一的观点——来思考问题，宗教中的复活在世俗化的后现代获得了一种全新的形式。这种信仰是批判的、独立自主的、不相信权威的，它寻找的是各种宗教共同的核心。除此之外，日常生活中的心灵治疗也是这个群体的重要活动——工作和私生活中的神性体验，与周围的人、与自然和宇宙的和谐关系等等。今天，宗教不再是一个有义务遵从的信仰体系，或与神性沟通的必不可少的代理机构，而更像是理解世界、自我实现、获得个人成长和价值发展的一种工具①，其核心是个人的体验。

可以用"自我修养"的口号来归纳所有这一切吗？

这是一个迄今为止更多地出自东方文化的概念，如气功和瑜伽——在东方文化中，人们追求的就是自我修养。不过有趣的是，自我修养这个概念同西方文化中的"教化"（Bildung）其实是同一个意思。倘若您把德语中的"教化"一词译成英语，那它就是"self-cultivation"（自我修养）。教化的本来意义正是这样。在伊曼纽尔·康德和其他启蒙思想家那里，这个词的意思是："人应该愈来愈成熟，越来越自立，自己塑造自己。"

过去50年发展起来的人道主义心理学，也谈到了自我发展和自我实现，自我的真实性和自我超越的问题。亚伯拉罕·马斯洛（Abraham Maslow）提出了"人的潜力"的概念，认为人的需要应当获得表达，蕴含在人自身中的发展潜力和个人的独特性应当充分被发掘出来。这里的关键是，使人融入更大的整体中。

这么说来，旧的"孤独的牛仔"或"自我奋斗的强人"的

---

① 参见马尔科·毕硕夫：《我们的灵魂可以飞翔》，Drachen 出版社，克莱因－雅瑟多夫，2008年。

理想再也行不通了——这些人往往不顾社会潮流，抛开道德顾虑走自己的路。隐藏在整体论背景下的个体化之后的，究竟是怎样一种伦理道德？

我们大家都学会了这样行事，因为社会规范就是这样要求的，所有人都是这么做的，我们就是这样成长起来的。我们奉行一种从根本说来不道德的伦理原则，它规定的道德规范要求人做某些人认为正确的事，而不管这种道德规范是否出于个人的内心需要。

然而，今天新的伦理原则告诉我们："只有我的经验认为正确的事我才会去做！"从中可能会产生多种多样充满生命力的伦理道德。这种伦理道德并非产生于外来的压力，而产生于内在的需要和内在的认识。

这是否是拒绝旧范式的局外人奉行的一种反文化？

世界图景的这一变化肯定最先出现在反抗旧秩序的局外人那里。然而，这种状况正在发生改变。许多人现在已经认识到，这幅新的协同合作的世界图景也要求人们放弃孤军奋战。人并非孤立地活着，现代性的个人概念——人孤立无援地活在与周围世界的竞争中——早已站不住脚。与走同样道路的他人的关系和互动得到普遍重视，人们赋予了共同体以新的意义，但这种意义绝非来自规范和强迫，而出自置身于更加广泛的关联的需要。现代科学同样越来越清醒地认识到，同一性只有在与别人的交流中才能形成。愈来愈多的人其实早已这样做了，只不过他们在文化上尚不愿承认而已：他们把自己看做一个个孤岛的时间实在太久了。而今天，他们更加认识到自己的另一面，觉得自己像一座冰山：冰山看上去好似浮在水面上的一个个孤立的物体，但实际上在水下却连成一片。这种广泛得多的深层次联系也被量子论所证实：现实有两个层面，一个是被空间隔开的、彼此分离的粒子或物质微粒，另一个层面则是把一切都连接在一起的内在关联，没有什么孤立的物体，宇宙中的一切构成一个统一的整体，所有事物都是相互关联的。即使在我们个人的存在中也是这样，一切都相互交织，相互关联，我们构成一个整体。

这种新的文化观是否从新的科学成果中产生，并随着新科学的发展而越来越广泛地被接受？

传统科学建筑在弗朗西斯·培根经验主义的基础上。在培根看来，知识的积累只有通过在客观世界中获得的可验证的感官经验才有可能，以他之见，唯有外部物质世界才是实在的、可靠的，而人的内心世界则是主观随意的。然而，20世纪后半叶，科学哲学家托马斯·库恩却提出了"范式"的概念，指出，已经建立起来的科学范式随着科学研究的深化和细化，将出现大量反常的、无法用现有范式来解释的现象，从而使已有的科学范式陷入危机，而从这一危机中又将产生新的科学范式和科学理论。在这一过程中，已被淘汰的旧范式中的一些成分可能转化为新范式的基本资源。的确，范式转换在物理学的发展过程中起着特别重要的作用，因为随着量子论的建立，一个认识论问题被提了出来：实在是什么，我们怎样才能认识它，它是否是客观的。这时人们的认识才上升到与前面谈到的文化和价值转变相适应的水平，实在才被描述为一个完整的、不可分割的整体。各种各样的研究成果相互补充，证明了这一理论的正确性。协同互动和非局部性是这幅世界图景的另一个特点。物质世界不再由物理材料构成，而是一个由"无物"的关系编织而成的网络结构。观察的重点不再是孤立的客体，而是相互关系、相互作用、相互制约、过程、整体和"场"。量子物理学另一个更重要的成就在于，人们发现，观察者的视角和立场对所观察的实在也产生着影响，于是，意识现象也被纳入了物理学的研究范围。

危机浪潮:未来在危机中显现　*Zukunft entsteht aus Krise*

这显然是一幅物质的世界图景——其中所有的物体犹如台球桌上的台球彼此分离、相互碰撞——向一幅系统论的、紧密交织的、着眼于场的宇宙观的转变……

首先出现的是生态学的世界观,许多人开始认识到,一切都相互制约、相互关联。但这种认识最早还只局限于物质层面,后来人们才逐步发现,不仅物质层面,而且许多其他层面也如此。例如,人与人在心理上就相互关联、相互影响,只不过这种影响是以无意识的方式发生的。事实上,在无意识层面,不存在完全孤立的个人,正如今天人们不再认为,我的思想仅仅是"我个人的思想",产生于我的大脑,因而只属于我一样。今天我们知道,一切思想都是对别人的思想不断作出的反应,没有人会把某一种思想据为己有。事实上我们总是在一个看不见的、流动的场中活动。

假若我们不再将我们的社会和文化共存看做一场相互对立的利益斗争,而视为一个无所不包的系统或场,那么,人际关系和社会生活就会具有一种完全不同的意义。那样一来,会出现什么情况?

会出现一种根本改变,出现一种新的关于世界的观念和人的观念,过去一切关于个人,甚至关于个人主义的定义都将发生改变。我们绝不是彼此隔膜的个体,这就意味着,即使我们未曾意识到,我们也始终在跳着一支集体舞蹈,一场所有人共同演出的社会芭蕾。这里有一个很好的例子:如果有人将正在交谈的人用摄像机拍摄下来,事后缓慢回放,就可以看到,交谈者的姿势和动作是相互配合的,声音也是彼此呼应的。这一现象可以称为"人际同步"(interpersonale Synchronie)。这就是一种形式的舞蹈和芭蕾,一种形式的互动。相同的情形也发生在大脑的神经反应方面,今天有一个新概念，叫做"镜式神经元"（Spiegelneuronen）：当我观察别人做某个动作时，我的大脑中会作出如此反应，似乎自己在做同一个动作。这说明，我的感觉和神经系统像一面镜子，可以反映出我所看到和观察到的情形。即使我只是回忆起那个动作，我的大脑也会重复同样的动作，换言之，即使我们不知道，我们与别人也始终处在一种感觉的同一性之中，我们与别人始终是息息相关的。

听起来，我们迄今为止似乎生活在一种巨大的文化误解之中……

……的确如此。我认为，现代性的个人主义建筑在错误的基础之上：我们生存的一个基本维度被完全排除掉了，而人们却漠然处之，似乎它从来就没有存在过。直到今天，所有的人仍然认为，我们是完全自主、完全孤独的存在者，可以彻底独立于别人而生存。或许，从人的进化角度来看，为了树立现代人独立自主的意识，这样一种看法——一段时间之内似乎是理所当然的——是必要的。然而今天，当我们已经拥有了这种独立自主性，感到它再也不会失去之后，我们却不得不承认，人与人是息息相通的。过去，或许50年前，人们把这种相互关联、相互依存看做对个人的一种威胁，只要看一看20世纪初人们谈起佛教或东方气功时作出的反应就会明白。那时人们有一句口头禅："人迷失在整体的海洋中。"那时，对个人主义丧失、个人同一性丧失的恐惧的确非常强烈。直到今天，这种恐惧虽然仍然存在，但我们对个性丧失的担心显然要小得多了。

可是，在德国历史上仍然有一段时间，个人的判断能力和理性几乎丧失殆尽。人们的恐惧，担心以某种方式重新陷入几乎神秘的集体压抑中的恐惧，恰恰产生于这种经验。我们的社会——文化状况真的发生了彻底改变吗？

这样的指责人们经常听到，特别从左派那里。我们这方面的经验——集体、相互支援等等——都是由于纳粹时代的滥用而变得声名狼藉的。正因为如此，人们一谈起这类事情，就会以20世纪发生的灾难为例，声称我们又"回到了法西斯主义"。所有这类意识层面的抵触今天都已经烟消云散，人们会说："这样的危险我们那时就经历过了，我们绝不会再走老路。"然而有趣的是，在过去了二三十年之后，这种说法似乎不再新鲜了。对此我只能这样来解释：我们的确进步了不少，变得比以前成熟了。但这并不是说，这种危险已经彻底消失，而只能说人变得比以前更自信了，不会再像过去那样逆来顺受。当然，我们同时也要牢记这个历史经验，意识到集体催眠术的危险依然存在。但是，这种危险并不能通过远离这类宗教来消除，而只能通过直面它，将它看做人类的一种可能性。在特定条件下，我们大家都可能误入歧途，但我们不能通过逃避来防止这类情况发生，恰恰相反，我们必须亲身经历一个共同体，一种共生共存状态形成的过程，才能获得这方面的经验，才能看出人们是否变得更加成熟了，才能成功地应对这类情况的发生。我们必须学会，怎样才能在任何情况下不被误导，但绝不能通过回避、通过禁止、通过远离这种经验来防止。

我们应该怎样来概括当前发生的相当广泛的变革潮流？

的确，刚才说到的社会变革，在宗教和科学方面的发展，呈现出一种共同的倾向，即知识的融合，这是一种新的综合，一个一体化的时代，在这个时代，理性的逻辑被心灵的逻辑所补充。在这样的思维方式中，情感不再被看做干扰思维的因素，而被视为真知灼见产生的不可或缺的源泉。这种思维方式将"情商"或"情感智力"（emotionale Intelligenz，EQ）和"灵商"或"心灵智力"（spirituelle Intelligenz，SQ）同"智商"（geistige Intelligenz，IQ）并列起来，将它们视为衡量一个人智力水平的同等重要的标准。今天，出现了一种明显的倾向，人们心目中的世界图景变得愈来愈全面、综合：思维与情感、内与外、精神—心灵与尘世—物质走向一种新型的综合，即在所有层面、所有领域内二元对立的克服。这幅世界图景具有科学的性质。这幅综合世界图景当今最有名的先行者之一是美国人肯·威尔伯①，他试图从迄今为止的世界文化的精髓中汲取营养，为一种能够将西方文化从危机中拯救出来的"后现代文化"奠定精神基础。然而，即使在这里，我们也应当保持警惕：我们不能将这类综合思想体系理解为终极理论，而应当明白，这只是永远不会终结的描绘现实的尝试中的一个暂时阶段。从中产生的绝不会是一种新的教条。

工业增长社会的未来充满风险，这是一个在政治上建筑在个人相互竞争、相互对立之上的社会。只要看一看目前金融系统面临的崩溃、不久之后化石能源——石油——的枯竭、气候急剧变暖、巨大的变革运动等等，就会明白这一点。我们所面临的这些危机，同一种个人文化发展的乐观图景如何能合拍？要知道，这里存在一个根本的对立。

我们当然不能设想，所有的人现在都在走这条道路。我们仍将生活在一个二元对立的世界上，或许不得不与一个金融领域内贪婪的利己主义者的世界继续共同生活，但另一方面，这种新的思维和生活方式也将存在下去，将会出现另外一些人，提出另外一些主张，

---

① 肯·威尔伯（Ken Wilber, 1949—），美国哲学家、心理学家，致力于创建一种将心理学、神秘主义、后现代主义、经验科学和系统论综合起来的"整体意识理论"。他是一位佛教修行者，1998年成立"综合研究所"（Integrale Institut），此后根据自己的理论写了几部小说。一些评论家称他为"意识进化领域最重要的思想家"、"美国最新潮的学院派作家"。——译者注

这也是一种形式的社会竞争。我们只要看一看就会明白：一个人站在这种立场上，世界就是这个样子；他若站在另一种立场上，世界就会是另一个样子。总而言之，人们必须作出选择。

第三部分 未来的种子——一个新世界的公民社会模式

全球公民社会作为变革的文化力量
　　　　　　　　用帆船取代运输化石能源的油船
危机迫使我们向生态农业转型
　　　　媒体必须架设通往未来的桥梁
世界拒绝战争
　　　从正在显现的未来出发，行动，参与，领导

全球公民社会作为变革的文化力量
——与全球公民社会活动家尼坎诺尔·佩拉斯博士对话

尼坎诺尔·佩拉斯（Nicanor Perlas）博士，社会学家、哲学家、书籍出版人、农场主，反对核能、推进有机农业的活动家，马尼拉"另一种发展研究所"所长。作为网络专家和菲律宾公民运动的组织者，他将这一运动扩展为一个强大的反对派，曾迫使两位腐败的总统下台。作为尖锐的政治分析家，他促使他的家乡通过了新的环境保护法，以保护耕地，摈弃核能。尼坎诺尔·佩拉斯在众多旅行中不仅作为自觉的第三世界的代表而闻名，而且作为新一代年轻的公民社会活动家的良师益友而受到欢迎。2004年，尼坎诺尔·佩拉斯以其多方面的贡献获得"另类诺贝尔奖"。在菲律宾，他曾被提名为2010年总统候选人。

世界人民正经历一场危机，这场危机的根源显然应当在常规的政治和经济中去寻找。我们是否能够期待，通过造成了危机的政治和经济来克服这场危机呢？或者，变革的动力可能来自何方？

■ 危机浪潮：未来在危机中显现 ■ *Zukunft entsteht aus Krise*

不仅一个民族的政治，而且一个民族的经济——且不说全世界——最终都产生于占主导地位的世界观念和价值，这种观念和价值历来就相互抵牾，相互斗争，并决定着世界的命运。卷入这场斗争的不但有经济和政治的活动家，而且也有文化活动家，特别是公民社会运动。遗憾的是，迄今为止在寻找解决方案的过程中，世界观念和价值形成一种统一话语的情况还很少见。与此相反，人们的注意力大多集中在危机的症候，或至多集中在制度结构上，比如，人们现在关注的只是如何干预愈来愈不稳定的银行，而隐藏在其后的思想和政治经济制度却完全未被触及，因此也几乎无人谈论。当今的全球经济危机是一个例外。资本主义的缺陷在这里变得如此明显，终于引发了一场关于这种意识形态的性质的严肃辩论。然而尽管如此，直到今天仍未出现根本性的思想转变。从历史上看，人们可以确定，一场根本变革，一场超越结构层面、一直深入到范式和世界观层面的变革的动力，大多来自另外的方面，而不是来自现有的政治和经济体制。具体地说，刺激往往来自公民社会运动。但即使如此，这种刺激有时也不够强烈，这才会出现问题。

当我们面临创造另一种未来的使命时，我们自己出了什么问题，或甚至在总体上出现了哪些令人痛心的过程？

我们若想建设另一种未来，就常常会遇到一系列挑战。我看到了五种挑战，而这并不取决于人们是否是公民社会的积极分子，或政治经济领域的活动家。人们首先需要的是，对当今的形势有深刻的了解，具体说来就是理解当下发生的事。我们的确应该努力避免采取不成熟的立场，过于匆忙地声称，我们了解事情的发展，因为在绝大多数情况下，我们看到的只是某种挑战的表象。所以我们应当更深入地把握动向。我们应当追问，什么才是问题的体制性结构，哪些结构是问题出现的关键性因素。由于结构后面起作用的始终是人，所以我们也必须面对代表结构的不同活动者的世界观念，我们必须懂得构成体制基础的权力的本质，而挑战正是从这些本质中产生的。第二点——这一点与上面所说的相关联——如果我们最好的朋友和战友不愿意同我们一起深入挖掘问题更深的根源，我们就需要镇静和理解。今天的许多活动家仅仅停留在问题和结构的表象，常常看不到隐藏在这些表象背后支撑着结构的力量。

拒绝挖出问题根源的阻力来自何方？

这种阻力与我下面要说的创新过程中遇到的第三种困难联系在一起。倘若我们认识到问题的实质，了解造成我们生活于其中的这个世界问题成堆的原因，那么，我们就不可避免地要向我们自己提出根本性问题：在这些带来问题的原因之中，我们自己应当承担多少责任？比如，如果我们是坚定的唯物主义者，那么说到底，我们就几乎无法批评权力和控制的观念，因为唯物主义最终建筑在传统的新达尔文主义之上，把人的存在看做一场无休止的弱肉强食的生存斗争。当然，与此直接相关的还有另一个问题：新事物从何而来？我们从哪里可以真正找到应对挑战的新的答案？迄今为止我的解决办法是否真正与问题相符合？这些问题恰恰产生于危机，使世界失去了平衡。例如，随着气候日益变暖，我们非常现实地面临一种局面，人类的整个未来都将发生巨大改变！迄今为止的科学技术和社会解决方案也许很重要，但它们远远没有对一些根本问题作出回答：我们人类应该怎样对待自然，应当怎样看待自己在自然界中的作用。有些问题，如"自然的精髓是什么？自然的本质是什么？我在自然界中扮演什么角色"等等，只要这些问题没有被认真思考，我们同这个作为整体的星球的关系就会出现一个接一个危机，一场又一场灾难。

■ 危机浪潮：未来在危机中显现 ■ *Zukunft entsteht aus Krise*

　　如此说来，在提出真正的问题之前，我们必须先经历一次个人的"范式转变"？

　　也许是这样。无论如何，要想找到这些问题的答案，必须经历一个人们很愿意逃避的、相当痛苦的过程。或许要经过几个月，才能找到真正合适的答案。尽可能快地重新闭合由于某个问题的提出而打开的无知的开放空间，用某种答案去弥合这个空间，是人类天性的一部分，无论这个答案是否经过深思熟虑。如果回到我刚才提到的新达尔文主义的基本观念，那么我便不得不说，有相当多的活动家没有认真对待今天已成为全球性过程和危机的精神挑战。只要人们拒绝看到这个更深的层次，那么，他们的活动就不过是一种只能减轻自己痛苦的止痛药，而不会起到哪怕最微弱的建设性作用。寻找根本问题的答案的尝试把我们引向创造新的未来的第四种困难：事实上，我们的人格是过去时代的产物。然而，寻找应对当代挑战的办法，却意味着有能力把握未来。因为只有这样，我们才有可能想出尚不存在的解决问题的方案。一旦找到这样的方案，世界遇到的问题便可以得到解决。困难的克服要求两件事：我们必须具备有意识地发挥自我创造性的能力，与此同时有一种自信，我们的创造性一定能够找到应对挑战的方法。因此，以一种有意义的方式利用这种创造性，就必然意味着，为解决需要解决的问题而发现真正的问题。

　　可是仅仅找到具有创造性的答案还远远不够，是吗？

　　不错，这个问题将我们引向创造未来的第五个困难。我们还需要具备另一种能力：积极的想象力，足够的组织技巧，将新的认识贯彻到行动中去的实际操作能力。这就要求丰富的知识和经验，这些知识和经验不可能来自某一个人，即使来自某一个人，这个人也需要一种组织社会过程的能力，以使所有人的智慧都被调动起来，使新的解决办法在日常生活中也能得到贯彻。

那么，深刻的改变在成为社会变革浪潮之前，始终首先发生在个人层面吗？

是的，因为社会场（das soziale Feld）实际上就是个人之间的互动。变化的可能性同样会首先在个人层面表现出来。但是只能如我们刚才说过的那样，个人的内心在理解事物时同样有不同的层面，即对结构的表面理解和对核心的深层洞察。不过，即使集思广益，一切创造性的洞见也全部来自于个人。

一旦变革的呼声扩展到社会场，我们就会开始与持相似意见的人合作，以使整个事情变得像公民社会的一场运动。直到今天，这种事几乎是偶然发生的。那么，公民社会是否已经懂得，它能够做什么，在社会上能够起到什么作用？

我们的确遇到了很多问题，社会运动及其组织者对公民社会的性质、它的权力范围和实质大多了解有限或根本不了解。因此，他们也不知道，自己的介入重点应该放在哪儿，优先的行动战略应该是什么。举例说，在国家和商业语境下，人们几乎从未进行过实质性的改革，而公民社会却可以通过新的发明、新的思想、新的倡议，在另外的语境中创造出不同于以往的事物。与此同时，这也要求公民社会加强自己的组织，更加紧密地团结起来，以便对全球发展中一切摧毁性的因素进行有效的反抗。为了能完成这两项任务，公民社会需要在自我理解上——它是什么，拥有怎样的潜力——进行重大改革。

■ 危机浪潮：未来在危机中显现 ■ Zukunft entsteht aus Krise

20世纪80年代末以前的两极世界似乎完全解体了。取代它的又是什么呢？

对于这个问题，短暂地回顾一下社会运动的历史是非常有趣的。早在90年代，人们就可以观察到三种趋势。首先，资本主义与共产主义相互对峙的两极世界，已经被一种新的力量对比关系所取代。一方面，我们经历了经济全球化，即出现了一种试图将世界组织起来的经济框架，世界贸易组织（WTO）成了调节国家间经济关系的机构。可是它的运转却愈来愈不灵，因为世界上越来越多的人对此提出了强烈抗议。另一方面，出现了一种声音，相信文化冲突（文明冲突）、种族战争和身份认同冲突等等，乃是世界发展的主要倾向。所有这一切都在伊拉克和其他地区的地缘政治斗争中表现出来。第三种试图主宰世界的倾向是美国的单边主义（Unilateralismus），这种倾向在乔治·布什执政期间演变为一种帝国战略。建立一个帝国的构想不仅在政治上得到贯彻，在经济战略和文化价值观方面也有意识地被推进。美国依仗其经济、政治和文化实力，试图掌控全球经济，影响世界所有国家的政治制度，主导世界的文化走向。然而，在此期间全球公民社会运动却兴旺发达起来，并上升为——按照《纽约时报》的说法——"抗衡美国政府帝国战略的第二种超级力量"。解体后的两极世界于是变得愈来愈复杂，全球结构中出现了各种不同的新秩序，不过，其中的关键问题却是，公民社会运动应当扮演怎样的角色。尽管一些改革措施尚未成为有意识的行动，但新出现的许多动议都提出了这方面的疑问：公民社会运动的性质应当是什么，如何才能使它成为一种强大的政治力量。

您刚才说，经济、政治和文化是社会的三大支柱。您能否更详细地谈谈？

这种三足鼎立的观点从历史上说，有不同的来源。首先提出这一看法的是鲁道夫·施泰纳，针对第一次世界大战，他试图找到一条制约德国的军事和政治霸权，弘扬其文化潜力的道路。但这种想法并未能得到响应，因为依照这一时期的价值，民族国家的力量仍然十分强大，几乎所有的核心决策都由国家权力来作出。不过在此期间，经济活动和经济体制的作用也逐渐显现出来，对世界局势产生越来越大的影响，并变得越来越独立。经济活动一方面与国家权力紧密合作，但另一方面也呈现出明显的离心倾向。在这种情况下，出现了一个"二元世界"，即两种力量——国家和经济利益，相互竞争、相互抵牾的局面。可是对于二者来说，文化都不重要，因为文化的利益是看不见的。这一状况在第二次世界大战之后成了占主导地位的倾向。可是后来，事态却发生了戏剧性变化，19世纪曾经出现过的事，在20世纪60年代、70年代、80年代和90年代又重演了：所谓的非政府组织大量涌现，这类组织是非赢利的，作为现代社会的第三种因素介入世界事务。到了90年代，它进一步成了第三种全球性力量的基础。它植根于文化，今天，人们称之为"公民社会"。

这种三分法是否首先是一种人智学的观点（anthroposophische Idee）①？

不，人智学仅仅是这种观念的来源之一。有趣的是，在20世纪20年代末，施泰纳的理论被意大利独立的马克思主义者安东尼奥·葛兰西（Antonio Gramsci）所继承。葛兰西指出，文化的范畴远远不能被理解为生产关系的边缘现象。他主张，意大利共产党人应当把

---

① 人智学（Anthroposophie），奥地利哲学家、神秘主义者鲁道夫·施泰纳（Rudolf Steiner, 1861—1925）创建的一门精神科学，研究人的智慧的产生和本质，以及精神、物质和宇宙的相互关系。——译者注

反抗矛头转移到文化领域中来，建立一个批判的公民社会，既抵制国家也抵制市场。在他著名的著作《狱中札记》① 中，他将文化视为一种独立的力量，指出："我们必须承认，公民社会是一个独立的思想论坛。在推翻国家制度之前，我们必须在这一领域内开展一场斗争，因为我们必须把人民从恐惧和绝望感中解放出来。一旦这个任务得到完成，我们就可以消除压迫国家的力量。"这就是葛兰西的原话。20世纪60年代，尤尔根·哈贝马斯（Jürgen Habermas）在《晚期资本主义的合法性问题》② 中指出，人们应当将经济、政治和文化过程明确地区分开来。90年代早期，让·科恩（Jean Cohen）和安德鲁·阿拉托（Andrew Arrato）发表了他们的经典著作《公民社会与政治理论》③，提出了关于自主公民社会的现实和意义的清晰构想，并指出，作为与国家和经济相对的文化力量，公民社会同样可以获得自身的权力形式。在21世纪最初几年，关于社会三分法的争论再次变得热烈起来，最先问世的是我从公民社会的角度论述三分法的著作④，后来又出版了斯蒂夫·瓦德尔（Steve Waddell）的《社会学习和社会变迁》⑤ 一书，该书从政治角度表述了相同的思想，并将其与"组织性学习"的构想结合起来。不久前，克劳斯·奥托·夏莫（Claus Otto Scharmer）的《U理论》⑥ 出版，作者在书

---

① 参见安东尼奥·葛兰西：《狱中札记》，十卷本，由克劳斯·波赫曼和沃尔夫冈·弗里茨·豪格出版，Argument 出版社，汉堡，1996年。
② 参见尤尔根·哈贝马斯：《晚期资本主义的合法性问题》，Suhrkamp 出版社，法兰克福，1973年。
③ 让·科恩和安德鲁·阿拉托：《公民社会与政治理论（当代德国社会思潮研究）》，MIT 出版社，1994年。
④ 尼坎诺尔·佩拉斯：《塑造全球化：公民社会、文化力量和三分法》，Info-3 出版社，法兰克福，2000年。
⑤ 斯蒂夫·瓦德尔：《社会学习和社会变迁：政府、企业和公民社会怎样联手解决复杂的多方利益相关者问题》，Greenleaf 出版社，谢菲尔德，2005年。
⑥ 克劳斯·奥托·夏莫：《U理论：被未来所引领》，Carl-Auer 出版社，海德堡，2009年，见《采访》，第342页。

中将三分法作为多种学科的结合来论述，并谈到了企业改造问题。社会的划分——即使以另外的名称，侧重点有所不同——也被列为联合国的新千年目标，联合国在一份文件中指出，人们需要一个"公民社会、政府和企业紧密合作、共同应对世界面临的紧迫问题的全球政治网络"。

公民社会这种无形权力的奥秘在哪里？

"公民社会"的概念有久远的历史。早在 2300 年前，亚里士多德便使用过这一概念，此后，这个概念的内涵至少发生了两次转变。黑格尔对它作了深入研究，并写过许多这方面的著作。不过，在他那个时代，这一概念仍然是二元的，公民社会还具有"企业家阶层"和"文化"两方面的内涵，仍然是游离于国家权力垄断之外的权利因素的一个总的概念。到了后来，经济利益的重要性日益凸显，并愈来愈超越国家，成为一种比国家本身更为强大的力量。于是，公民社会运动才重新活跃起来，特别在东欧国家，公民运动在颠覆共产主义制度的过程中起到了突出作用。具有讽刺意味的是，意大利共产主义者葛兰西的思想在这里得到了实践，被人们用做摆脱集权统治和绝望的思想武器。公民社会运动的地下组织如雨后春笋大量涌现，它们既与经济又与集权国家没有任何瓜葛，因而是真正意义上的公民运动。现代意义上的公民社会由此产生。

可是，这场公民运动显然只存在了很短时间，直至西方在文化上超越了东方……

尽管如此，1989 年 11 月柏林墙的倒塌，成了公民社会运动一个新的发展阶段的开始，人们在分析东欧发生的事件时，把公民社会行动的成功看做一个全球的样板。东欧的剧变对南美产生了特别巨大的影响，此外，日本和世界其他地区的民众也从中得到了启发。或许，许多类似的行动并不能称为"公民社会运动"，但无论如何，第三种力量正在兴起，它既与国家利益又与经济利益无关，而又突破了一切权力的制约。在全球层面上，它在1991年里约环境峰会期间第一次得到体现。人们在公民社会的名义下第一次展开了大规模行动，而这就是我所说的公民社会运动真正展示自己文化力量的时刻。要知道，来自一百多个国家的民众在巴西将自己的意愿表达出来。

您一再强调，公民社会是一种文化力量，但说起文化，人们通常会联想到音乐、舞蹈和文学。那么，公民社会的文化内涵在哪里呢？

倘若对社会运动这一现象作一番考察，人们就可以清楚地认识到这些非国家、非政府组织（NGO）组织过程和组织原则的变化。这里的关键在于自我身份认同的教育。这与旧马克思主义的分析有根本区别，在马克思主义中，人的自我同一性范畴仅仅与特定的经济阶层以及生产资料的占有相关，虽然妇女问题和通过妇女运动而产生的解放动力超出了阶级的范畴。将这一思想同文化联系在一起的，是自我同一性形成的过程，而这个过程始终与意义、目的和内在的世界观念分不开。一部艺术作品在其表现形式上只有同世界观、同它所蕴含的意义或现实的态度和立场联系在一起时，才会具有文化上的重要性。在这种意义上，公民社会也是文化现象的一种特殊表现形式。作为载体，它体现出新的意义和观照世界的方式。它是一种文化意识的表现，一种试图改变现实的新世界观的基础。约瑟夫·博伊斯①就是最好的例子，早在30年前，他就把艺术称为社会

---

① 约瑟夫·博伊斯（Joseph Beuys, 1921—1986），德国雕塑家、画家、艺术理论家，欧洲前卫艺术的代表人物，提出"社会雕塑"的艺术概念，主张所有艺术作品都应当在"塑造社会和政治"方面发挥创造性作用。——译者注

的一尊雕像。而公民社会行动就是塑造这尊雕像的工作。

……也就是说，为了在局部层面促进自我的同一性和自信，成为一种塑造力量？

是的，因为在对社会运动的分析中，恰恰发生了文化的变革。为了说明这一点，我想举一个例子。生态学家蕾切尔·卡逊（Rachel Carson）①，经典著作《寂静的春天》的作者，揭露了因过度使用有机杀虫剂和化肥而对人类赖以生存的生态系统带来的危害。这就是一种重要的文化行动，是环境保护运动真正诞生的时刻。它改变了文化的作用，创造了一种看待全球问题的新范式。在这种语境下，几乎每一次社会运动的关键性功能——把现实置于一种新的视野之中，鼓励人们用这种新的眼光来看待现实——都得到了体现。因此，这个过程不可分割的一部分，便是一种新的自我同一性、新的个人自我图像的形成。正因为如此，公民社会的出现，在其核心是一个深刻的文化过程。接下来，它会呈现出三种可能的表现形式：第一，是面对国家，它代表民众的权益；第二，面对经济权力，争取普通人的权益，如批判的反消费主义运动就旨在迫使企业承担社会责任；第三，文化的批判和反思，媒体是否真正自由，教育体制是否适当，等等。

在德国，公民社会迄今为止仅仅与环保运动、反核运动以及其他一些不那么重要的社会诉求紧密关联。您能否举几个全球性的例子，来说明公民社会还有哪些未被认识的力量有待发挥？

---

① 参见蕾切尔·卡逊：《寂静的春天》德译本，Beck'scher Reihe 出版社，慕尼黑，1962 年。

■ 危机浪潮：未来在危机中显现 ■

一个非常著名的例子是墨西哥联邦恰帕斯州的萨帕塔运动①。尽管这一运动是为了自卫才拿起武器，但全球公民社会仍然受到非常大的鼓舞。它所要求的，是一个能够自主并不受外界影响地保留自己文化的自由社会空间。因此，虽然它迫于形势不得不奋起自卫，它也将自己视为一场文化运动，完全没有兴趣推翻墨西哥政府。此外，它也不把自己看做一场革命，即马克思主义意义上的一场改变国家的民族主义或反帝革命。相反，它所反对的是一场不但在政治上，而且在经济和文化上的全球洗脑，为的是争取自己文化的繁荣，保持自己的文化同一性。在这里我们可以看到文化同一性的强大力量。的确，萨帕塔运动发起了世界上第一次争取文化同一性的革命。这是一个非常有趣的现象。

倘若理解公民社会就是一种文化力量，那么我们就会看到，这种表现形式无所不在。依靠它，我们就能够动员一切与这种文化力量相关的新的形式。我坚信，这在某种意义上可以改变政治制度。

那么，公民社会是否已经意识到它所承担的文化作用？

刚开始时肯定没有意识到。虽然我已经发起过多次社会抗议行动，我自己那时也没有意识到。直到1992年在里约热内卢，我才开始真正开窍，知道我的财富只有文化力量，于是才有了新的表达方式。当我把这一认识告诉我的同事时，我惊讶地发现，大多数人遵循的仍然是旧的政治范式，对公民社会的理解极其狭窄。恰恰因为公民社会变成了一种全球性的力量因素，而我那时对自我同一性有

---

① 萨帕塔运动（萨帕塔民族解放运动）是位于墨西哥最南端的恰帕斯州的一个反抗组织，人员以土著印第安人为主，在墨西哥和国际上有不少支持者。他们认为自己在为土著印第安人争取权利，为保护自己的文化而战，在反抗500年来西班牙帝国主义的统治。该组织自1994年开始武装斗争，现已逐步放弃使用暴力。——译者注

了新的理解，我才写了那本书①。在此期间，公民社会是文化的一部分的认识已经大大增强了。它不论在动机和过程上都成了一种文化力量，不断产生着改变这个世界的新思想。总而言之，它致力于创造一个新世界。这些思想中有许多也被商人和政府工作人员所接受，他们开始赞同这些思想，使事态有所改善。

您能否举例说明这些思想的核心是什么？

这方面的例子有很多。我刚才就想到同慕尼黑市长的一次会面。他告诉我，他的城市公开支持公平交易的倡议。如果说人们在60、70和80年代还认为这是一个怪异的想法，那么今天它已经形成一股强大的力量。市长还说，已经有十几个欧洲大城市完全支持这个倡议。另一个例子是保护热带山地雨林的国际运动，它引发了一场针对那些砍伐原始森林的公司的大规模抵制行动，现在已有600个欧洲城市公开决定不再购买这类木材。这些都是公民社会在没有将旧的当权者赶下台的情况下，在政治方面取得的成就，说明存在着通过公民社会运动去改变社会、重塑社会的多种途径。

人们在公共空间见到公民社会运动，大多会认为，它有某个具体的反对目标。可是您刚才所说的，听起来似乎它的根本任务是创造新的价值和新的看待事物的方式……

我想深入地谈谈。它不仅创造新的价值，而且还应当起到展示一种不同的世界前景的作用。说到底，它有三大任务：第一，当然是通过游行示威去反对某个具体的目标；第二，是创造新的价值；

---

① 在"塑造全球化"的标题下，在互联网上可以读到德译文的部分章节。网址为 http：//www. dreigliederung. de/esseys/2000－03－000. html。

第三，是提出或倡导新的观念和思想，为未来世界提供范例。我希望全球公民社会将三者结合起来。除了反对现实的危险，我们还必须把我们的力量创造性地投入到建设一个新世界的事业中。这最后一个任务当然是长期的，反抗不过是即时的、直接的、策略性的，而创造新价值、新思想、新的蓝图和体制才是长期的、战略性的。然而，二者并不矛盾，而仅仅是整体的部分。此外还有附带效用，我的一些公民社会的朋友就把这些思想和做法带进了经济领域。比如，就有一家自称为"第七代"的奇怪的美国企业①，这是一家发展很快的大企业，接受了公民社会的价值和美国土著文化的某些传统成分，考虑到它所做的一切对我们之后第七代人可能产生的后果。在这一文化背景下，它生产生物洗涤剂和其他非常环保的日用产品。它的整个运营思想都与公民社会的价值完全一致，从而建立了一种完全不同的企业文化和企业伦理。

尽管如此，我们在社会的三大支柱，即政治、经济和文化中，仍然看到了一幅似乎自相矛盾的世界图景：一种主导政治和经济的机械论的世界观，以及一种在文化和公民社会中体现出来的、致力于平衡和正义的一元论的世界观。这两种世界观怎样才能统一起来呢？

我相信，这种自相矛盾始终存在。现在的情况稍好一些了。在公民社会中，这种旧的机械论世界观的痕迹即使逐渐减少，也仍然无所不在。与此相反，出现了一种新的现象：数百万所谓的文化创意者②在精神方面与世界愈来愈产生共鸣。此外，在企业界也有某种东西在发酵，越来越多的企业家今天学会了用整体论的眼光来看世

---

① 见 www.seventhgeneration.com。
② 参见此书中与马尔科·毕硕夫的对话。

界，特别在美国，当然还有欧洲。那里的人在企业运营中已经开始重视文化价值，如连锁经营（Drogeriekette）和"dm"①。这虽然还不是"转型了的超级市场"（transformierter Supermarkt），但明显地是所销售产品转型的表现方式。这说明，它们已经承认，消费者开始希望看到新的变化。类似的情况在政府部门也发生了，个别政府工作人员把公民社会的价值体系引进到管理工作中来。不过，这大多发生在地方层面。

当您谈到"精神的世界图景"时，您指的是什么？在我们这里，人们使用这个概念更多的是指教会或神秘的"新时代运动"（New-Age-Bewegung）②，可是，这却是一个非政治组织。您是否给"精神"下了一个新的定义？

是的，公民社会的大多数成员还不理解"精神"的这个新定义，这的确是一个问题，也是为什么一再有人要与宗教界划清界限的原因，尽管公民社会有意与社会和宗教机构的生态保护行动合作。精神这一新的内涵，显然比旧的理解范围更加广泛，例如，有关自我同一性的所有问题都涉及精神问题，原因很简单，这里没有给机械论或决定论留下任何位置，而是相反，问题的实质是在同世界打交道时所持的一种精神态度，内心的成长同社会行动结合在一起了。"新时代运动"与此相反，它信奉的是精神的唯物主义，几乎从未介

---

① "dm"为 Design Management 的缩写，指一种以市场和消费者为中心的观点来设计产品和相关决策的管理方法，也指相关企业流程的优化设计。——译者注

② "新时代运动"是上世纪六七十年代兴起的一场文化寻根运动或思潮，20世纪最后30年在西欧和北美迅速发展，形成一股全球性的文化寻根浪潮，在学术、思想、宗教、科学、法律、文学、艺术领域产生了深刻影响。一些学者，如美国未来学家托夫勒，把"新时代运动"看做一场"新宗教运动"。——译者注

入过政治。它局限于纯粹的内心修养，只关心自己。而今天正在成长的新公民社会的精神完全不同，它关心的是我们改变自己的内心是为了有效地改变世界。与过去相比，这是一种完全不同的精神追求，它介入社会，不再与社会隔绝或与社会相对立。

倘若社会的三大支柱在其追求上相互融合，那么，它们就没有了清晰的反对目标。三分法是否意味着，我们应当放弃阵营的划分和敌人的确定，而更应该重视协同合作的价值？

不！合作固然重要，因为没有一个社会领域是绝对孤立的。要变革社会，就必须改变经济、政治和文化体制。没有同社会力量的合作，这种改变几乎是不可能的。然而，这种合作始终存在着被操纵、丧失自己理想的危险。因此，我一再说，只要缺乏真诚的相互尊重，就不存在共同致力于建设一个新世界的真正基础。人们在这种合作中就会陷入危险。没有真正的相互信任和相互尊重，公民社会就必须在经济上坚守自己的反对派立场。可是，只要在服务于全局的问题上具备同另一个阵营的关键人物合作的可能性，公民社会也应当表现出灵活性，放弃自己一贯的反对派立场。因为，相互尊重可以使很多事情更容易得到贯彻。

也就是说，只要公民社会的行动者不真正了解他们所扮演的角色，便存在着被国家或经济势力操纵的危险？

不错。这就是为什么我反复对国际公民社会运动说："坚持你们的立场！"的原因。此外，我们也必须提高及时发现我们是否被误导的能力，因为毫无疑问，这样的事情经常发生。"世界可持续发展首脑会议"①，即 2002 年在南非约翰内斯堡举行的第二次环境峰会，失败的原因恰在于此。那时，公民社会运动面对各国政府和全球化了的经济发出的共同改变什么的呼吁，产生了严重分歧，一些人公开赞同，而公民社会的另一些力量却表示坚决反对，因为这意味着"削弱和被操纵"。我本人对这次冲突的看法是，应当仔细审视当时的具体情况，应当深入思考，这样一种合作是否存在在平行的三条轨道上取得进展的实际可能，公民社会能否继续保持其批判的、创造性伙伴的地位，或者，人们是否应当明确地成为反对派，公民社会能否保持其作为反抗力量的功能。这一决策只有在具体情况下才能作出。

只要看一看公民社会运动的蓬勃发展，及其在国际会议召开期间所起的越来越重要的作用，人们就会有一种印象，仿佛没有它，政府便一事无成。而与此同时，公民社会又缺乏传统的、通过选举获得的民主合法性。从这种实验性的非政府组织的迅速成长中，会产生一种什么样的民主？

我相信，公民社会同这类民主进程是两回事，看到这一点非常重要。公民社会更多地关心思想，而在思想领域，人们为一种理念而战斗，努力并坚定地去实现这一理念。在全世界，公民社会最有说服力的强大思想，常常会影响民众，它用不着通过选举或民主程序来使自己合法化。在大多数国家，政府缺乏代表性，往往会操纵选举结果。这就是我们为什么常常谈论"集权式民主"的原因。正因为如此，在公民社会中，对民主的理解不会局限于没有说服力的政治制度下的选举，而会将精力集中于令人信服的行动。公民社会所主张的实际的民主，就寓于它所发起的行动之中，表现在真正有

---

① 见 http://www.un.org/events/wssd/。

创造性的、平等和相互尊重的网络民意与其他倡议之中。

在西方世界，我们常常会听到"自由、平等、博爱"三个关键词，自法国大革命以来，这三个词所争取的就是民主。倘若从三分法的角度来看，国家是否原则上完全无法在这三个层面上实现民主，因而需要其他力量来争取这种民主呢？

的确如此。您完全说到点子上了。国家原则上无法在其体制框架内实现或保持自由、平等、博爱。国家政权的媒介是权力以及平衡各种利益的技巧，以服务于民众的福利。国家服务于平等。可是，假若有人提出一种新的自由思想，那就涉及文化领域。一旦这种思想针对的是国家，那么衡量它的标准就不再是好或坏，而很可能会被置于权力维护的放大镜下来审视，政治家们就会问："如果我把这个思想写在我的旗帜上，谁会来选举我？"所以，在实现自由的问题上，国家的作用是很有限的。我回忆起红—绿联盟执政期间，与德国绿党一位高级代表的谈话。他抱怨说，他的党"还从来没有像现在这样无所作为过"。在外人看来，进入政府或许是很大的成就，可是在内在政治生命上，绿党的理想却成了政治妥协的牺牲品。在这里，人们也可以看到，自由的概念从根本上说只能起一种文化作用，但即使在文化层面，一种思想也常常会引发争论。经济领域应该说是推进博爱和团结最合适的场所。只要想一想任何一件产品，想象一下为了一本书的出版有多少人参加生产流程，就能明白这一点。不过，经济领域绝不可能成为自由和平等实现的场所。社会的每一根支柱都需要特殊的空间。在法国大革命——此后也一直如此——中，人们试图将这三项思想原则统一在国家的名下，但却遭到了失败。因为那时没有一个人认识到这三种理想来自于不同的社会领域。因此，将三种价值分别归于不同的社会子系统，使其在各自领域内得到弘扬，是非常重要的。我们迫切需要将社会清晰地划分为文化、经济和政治三大领域，文化承担着实现自由的使命，政治应当致力于实现平等，而经济则应当是推进博爱的理想场所。因为，我们最终必须找到一条可行的道路，使这三者产生和谐互动，使整体得到改善。

如此说来，三分法应该被看做可以使各种社会力量及其价值重新恢复失去的平衡，以及相互间和谐的一种模式吗？

不错！不过这里的问题不仅仅是三者的和谐合作，在其原初的形式上，公民社会首先是一种反对力量，在我的祖国菲律宾的语境下，在政府认识到我们的潜力之前，同它谈判是毫无意义的，我们必须让菲律宾的公民社会运动摆脱束缚它的层层障碍，将它发展为一个将所有力量联合起来的巨大网络，才能同政府打交道，我们的谈判领导人才会成为拥有 300 万成员的 5000 个组织的代表。只有这样，才会迫使政府倾听我们的呼声。反过来，如果不这样，那么我们说"你们若不满足我们的要求，我们便要抵制你们的措施，使它无法实行"就完全没有用。这里起作用的是权力，是力量的对比。只有让政府认识到我们的力量，它才会同我们一起坐到谈判桌上来。但即使在谈判桌上，我们也必须时刻警惕不要被工具化。我们必须始终保持清醒：我们是为什么到这里来的。只有做到了这一点，我们才有比较大的活动余地。在最近的一次谈判中，我们成功地迫使菲律宾在亚太经合组织（APEC）中的立场同公民社会的价值协调起来，使美国政府不得不放弃将 APEC 变成一个彻底新自由主义经济体的图谋。在这次谈判中，我们将一致的立场和街道示威的力量完美地结合起来，使政府除了接受我们的要求别无选择。

当巴拉克·奥巴马这样一位公民社会运动曾经的积极分子当选为世界最强大国家、一个迄今为止像一个帝国那样行事的国家的总统时，三大领域的这种平衡会发生什么变化？

我这时立刻想到了两件事。三个领域的平衡涉及体制性介入。公民社会的机构必须像国家和经济机构一样，在自己的领域内自主决策并有目的地行动。如果三种关键性力量同等参与，三者之间的平衡得到尊重，那么，这种平衡就会产生。可是，倘若公民社会变成了一个强大的机构，犹如绿党从民众环保运动中脱颖而出，并进而取代国家的功能，那么，便会导致灾难，因为传统的政治就像一场牲口贸易，谁在政府联盟中只占少数，谁通常就必须作出许多妥协，从而使自己所坚持的原则受到损害。说到底，只有幕后的公民运动才能帮助绿党的政治家在这种情况下奉行自己的绿色政治。与此同时，如果某个个人，如巴拉克·奥巴马从公民社会中脱颖而出并从政，也并不一定会摧毁三大领域的平衡。在这里唯一的区别在于，这位个人所代表的公民社会的价值，就会在另一种语境，即国家的语境下得到贯彻，而这种语境有自己特殊的逻辑和要求。

能否说，对奥巴马的巨大期待，以及对他所作的承诺的热切期望，与他更多地为了文化价值，而不是为获取权力而执政有关？

作为总统候选人，他毫无疑问是为了文化价值和目标而战斗，正因为如此，他才赢得了大选的胜利。可是，他当选以后走向何方，那完全取决于以奥巴马为总统的美国会怎样做。我们当然要把那个正在竞选总统的奥巴马，同已经当上总统的奥巴马区别开来。奥巴马作为总统虽然登上了权力的神坛，但那里的主导问题是权力问题。他似乎试图将另外的价值引进这个权力场。重要的问题仍然是他能否在这方面走得更远一些。他是否能改变那个政治制度，或者被那个制度所腐蚀，成为它不可分割的一部分？对许多人来说，他把布什和克林顿执政时期的一些老官僚吸收进政府，这可不是一个好兆头。这样做或许会使政策具有某种连续性，多一些执政经验，然而尽管如此，这些固守传统的老人与原来民众的变革希望相距甚远，同奥巴马作为总统候选人时作出的承诺也相差很远。奥巴马是否会将新的价值注入那个政治制度，或者被那个制度所改变，成为数十年来统治美国政治的权力集团的利益代言人，还需要时间来证明。

公民社会怎样才能同这样一种混淆划清界限？

一个人倘若越过界限，并不会带来什么问题。关键在于这个人是否真正知道在社会的不同领域存在着不同的逻辑、思维方式和利益。谁若懂得这一点，就不会失去全局观。在界限被混淆的情况下，公民社会通过不断地壮大自身，对奥巴马这样一个人就特别有帮助，它不但可以要求担任领导职务的成员定期述职以扩大透明度，而且可以促使政治制度更加公开、更加灵活。即使界限被严重混淆，这对于在连续的相互承诺和一致同意的情况下达成一种可持续的发展战略，找到一条通过公民社会和国家的共同努力，在政府内和政府外实现这种目标的道路，也是很有帮助的。

公民社会的目标是什么？在变革时代，它是否应该放弃参与执政？或者，会不会出现这样的情况：公民社会不得不接管政府职能？可是那样一来，公民社会岂不是会面临死亡？

这恰恰是德国发生的情况。当绿党进入政府时，并没有真正实现它作为一场文化运动的初衷。随着这样一个社会运动的变质，在德国社会的文化领域出现了一片真空。当绿党在政治方面迫于压力作出越来越令人痛心的妥协时，它也愈来愈丧失了原来的声望和号召力。当它在这种局面下期待得到公民社会运动的支持时，已经为时过晚。因为原来的宗旨已经在内部变质了。从这个例子中我们可以学到什么？在经济、政治、文化三足鼎立的局面下，公民社会运动是绝对必要的！因为它承担着明确的文化责任，这并非直接的政治责任，而是一种形式的代言或为民请命，它必须在与国家的互动中独立自主地存在。只有坚守这一立场，它才能为期盼变革的个人和小政党提供支持，为他们撑腰。为了推进改革，它可以施加压力，在当局作出重大决策时发动大规模街头抗议。在这种意义上，公民社会虽然应当成为这个进程的一部分，但只有通过这种方式，它才能使局势朝着特定的方向发展。

可是，它始终应该坚守自己的性质，决不参与执政吗？

不，倘若公民社会的某个人想以某种方式承担起政府的责任，那他也不应该退缩。不过，他最好还是成立一个新的党派，而不应该让他所参加的运动变质。这样一个新党也可以为相同的价值而斗争，但却是在完全不同的社会领域，即国家—政治领域，以完全不同的方式。不论公民社会运动还是政治党派，都必须明白，它们在某个时候必定会产生分歧。而公民社会也必须继续保持它作为反对派力量的潜力，因为如果不这样，党派政治一旦失灵，就再也没有非国家的反对力量了。我相信，我们不得不承认，旧的议会、政府和司法三权分立的民主方式在相互监督的意义上已经不再起作用，它已经被滥用得太久了。在一个新的三权分立的社会形态中，还有第二道权力分配的障碍要跨过，那就是国家权力同经济的利益和公民社会的利益相互对立。只有克服了这道障碍，社会的不同需要才能真正得到平衡。

公民社会对未来社会变革可能产生的影响是不是被高估了？例如伊拉克战争，尽管全球公民社会运动对此发出了强烈抗议，但仍然未能阻止它的发生……

上一届美国政府对这场有世界 60 个城市、2000 多万人参加的大规模抗议运动的无视，带来了另一种后果——它虽然未能阻止伊拉克战争的发生，但却对世界贸易组织带来了损害。这就是人们所未曾预料到、然而却实实在在的结果，因为就在这场有史以来最大的街头抗议之后，在坎昆会议期间，几乎所有国家的部长都表达了一种强烈批评美国的态度，许多人对布什政府无视别国意愿感到愤怒。而这就是 20 个发展中国家在坎昆成立 20 国集团（G20）的背景。这个集团的总人口超过世界人口的 60%，以新的自信主导了坎昆会议的整个进程。同样的事也发生在后来的"多哈回合"，在那次谈判中，富国试图将农产品贸易自由化的所谓"发展回合"遭到了失败。幸运的是，这个企图直到今天也未能实现。这对美国产生了严重后果，并直接影响了美国经济的金融稳定。当贸易额持续下降时，建立一个"美利坚帝国"的图谋也遭到了削弱。这就是文化的力量，其中有许多横向联系，这种力量有时相当集中，有时会产生似乎很分散的连带效应。①

您不会说，布什政府由于无视公民社会的抗议，长期以来自己毁掉了自己的基础吧？

无论如何，美国政府以这种态度，不但挑战了自己国内的，而且激怒了全世界组织良好的公民社会的反对派力量，这种力量反对的恰恰是美国的集权倾向。在这种意义上，对民众抗议的无视，无

---

① 整个这一段有几处明显错误：一、布什政府入侵伊拉克的战争发生在 2003 年，而坎昆会议召开于 2010 年，此时伊拉克战争已结束达七年之久。二、20 国集团并非由 20 个发展中国家组成，而是由"八国集团"，即美、英、德、法、日、加拿大、意大利等发达国家和俄罗斯，加上中国、印度、巴西等 12 个重要新兴经济体组成。三、20 国集团并非成立于 2010 年的坎昆，而是 1999 年 12 月的柏林。——译者注

疑引起了组织良好得多、有许多国际横向联系的公民社会明确而坚决的回击。随着时间的推移，所有这些批评和反对的立场由数千个不同的公民社会动议汇聚到一起，导致布什政府不但在公众面前丢了面子，失去了控制，而且更重要的是，也丧失了文化的主导权。所以说，伊拉克战争之前的反战示威虽然并未取得直接成果，但数年之后，它的效果却渐渐显现出来了。从中可以学到两件事：公民社会运动的效果常常只是在后来的连带效果中才显现出来；美国对民众抗议的无视并不会削弱这个运动，而会导致相反的结果，使公民社会运动变得更加强大。此外还有第三种后果：布什政府明显的世界霸权野心也证明，公民社会对技术操纵和经济全球化的反对，触及文化的价值和精神的根本态度。

全球化和现代科学技术在多大程度上蕴含着精神的成分？

请您想一想经济的整个结构。我们应当提出一个根本问题：消费的本质是什么？这后面——像其他地方一样——隐藏着精神的价值取向，因为"市场"并非唯一起作用的价值中性机制。相反，这里涉及人们怎样用自己的金钱参与这个经济过程的价值。我们知道，每一种极端的消费行为都是灵魂空虚、生活意义和生存目的丧失的表现，内心的贫乏与外在的过度消费其实是孪生兄弟，这里的根源不是精神的贫困又是什么？倘若公民社会不能理解二者之间更深的联系，那么，它发动民众的方法和作出回应的战略就会非常有限。当然，同样的道理在现代科学技术问题上也体现出来。所有那些研究人工智能，研究生物技术与生命有机体交汇点的世界性项目，最终都指向未来世界，一个充斥着智能机器人、人与机器人的混合体，以及类似的自然与技术混合体的世界。这样一种前景必然会提出一个挑战性问题："人是什么？"只要我们无法回答这个问题，我们就无法遏止现代科技将人彻底技术化和非人化的趋势。而对我来说，这将是一个比旧精英的世界霸权欲望大得多的挑战。历史上的所有世界帝国,一个个都在自身的重压下崩溃了,在过去的 200 年,他们崩溃的速度比之前的许多世纪更加迅速。公民社会同样也应当对它自身的价值保持精神上的警惕,总体看来,它虽然是一种好的道德力量,但同样存在腐败——道德腐败、被操纵以及争权夺利——的可能。而腐败难道不是一个精神问题吗?因此我要说,公民社会如果不有意识地思考更深的精神问题,它就无法存在下去。

观察一下国家、经济和文化三大支柱力量就可以肯定,今天人们将大部分精力集中在经济上。那么,公民社会应该如何同跨国企业打交道,因为跨国企业不仅摧毁了文化价值,而且拆除了国家边界,埋葬了国家的权威?

关于跨国企业,有意思的是,它们的权力来自于市场。它们可以闯入市场,用商品淹没市场,但却无法控制市场。而这就是庞大的跨国企业的弱点,是它的阿喀琉斯之踵。这也是为什么它们年复一年花费数十亿美元做广告的主要原因。今天企业界的一个关键因素在于树立品牌并扩大品牌效应。而这就涉及一个保持自身身份问题。说到身份,人们立即想起公民社会所注重的是什么。这也是全世界的大企业家为什么迫不及待地阅读娜奥米·克莱恩(Naomi Klein)那本名为"拒绝品牌"的书①的原因,因为她在书中指出了大企业的致命弱点,揭露了所谓品牌效应的秘密:一旦某个品牌丧

---

① 《拒绝品牌》(原书名为 No Logo: Taking Aim at the Brand Bullies,中译名为"拒绝品牌:颠覆品牌全球统治"),为加拿大女记者、作家娜奥米·克莱恩于 2000 年出版的一本影响广泛的反对消费主义、反全球化的畅销书。此书分四个部分:"别无空间","别无选择","别无工作","拒绝品牌"。该书的德译本名为 No Logo: der Kampf der Global Players um Marktmacht. Ein Spiel mit vielen Verlierern und wenigen Gewinnern (《拒绝品牌:跨国企业争夺市场霸权的斗争,一场有许多输家、极少赢家的游戏》),Riemann 出版社,慕尼黑,2001 年。——译者注

失了可信度,就可能很快导致整个企业的崩溃。公民社会的文化力量就在于此,在于它同跨国企业所进行斗争。

一个负责任的企业如果顺应建设一个新世界的潮流,应该怎样做?

企业对受公民社会影响和主导的公众舆论是十分敏感的,公民社会运动可以对它们施加压力,迫使其承担更多的社会责任,敦促其生产符合生态要求的产品。这也是为什么今天85%的企业打出了"共同社会责任"(Corporate Social Responsibility,CSR)的口号的原因,其实,这句口号的真实意图是"迎合社会责任的企业经营",作为一种有效的广告形式,它已经被滥用。在这里,公民社会的迫切要求看似被接受,但往往被巧妙地改造成一句大肆宣扬的广告词,使它看起来很漂亮、很绿色。这是一个很大的问题,当然也使企业遭到来自非政府组织更多的攻击。企业应当把握时机,真正将它们绝大部分赖以生存,但并不属于它们的"资源"——正是利用这些"资源",它们赚取了大部分利润——用于可持续发展,用来服务社会,才能摆脱困境:人类生存的质量,体现在市场上的社会信任,甚至自然资本也并不是由它们,而是由作为整体的社会创造出来的。换句话说,经济必须真正服务于建设一个更好的未来。这才是负责任的企业的出路。如果它们拒绝这样做,那么,便会在社会的去一体化进程中崩溃。

在日常经济活动中,这意味着什么?这是否是说,企业不仅要投资于自己可持续的改造,而且应该投资文化甚至公民社会本身?

除了支持国家的强制性税收,经济显然也必须对慈善事业有一个新的理解。因为公民社会通常并不从事实业，它并没有什么利润。它的目的是为思想而斗争，也就是说，经济的关键作用是在文化方面促进先进思想的发展。当然，某些人也许会说："我为什么一定要支持最起劲地要求我们负起社会责任的社会力量呢？"另一方面，谁若不害怕承担责任，没有什么要隐瞒，谁就会愿意支持能使社会进步的事业。假如企业起到这样一种促进作用，那么不仅社会受益，而且经济在社会上的作用也将得到提升。除此之外，企业还可以做许多事情而自己内部不发生任何改变。但仅仅捐款还不够，最重要的是，为达到此目的，企业的内部机构还必须改革。这常常使企业家感到害怕。因此，企业在"社会责任"的名义下迄今为止所做的，大多仅限于口头承诺。试图以这样一种态度使整个企业焕发新的活力，显然是不可能的，因为那需要一种完全不同的素质。

对于一个企业来说，这样一种社会责任的转变意味着什么？

意味着企业文化的彻底转变，它必须从根本上改变。人的发展和社会的发展应当成为它的中心目的。这要求在企业工作的人真正实现个人的发展，他们的主要伦理价值应当成为企业制度和企业行为的一部分，企业产品必须体现出这种新的价值。而这必须首先发生在企业管理的领导层。他们中的许多人由于有了更高的理想，看到了可以实现的更远大的目标和自己企业蕴含的巨大潜力而对现状感到痛苦。可是，倘若企业家陷入股票市场机制，只关心企业每一季度是否盈利，而不去思考未来的发展战略，那么他们就很难实行变革。这就是为什么许多怀有远大理想的先驱或者离开了企业，或者成立自己企业的原因。如果推行新的价值，要在短期内迅速盈利，在股票投机中站稳脚跟，无疑是很难的。

对于这场变革来说，变革者不仅应该具有深刻的理解，而且必须拥有推进变革的方法。这样一场变革是否有一种世界观的基础？

对这个问题的答案是清晰而肯定的。恰恰在这个时代，在这个我们的世界面临巨大、复杂的、似乎无法解决的问题的时代，现代科学对于自然的性质、对人的意识和社会的动力有了令人鼓舞的发现和认识。如果把这些发现和认识结合到一起，那么，它们就会对人在一个有生命力、有智慧、有意义的宇宙中的能力有完整的了解。

尽管如此，大多数人仍然认为一场根本变革是不可能的。为什么会这样？

如果人们说有什么事情不可能，我们就必须弄清楚，他们这样认为是出于哪些个人的原因，基于怎样的考虑。因为只要我们不懂得内在价值的特性，不了解产生这种说法的条件，我们就会无意中落入我们自己设置的陷阱，就会除了丢掉一切未来的可能性而别无选择。如果我们认为有什么事情是"不可能的"，我们会说什么？我们会说，某个关于未来的设想是不切实际的，因为它与我们的经验、我们主要的信仰制度、我们的价值、我们的习惯、我们的期望不符合。倘若我们以一种开放的态度直面现在和未来，生活也许是复杂而难以驾驭的，因为经验告诉我们，生活有自己的规律和法则，从过去中学习完全是必要的。然而在这样的行为模式中有一种非常危险的态度，这种态度在"不可能"这个词中达到了顶峰。我们错误地认为，我们当前的范式和信仰制度不但能说明现实，而且可以预示现实在未来会如何变化。看一看这个循环结论我们就会明白，"不可能"的说法无非是一个封闭的语言循环结构而已。因为说这句话的人看不到未来会有任何变化，他们的结论是，未来不过是现在的重复罢了。

这样一种态度显然站不住脚。那么，是否也有的确不可能的例子呢？

我们用不着从过去中寻找一种预言当时被认为是荒唐的，后来却得到验证的例子。2005年，当一个名叫努里埃尔·鲁比尼（Nouriel Roubini）的人预言，两年内将爆发一场大的金融和经济危机时，专业人士都指责他毫无根据，信口开河。不但没有一个人相信他，人们还嘲笑他，给他起了一个外号叫"世界末日博士"。然而，当他那"不可能"的预言在2008年变成现实时，鲁比尼在一夜之间成了最热门的经济学家，谁都想从他那里得到指教。"世界末日博士"摇身一变，成了"神奇博士"，成了指引世界领导人如何让他们的国家渡过惊涛骇浪，摆脱当前世界经济危机的救星。

关于"不可能"，我们应该采取怎样的态度？

为了弄清楚"不可能"的说法为何出现，科学必须转变理论观念。世界历史上有一件事曾引发一场国际科学讨论，今天对我们也很有启示：长期以来，人们相信世界上所有的天鹅都是白色的，因为根据以往的经验和观察，人们数百年来只看见过白色的天鹅。于是在所有的文化中，人们相信绝没有黑天鹅，它们的存在完全是不可能的。可是，17世纪有人在澳大利亚发现了黑色的天鹅，直到今天那里仍然生活着这种天鹅。两百年后，约翰·斯图尔特·穆勒（John Stuart Mill）用黑天鹅作为例子，指出了科学错误产生的原因，从而引起了一场讨论。事实说明，一种今天正确的理论，不能保证它明天依然正确，今天还"不可能"的事，比如黑天鹅，明天很可能就会成为现实。在这种认识的基础上，卡尔·波普尔（Karl Popper）提出了"科学证伪理论"，批判了现代科学经验论的基本观念：一切原则上最终不能被经验所证伪的，都是伪科学。这也使得人们不再相信，过去正确的东西将来也一定正确。今天我们又有了纳西姆·尼古拉斯·塔勒布（Nassim Nicholas Taleb）的黑天鹅理论①，他利用这个比喻说明，不可能的东西其实就是本质的东西。他坚信，许多科学认识说到底便是在一个只有白天鹅的现实中突然闯入的"黑天鹅"。

现在人们相信，有许多事物是稳定的、不可改变的，对于这一看法，"黑天鹅"理论意味着什么？

它意味着，一种看似不可能的事，随时都有可能冲破过去的限制。让我们举一个这方面的例子吧：不久以前，《哈佛商业评论》（*Havard Business Review*）发表了一篇很有启发的研究报告，报告作者对过去10年或20年间美国最大的500家企业，即所谓的"500强"，做了一次统计。他们发现，仅仅过了几年，这些大企业中相当一部分便已从这份名单上消失，有的甚至不复存在。研究者接着又研究了这些企业没落的原因，他们发现，正是它们过去的成功导致了今天的失败，因为以往的成绩使它们无法适应这个世界越来越快的变化，过去的成就在它们的历史和自我意识中深深扎下了根，成了一个空洞的神话，在企业的目标、策略、纲领和活动中体现出来，所有同现状不相符合的，都不可能发生。换句话说，它们觉得一切的一切都万事大吉，不可能改变，未来是属于它们的。

当然也有许多正面的例子。巴拉克·奥巴马在美国总统大选中的获胜，当初就被许多人认为"几乎不可能"，因为历史上还从来没有一位黑人能当上美国总统，更糟糕的是，美国社会始终存在着一种潜在的种族主义倾向，人口数量占优势的白人为什么会让一位年

---

① 参见纳西姆·尼古拉斯·塔勒布：《黑天鹅：完全不可能事件的威力》，Hanser 出版社，慕尼黑，2008 年。

轻的、缺乏经验而又并不出名的黑人政治家登上自己国家总统的宝座呢？以过去的眼光来看，这完全是不可能的。然而，正是在这件事情上，"不可能"变成了事实。我们从中可以学到什么呢？在生活中只看到过"白天鹅"的我们，绝不会料到一只"黑天鹅"的出现！

如果说我们的人格同一性是从过去的经验中产生的，而我们又一再声称，另一种未来不可能出现，那么，我们怎么能对一场文化大变革抱有希望并树立起信心呢？

意识到过去和未来之间的张力，看到这种张力如何影响到我们当下的经验，是极其重要的。一旦我们认识到这个张力场蕴含的潜能，我们就会懂得，"不可能"完全可以变成现实，懂得恰恰在这种所谓的"不可能"中蕴含着未来的希望。这样的理解具有更深刻的战略意义，能够使我们对社会和世界采取更加积极的立场。我们一方面生活在一个充满绝望的世界上——而这完全是我们过去的所作所为造成的——另一方面，这个世界又充满难以置信的可能性，一个完全不同的未来正在向我们招手，而我们的过去却把这一前景看做是"不可能"的。一方面，人类正站在自己生存基础被摧毁的悬崖边，正在毁掉自己的民主结构，正在把这个星球推向毁灭，但另一方面，我们又处在一场迅猛的、世界性的个人和社会的大动荡、大变革之中，一种新的可持续的文明正在酝酿、形成之中，正经历着临产的阵痛。

当事物分崩离析时，我们似乎并不拥有能给予我们解决希望的神话或隐喻。您是否可以告诉我们一种？

自然界向我们提供了一件事物如何演变的神奇的例子，这就是一条毛虫怎样羽化成蝶的过程。正如美国女作家诺丽·哈德尔（Norie Huddle）在她的著作①中所描述的那样，这不仅是一个形象的比喻：我们知道，当一条毛虫将自己织进一个茧时，它的体内就产生了新的细胞，即科学家所称的"影子细胞"。这种细胞震动的频率与毛虫身体内原来的细胞不同，以至于毛虫的免疫系统将其视为敌对的入侵者而将其吞噬。可是这种新的影子细胞不断产生而且变得越来越多，不久之后，毛虫的免疫系统消灭影子细胞的速度便远远落后于这种细胞产生的速度。这时便会发生令人惊异的事情：影子细胞开始聚集成团，用相同的频率震动并相互传递信息。这时又发生了一件令人惊奇的事：这些影子细胞团开始集结成链条状，在茧的内部相互传递和交换信息。在某个时刻，这条集结成链条的影子细胞似乎突然明白，它们同毛虫完全不同，是一种新的东西，于是，一种新的自我认同、自我身份开始产生。正是这种新的自我认同的产生，使毛虫发生了质的改变，由蛹变成了蝴蝶。

这样说来，您把毛虫羽化成蝶的过程看成了社会变革发生的一个隐喻了？

当然！期盼新事物的人就像社会的一个影子细胞，社会变革的过程恰恰开始于这些孕育着未来种子的个体的出现，他们怀着对未来的憧憬，逐渐形成一种新的自我认同。这些梦想着变革的个人就像一支支照亮通向未来道路的火炬。开始时，大家并不把他们看做带来光明的人，而将他们视为捣乱分子，感到它们试图颠覆现状从而给大家带来危险，就像毛虫的免疫系统将刚出现的影子细胞当做敌对的入侵者一样。受到威胁的旧生命系统当然要维护自己而向他

---

① 参见诺丽·哈德尔：《蝴蝶——大变革中的小故事》，Huddle Books 出版社，纽约，1990 年。

们发起攻击，在极端情况下，甚至杀死这些试图变革的个体。想一想肯尼迪、马丁·路德·金、甘地、黎萨尔（Rizal）、博尼法乔（Bonifacio）、贾维尔（Javier）、阿基诺（Aquino）① 吧，所有这些人都牺牲了自己的生命，因为统治制度觉得他们太危险而要推进社会变革，这些似乎还不够危险。旧社会的自动免疫系统试图通过消灭他们来保住自己的性命。尽管如此，这些嗜好暴力的反动派也未能阻止社会上出现越来越多的"影子细胞"。不久他们就将聚集起来，形成各种各样的运动——环保运动、新生态运动、青年运动、妇女运动、争取土著居民权益的运动、穷人社会运动、世界性的民主化运动、新教育运动、新心灵运动等等，为的是建设一个新的、更好的社会。但这些的确还不够，现在，这些蕴含着各种未来可能性的运动必须学会联合起来，相互声援，相互支持。只有当所有的力量拧成一股绳，社会变革才有可能克服重重阻力顺利向前发展。而各种不同力量的联合便是将要建立的未来社会的组织雏形。

那么，混沌和危机在这中间起什么作用呢？

在这个过程的初期，毛虫还没有变成蝴蝶，而是事实上自己"消化"了自己，即变成了液体状。这就是生物学上的"混沌"阶段。这种混沌当然不能与传统的理解相提并论，不能与混乱等同起来。其实它已经蕴含着一种正在形成的新秩序的萌芽。而蝴蝶正是从这种混沌中产生的。社会变革总体上与此相似，我们看到的可能

---

① 肯尼迪，指美国第 35 任总统约翰·F. 肯尼迪，1963 年遇刺身亡。黎萨尔（1861—1882），菲律宾反抗西班牙殖民统治的领导人，被殖民当局杀害，被尊为菲律宾"国父"。博尼法乔，指安德列斯·博尼法乔（Andres Bonifacio，1863—1897），菲律宾革命者，反西班牙殖民统治的英雄，1897 年被西班牙殖民者杀害。阿基诺，指贝尼尼奥·阿基诺（1932—1983），又称阿基诺二世，菲律宾政治人物，曾为反对党领导人，1983 年遇刺身亡。——译者注

到处都是混乱，对此我们可能有两种反应，或者抱怨并丧失希望；或者将它看做分娩的阵痛，社会变革必然经历的一个阶段，新秩序建立时出现的一种"副产品"。

这种新秩序怎样才能建立和组织起来呢？

为了利用危机和混沌提供的可能性，最有效的一条道路是，发现社会各个领域中的"影子细胞"和先行者，因为正是他们代表了未来的希望。这些人往往是那些在困难条件下做出勇敢的示范性行动的人。接下来，我们应当将他们团结起来，帮助他们发动民众，参与到他们的行动中来。

可是，从自然界拿过来的这个比喻，就一定可以运用于人类社会吗？

唯物主义的科学迄今为止无法令人信服地解释，一条毛毛虫是如何蜕变为蝴蝶的。它无法理解，毛虫的基因突变是如何发生的，而一种新的组织又是如何从旧的组织中产生的。在这一过程中，显然有更高形式的智能在起作用，或许是有机体内某种神秘的机制在起作用。这一神奇的转化过程出现在自然界，人类世界与此有区别。人的智慧必须发展自己的想象力，经历一个由蛹变成蝴蝶的社会变革过程。

如何才能做到这一点呢？

有许多条道路，最容易、最理想的道路是设计出具有启发的思想，具有开创性的改革社会的行动模式。这样的积极发展的"地图"使那些有志于变革社会的人对未来规划有大致的了解。关于蝴蝶的比喻，科学界还有一条法则已经尽人皆知，那就是在整体研究中发现的所谓蝴蝶效应。我们常常听说，一只蝴蝶扇动翅膀可以影响全球气候。换句话说，哪怕最小的变化就可以引起巨大的波澜，带来惊人的后果。现代科学的这一认识说明，21世纪社会变革的发生可能由任何挑战、任何一种可能性所引起。而引起社会巨变的社会运动，早已超越了19世纪的科学思想。

用帆船取代运输化石能源的油船
——与社会学家、生态学家沃尔夫冈·萨克斯教授、博士对话

沃尔夫冈·萨克斯（Wolfgang Sachs）教授、博士，曾在慕尼黑、图宾根和美国伯克利攻读神学和社会学，1980—1984 年为柏林技术大学"能源与社会"研究小组成员，1984—1987 年任罗马国际发展协会《发展》杂志编辑部负责人，后在宾夕法尼亚州立大学任访问教授，1990 年在埃森文化研究所从事教学和研究工作，1993 年起在伍帕塔尔气候、环境和能源研究所从事研究工作。2009 年后，这位多部著作的作者任伍帕塔尔研究所设在柏林办事处的负责人。见 www.wupperinst.org。

萨克斯先生，您所领导的伍帕塔尔研究所，在其发表的研究报告《德国有能力迎接未来》[①] 的序言中，有一句意义深远的话："气候变化呼唤一场文明的转型。"为了创建一个新的未

---

① 见《德国在全球化的世界中有能力迎接未来，推动社会讨论：伍帕塔尔研究所的一份研究报告》，Fischer 出版社，法兰克福，2008 年。

来，文化应当做些什么？

一种文化既有软的一面，也有硬的一面，文明的转型涉及这两个方面。硬的方面不仅包括技术的发展，而且包括我们怎样修建房屋，怎样生产粮食。文化的软的一面则体现在我们的世界观，我们每个人的素质和兴趣爱好上，即是说，人们喜欢什么，主张什么，反对什么。所有这一切加起来，都与文明的转型有关。

倘若我们面对气候变化，呼唤一场文化转型，那么，这是否也意味着立足于工业增长之上的现代社会将失去光辉……

请让我作进一步解释。一场文明转型之所以会发生，是因为我们处在两个历史时期的过渡阶段。在过去 200 年中，世界的欧洲—大西洋地区形成了一种建筑在化石能源和资源之上的文明，这意味着，经济的基础和人的福利全都依赖对这个星球地壳中蕴藏的矿藏的掠夺。概括地说，我们在 1 年之内就消耗了地壳中需要 100 万年才能形成的资源。现在，在开采了 200 年后，世界历史上这个恣意掠夺的阶段已经终结，资源变得越来越匮乏，价格越来越昂贵，许多重要的矿产在今后 50 年内将消耗殆尽。所以说，过去 200 年，我们只不过撞上了"大运"（Bonanza），放了一个大焰火罢了。从历史的角度来回顾，我们今天必须承认，这 200 年仅仅是世界历史上一个小插曲，一个偶然提供了特殊条件的幸运时期而已。而这种特殊条件，将来不但对于我们，而且对于这个星球上的其他人都将不复存在。

对于当前的状况而言，这意味着什么？

这意味着，我们面临一个新的过渡期，如果愿意，人们可以称它为"第二个太阳能时代"。在化石能源时代之前，我们人类曾经有一个时期只能依靠太阳光，建立了一种简单的经济形式。而现在，转变能源基础，建立一种作为原始经济翻版的经济形式的时刻已经到了。不但整个经济，而且人的全部福利都有赖于大自然的赐予——风、太阳光、植物等等。展望全景，人们就会看到，这将带来一场文化巨变，因为许多我们认为理所当然的事物——不仅社会—经济的，而且我们个人的——将不再理所当然，因为所有这一切都与人类对化石矿藏疯狂掠夺的历史密切相关。

在这些不再理所当然的事物中，是否也包括强制性的经济增长？

无限增长的思想是化石能源时代的产物。我们可以想一想"现代经济学之父"亚当·斯密和托马斯·马尔萨斯，他们提出了一种理论，认为人类将进入一个繁荣时期，经济将持续增长。不过，他们并不能确定，这种增长是否会永远持续下去，而是相反，他们预料这种增长将在某个时刻停顿下来，发展将进入一个稳定期。两人都未能超越这样一种世界前景，因为他们生活的时代蒸汽机尚未发明，因此无法想象一种基于化石能源和资源的似乎无限的增长。在他们那个时代，所能利用的能源只有谷物和木材，即只有生物能源。而如果只拥有生物能源和原料，一种无限增长就无法想象，因为谁都知道，一切生命最终都会在循环中消耗和再生。倘若要收获谷物，就必须先让谷物生长，在某个特定时间段内它会生长出来，然后又被消耗掉，从而进入下一个生长—消耗的周期。这就为增长设定了界限。在仅仅依靠太阳能的条件下，一种持续增长的经济是不可能的。只是在蒸汽机发明出来之后，化石能源才得到普遍运用，而生物能源则退居其次。地球积蓄了数亿年的化石资源才成为经济发展不可或缺的要素。因为蒸汽机为更大的动力、更高的工作效率、更快的速度和更长的工作时间提供了可能。不仅如此，人们懂得，只要投入更多化石能源和原料，生产出来的产品就越多。这才出现了持续进步、效率愈来愈高、经济增长无止境的想法。因此，在这种意义上，以下结论才会成立：我们处在向第二个太阳能时代过渡的时期，我们不再拥有取之不竭、可以掠夺式开采的能源和资源，只有这时，无限增长的思想才会变得荒谬。

如此说来，我们处在两种文化或时代发展的交叉点。一方面，作为这个工业增长社会基础的资源不久将消耗殆尽，另一方面，我们的科学技术带来的影响成了引发气候灾难的另一种因素。在这个两种文化的交叉点，存在着怎样的可能性呢？

我可以用一个公式来概括：在地球的历史上，还从来没有一种特殊的生物能像人一样，可以决定生物圈内所有个体的命运。之所以会这样，是因为人类活动已经介入了一切大的地质生物化学的循环过程。大气中二氧化碳的四分之一是由人制造出来的，60%所能获得的淡水资源与河流由人来调节，60%的氮被人所固化。也就是说，人在一切领域成了一种决定性的力量。诺贝尔化学奖得主保罗·克鲁岑明确指出："我们进入了一个新的地质时代，即人类世（Anthropozän）。"他把这个概念与迄今通用的"全新世"① 明确区别开来。"人类世"是一个人主宰一切的地质时期，在您刚才谈到的"交叉点"的意义上，可以用一个公式来表示：人可以对一切施加影响，产生作用，这种作用比自然循环过程更加举足轻重。可是，假若人对这种作用不加以控制，那么，它就会像一只飞去来器（Bumerang），最终伤害到人自身。人可以对自然产生影响，但他不可以

---

① 按照国际通行的地质年代划分，"全新世"（Holozän）为最年轻的地质时期，从11700年前开始持续至今。在"全新世"，人类进入现代人阶段。这一概念1850年由法国动物学家热尔韦（Paul Gervais）提出，并在1885年国际地质大会上正式通过。——译者注

■ 危机浪潮：未来在危机中显现 ■ *Zukunft entsteht aus Krise*

统治自然，因此，只有人类学会控制自己，未来才会美好。说到底，出路只有一条，那就是放弃自己的统治地位，交出自己的权力，因为成为统治者远不意味着能控制一切。倘若我们拥有的巨大力量不用于控制而是相反，用来约束自己，那么，这个时代的特殊挑战就应该是，人必须对"控制"一词作彻底的反思，为了保护自己而放弃一部分权力。①

在《德国有能力迎接未来》的报告中，您对这一挑战作了阐述，您明确表示，我们当前面临着"自我毁灭还是可持续发展"的选择。这是一种新的表述方式，或仅仅是70年代"增长的极限"②警告的翻版？

这个说法当然是70年代警告的继续。不过"仅仅"这个词并不太合适：在70年代，有人在统计数字的支持下首次提出了这一警告。然而从那时到现在，至少有两个条件发生了变化。过去的警告大部分被证明是严肃的、符合现实的、实事求是的。今天，所有那些从事相同事业或按照1972年那份报告的精神开展工作的人，都得出了一个结论："增长的极限"原则上是正确的，那些人说得对，他们的预言大部分变成了现实。

可是，别忘了还有一件重要的事情应当补充：那份名为"增长的极限"的报告未能预料到气候混乱问题，也就是说，在这份报告发表之后，世界上出现了一种比1972年报告所指出的资源枯竭更危

---

① 参见沃尔夫冈·萨克斯：《我们之后的未来：正义和生态的全球性冲突》，Brandes und Aspel 出版社，法兰克福，2003年。
② "增长的极限"为数十位不同国家的科学家和经济学家组成的"罗马俱乐部"于1972年提出的一份报告的标题，报告中指出，若世界人口继续膨胀，工业生产扩大，森林砍伐、耕地侵占、资源消耗和环境污染得不到遏止，那么到21世纪，世界的经济增长就会达到极限，导致全球性危机。——译者注

险的局面,即生态危机的迅速恶化。与此同时,世界经济格局发生了巨大变化。1972年的情况是,世界上有24个富国,而其他国家都很贫穷,人们不应该忘记,当时的韩国与孟加拉国处于同一发展水平之上,"富国"与"穷国"差异明显。但在此后的40年,情况发生了很大变化。首先是"亚洲四小龙",即韩国、台湾、泰国和马来西亚的崛起,然后在90年代,有中国和印度的腾飞以及一些中等国家如巴西和墨西哥的迅速发展。所有这些国家和地区都大大加重了地球生态系统的负担……

……而它们都学习了西方现代化的榜样……

……不错。之所如此,是因为它们学习了西方的榜样[①]。今天,在1972年报告的意义上,对紧缺的生态资源的争夺,要比那时激烈得多。所以人们可以更清楚地看到,有限资源的多重匮乏,变成了那只挑起大量冲突乃至未来战争的"无形的手"。

让我们回顾一下这个时间上的三级跳:1972年"增长的极限",1992年里约热内卢会议提出的"可持续发展战略",1996年发表的《德国有能力迎接未来》的报告。而您在这份报告中却说,"我们迄今为止并未完成向可持续发展的转变"……

是的,这是肯定的。德国虽然作出了几次政策上的修正,但并未发生根本性的路线转折。在世界范围内,我们甚至怀疑是否有政策上的改变。当然,对于"我们并未实现根本转折"的说法,还应该作更仔细的审视。在1992年里约热内卢世界环境峰会上,我们仍

---

① 参见沃尔夫冈·萨克斯:《西方怎样做,世界怎样学》,Rowohlt出版社袖珍图书系列,汉堡,1992年。

■ 危机浪潮：未来在危机中显现　　Zukunft entsteht aus Krise

然遵循着1972年"增长的极限"中提出的观点，国际社会庄严地将"可持续发展"作为共同目标。可是，在这之后发生了什么呢？三年后，相同的政府重新聚集在一起，但这次不是在里约，而是在马拉喀什，成立了世界贸易组织。世界贸易组织是全球市场自由化的体制性表现，即将世界变成一个自由经济平台的政治意图的贯彻。这种新自由主义的全球化经济那时就把"可持续发展战略"挤到了边缘，换言之，马拉喀什战胜了里约热内卢。而这就是为什么"可持续发展战略"——人类如何合理地利用自然资源，保护生态环境——在世界范围内被边缘化的一个重要原因。现在我们走到了这一循环的终点，随着金融资本主义的破产，建立一种世界性的自由市场经济的野心也随之落空。今天，1992年里约会议达成的共识重又成了人们讨论的中心。

或许应该从两方面入手。首先，危机是一个教训，它告诉我们，应该勇敢地直面它而不应当将脑袋埋进沙子里。其实早在许多年前，就有人预言过金融危机将会发生，许多迹象表明经济正在走下坡路，可是所有人都把目光转向了另一边。一些国家的政府，包括德国政府，仍然试图把绿洲的水抽干。即使这样，有人觉得还不够。虽然许多人认为我们走在薄冰上，但否认和反对的声音仍然占了上风。后来，金融崩溃便突然降临到我们头上。这里的教训就是，我们决不能等待，不应该左顾右盼，不应该在薄冰上行走。我们需要智慧，需要前瞻的能力，需要及时的规划和应对危机的预案。对于生态灾难来说同样如此。随着主张全球化和放弃市场监管的金融资本主义的崩溃，那种相信市场可以推动社会发展的观念也破产了。现在事情已经很清楚，放弃市场监管将导致混乱。气候变化也说明了这一点：如果没有政策指导，市场就会导致混乱。市场是个狡猾的东西，它虽然可以带来效益，但对于可持续发展和公平正义来说却是有害的。而共同的福利，大众的福祉才是政治在真正意义上应当保障的东西。从这个教训中学习怎样同危机打交道，现在应该是人们首要的任务①,因为应对危机不应该再次变成一种"罪过",而应当作为一种机遇被利用。

依您看,这个机遇主要在哪里?

首先当然是挽救经济的同时拯救气候。稳定金融市场,投入大量公共财产和社会财富让银行恢复元气,让经济发动机重新轰鸣,绝不是事情的关键。相反,我们应当追问,在稳定私人股东和私有财产的同时,怎样才能照顾到普遍利益。而这只有将公共援助同某些条件联系起来才能做到。决不能将税收即公共财富用于支持私人目的。这种支持必须附带一定的条件,而条件就是,服务于公共利益。什么是对公共利益最大的威胁?那就是气候变暖,生物多样性的丧失!所以我们应当如此来利用危机,把用于稳定银行、减缓衰退的投资,用到建设一种资源友好型和自然友好型的经济上来。假如你是凯恩斯主义者,那就请做一名绿色的凯恩斯主义者!毕竟,今天的投资关系到明天经济的命运。

在这方面,为什么迄今为止毫无作为?为什么一些倡议,如对废物处理实行奖励等等,往往会遭到否决?是院外游说集团太强大,还是那些人的眼睛被蒙住了?

突如其来的紧急状况使那些试图维持现状的力量占了上风。将拯救和转型联系起来,需要远见卓识和独立的政策。而这样的政策是很难制定出来的,因为它必须面对就业的压力。而就业率此时此地的下降比明天就业率的上升要紧迫得多。因此,人们不愿将私人

---

① 参见沃尔夫冈·萨克斯等:《可持续投资,一个新的开端的蓝图》,Oekon 出版社,慕尼黑,2008 年。

■ 危机浪潮：未来在危机中显现 ■ *Zukunft entsteht aus Krise*

汽车销售量的攀升同欧盟减排努力联系起来，更不用说投资公共项目，具体说，就是在全国推广合伙用车制度（Carsharing-System）①，并投入 20 万辆汽车用于此目的。

　　国家的职责难道不首先是维持现状吗？这场变革的动力来自何处呢？

　　我想，变革的一部分同时也是一场转换国家职能的斗争。毫无疑问，许多变革没有国家的参与，在国家之外，甚至违反国家的意志也会发生。这种事情在公民社会运动、环保运动、企业行为和科学研究中早已有之。可是，有一点没有国家是不行的，这就是关于国家应该扮演什么角色的争论。国家属于谁？它应该服务于什么目的？大多数人都会说，国家属于所有人，它应该为迎接 21 世纪的特殊挑战提供答案。这样说来，国家就是必须的，因为为了控制生态危机和人权危机，需要国家在不同阶段达成集体协议，人们必须作出共同安排，需要秩序框架，需要为投资和技术发展作出预案。所有这一切没有国家是不行的。也正因为如此，虽然许多呼吁、动议、创意往往并非出自国家，但一切最终都必须由国家来决策。于是问题又出现了：国家属于谁？它服务于何种目的？

　　依您看，政治家对我们所处的这个变革时代面临的困境——它的关键词就是"人类世"——是否真正明白？创造一个新的未来难道不首先是公民社会运动的任务，而不是国家的职责吗？

---

　　① Carsharing，也称 Car pool，意为"汽车共享"或"拼车"，即多人共用一辆车，开车人对汽车只有使用权而没有所有权，手续简便，打个电话或通过网络就可以预约订车。——译者注

根本就没有什么抽象的"国家",有的仅仅是政客、公共经纪人,他们可能是欧洲委员会,也可能是某个社区委员会。"国家"有许多张面孔,而这许多张面孔、许多个主体的行事原则同我们大家一模一样。它似乎患上了我们这个时代非常典型的精神分裂症。开明的同时代人已经意识到"人类世"的含义:人类对生态系统的巨大影响,而这种影响反过来又会危害人类自身。人们已经朦胧地意识到这种荒唐而根本性的威胁,可是精神分裂症的症状却在于,我们每个人作为直接反应者,首先考虑的不过是我们的日常生活:一位母亲必须养活她的孩子而不会关心世界的未来怎样,因为她的孩子需要食物,需要上幼儿园,或可能患上感冒。而一位政客所思所想的恰恰与这种日常生活有关,他必须处理诸如实际工资下降、股票行情下跌等问题。此外,他还不得不面对一些人喊"向右!"而另一些人喊"向左!"的麻烦。这就是幕前与幕后之间精神分裂症的症状。在幕前,我们忙于应付日常生活出现的短期和紧迫问题,而在幕后,我们心里却明白,对于真正的挑战来说,这些都是无关紧要的小事。二者之间存在着一条巨大的裂缝。其实,这种精神分裂是我们这个时代的特征,只不过政客和企业家由于其特殊地位,表现得特别明显而已。

那么,公民社会起什么作用呢?

公民社会从根本上说,就是一项将幕后发生的事推到前台的工作。它所要做的,就是组织幕前的表演,让它同时也能解决幕后的问题。或者说,它顽固地告诉每一个人,前台的表演实在糟糕,或者演出的戏剧完全文不对题。把后台策划的事拿到前台来说,这就是公民社会应当起的作用。特别是当许多迹象表明,人们面临一个模棱两可的时代,应当用知识武装起来,然而却无能力采取行动时,更是如此。

> 这种采取行动的能力在哥本哈根气候大会上特别需要。人们能够取得突破吗?或至少能看到突破的前景吗?

国际气候政策恰恰笼罩在这种模棱两可的阴影下。口头上,所有的人都承认2009年12月的哥本哈根大会必须为《京都议定书》的后续协议奠定基础,否则气候变暖将无法及时得到遏止。然而实际上,我们离2009年春天却更远了。德国不再充当领头羊。一涉及减排责任,发电厂老板和能源工业巨头立即跳出来阻止大的行动。而欧盟也无法越过他们设置的障碍,提供大规模合作和财政资助,帮助发展中国家实现"跨越式发展"(Leapfrogging)①,建立高效率的太阳能经济。然而,大规模削减本国的排放量和大力资助发展中国家,却是达成一项迫使工业国和发展中国家共同减缓气候变暖的严肃的全球性条约必不可少的前提条件。

> 只要看一看房子的屋顶,人们就知道,一场向分散的太阳能能源系统的逐步过渡,目前正在发生。看一看"社会企业家"(social entrepeneurs)数量的不断增加,就会发现一些生态社会的经济正在建设。新的生活方式正在出现,因为人们不再满足于分散的生活方式。您是否想说,未来只有从当前的危机中才能显现出来,犹如进化的动力事实上是自发产生的一样?或者,我们还应该在哪方面取得突破?

在我看来,将变革想象为一个两条腿走路的过程,是非常必要的。一方面,我们无法掌控一切,因为我们不能真正预见到一切,度量一切,因此也就不能预知会发生哪些外部事件。在这种意义上,

---

① Leapfrogging 意为"蛙跳"。如第二次世界大战期间,美军对太平洋所罗门群岛日军发动进攻时就使用了"蛙跳战术"(Leapfrogging-strategy)。"跳跃式发展"是其在引申意义上的使用。——译者注

我们既无法预知金融资本主义会在2008年9月崩溃,也不能预见社会主义什么时候会解体。我们不知道卡特琳娜飓风何时会到来。有一系列外部事件、冲突、突发情况是个人和社会所无法预料的。而这就是历史的混乱和偶然。我们怎么能预防它们的发生?面对这一切,理性的态度只能是做我们认为正确和重要的事情,正如哈泽尔·亨德森所说,一切都取决于人们怎样应对困境、突发事件和危机。而如何应对,又取决于人们拥有哪些应对方案。人们能够做些什么?如果我们在敌人发起进攻时才组建一支军队,那就太晚了,没有军队,你就得完蛋。对于危机来说同样如此:等到危机到来时再作出决策和反应,所有新方案、新办法、新策略都已经无济于事了。人们或者束手待毙,或者侥幸逃生。所以答案就是,我们必须作长期准备。而公民社会的特殊任务恰在于此。

……可是,它的主张往往不被接受……

不错,但它能够使体制发生改变。就拿风车来说吧,30年前,一帮异想天开的可笑的家伙开始自己制造风车,那时他们还仅仅是一小撮激进分子,捣鼓这种玩意儿完全出于直觉、狂热和兴趣。可是今天,他们所干的事情已经发展成一个兴旺发达的风力发电设备制造产业,他们的产品成为德国最重要的出口产品之一。对此我要说,即使是一个小小的社会群体,也能创造出一种新的生产和消费方式,哪怕是另类和少数人,也可以做出惊天动地的大事。所以,在特定条件下,特别是危机发生时,这类不寻常的举动可能产生出人预料的效果,甚至成为时代的主流。

这是不是危机激发出来的一种科技行为?尽管科学技术所代表的线性世界观已经失败,我们仍然需要用它来推动变革吗?

是的，我们当然需要，因为一个新的时代，一种新的文化也需要一种新的技术。技术蕴含着一个时代的需要和自我理解。一个时代的需要和自我理解如果发生了变化，技术也会发生变化。因此，"硬件"也是文化不可分割的一部分。正因为如此，只有出现了新的技术，一种向人类和环境友好型文化的过渡才是可以想象的：新的动力技术，新的能源技术，生态农业技术，以及诸如此类的新技术。

这样的解决办法是否会为变革赢得一个缓冲期，使显而易见的崩溃推迟一段时间？

关于这个问题，我并不这样看，因为倘若我们现在想赢得一些时间，那也不是技术所能做到的，因为技术创新大多需要时间，必须经过创意、设计、试验、市场化。不是今天想做，明天就可以做到的。人们所能做的，仅仅是将现有的东西加以改进。如果想急功近利，比如在短短几年之内在能源消耗方面取得决定性突破，那么，非技术方面的因素可能见效更快。最简单、最常见的例子是在高速公路上限制汽车的速度——这一措施今天提出，明天就可以实行，就像伦敦和斯德哥尔摩市中心禁止或限制汽车通行一样。甚而至于，在社区内拆除一栋建筑的速度，也比研发新技术要快得多。如果追求快，那么出台社会法规和禁令，动员人，比发展新技术不知要快多少。

在那份报告中，您还谈到了"体制性工程"。这是否意味着，我们在地区、国家和全球层面上需要新的组织形式？

所谓"体制性工程"，是说制订一系列措施和法规，使经济的活力在两个主要方面得以保持，一方面是生态环境的可承受性，另一方面则是人权的保障。基本法中的这两项美好的条款完全没有发挥作用，长期被锁在柜子里已经蒙上灰尘。我觉得，现在拂去灰尘，让它们重放光芒的时候已经到了。这就是基本法第十四条第二款的"财产义务"，补充条款称"它同时应该用于为全体人民谋福利"。这远远不意味着财富仅仅应该创造社会福利的基础，它同时也必须成为改善生态环境的重要资源。也就是说，我们需要作出体制性安排——所谓"为全体人民谋福利"可以这样来理解——使生态环境得到改善，使所有人在这个世界上享受到自己的基本权利。为此，我们需要体制，需要一个公平合理的世界贸易组织，而不仅仅是一个世界贸易组织，需要制订汽车、洗衣机、甩干机以及诸如此类机器的标准，需要科学研究，需要国家投资，国家应当向某个特定的方向注入力量。所以说，所谓国家，就是这些体制性安排和法规的综合。我们经济史的巨大成就之一，就是19世纪末完成了资本主义文明化的第一阶段。那时，引入了著名的福利法，使我们获得了保障。而今天我们同样需要体制性安排，保障我们的生态环境不至于被摧毁。

这是否意味着，我们应该理解愈来愈深地陷入危机的现存结构？过去始终存在着一个全球经济体制不可理解的神话，而我们总是把这种体制看做牺牲品？

真的是无知惹的祸吗？我看未必，我们其实知道的很多，知道还有别的路可走。还没有一场社会革命像今天一样准备得如此充分。有人说，危机一开始，德国的银行便成了"难兄难弟"，这种说法当然很可笑，因为根本谈不上什么"难"，至于"兄弟"那就更谈不上了。并不是一场灾难突然降临到银行头上，导致崩溃的原因其实是相同的战略、相同的混乱、相同的错误。由此人们可以得出结论，并且为了贯彻这一结论而赢得权力。在许多其他领域同样如此。从另一方面说，我们对一些重要的东西却一无所知。我并不是说我们不懂得自然界是如何运行的，当然不是，因为自然是一个有生命力的过程，而我们对它有一定程度的了解。但我们不知道社会是怎样运行的，政治是如何运作的。我们也不可能知道，因为这些并非生命过程，它们有自己的内部干扰，有自己的混乱过程，始终无法绝对地加以控制。

这对于经济来说意味着什么？进一步说，难道不是这种无法应对未来的世界体制的根本结构缺陷，不是整个单纯的资本主义基本法则，迫使我们不得不追求增长吗？

我们还不知道，怎样才能建设一种既能保证所有人有钱花，过富裕的生活而不一定持续增长的经济。我们在过去的200年中，无论如何建立了一种增长型经济，今天更加如此。而增长型经济又变成了增长型社会，因为没有增长，我们的许多社会需求无法得到满足。而我们并不知道，怎样才能从这条死胡同中走出来。虽然也有过一些设想和实验，可是只要看一看统治着知识的那个学科，即经济学，我们看到了什么？我们见到的只是一片沙漠。倘若追问"除了增长的强制，经济学还能干些什么"，我们就不得不承认，今天的经济学的确是一片认识的荒漠。

在《德国有能力迎接未来》的报告中，您谈到了"榜样的转变"，即个人生活方式、道德、伦理，或许还有精神方面的转变。这听起来即使不像一场文化革命，也似乎是一场巨大的文化挑战……我们处在怎样的状况中？

从伟大的法国历史学家费尔南·布罗代尔（Fernand Braudel）那里我们可以学到，伟大的革命往往是突然发生的，革命有时并非天翻地覆的变化，并非一次大颠覆，而不过是一次颜色的改变。这一点肯定不仅关涉未来的经济,而且涉及我们的文化价值。有一个例子一再引起我们注意,同人们的生活方式有密切联系,那就是时间观念。许多人——在直觉上或认识上——随着财富的增加,时间却越来越少。我们看似生活在一种奇怪的平衡中,而它却变成了一个悖论。我们一方面富有了,但另一方面却变得贫穷了,于是最终的结果就是,我们根本没有什么进步。人人都发觉:获得财富是一件细致的活儿,最后我们挣得的每一样东西都偷走了我们的时间,吞噬了我们的时间。您如果在24小时内忙忙碌碌,那么您的时间就非常紧张,您就会疲于奔命,就会变得神经质。而后果便不单单是没有时间,而是没有空间,没有精力,没有兴趣注重生活质量而失去生活乐趣。举一个简单的例子:您如果买了一双漂亮的登山鞋,将它放进柜子里不去使用它,不去登山和漫游,那它对您便毫无意义。这也就是说,倘若您不注重生活质量,不享受生活的乐趣,那么,登山鞋之类的东西就毫无用处。可是,为了提高生活质量,享受生活乐趣,人们需要时间。或者,您为了听音乐而买了CD唱片,但如果您不专注,没有音乐素养,不仔细体会,您就无法从中得到乐趣。可是要做到这些,您需要时间,而事务繁忙使您无法享受这一切。所以,明智的做法是减少事务性工作,将注意力和时间用在您感兴趣的方面。"时间福利"(Zeitwohlstand)与财富增长的这种对立,今天在文化上变得似乎愈来愈尖锐了。如果不是为了让生活节奏慢下来,人们为什么要练气功,为什么要养生(Wellness)?在这里,起决定作用的是文化动机。现在有一种趋势:人们正在从疯狂竞争和财富积累的漩涡中退出来。

您曾经谈到世界上正在崛起的民族,谈到自然的可承受性和人权的基本原则。这样,我们很快就过渡到了《德国有能力迎接未来》的报告中论述的第三个方面。不过,它所论述的不再仅仅是德国本身,而将德国置于一种"世界—环境空间"

■ 危机浪潮：未来在危机中显现　■ *Zukunft entsteht aus Krise*

（Welt-Umweltraum）之中。在这种全球语境下，我们是否应该学习另一种同物质财富打交道的方式，而这就是："较少地占有，更多的存在"（weniger haben und mehr Sein）？

的确有一条口号叫做"较少地占有，更多的存在"。不过，还可以找到更准确的表达：倘若别人有比现在更多的可能性——脱离贫困，同我们平起平坐——那就意味着他们从我们这一方收回自己的权力。权力是一场零和博弈，如果有人说，帮助别人摆脱贫困同时意味着给别人以应得的权力，说别人也应该有发展的机会，那就是说应该给别人更多的权力。换句话说，至少在同我们的过去相比时，他们在所有层面上收回自己的权力。而我们拥有并正在行使的权力之一就是，我们通过我们的购买力，对生态环境拥有更大的支配权。这是一种获得资源、购买能源和土地的权力，由于这种权力，世界上最有价值的资源被富国所占据，被用于满足这些国家的需要和要求。而留给穷国的却十分有限。穷国没有办法改变现状，因为它们不拥有强大的购买力。因此说，富国和富有阶层减少对环境空间的支配权，放弃对世界环境空间的霸占，在生态上削减军备，是一个合理的要求。在细节上，这意味着，一方面，它们必须节约使用资源，留给别人发展的空间，另一方面不应该忘记，减少贫困要求强者不再以强权统治世界，在经济领域放弃它们的权力。它们不应再推行一种经济政策、一种外贸政策，建立一个世界贸易组织，按照自己的标准规范世界市场，使最强大者可以处处获利。因为在这种状况下，由于某种原因而处于不利地位的弱者，将永远无法翻身。所谓开放的市场已经证明了这一点。开放市场的目的就在于使最强者获利。出于这个原因，在外贸政策和国际经济政策上照顾到穷国，决不能把自己的强权意志置于中心，而要为他人着想。为此，国际规则和国际机构不应该顺应强者的意志，将它们的权力和利益置于首位，而必须照顾到他人的利益。德国不应该在没有人权和环保的保障下发放出口信贷，具体说来就是，我们不需要一个不致力于在国际经济中奠定一种质量基础的世界贸易组织，在这个基础上，我们必须制订规则，使生产和产品交换符合环境可承受性和人权的基本准则。这也是一种权利的放弃，目的在于帮助他人摆脱贫困，使最落后国家得到发展。不如此，世界的现状在本世纪内将无法得到改善。

在所有这些必须被认识并得到贯彻的解决方案之间，存在着相互关联吗？

存在着十分重要的关联，因为一个问题的解决同另一个问题的解决紧密相关。同时还存在着这样一种危险，单纯解决一个问题，可能会引起一个新的问题。一个形象的例子是，长期以来，人们希望通过生物燃料的研发和生产来解决车用汽油短缺和价格上涨的问题，直到过去两年，在解决了种种冲突后，这个目标才得以实现。可是，倘若人们过分急于用别的能源替代化石燃料，也会引发新的问题。而这个问题就出现在生物能源的开发上：为了获取生物能源，人们必须大量种植某些植物，而这又带来一系列连锁反应：为扩大种植面积而砍伐森林，小农户失去土地，直至生态环境被破坏。总而言之，人们试图通过生物能源来解决生态问题，即石油的匮乏，但却引发了一个新的问题，即大面积种植单一作物而带来的生物多样性的摧毁。这个典型的例子说明，一个问题的解决可能导致另一个问题的产生，这样的危险过去存在，今后还会存在。当然，尽管如此，解决措施仍然有轻重缓急之分。

这些措施指向一种什么样的未来呢？

我们都在谈论一个"太阳能—节约型社会"。这里包含两个思想。对于经济变革来说，必须将太阳能和可再生能源作为经济的基础，积极推进这方面的建设。德国已经采取了一些措施，如颁布了"再生能源法"。在此基础上，还应该再加大力度。为什么现在不能提出一项改革纲领，强调发展各种可再生能源的必要性而展开一场应对威胁着我们的经济衰退的斗争呢？此外，我刚才也提到了"节约型社会"一词，因为很显然，一种太阳能经济不可能同使用化石能源的社会一样，保持同一种能源消耗水平。在能源问题上人们需要才能和智慧，一些人走在了前面，比如，巴登-符腾堡州就第一个规定了新建筑物必须使用可再生能源的比例。其实我们还有更多的事情可做，可以对每一栋房屋、每一部机器进行节能改造。所有这一切都等着我们去做，许多事情已经开了个头，但还必须在更大范围内推广。

如果把整个化石能源体系比喻为一艘巨大的、穿越世界经济这个大海的油轮，那么，以太阳能为基本能源的未来就像一艘借助风力航行、不需要很多投入，但造成的损害很小的帆船。那样一来，我们今后三四十年所必须做的，就是将这艘油轮改造为许多在大海上乘风破浪的帆船。这一点如何才能做到？

假若这个比喻能够变成现实，那么，我们就必须用许多艘帆船来替代运送石油的油轮。这样的帆船越多越好，因为那样一来油轮就会变得多余，就会无事可做，因为它已无油可运。油轮和帆船的这种对比，预示着一种不消耗化石能源的太阳能经济必然会出现。帆船的特点是轻巧灵活，而油轮则沉重笨拙，必须燃烧化石燃料才能在海上航行。这个比喻的意义就在于，未来的经济必须是轻巧灵活的，消耗资源和能源很少的。其次，这样一艘帆船在技术上是高度先进的。它建造得如此巧妙，可以高效率地使用各种自然能源，甚至可以在逆风时航行。它是人类智慧创造的一个奇迹，凡是有自然能源的地方，它都可以到达。对于太阳能经济来说，这个比喻还有另一层意思：人类通过能量转换技术可以聪明地利用一切自然资源——风力、太阳的光和热、植物、水力——为自己造福。第三，一艘帆船在工作效率上永远无法同油轮相比，因为后者燃烧的是石油，可以远洋航行，有固定的航线，载重量很大。而一艘帆船的速度虽然很快，但不能承载很多货物，而且必须适应环境条件。对于太阳能经济来说同样如此。太阳能经济永远不能在速度、舒适度、生产量等方面同使用化石能源的经济相比，无法创造出一艘用钢铁制造的、燃烧石油的油轮那样的效率。

如果考虑到，随着化石燃料的枯竭，我们的农业将发生根本改变，农产品的供应将受到危害——因为农药和化肥是从石油中提炼的，而且整个运输系统也有赖于石油——那么，人们会有一种顾虑：它所带来的最终后果在政治上似乎并未被充分考虑到，我们并未想好应当如何应对这场难以置信的社会转变。对此，您感到害怕吗？

不，对此我并不害怕，只是有点担忧。我们的时间不多了，形势紧迫。可是，坦白地说，我们生活在一个人心浮动的时代，我觉得能在我生存的这个时代与许多人携手共同面对这一切，是我的特权。

就《德国有能力迎接未来》这份报告而言，您是一位乐观主义者还是悲观主义者？

我很愿意用意大利哲学家安东尼奥·葛兰西的话来回答您。20世纪30年代，当他身陷意大利法西斯的囹圄时，有人问他："您是一位乐观主义者还是悲观主义者？"他回答道："在理智上，我是悲观主义者，但在愿望上，我是乐观主义者。"

危机迫使我们向生态农业转型

——与量子物理学家、活动家万达娜·希瓦博士对话

万达娜·希瓦（Vandana Shiva）博士，是世界反全球化、反转基因技术和新殖民主义的斗争中最重要的活动家之一。她生于印度，曾在加拿大攻读物理学，在建立"科学、技术与生态学研究基金会"之前，曾是量子物理学家。她是"生态女性主义运动"最重要的先驱之一。作为全球化的批评者，她反对跨国公司的垄断，特别是对农作物种子的垄断，反对专利权的滥用和国家对转基因技术的操纵，主张建立争取全球生物多样性和建设全球公民社会的基本民主组织。万达娜·希瓦于1993年获得"另类诺贝尔奖"，现为"替代性的全球化国际论坛"（the alternative international Forum on Globalisation）的主席之一，"罗马俱乐部"和"世界未来"执行委员会委员。

我们面临一场粮食危机，面临世界性饥荒这一巨大问题。石油资源逐渐耗尽，气候危机愈来愈逼近。我们仿佛被抛入一个令人眩晕、一切都飘忽不定的危机的漩涡。因此，我的第一

个问题是：这场危机仅仅是孤立现象，还是一次巨大失误造成的各种症候？

我将这一切看做一场全面危机带来的盘根错节的症候。石油资源可以预见的枯竭，全球的化石燃料即将耗尽的事实，与气候危机有直接联系，因为它不过是以化石燃料为基础的工业文明即将崩溃的极端表现形式而已。工业化取代前工业时代可再生能源的使用，将它的基础建立在消耗不可再生能源的生产过程之上，因为不如此就无法形成世界性的工业增长社会。而在农业的工业化过程中，自然肥料的使用遭到排挤，被合成肥料和从石油中提炼出来的化肥所取代。当前的金融危机产生于全球化的经济增长带来的两种后果，一种是气候急剧变暖，另一种是粮食危机。在全球化过程中，我们不得不承受生活的所有方面都被商品化的后果，因为全球化远远不像人们所说的那样，仅仅是贸易壁垒的消除，它同时也意味着，人们想要拥有一切，觉得"一切都是可以交易的，一切都不过是商品"，而这种交易可以交给少数几家康采恩去做。

您是否可以举一个能说明这种商品化过程的例子？

就拿水资源来说吧①。在全球水资源的私有化过程中，产生了五家跨国公司，每年获取的总利润达 100 亿美元。我们还可以举出五家支配着国家资产的大康采恩，五家垄断着生活必需品贸易的企业。它们的财富很大一部分来自于对本来属于所有人的公共资源的攫取。商业化过程把作为生活必需品的自然交换价值和粮食变成金钱，使原本是自然财富的东西大大减少：假若可口可乐进入一个印度村庄，

---

① 参见万达娜·希瓦、博多·舒尔策：《争夺蓝色黄金：水资源匮乏的原因与后果》，Rotpunkt 出版社，苏黎世，2005 年。

那么，当地的水源就改变了用途，被装进瓶子和罐子，作为公共财产的水资源就变成了可口可乐公司银行账户上的利润。如果佳吉公司（Unternehmen Cargill）卖出更多的化肥，那么土地的自然肥力便会减小。假若孟山都种子和转基因技术公司（Saatgut-und Genmulti Monsanto）得不到遏制，那么，这家康采恩在今后两到三年中，将占领整个世界种子市场，从而控制每一个国家每一种农作物的产量，而今天，它已经占据了95%的转基因农作物种子市场的份额。① 尽管如此，它仍然试图通过大规模收购经营常规和生态作物的种子公司，以达到垄断整个非转基因甚至生态农作物的种子市场的目的。从中产生的后果，将是生物多样性的摧毁。它推广的其实只有四种作物的种子：谷物、大豆、油菜和棉花。由于后三种无法食用，这家垄断企业于是一下子减少了三种大面积作物的种子供应量。而我们不久前种植的农作物还有8500种之多！

对利润的追逐必然导致自然的摧毁吗？

毫无疑问，自然经济正在萎缩，而金融经济却在膨胀。随着金融市场的彻底自由化，产生了无数种新的炒作资本的手段，一大帮受过专业训练的人涌向华尔街，为了用更加巧妙的办法使金钱翻倍。可是气球只能吹到一定限度，超过这个限度就会爆炸，而现在，我们亲眼看到了它的爆炸。所有这一切都与真正的生活被虚幻的金融交易所取代分不开，而这种交易又被形容为可以脱离自然和社会无限增长的。这样一种增长的空间在短期内可以虚构出来，但它随时可能突然崩溃。

---

① 参见万达娜·希瓦、博多·舒尔策：《被抢劫的收获，生物多样性与粮食政策》，Rotpunkt 出版社，苏黎世，2004年。

让我们探讨一下金融危机在粮食危机中所扮演的角色。假若投资者按照对冲基金①的行情预测，对即将到来的收获进行投机，那么从中引发的价格上涨，将成为全球金融赌博机危险影响的一个经典例子。与你们印度不同，这里到处都有超市，但对于您的同胞来说，粮食危机的真正含义是什么呢？

我们不应该忘记，这里超市货架上充裕的商品同世界其他地方的世界性饥荒有着直接的联系。如果非洲和亚洲的每一个农场由于在国内赚不到钱，而将它们收获的农作物全部用于出口，那么，这里的超市当然会供应充足，而第三世界的市场上和厨房里却空空如也。尽管消费市场全球化的鼓吹者大肆宣扬所谓的产品过剩，但他们完全无视这种过剩仅存在于富国。过去，在这个星球的南方国家里，还从未出现过食品匮乏的现象，各种各样可供食用的农作物产量丰富，热带国家更是如此。可是，世界贸易组织的农业规则却强迫第三世界国家将它们的产品纳入全球市场，可以自由地进出口。这样一来，芝加哥期货交易所的期货行情就会影响到印度的粮食价格。过去，我们印度从来没有进口过小麦，而现在，我们却不得不签订双边贸易协定，而这个协定又与美国同印度政府间的核合作捆绑在一起。

……在内容上，作为对核材料进口的回报，印度必须从美国进口粮食？

是的。连印度政府对这一奇怪的交易也感到震惊。尽管进口小麦的价格比印度小麦贵一倍，它仍然不得不承诺 2008 年进口 200 万

---

① 对冲基金（Hedgefond）亦称"避险基金"或"套利基金"，指由金融期货（financial futures）和金融期权（financial derivatives）等金融衍生工具与金融组织结合以高风险投机为手段并以盈利为目的的金融基金。——译者注

吨小麦,而 2009 年进口大约 500 万吨。这笔交易还导致了印度出口的大米和其他谷物的价格大幅度下降。进口粮食的高价以及国际市场上粮价的上涨,使得粮食越来越贵,因为无论何处,每 1 公斤谷物的价格随之也上涨了。这场交易作为全球化经济网络的一部分,带来了戏剧性的后果。在贸易自由化之前,按照足够维持健康的卡路里和营养的标准来衡量,大约有 45% 的印度人生活在贫困线以下。而最新的可靠数据表明,现在有 70% 的印度儿童在挨饿。倘若人们生活在贫困之中,每天只能吃一顿饭,那么,大米和小麦价格的翻番就会使他们每天连一顿饱饭也吃不起!一名儿童甚至也许每两天或三天才能得到一些食物,以至于营养严重不良。我觉得,这的确是消灭一个社会十分巧妙的办法,无异于一场种族灭绝,因为我们今天正在杀死下一代人。我们今天所做的,是在剥夺我们后代的生存权利。大多数贫困印度家庭将他们收入的 90% 用于购买食品,而假如 40% 的人口将他们绝大部分收入用于每日一餐,那么粮食价格的每一次上涨就意味着进一步降低他们原本已非常可怜的收入,而这又将在教育、健康和社会稳定方面带来极其严重的后果。①

联合国的官方数据表明,目前有 9.25 亿人在挨饿……

我觉得这个数字太保守了!如果 70% 的印度儿童营养不良——而我们的总人口超过 10 亿——那么我们就可以计算出,单是在印度,就有 6 亿人在挨饿。而在撒哈拉以南的非洲,还有无数个挨饿的家庭。甚至在比较富裕的国家,挨饿的人也在迅速增加,因为这早已不再是一个第三世界的问题了。

---

① 参见万达娜·希瓦:《生物海盗:21 世纪的殖民主义》,Unrast 出版社,明斯特,2002 年。

> 有一种观点认为，地球生产的粮食其实足够所有人吃饱，全球粮食短缺的首要原因是权力问题，是分配不公和种子供应不足……

公正或不公正的问题其实很早就产生了。我怀疑，生产的问题同分配体制是否能完全割裂开来。生活资料如何分配，谁得到它，早在生产过程中就已经决定了。饥饿首先是工业化的农业系统制造出来的。1956年，当人们推广这个系统时，发明了"绿色革命"的口号。2006年，当人们强迫黑色大陆引进这个系统时，同样给它起了一个令人迷惑的名字："非洲绿色革命联盟"。可是，这场所谓的"革命"在那里却失败了。

> 这是否意味着，这种常规的援助手段带来的毋宁说是贫困？

它摧毁了那里的社会机体。在工业化的农业生产最先被引进的印度，旁遮普邦的极端主义势力从1984年起就开始蔓延，终于导致恐怖主义暴力的大爆发。那时我还是一名涉世不深的物理学家，对农业一无所知。从此，我便开始了这方面的研究。当我对此有比较深的了解后，我发现了两个事实：旁遮普邦在完成所谓的"绿色革命"后几乎不再生产粮食，稻米和小麦的收成虽然提高了，但良好的营养并不是仅靠稻米和谷物就能得到的，工业化的单一种植挤掉了其他重要经济作物的种植。[①] 总体说来——如果把所有其他营养丰富的作物都算上——我们今天生产的粮食，比"绿色革命"前的时期不是增加了，而是减少了。第二个事实是，这个系统引发了结构性的饥荒，而原因就在于种子和农药化肥市场的全球化。这个系统

---

① 参见万达娜·希瓦：《生物多样性：为可持续发展辩护》，Haupt 出版社，伯尔尼，2001年。

令人难以置信的荒谬来自于这样一个事实：人们投入这个系统的钱，要比他们出卖产品得到的收益高十倍。从来还没有人愚蠢到这种程度，花费价值大大高于汽车销售价格的钢铁、橡胶和铝，去造一辆这样的车。但这种事却恰恰发生在工业化的农业生产中，巨大的投入和较低的产出之间的差距，是用大量发展基金来平衡的，而这笔从发达国家募集来的钱，在此期间已增加到每年10亿美元。这就是我所说的"负面经济"。

为什么一个国家的农业要从这种荒谬的自杀行径中摆脱出来，会如此困难？

这与那些跨国公司将昂贵的农业化工产品卖给农民，使他们产生依赖性，而反过来又以低廉的价格收购他们的产品密切相关。这样的情况在别的经济领域从来没有过，因为生产资料的卖主和产品的买主通常都是不固定的。然而在工业化的农业生产中，从全球的角度看，这种情况却愈来愈常见，只是买家不把这些产品叫做农产品，而称之为"消费品"罢了。最终，他们将一种农产品变成了工业原料。对于几乎得不到农业补助的第三世界农民来说，这种负面经济带来的后果是，他们不得不负债累累。在印度——在欧洲也越来越常见——越来越多的农民失去土地。

而这又造成了愈来愈多的人挨饿？

不错。我对工业化的农业生产被引进印度农村部族社会的全过程进行了观察。人人都知道印度妇女穿上传统服装，戴上银首饰是多么美，这些首饰就是她们的骄傲。可是现在，她们却不得不将这些首饰送进当铺，以获得一笔贷款来购买农业化工产品，因为有人告诉她们，这种新的耕种方式将使她们获得更好的收成。可是第二年，她们却并未赚到钱，所以再也无法赎回她们的首饰。假若她们想继续种水稻，就只能将尚未收获的稻米拿到市场上去卖，以换取购买昂贵化肥和农药的钱，每 1 公斤只能卖到两个卢比。可是当她们不久之后为了养家糊口，从市场上购买稻米时，每公斤却不得不付出 10 个卢比。这样一来，她们能买到的大米就越来越少，致使她们的营养越来越差。我们面临的状况是，人们在每一个层面上都制造着结构性的饥荒，同时，农业的全球化带来的最终结果不过是贸易越来越便利，而工业化的农业却大肆扩张。这种做法只能牺牲农民的利益而让大康采恩获利，因为它们不仅经营稻米、小麦和油料，而且也出卖肥料和杀虫剂。在这里要特别注意，购买这些化肥和农药的都是农民。

这听起来似乎是一种滑向深渊的恶性循环。您刚才谈到，工业化的农业导致了结构性饥荒的产生。尽管如此，为什么这种可以解决所有问题的神话，仍然能有如此大的诱惑力呢？

我敢打赌，我们生产的粮食会越来越少！看一看我们在纳夫丹亚①的试验农场就会明白，当田地里生长着各种各样的农作物时，粮食产量就会提高，但在两块隔开的地里分别种上玉米和大豆时，产量就会下降，而在同一块地里混合播种两种作物时，产量也会提高。这种生命系统共生共存的现象，在旧的世界观中完全被忽视，因为农业生产的工业化是一种彻头彻尾的机械论做法。

---

① 纳丹亚（Navdanya）为印地语，意为"九种种子"，指维持印度人民生活的九种重要粮食作物。万达娜·希瓦博立等人创办了以此命名的"九种基金会"。1984 年博帕尔农药化学工厂爆炸，导致 3000 多人死亡的悲剧震惊全球，再加上当年大旱造成的严重饥荒，以及"绿色革命"在印度的彻底失败，促使万达娜·希瓦博士等人创办此基金会，宗旨是倡导生态农业，维护物种多样性，保护土地和小农的耕作方式。——译者注

我们耕种土地的方法同我们的思维方式分不开吗?

思想上的机械论和一元论文化,与田地上的一元论实践分不开。思维的多样性也会在田地和社会上的多样性中得到相应的反映。因此,美洲的原住民在谈起他们的耕种方法时,常常会提到"三姐妹":他们总是在一块田地上平衡地种植三种作物,即南瓜、玉米和大豆。在印度,我们种植的基本农作物有5种、7种或12种。相反,种植单一作物的农业完全无视不同植物之间的相互依存关系。谁若这样想,谁就会厌恶玉米地或南瓜地里生长的大豆,将它当做杂草除掉。这种一意孤行的机械论思维方式,在人们把玉米视为一种高价值作物时,就已经出现了,因为人们预计,玉米的短缺将愈来愈严重。早在20年前,我在墨西哥就看到,那里的政府由于玉米产量太低,决定将小农场合并成种植单一作物的大农场,并从美国进口玉米。这一措施导致了贫困的加剧,因为墨西哥的小农或"恰帕斯"通过混合种植各种作物,在每公顷土地上生产了足够的粮食,而这些粮食不仅是玉米。但为了低成本生产玉米,这一切都被毁掉了。现在,20年之后,玉米价格突然大幅攀升,因为人们用玉米来制造汽车用的燃料。这样做的后果是,许多人再也买不起最基本的口粮,而这又引起了社会动乱。

那么,导致发展缓慢和贫困的根源就在于地区自主性的丧失吗?

肯定如此。例如,墨西哥的"绿色革命"就是受美国操纵的。从全球的角度看,地区农业被跨国公司控制的情况,今天越来越普遍,而在全球层面上,人们很难看到植物的地域多样性,于是也就肆无忌惮地摧毁它。在社会领域,这种单一文化的思维使一种法西斯倾向得到了强化,因为它或者使人们完全忽视事物之间的联系,或者由于害怕而将自己封闭起来。当今的统治秩序就建筑在这种单一文化之上！有三种本质性的东西相互勾结在一起：单一文化、垄断和机械论世界观。人们把世界看做一部机器，将它改造成一部人们可以随心所欲地操纵的机器。可是在这一过程中，人们却毁掉了自然界的多样性，造成了垄断，而垄断又孕育出了一元文化的思维方式。

用工业化生产方式生产出来的稻米、小麦和椰子油能够满足全球的粮食需求吗？

当然不能。今天优先种植的这三种作物根本养不活整个人类。从数量上看，它们或许可以满足需要，然而我们必须记住，今天70%的农产品被用于牲畜饲养，为的是满足人们对肉食的需要，尽管这些牲畜本来是食草动物。在大力发展生物能源的情况下，还有很大一部分农产品被用来制造汽车所需要的燃料。倘若粮食——无论它的产量有多少——萎缩成纯粹的商品价值，那么它就永远是一种稀缺品，因为商品对于市场垄断者来说总是具有不可抗拒的诱惑力。这些商品从南方流向北方，如果说它们在南方是为了满足基本需求，变得愈来愈短缺，那么在北方，它们却变成了奢侈品和消费品。

全球化带来的后果，是地域的特殊性被完全抹杀吗？

当有人指责美国前总统小布什支持投机，将粮食变成了生物能源时，他用一种奇怪的论调为自己作了辩护，声称"印度人想要富起来，想吃得更好。正因为富人吃的肉越来越多，所以价格才上涨了，而印度的富人越来越多"。然而事实首先是，只有极少数印度人富起来了，印度的人均粮食占有量从每年170公斤下降到如今的150

■ 危机浪潮：未来在危机中显现   Zukunft entsteht aus Krise

公斤，2007年全国总消耗量只增长了2%，而同期美国人的粮食消耗量却增长了12%——几乎全部作为燃料流进了美国的汽车加油站。其次，即使食品价格上涨了，印度的素食主义者仍然是素食主义者，因为素食主义是一种文化价值，不会随着银行存款的增加而改变。这种论调反映出说这些话的人的无知：他们把我们看做机器人，仿佛按照他们的期待，收入增长了就会改变自己的饮食习惯。第三，即使印度人收入增加了，吃得好一些，他们也会按照印度的方式改善自己的膳食，而不会采用美国人不健康的饮食方式。

尽管如此，大的跨国公司在其广告中仍然声称，它们的产品可以拯救世界。农业生产的工业化模式的强迫引进，导致了地域结构被严重摧毁，整个这一切更像是一场精心策划的帝国主义阴谋。难道不是吗？

的确是这样。而且当前的情形变得比老牌帝国主义时代更加危险。老牌帝国主义只是掠夺土地和领土。请想一想印度，在殖民主义时期，它被迫种植靛蓝作物（Indigo）和棉花，但面对这样的挑战，我们成长起来，并奋起反抗，因为我们知道，只要靛蓝作物生长起来，人们就必须挨饿。我们于是停止了靛蓝种植而重新种上了粮食和其他作物。可是，农业生产的工业化不仅剥削人，而且剥削大自然。短期之内，土地被施上大量化肥而变得贫瘠，从而变成荒漠和草原。与此同时，地下水也逐渐枯竭，因为农业生产的工业化所耗费的水资源，比生态农业要高出十倍。殖民主义并未彻底铲除，只是名称改变了而已。今天，我们成了一种通过全球化而再殖民化的见证者，因为西方列强主宰非西方国家的基本模式并未改变。除此之外还有生命本身的殖民化，这一点连老牌殖民主义都未能做到，因为它那时还没有掌握现代基因技术，尚无法主宰生命。今天被殖民化的是生命体的内在空间——人，动物，植物。除了老牌殖民主义的全部伎俩，这种新形式的殖民主义还致力于未来进化的殖民化，致力于剥夺我们的未来。

农业生产的工业化似乎总是通过杀鸡取卵的办法来达到增长的目的，这种增长是以牺牲人的生存环境为代价而取得的，不是吗？

这样的增长付出的代价只能是人的生存环境的摧毁，比如洁净的空气。我们如果生产被工业所污染的食品，我们就失去了洁净的空气。在我最新出版的一本书中，我曾说，我们"吃的是石油"[①]。这句话应该这样来理解：工业化农业所生产出来的食品，愈来愈被化石原料和燃料所渗透、所污染。石油以化肥和农药的形式被用于农作物的耕作，以汽油和柴油的形式被用于农产品——从一个大陆到另一个大陆——的运输，以塑料的形式被用于食品的包装。而过去，人们从本地市场购买新鲜食品根本用不着包装。根据我的估算，有35%的温室气体是由工业化的农业生产排放出来的：食品加工过程中使用的化石燃料产生大量二氧化碳，肉类加工厂是甲烷的主要排放源。第三种主要温室气体是氮氧化物，我们知道，全世界所使用的化学肥料产生的氮氧化物占到了这类温室气体总排放量的60%。既然全球气候变暖今天已经成为人类面临的最重大问题——所有的政治领导人都这样说——那么，我们就必须认真对待这一问题产生的主要根源，找出解决问题的办法。我们必须放弃使用化学肥料，避免农产品不必要的长途运输。我曾经写过一篇论文，指出我们处在一种荒谬的交换系统中，每一个国家生产的东西都差不多，但却将自己的产品销售到别的国家，因为运输在财政上得到补助，所以

---

① 参见万达娜·希瓦：《没有石油的土地：气候变化和食品不安全》，Zed Book 出版社，伦敦，2009年。

进口的番茄要比本国生产的番茄更便宜。就这样，大家彼此交换着相同的农产品。进出口本身并不是坏事，但它在结构上必须合理。例如，欧洲不得不从印度进口香料，因为阿尔卑斯山不出产胡椒。然而，长途运输只应该局限在这类产品上。

让我们回到前面谈到过的关于种子的敏感话题。对于粮食安全来说，它始终是这一问题的核心。今天，国际种子市场被少数几家全球康采恩所垄断，孟山都公司的例子尤其说明，这一过程的最终受害者大多是农民，他们不仅不再拥有自己的种子，而且丧失了种子的选择权。您如何判断这一局面？而转基因作物在这方面起到什么作用？

关于种子，在农业的整个历史上，情况大致是这样：没一个农民在自己耕种的土地上不保留并储藏自己使用过的种子。这一系统根本没有改变或"改进"的理由。农民们从自己保留的种子中挑选出最好的。在我们喜马拉雅山脚下的试验农场，我们每年也是这么做的。仅用我们自己挑选出来的种子，我们每年的产量就可以增长10%，因此我们收获的粮食每年都在稳步增加。有些国家的政府，包括印度政府，设立了"种子银行"。即使在欧洲，大多数种子或者来自国家研究机构，或者来自小的培育者。在传统上，种子交易同样在家庭农场或大农场之间进行。可是，自从引进了美国的杂交玉米之后，这一传统发生了改变。基因技术开始大举入侵。可是，今天"拥有"并控制这一技术的公司并不是它的发明者，发明它的其实是大学。将一种生物的基因链加以分割，将其中的片段分离出来并植入另一种生物的技术本来是国家教育机构的一种公共资源。即使是 DNA 重组技术的前沿科学家当时也公开承认，他们是在用生命的砖瓦做游戏，并未能评估这项工作可能带来的后果。1972 年，这些科学家甚至要求延长研究时间，直至建立一个可以评估这项研究后果的系统。不久之后，工业巨头购买了其中一部分成果，并且聘请了专利科学家从事研究，而大公司却拥有专利，于是，公共研究的成果变成了私人专利，这样的例子有许多。在20世纪70和80年代，大公司已经认识到，花很少钱购买的专利可以给它们创造巨额利润，而途径便是基因的垄断。这一点在1978年聚会中被敲定。在这次聚会上有人声称："首先，我们需要基因技术，因为这是农民们无法做到的。其次，基因技术能使我们获得专利权，因为我们通过它可以创造出新的生物，并把它们变成我们的私有财产。第三，我们必须将全球投资规则自由化，为的是通过收购小企业来操纵市场。"恰恰是这些话促使我建立了纳夫丹亚研究站和种子保护运动。早在那时他们就说，在新千年到来之前，世界种子市场将被五家大公司所垄断。而这一预言已经实现——今天，五家康采恩控制了全世界的种子贸易。

这一切是怎样发生的？

首先，它们制造了一场危机，并提出了解决危机的办法；另一方面却作出空洞的许诺，声称将发展新的更加高产的品种；第三，它们将转基因技术无害化。我还记得1985年的一次会议，世界银行的副总裁在那次会议上说："我们不必对土地的草原化或荒漠化感到担忧，因为我们用基因技术甚至可以解决月球上的饥荒。"可是，20年后转基因种子贸易的实际情况又如何？直到今天仅仅培育出了四种转基因作物。可是，孟山都公司培育的转基因大豆和玉米对某些除草剂具有抗药性，它于是便把"农达"除草剂（Herbizid Round up）① 卖给了农民，从而毒化了土地，使几乎所有农作物都无法生

---

① "农达"（Round up）为国际种子和基因技术巨头孟山都公司在世界130多个国家销售的一种广谱除草剂——草甘膦——的商业名称。——译者注

长。后来，这家公司又向农民承诺，将提供对"农达"除草剂有抗药性的种子来帮助他们。然而，这样做又带来了新的问题：这种对除草剂有抗药性的种子通过花粉和昆虫的传播，扩散到邻近土地，从而滋生出"超级杂草"。我们在所谓的 Bt[①] 农作物那里看到了第二代转基因生物。Bt 是一种在土壤微生物体内聚集的自然毒素。而在转基因作物中，它却是一种人造毒素，可以杀死土壤内的所有微生物。Bt 的制造者声称，这是一种没有风险的自然物质，但这种说法是错的。在印度有大量关于水牛、山羊和绵羊吃了转基因 Bt 棉花植株被毒死的报告，也有不少关于从事转基因农作物种植的人由于沾染了 Bt 杀虫剂而使皮肤和眼睛受到伤害的报道。所有迹象都指向了孟山都公司生产的农药，它是大量社会悲剧的制造者。

> 您所说的社会悲剧，指的是什么？

过去十年，在印度有 20 多万农民自杀，这类事件大多发生在转基因 Bt 棉花种植区。农民们不得不借高利贷购买种子，但棉花产量却并未提高，与此同时，所施的农药量也比过去增加了许多，农民们于是陷入了负债的恶性循环而不能自拔。当他们还不起所欠的高利贷，银行没收他们的土地时，他们中的许多人就只能自杀。这与孟山都公司广告所宣传的恰恰相反。在印度神话中，猴形天神哈努曼（Hannuman）由于带给人类一种万灵的草药而拯救了人类，孟山都公司接过了这个古老的神话，然而将它改成了猴神给人类带来了转基因种子。这是一个天大的谎言，我们可以看到，我们自己曾经帮助过的、转向生态农业的那些农场主，今天挣到的钱比受孟山都公司欺骗的人要高出十倍。事情越来越清楚，他们宣传的所谓新技

---

① Bt 是土壤细菌体内生成的一种毒蛋白，可以杀死昆虫，它的有效成分为苏云金杆菌产生的三种毒素。——译者注

术,是一种害人的技术,应该尽快被禁止。

可是仍然有人声称,只有转基因作物能够解决粮食危机并战胜饥荒。难道说,粮食匮乏仅仅是广告宣传虚构出来的吗?

粮食短缺是人为制造出来的。所谓转基因作物可以提供更多粮食的说法,不论在科学上还是经济上都是错误的。转基因技术根本不能提高产量,而是相反,因为事实证明,改变并操纵植物的基因,给自然界的循环造成了巨大的混乱,只会使农作物的产量越来越低,植株变得愈来愈虚弱,从而容易被疾病侵袭。除此之外,粮食专家一致认为,转基因玉米和大豆既缺乏营养,口感也很差。好的食品不但应该高质量,而且要有香味,可以在山区种植,能抵抗寒冷和冰冻。仅一个简单的事实,就能驳斥转基因技术可以提高产量的说法:在农民自杀发生最多,转基因 Bt 棉花种植面积最广的印度马拉喀什地区,十年前还从未出现过饥荒,因为人们需要的一切都可以从当地的物产中得到满足。可是,自从 2004 年引进转基因 Bt 棉花之后,一切都发生了改变。今天驱车经过那里,人们看到的只有大片大片的 Bt 棉花地。与此同时,人们却缺衣少食。

那些应当为此负责的企业高管们,是否已经意识到他们所造成的伤害,或者,他们仍然被自己臆造出来的那个"帮助人类,拯救世界"的神话所蒙蔽?

这些企业都是些庞然大物。以孟山都公司为例,它的人员各式各样,有一部分是科技人员,他们一辈子都未在南方农村呆过,也肯定没有见过一个挨饿的儿童。他们相信用有毒的 Bt 基因可以创造奇迹,因而把自己的工作看得很重要。如果他们到实地去看一看究竟发生了什么,或许就会改变看法。那里的植物长得奇形怪状,同自然生长的普通植物完全不同。他们运用的技术也非常不可靠，成功率只有千分之一。他们将含有抗生素的基因植入农作物，使它们的细胞发生改变。今天，每一种转基因食品都含有抗生素，只要我们吃进它们，这些抗生素就会沉积在我们体内。一旦我们因肺结核或另一种传染病前去就医，必须用抗生素进行治疗时，这些药对我们就可能完全无效。基因技术带来的这一恶果，是一般人毫不知情的。尽管这样，基因科学家仍然相信，他们从事的是一项神奇的工作，而企业战略的制订者所考虑的，仅仅是产品的销售量和企业的利润率。

如此说来，着眼于增长和利润的战略，最终带来的将是农田的摧毁？

有一次我乘车经过埃塞俄比亚一个干旱地区，去考察这个国家由旱灾引起的大饥荒时，身边坐着美国最大的玉米种子公司的推销员。他问我去往哪里，我回答道，我要去看看这个国家发生的大饥荒。我反过来问他，他来埃塞俄比亚做什么，他说："我来推销杂交玉米种子。"我说："可是那里发生了严重干旱，而杂交玉米既耗肥又费水。"他却狡黠地说："是的，不过您知道，如果我们今年把这东西卖出去而没有种植成功，他们明年还会买，我们不会有损失。所以，种子试种失败对我们来说就是成功！"在我看来，这简直就是犯罪。您知道，种植这种玉米失败了，而市场却仍然在开足马力销售，因为种子是农民始终需要的。倘若地方种子市场被摧毁，而专利法规定农民必须购买，那么大种子公司的市场就绝对有保障，他们便以杀人价销售它们的产品。这类产品越差，利润也就越高。这一点孟山都公司的头头们知道得清清楚楚。

这种糟糕的状况会得到改变吗？

工业化和化学化的农业生产，是一个需要大量金钱来维持的庞大的资本主义系统。但金融危机导致了信贷市场的崩溃。在一个信贷危机时代，这笔钱显然难以筹到。可是，人民对粮食的需求依然必须满足，所以，当今状况为放弃昂贵的化学产品，发展一种新的农业——生态农业——提供了巨大机遇，因为这样的农业不需要很多投资。而机遇就在于：如石油价格的飙升①就导致了化肥价格的上涨。印度之所以进口大量化肥，就因为地区性生产已经崩溃，这迫使印度政府2008年不得不为进口化肥提供100亿卢比的财政补助。而天然肥料，如牛粪和混合肥料，比化肥要便宜得多。

　　即使气候危机，也提供了巨大的机遇。为了在一个气候变暖的时代保障粮食安全，我们必须减少温室气体的排放，而工业化的农业排放的温室气体却在逐年增加。在这方面，生态农业大有可为。大型饲养场用精饲料喂养出来的牛所排放的甲烷气体，比散养在田地里的牛要多得多。种植单一作物的土地由于依赖化学肥料，也加大了温室气体的排放量，这些土地不能保持水分和湿度，所以产量常常受到影响，一旦发生干旱，往往会爆发饥荒。

　　您提到，在工业化的农业生产中，石油作为化工产品的原料无所不在。想一想这个星球的石油储藏越来越少，世界石油产量在不久的将来便会降低，以至于这样一种农业所需的原料出现短缺，这将使种植单一作物的工业化农业无法维持。能否说，我们正面临一场巨大的变革，其结果无疑是地区性的生态农业蓬勃发展？

　　变革是不可避免的，尽管那些康采恩极力阻止它的发生。这就

---

① 参见万达娜·希瓦：《没有石油的生活》，Rotpunkt 出版社，苏黎世，2009年。

像是用100亿替银行担保一样，这笔钱根本起不了什么作用，因为人们对市场已经失去信心，而仅靠这些钱是无法恢复这种信心的。对于农业来说同样如此。我预计，工业化的农业生产和转基因种子还会持续几年——关于粮食危机的峰会也是这么估计的——然而，研究成果和统计数字明白无误地告诉我们，什么是好的，什么是坏的，科技工作者也越来越一致认为，化石原料的终结，气候变暖和世界性的粮食短缺，将会迫使人们回归地区性的生态粮食生产。

　　至少，用工业化生产方式种植出来的粮食更加便宜，这个说法还是对的吧？

　　巨额农业补贴和垄断经营，共同制造了工业化方式生产出来的粮食更便宜的神话。真相是，它生产的粮食更加昂贵，只是由于得到补贴而变得便宜了。工业化生产方式提高了生产成本，而产品价格是通过农业补贴和垄断经营两种手段才降下来的。如果5000家农户只能将自己生产的粮食卖给一家大公司，那么这家康采恩当然可以操纵价格。而这些年来，这些康采恩就在不断地压低粮食收购价。即使在世界粮食价格不断攀升的今天，农民们期盼自己的收入能有所提高的希望也落空了。我相信，生产成本与超市销售价之间的环节充满了欺骗和谎言。这里的问题不仅涉及可持续性和公平正义，而且还有真相。我们需要一个诚实的体系，倘若一位农民将一篮蔬菜卖给您，而您付给他钱，您便知道您的钱去了哪里。所以我们面临的，是一场有关公正、有关伦理道德和可持续性的挑战。未来已经在向我们招手，因为在世界范围内，生态农业正以每年25%的速度增长。我们现在的任务是，在农业领域和地区市场上扩大诚实、公平的交易。

　　是否可以这样说：全球性问题只有通过地区性措施才能

解决？

解决全球性问题的唯一道路，是地区性问题在世界范围内的解决。① 我相信，所谓全球性问题本来根本不存在，所有的全球性问题都有地区性根源。我把这称为"蝴蝶效应"。不过令人遗憾的是，只有听到灾害和海啸的消息时，我们才会想起蝴蝶效应。我以为，我们应该这样来理解这个现象：它是能够给予我们力量的东西，因为即使小的地区性措施，也能够带来巨大的全球性影响。

刚开始为我们的研究所收集种子时，我遵循的是圣雄甘地的纺纱机的理念。甘地想借助于纺纱机使印度摆脱大英帝国的统治，刚开始时许多人嘲笑他，问他用一台纺纱机怎么能够战胜一个世界帝国，他回答道："正因为纺纱机小，所以它很强大。它很适合住在小村子里小茅屋中最贫穷的女人，有了纺纱机，每一个人就可以为战胜大英帝国出一份力！"我们今天正面临一场粮食革命，在这场革命中，每一位消费者、每一个农民都可以为反对粮食独裁贡献自己的力量。

欧洲能够从印度的经验和那里出现的反抗中学到什么？

一种重要的反抗形式是维护物种的多样性。为了恢复粮食作物健康的多样性，就必须重建物种的多样性，保护自然，加强生态运动，繁荣地区市场。在印度能做到的事情，在这儿也能做到。黑森林地区和奥地利山区的每一位老农妇都知道，她的土地最适合种什么。她们拥有古老的知识，拥有传统的种植方法。而这就是她们可以传授给下一代人的宝贵资源。我把这种资源称为"祖母大学"。此

---

① 参见万达娜·希瓦：《任何全球性问题都有地区性根源》，见格塞科·冯·吕普克：《心灵的政治，与我们时代的智者对话》，Arm 出版社，2008 年。

外，我们也知道，仅有公民社会运动的积极行动还不够。今天，大的康采恩在粮食领域对生命造成的伤害——包括通过基因操纵炮制出来的所谓期货种子（Terminator-Saatgut）——是对自然和人类的犯罪。当初听到有人预言，到 2000 年仅会剩下五家大康采恩，所有的农作物都将变成转基因作物时，我就感到事情不妙。正因为如此，我们才创办了"九种基金会"和种子运动，目的是反对种子变成大企业的私有财产，反对在这方面无法可循的现状，因为种子应该是所有人共享的公共财产。如果一个政府想强迫我们服从它的安排，我们便应当藐视和抵制这类恶劣的法令，因为对于农民来说，这种法令的核心就是禁止他们使用自己的种子。它的标准是单一化，实质是把一个地区培育出来的土豆种子看做一种危险，只有单一种植的 Bt 土豆才是好的和合法的。

这是不是号召人们集体违反法令，发起积极的抵抗呢？

甘地拒绝并抵制不公正法律的勇气始终有一种推动变革、鼓舞人奋起反抗的魔力。在种子问题上，我的确想号召人们组织起来，收集并保护现有的种子。人们应该对那些试图阻止这一行动的人说，他们不可以这样做，而应当遵循进化的规律，服从宇宙和未来的最高法则。我们必须自救，必须相互支持，自主地重建社会共同体，自主地解决我们的粮食需求问题。我们必须抵制那些法令和协议，而大康采恩恰恰试图通过这些法令和协议，使我们的自救、我们自行解决粮食问题的努力，我们的相互支援成为非法。

我们必须拒绝那些野蛮的、匆忙的、错误的法令，这些法令试图让我们相信，只有孟山都提供的种子才是好的。我们要在文化上重新定义"权力"的概念，真正的权力应该用于反对任何形式的压迫，而不是建筑在消灭别人的基础上。我们所看到并构成其一部分的生命过程，赋予了我们保护它和它的丰富性的义务。生命蕴含着扩大我们个人活动空间，发现它的积极价值——分享、给予、持存——的全部可能性。西方文明也应当而且是可以改变的。

　　您刚才提到了"粮食独裁"的概念，那么面对这种"独裁"，"粮食民主"又该如何定义呢？

　　"粮食民主"在我看来，意味着种子民主，种子必须多种多样，其选择权应当掌握在农民手中。政府作为行政机构，应该保护这一公共财产，参与到种子的培育和研究中来。如果涉及生产，那么"粮食民主"就意味着，农民不能再沦为大农业康采恩的奴隶，而应当作为自由人加入到生态种植中来。"粮食民主"同时还意味着，欧盟不应再强迫它的成员国在宣传生态农业的同时，允许转基因种子泛滥。除此之外，"粮食民主"必须保证每一个人——就像每一个生命一样——享有获得足够营养的基本权利。作为社会有机体，我们首先应该建立一种能保障每一个人都获得充足食物的体制。"粮食民主"必须赋予人们自由选择食物、并获得生产和制作这些食物的知识的权利。最后，"粮食民主"还意味着，每一个人都应该拥有得到他认为质量良好的、可口的、营养丰富的食品的权利。面对这一切——由于膳食的个性化——我们今天首先应该做的，是抛弃那些几乎索然无味、没有营养的食物。虽然联合国目前正在推广土豆种植，但人们发现，土豆淀粉可以用来制造家具。一旦粮食成为商品，那它就完全变了质，变成了彻头彻尾的交换价值。油菜和玉米同样如此。今天，农产品往往首先被用来制造汽车所需的燃料，剩下的才提供给人食用。我们只能用工业生产的剩余品来充饥，这难道不是一个悲剧吗？面对这些无法自行消解的剩余品，工业增长社会才开恩说："好吧，现在轮到你们人类了！"

　　您坚决反对农业生产的工业化，那么，生态农业真的能为

■ 危机浪潮：未来在危机中显现 ■　*Zukunft entsteht aus Krise*

世界性的粮食短缺找到一条出路吗？

生态农业是解决这一问题的唯一出路！在一个气候急剧变暖、金融危机严重的时代，大量事实证明了这一点！在未来数年内，生态农业将越来越普及，成为主要的农业生产方式。

联合国粮农组织（FAO）不久前邀请400位专家对农业发展的传统、科学和技术作出评估，并发表了一份研究报告①，开始所有人都预料，这份报告将为基因技术大唱赞歌。然而出人意料，该报告得出的结论却是，是生态农业和地区性生态种植，而不是工业化的农业生产或基因技术，才是解决世界粮食供应问题的唯一出路！

可是，我们显然很难一下子实现农业生产的生态转型。为了实现这一转型，我们的社会应当怎样做？

当前金融危机肆虐的局面对我们来说，是一个摆脱对公共财政系统依赖的好机会。当人们丧失了对银行的信任，他们就会找到其他途径存放他们节省下来的钱。面对石油短缺和气候变暖，我们应该摆脱对石油的依赖，我们需要生态农业，不仅为了吃得更好，而且也为了减少对金钱和石油的依赖，而这就是在这种情况下，我们在结构上应当作出的改变。我们应该拒绝同他们合作，同一种正在崩溃的文明脱钩，像护士照料病入膏肓的病人一样守护这个制度。在建设生态农业的同时，我们必须准备好建设一种地区经济，我愿意把它称为"有生命力的地区经济"。

我们的社会制度有三根支柱：政治、文化和经济。而现在，经济已经变成了一种退化性、破坏性的力量。民主的制度也越来越丧

---

① 《关于农业知识、科学和技术发展的评估报告》（IAASTD），见www.agassessment.org。

失生命力,或者说愈来愈不诚实,因为公众对真正重要的决策影响力愈来愈小——一个经典的例子是,尽管没有人赞成基因技术,但它仍然畅行无阻。而"文化"也退化为人们看过就忘的、华而不实的表演。文化不应当这样,它决定我们生活的价值,而今天,我们生活在一个文化堕落甚至文化死亡的时代。我们为之奋斗的,应当是一个充满活力的、丰富多彩的、各有其特色的多种文化交相辉映的局面,而不仅仅是肤浅、低俗的娱乐文化。为此,充满生命力的地方性民主①应当是一种重要的动员工具。这样的民主只有在一种新的理解的基础上才能建立起来:每一种地方性民主,都是广泛的地球民主(Erddemokratie)②的组成部分。这里的关键在于,我们必须改变我们对于民主的看法!

这个"争取有生命力的民主的运动"与我们平时所称的"公民社会行动"是一回事吗?

是的!这场斗争是艰苦的,可是,漠不关心和麻木不仁能带给我们什么呢?在农业领域,他们带给了我们化学肥料;在食品方面,他们让越来越多的人患上糖尿病;在金融领域,我们的钱被投进了全球轮盘赌。倘若我们更多地操心这些事,从而使人际关系和生态环境能得到改善,那不是更好吗?

那么,传统政治家在这方面应该扮演什么角色?公民社会怎样才能使政治决策朝着这个方向转化呢?

---

① 参见万达娜·希瓦的文章,刊登于http://www.zmag.org/znet/view Article/12442。
② 参见万达娜·希瓦:《地球民主,有别于新自由主义全球化的另一种选择》,Rotpunkt出版社,苏黎世,2006年。

■ 危机浪潮：未来在危机中显现 ■ Zukunft entsteht aus Krise

我相信，政治家面临的首要任务是行为方式的改变，因为他们与企业界的关系过于密切。人们对印度的种姓制度深恶痛绝，对它进行了许多咒骂，尽管如此，这个制度在古代，在保持不同社会阶层——农民阶层、武士阶层、商人阶层和统治者——之间的力量平衡方面，还是起过一些好的作用的。有知识的人并不享有特权，拥有军事权力的人不享受经济特权。各种权力因素相互制约，保持一种动态的平衡，这保证了权力不会过分集中。而全球化却把我们推入了一个失衡的系统，出现了所谓的"康采恩国家"，这些国家几乎完全被跨国公司所操纵。与此相反，我认为，真正民主的国家应当接受它的公民的监督，权力应当掌握在它的公民手中，为它的公民服务。牢记这种民主的责任和义务，对于战胜目前正在向我们袭来的危机，是极其重要的。而今天，政治家却在挥霍根本不属于他们的钱。那么，究竟应该由谁来决定属于公众的钱流向何方呢？作为公民，我们有权决定我们所缴纳的税款用在什么地方！因此，必须就整个救助方案展开一场公众大讨论，一种有活力的地区经济不应该救助大企业，而应当帮助中小型企业，因为没有这些中小型企业，社会将陷入瘫痪。而这就是我们所谈论的新型社会文化的全部内容。

在这一过程中，我们目前处在何种位置？泰坦尼克号的沉没难道仅应当由它自己负责？而我们只能缓冲它造成的震荡，减轻它带来的后果？

这个制度今天在它自身的重压下正在崩溃，正在尝它的虚构和幻想所酿成的苦果。我们不应该忘记，那些制造了金融泡沫的人曾经坚信，他们的构想像堡垒一般坚固。而当时，我们中的一些人就知道，这不过是一个充满热空气的大泡泡而已，它总有一天会爆炸。当然，工业化的农业不会一下子崩溃，因为许多农民还在向生态种植转型，旧制度的自我摧毁还需要一段时间。可是，在一艘巨轮不可避免即将沉没的时代，一些国家的政府仍然绝望地期盼能苟延残喘两天，金融巨头们仍然在这艘巨轮的赌场里孤注一掷，希望能一把赢得几十个亿。然而，对于我们这些生活在另一个世界的人来说，今天面临的却是千百个家庭一夜之间流离失所，数以亿计的人不得不忍饥挨饿。由于全球化，这个世界已经成为一个不可分割的整体——这儿有富人，有越来越多的中产者，同时也有欧洲与印度的巨大差距。但同样存在的是，由于西方世界金融市场的崩溃，无数个家庭面临饥饿，失去栖身之所，他们的孩子无法受教育。这就像同一个原因造成的两种痛苦，同时折磨着世界的北方和南方。从中产生了一种所有人必须共同承担的责任，一个道德命令：建设一种新的制度，使人类有一个新的未来。

工业化农业生产在全球规模巨大，看来它在今后几年内几乎不可能彻底衰落。而生态农业目前还很少得到推广，但您却预言，它的产品在几十年后将占领整个世界市场。您为何如此乐观？

生态农业的规模今天的确还微不足道，要推广它肯定还必须做许多工作，但实现我们的目标完全是可能的。强调旧制度正在不可挽回地崩溃这一事实，当然绝不意味着，好的事物就一定会自动实现。如果孟山都现在就开始为它所研发的、对气候变暖不敏感的特殊种子申请专利，那么，它在短期之内将拥有500项新的专利，能够在危机时刻赚取大量利润。我们必须阻止它这样做，必须明确指出，由于推广工业化的农业生产，它已经成了气候变暖的罪人，转基因种子已毒害了整个农业。而这样的事情今天就在我们眼前发生！可是，这些摧毁所造成的真空不会自行得到填补，而需要人们的积极介入：比如种子，就需要人们像呵护一个婴儿那样去呵护它。对于用传统技术耕作的农民，这项工作就是他生命的一部分，而"现代"农民往往不知道怎样去选择和收藏种子。我们应该传承并普及这些基本知识。有人告诉我们,用不着为虚构的金融市场和取之不竭的化石原料担心,别自寻烦恼,消费社会将安排好这一切。然而现在我们开始明白,金融危机作为第一个冲击波,将导致迄今为止的消费文化的终结。倘若人们在可以预见的将来再也买不到维持生存必需的商品,那么,他们就会赶快行动起来,自己去生产这些东西——不论是个人还是集体。化石经济还误导我们轻视体力劳动。欧洲社会甚至整个西方今天之所以能够生存下来,恰恰是因为外来移民和外籍劳工替他们承担了这类工作。假若我们想把未来重新掌握在自己手中,我们就应当改变对体力劳动的看法,同旧观念作斗争,使体力劳动重新获得尊严。在文化上,这类工作被认为是肮脏、低下的,然而事实并非如此,清运垃圾、打扫街道绝不是一种惩罚,而是一种情感的需要,为的是使精神变得更有活力。

您揭开了许多伤疤,也提出了一些可行的解决办法。那么,您究竟是一位乐观主义者还是悲观主义者,或者,是一位相信"可行则行"的实用主义者?

就一场可能发生的变革而言,我是一个纯粹的乐观主义者,因为有许多事情已经实现,还有更多的事情有可能实现。当然,我同时也会认真对待我们生活于其中的权力体制,认真对待它冷漠的官僚主义。我很现实,知道它们非常愚蠢,会带来更多、更大的破坏。但这绝不是悲观主义,而毋宁说是一种深深的悲哀,对我们错过了变革的机遇,对有识之士遭到打击和压制的悲哀。我相信,我们的政府现在已经认识到,应当积极支持那些能带来更大活力、更多可持续性的行动方案。虽然它还在犹豫,几乎总是站在错误的一边,但我仍然持乐观态度,因为我相信生命的强大,相信它无比巨大的创造潜能。

这种潜能怎样才能得到发挥？

要清除一切障碍和垃圾，包括我们思想上的垃圾。我们所需要的，是一次彻底的范式转变。现在还有许多人只知道告诉别人应该怎样做。而甘地却说："如果我们想变革世界，就必须首先变革我们自己。"虽然在每一个人身上不会出现"巨大的变革"，但却可以发生"小的变革"，而这种小的变革又可以在话语和行为上感染他人，影响他人，从而产生效用。在这方面要走的第一步是转变我们的意识，为此至少必须明白两件事：第一，我们是一个神奇的宇宙不可分割的一部分，这种认识会给予我们力量。以我个人的切身体会为例，我之所以从35岁起献身于争取另一个世界的斗争，完全是因为我每时每刻都从大地和大自然那里获得灵感。第二个重要之点是，我们应当认识到，工业增长社会把人变成了一个个孤立的消费者，但我们绝不仅仅是消费者。我们必须冲破这个自我束缚的牢笼，因为它是现代性制造出来的一个令人恐惧的现象——人不再从属于一个大的共同体，而共同体的生命就建立在一个个小的系统和地区性结构，建立在朋友和族群网络之上。而这就是我们所需要的，即使我们的意识仍然被分裂和破碎的世界图景所束缚。

从您刚才所说的话中可以得出三点结论：第一，通过您的行动，您试图阻止这一摧毁过程。第二，您揭露了这个摧毁过程的结构性根源，并在您的国家尝试建立一种替代性的结构。第三，也许是最激进的一点，您想通过实际的变革，塑造一幅新的世界图景。这是否是一种与仍然占统治地位的、等级化的、男权制的、殖民式的制度完全对立的女权主义主张？

这个强调合作与分工的新主张，无疑带有女性主义的痕迹。① 即使在战争年代，也是妇女通过她们的劳动使生命得以延续的。在当今危机肆虐的时代，我们更不能把命运交给父系社会的权力等级制，因为它已经陷入了危机，经济的金字塔也已经倾倒。社会应当重新组织：自然经济和生物资本必须成为它的基础，社会应当建筑在这个基础之上，然后才是市场和作为市场一部分的金融经济。而今天一切都被颠倒了，生物资本由于环境危机而不断萎缩，连健康社会的"福利经济"也开始衰退。与此同时，由于金融经济泡沫的破裂，市场经济完全被扭曲——不久前，它的规模已经达到实体经济的70倍！在危机时代，重要的是增强抵抗力和承受能力，然而承受能力无疑必须建立在分散的基础上，为了重建这种承受力，我们不能仅靠说大话说空话，因为今天谁也不知道如何才能扭转局面，所有的方案都必须接受多样性和差异性的检验。父系社会的权力等级制再也无力解决现有的问题，唯有通过水平层面上的合作网络，情况才能好起来。

---

① 参见万达娜·希瓦：《生命的性别，妇女、生态和第三世界》，Rotpunkt 出版社，苏黎世，1994 年。

媒体必须架设通往未来的桥梁
——与记者、社会活动家艾米·古德曼对话

艾米·古德曼（Amy Goodman），生于1957年，为美国广播电台记者、人权活动家和作家。1985年任太平洋广播电台纽约WBAI台调研记者。90年代初她作为目击者发表了一篇关于印尼政府侵犯人权的报道，险些成为一场印尼军方策动的、针对（东帝汶）独立运动示威者的大屠杀的受害者。1996年，她创建了"现在就要民主"广播电视台①，并主持每天一小时的新闻节目。艾米·古德曼在其记者生涯中获得过无数奖项，尤其在布什总统期间，成了民主美国的象征性人物。2008年，由于她对"一种真正独立的公民社会政治新闻事业的创新发展"所作的贡献，她成为第一位获得"另类诺贝尔奖"的女记者。她的新闻报道在世界范围内传播常常被体制化媒体所封杀的新闻。见www.democracynow.org。

---

① "现在就要民主"（Democracy Now）为艾米·古德曼和胡安·冈萨雷斯（Juan Gonzalez）于1996年创办的一家公共广播电视台，世界各地有750多家广播电视台转播它的节目，为世界最大的独立社区媒体，总部设在纽约。——译者注

■ 危机浪潮：未来在危机中显现 ■ *Zukunft entsteht aus Krise*

您一再强调，为了让人们发出声音，记者应该去往寂静无声的地方。在美国，这些寂静无声的地方在哪里？那里的哪些人想要发出声音？

有许多许多地方。不过那不一定是沉默无声的地方，而是有许多人的地方，那些人被社会封住了口。他们自己也会为自己的处境而呼喊，而哭泣，在他们的群体内，他们大多会明确而大声地表达自己的看法，然而一旦他们想要让自己的呼声被全社会听见，那些大的媒体便会噤若寒蝉。无论在尼日尔三角洲的村庄里——在那里，肯·萨罗-威瓦①由于反对石油公司毁掉他的国家而被一次颠倒黑白的审判判处死刑——还是东帝汶那些在印度尼西亚占领下遭到残酷镇压的人们，或是被金融危机碾在轮下、现在无家可归的美国人。

您是说，媒体不敢报道那些事件的真相？

事实是，那些每天由大的广播电台发送到世界各地的所谓新闻，仅仅是一小撮精英的新闻！这一小撮人对世界上发生的事知之甚少，却想告诉我们应该怎样去看问题，但他们往往大错特错。在媒体上必须有普通人讲述他们的遭遇，发表他们对金融危机的看法和体验、他们的恐惧和希望的地方。他们中应当有拒绝去阿富汗或伊拉克服役的士兵，而这在美国是最大的禁忌：数千名拒绝这场战争的年轻人当了逃兵。还有在9·11事件后被逮捕、被关押的几千人的遭遇。我们不知道经历了这一切的那些南亚和阿拉伯国家的穆斯林的命运，更不知道他们的名字，但把他们的遭遇披露出来，讲述出来，或者

---

① 肯·萨罗-威瓦（Ken Saro-Wiwa, 1941—1995），尼日利亚记者、作家，为尼日利亚奥干尼族的环保运动成员，毕生在耐吉尼亚地区与荷兰皇家壳牌石油公司的采油活动作斗争，1995年被自己国家腐败的军政府判处死刑并被绞死。——译者注

直接让他们自己说话,是我们的任务。我们不仅要让纽约南布朗士区贫民窟中的孩子,而且要让巴勒斯坦的难民、以色列的老奶奶,伊拉克的大叔、阿富汗的大婶们发出声音。谁若听到他们讲述自己的亲身经历,谁就会被他们所打动,转变自己的看法,因为这些故事可以打破虚伪、偏见和用它们编织起来的谎言。这恰恰是媒体应当起到的作用,我们必须在族群之间架设桥梁,而不是为那些摧毁这座桥梁的人服务。

那么,您如何定位您所创办的"现在就要民主"广播电视台呢?

"现在就要民主"是一家独立的、每天播出一小时新闻的国际广播电视台。它提供给人们一个为自己讲话和相互对话的讲坛。在这里,人们根本不需要持相同的看法,可以讲述他们各自的经历和遭遇,表达自己的立场。一旦他们无法亲自讲述,我们可以为他们提供帮助,直到他们能够这样做为止。在内容上,我们讨论的大多是实际存在的问题,如全球战争、气候变暖、世界性经济危机等等。如果我们作为记者不这样做,我们就不配称为记者,就无法为人类服务,便抛弃了那些男人和女人,抛弃了被派往战场杀人和被杀的士兵,而他们在他们的军事基地里是不能表达自己赞成还是反对的立场的。他们只能求助于我们,求助于公民社会运动。关键在于,要让全世界的人都听见这场关于战争与和平、生与死的大讨论,都加入到辩论中来。我相信,最终只有少数人会背叛一个民主社会。这场讨论必须在媒体上进行,这是人们倾听、理解对方最合适的场所;它必须在电视上进行,因为大多数人是从电视上得到他们所需的信息的。倘若世界仅听信大的媒体康采恩的一面之词,那是非常危险的。

■ 危机浪潮：未来在危机中显现

常常出现这样的情况：批评美国的声音在欧洲比在美国更加为人所知。举例来说，诺姆·乔姆斯基①在这里尽人皆知，而在美国却知名度很低。难道说，美国人根本不听批评性的声音和新闻吗？

我们不是专栏媒体。反战和反对酷刑的人不在少数，但也不是沉默的大多数，而是被封住嘴，被媒体巨头封住嘴的大多数。正因为如此，我们必须夺回媒体的公开透明性。我只能说，"现在就要民主"迄今为止的发展是飞跃式的。当我们 1995 年创建它时，只有几十家市民电台愿意播出它的节目，而今天，我们已经拥有 750 多家广播和电视台，以及以 www.democracynow.org 为网址的互联网平台。每一个星期都会增加一家社区或城市的非盈利地方广播台或电视台转播我们的节目。而这些台并非都是老左派。不仅保守的共和党人，而且进步的民主党人都为战争，为康采恩的权力，为政府的秘密计划而忧虑。我甚至相信，旧的阵线划分——左派、右派和自由派——今天已经不适用了。

人们已经厌倦了被他们的政治信仰所欺骗的局面，他们不但谴责前总统布什隐瞒在伊拉克没有发现大规模杀伤性武器的事实，而且揭露整个美国新闻界在这件事情上一再散布谎言，它们就像在流水线上生产汉堡包那样制造这类谎言，从而为战争擂鼓助威。由于媒介巨头们面对这个战争鼓吹者的大联盟不负责任的态度，人们现在开始寻找新的出路。要知道，媒体是这个星球上最强大的机构，比任何一颗炸弹或火箭威力更加巨大，所以他们要求独立的电台向他们提供真实的消息。这就是为什么"现在就要民主"受欢迎的原因。

---

① 诺姆·乔姆斯基（Noam Chomsky，1928—），美国思想家、语言学家、"转换生成语法"的创始人，同时也是活跃在美国政坛最著名的左派知识分子，因他对政治问题的立场，尤以对美国政府的批评而闻名。——译者注

> 这里的核心，是不是通过公民社会组织起来的媒体重新夺回被媒体巨头们霸占的公共空间？

我的确把媒体看作公共资源，或其至是社会共同的基础。我觉得，圆桌的比喻也许是恰当的：全球的人都坐在这张巨大的圆桌旁，平等地、相互尊重地讨论各种紧急问题：关系到人类生死存亡的问题，一个国家生死存亡的问题——应不应该卷入一场战争。公民社会今天必须全身心地加入到这类决策中来。这样的对话如果不能在媒体上展开，那应该在哪里呢？媒体应该为此提供讨论的平台。然而在美国，这恰恰遭到了商业化传媒大亨的阻挠和过滤。在一般情况下，传媒托拉斯在政治上只提供有关共和党人和民主党人之间争斗的有限消息。然而，当共和党前总统乔治·布什与那时民主党的领导人如希拉里·克林顿，在伊拉克战争之前达成幕后交易，均表示支持发动战争时，这类消息就一文不值了。媒体研究者指出，在战争爆发前的两周内，四家最重要的西方通讯社总共播出了393篇采访报道，其中只有4篇是反战的——几乎是400：1。这与所谓的"大众媒体"毫不相干，它们已经堕落成"极端主义的传声筒"。媒体如果这样被利用，那将是非常危险的，那它就变成了宣传。对于德国人，我用不着解释这究竟有多危险了。

> 在布什执政的八年间，您扮演的是怎样的角色？为什么一些人骂您是媒体恐怖分子，而另一些人把您称做草根活动家？

我是每时每刻都打破沉默的人，是给那些通常不会出现在媒体上的人以说话机会的人，这就是答案。诺姆·乔姆斯基曾说："所谓一致，不过是媒体制造出来的罢了。"谁要是在媒体上再也听不到自己信念发出的回声，就会与社会发生异化，就会被边缘化。所以我们才要让沉默的大多数拥有一个发表意见的讲坛。我们很高兴常规媒体也参与到对这类问题的讨论中来。今天，越来越多的同行与我们联系，进行了这样或那样的接触，而我们也希望他们"剽窃"我们讲述的故事。另外，也有愈来愈多的媒体把它们的"独家新闻"提供给我们，而这些新闻我们两周前便披露过。这是非常正常的，因为它们都是公众感兴趣的话题，说明人们重视我们，想向我们学习。媒体是社会共识形成的场所，它必须提供表达不同意见的自由空间。我们的责任是重新让大多数人参与到讨论中来。

会不会有人将您的独立电台看做危害国家的，或甚至是颠覆国家的？

媒体就应该是颠覆性的，这是它的任务。这也是为什么记者受到美国宪法特别保护的原因，因为面对国家权力，它们是一种批评和监督的工具。正因为如此，为了保证权力的公正分配和行使，我们需要持批评和反对立场的媒体不受欢迎的介入。我和我的兄弟大卫·古德曼合写了三本书①，第一本的标题是"The Exception to the Rulers"，或许可以译为"向统治者说不"；第二本叫做"一潭死水"（Static），描写我们即使在现代媒体时代也正在经历的僵化与片面的局面，广播电视节目散布谎言，制造充满错误和似是而非解释的、被歪曲的现实的行径。所以，我们需要一种重新定义新闻伦理的媒体，监督权力而不是被权力所监督的媒体。我们需要作为第四种力量的媒体，而不是作为广告平台，作为国家或军方权力鼓吹者的媒

---

① 艾米与大卫·古德曼：《向统治者说不：油滑的政治家，政治暴发户的战争与爱他们的媒体》，Arrow Book 出版社，2005年。
艾米与大卫·古德曼：《一潭死水：政府说谎者，媒体拉拉队长和反抗的人民》，Hyperion Book 出版社，2008年。
艾米与大卫·古德曼：《抵抗！为什么媒体爱油滑的政治家和战争贩子》，Homilius 出版社，柏林，2008年。

体。我们需要的，是献身于今天正在创造历史的社会运动的媒体，因为未来将从它的思想中生长出来。

在人们的记忆中，美国的媒体曾一度能让一位总统下台。今天还会有这样的人吗，如揭开水门事件内幕的鲍勃·伍德沃德（Bob Woodward）？或者，那只是一个例外？

现在仍然有一些重要的内幕被揭露出来。不过重要的是，记者的日常工作并不是天天追逐头条新闻让所有的媒体转载！有谁会只想着搞出爆炸性新闻来呢？只有能引起公众讨论的，日常政治中被关注的，在公众意识中能留下重大痕迹的事件，才是最重要的。然而情况恰恰相反，能够"说话"的往往是同一些人，即使他们年年在媒体上满嘴胡言，也轮不到别人说话。他们的看法绝不能代表所谓的"主流"，我们所说的主流只能是那些普普通通的民众——而他们恰恰被主流媒体封住了嘴巴。

如此说来，您认为它们完全无视民众的需要和疾苦？

当然。所以我们完全可以说，主流媒体只会把我们引入政治、经济和社会危机，而不能及早地保护我们不受伤害。最终结果只能是，公民被剥夺了公共空间。正因为如此，我们必须把它夺回来。一旦媒体真正负起责任来，就能够成为推动和平与社会变革的强大动力，能够为创造性的辩论提供一个平台。这里的问题不在于这样或那样的意见，而在于真正平等的多样性；不在于一些人说服另一些人，而在于交流和对话，并从中产生新的前景。

为了形容新闻自我审查的现象，在德语中有"脑袋中的剪刀"（Scheere im Kopf）的说法。这在美国也有吗？

这种事情太多了。当然，像出版商来到编辑部，说"这个故事太离谱了，我们不会出版！"的情况很少发生。事情往往是，记者采访到一条能使他在通讯社获得升迁的重大新闻，而这条消息如果是关于反战示威的，那么，它对记者就非常不利。当然，假如这条消息是关于一位联合国观察员在萨达姆·侯赛因是否拥有所谓大规模杀伤性武器的问题上与政府意见相左，那也不行。通讯社的头头还会为封锁此类消息找到一个借口：那将为军方镇压示威人群提供一个借口。美国媒体最大的错误就在于，它们面对外界和社会运动的批评完全无动于衷，宁愿打击污蔑批评人士也不愿给他们一个说话的机会。许多故事其实是很令人感动的，讲述了那些人如何为建设一个更好的世界而作出的努力。为什么就不能让他们获得发表意见的渠道呢？我认为这是一个巨大的错误，因为那些反对气候灾难、反对战争、反对种族屠杀和经济不公正的运动，应当被民众所知晓，应当被记录下来，因为它们是历史的创造者。

像"现在就要民主"这样的创意，是否意味着社会运动不能再指望被大众传媒所认同，而必须创建自己的媒体？

我相信，我们有两个明确的任务：一是要挑战占支配地位的传媒巨头。我想举一个例子。美国最大的几家广播公司之一"美国全国广播公司"（NBC），属于通用电气公司，而这家公司又是这个国家最大的武器生产商之一。它在媒体上持怎样的立场，难道会让人吃惊吗？在战争年代，它在媒体上刊登的是彻头彻尾的武器广告，它所使用的无线电频率并非它可以任意支配的私人资产。假若广播频率是公共资产，我们便可以要求让更多的人使用它。与此同时，我们当然也要建立自己的媒体，就像"现在就要民主"。重要的是，要将一个个独立的媒体连接成一个网络，不仅在美国，而且在全世界。"现在就要民主"仅仅起到了示范作用而已，因为在这段时间，它愈来愈国际化了。此外还有许多别的例子表明自由媒体的建设正在加速。

这些新媒体,特别是互联网,将起到什么作用呢?

对于建设独立的媒体而言,互联网确实前景广阔。今天,大的传媒和电讯企业争相把互联网私有化,不是没有理由的。这种企图必须被阻止,因为只要互联网仍然是公共资源,保持自由,它就是公民社会的全球网络向跨国康采恩发出的最强有力的挑战。没有一种力量比全球公民社会更加强大,我们必须扩展它,支持它。

这些新媒体最重要的任务是什么?是坚决而有效地抵制权力,还是通过新闻报道为解决问题提供希望呢?

两者都是。一方面揭露被颠倒了的事实,另一方面展示创造性思维,探讨个人和社会组织是否应该有一个表达意见的讲坛,以宣传新思想,提供解决方案。这些事只能在未被蒙住双眼、能够自由表达意见的媒体上进行。倘若像今天大的私人电台通常所做的那样,以一种平均只有9秒钟的"随机采访"或"原声采访"(Interview-O-Ton)的方式,那是绝对不可能的。在那样的采访中,人们能说什么?除了几句老掉牙的废话什么也说不了。我们若要打破这种局面——这对于全球性问题的解决是必不可少的——就需要对迄今为止被置若罔闻的思想作详细报道。为了让人们明白这里的重要性并启发他们自己解决自己的问题,就必须让他们自己选择话题,使他们有机会仔仔细细倾听别人对某个问题是怎样思考、怎样说的。而这需要充分的时间。有人也许会说:"不,年轻人的注意力保持不了多久,他们只想听MTV……"这完全是胡说!我们的年轻听众数量在逐年增长,有教师告诉我们,他们的学生长时间非常专注地听我们的节目。我相信，我们的年轻人被大大低估了，他们对新事物、美好而纯真的事物非常好奇并易于接受，对谎言比成年人有更强的识别能力，因为他们还没有被现状所麻痹，因而变得迟钝。他们对新东西是开放的。所以，为他们提供一个讲坛也是媒体的责任。

在巴拉克·奥巴马领导下进行的变革中，独立媒体应该扮演怎样的角色？

毫无疑问，即使在新总统任期内，我们也会继续保持这个揭露矛盾、行使新闻批评和监督的讲坛。这与巴拉克·奥巴马是否赢得大选无关。奥巴马是这个国家第一位非洲裔总统，带着奴隶的记忆，作为奴隶的后代同他的夫人米歇尔和两个孩子搬进了被奴隶建造的、世界上最著名的房子。而他获得的支持也是史无前例的，在一个过去只有不到一半人参与投票的国度，数百万新选民中有95%的黑人、67%的拉丁裔人投他的票。奥巴马是社会工作者，过去还没有人以这种背景登上这个位置，他之所以获胜，靠的是公民运动和草根运动的支持。这就提出了一个问题：他为了获得大选胜利曾经利用过的这个运动，今天是否还会被选民们用来实现他们的变革要求。

随着奥巴马当选总统，人们似乎产生了这样一种印象，公民社会的一位代表进入了白宫。那么，存不存在这样一种危险：将他送进白宫的公民运动将会被削弱？

谁离权力越近，谁面临的来自四面八方的压力就越大。现在看起来，他已经被一群人、一帮本来不希望他当总统的部长和顾问所包围。他们可以随时见到奥巴马，为他出谋划策。他们对政府大楼西侧的权力运作了如指掌，因为他们过去就出入那里了。他们知道怎样进行权力交易，怎样动用游说集团，而绝不会浪费时间。

是否存在着选民的意志被滥用的危险？

那些在大选中对奥巴马投了赞成票的人在一种终于摆脱了布什的轻松感，与一种谨慎的期待之间摇摆不定。然而，在目前状况下，这种摇摆会持续很久吗？我看不会。因为现在正是向未来转轨的时刻，存在着通过根本变革书写历史的可能。所以我相信，人们不应该沉浸在对选举结果的满足中而什么都不干，相反，如果他们真正希望变革，就应该比大选前和大选中更好和更有效地组织起来，因为单独的一个人，即使他掌握了地球上最强大的权力，也不能包办一切。还有一种力量比这更强大，那就是民众，清晰而强烈地要求根本变革的广大公民。

草根运动同贝拉克·奥巴马还有直接的交流吗？美国公民运动的希望和担心是什么？

根本问题是，他到底听谁的。毫无疑问，他同现实世界的隔膜越来越深了，肯定被他最亲近的顾问们隔离了。拉姆·以色列·伊曼纽尔（Rahm Israel Emanuel）当上了新的白宫办公厅主任，正是他，由于投机对冲基金（Hedgefonds）——也就是把我们今天弄得焦头烂额的那个工具——赚了几百万，就是这种人，成了他的核心内阁的成员。作为记者，一个人怎么能不提出批评性问题！总统振振有词地解释，他为什么要组成一个"竞争者团队"来应对这些批评性问题，可是，那些真正进步的力量，那些持完全不同意见的人，到哪里去了呢？倘若决策可以通过大家的辩论而最终作出，那当然最好，可是现在我却怀疑，究竟还有没有可以引起建设性辩论的不同意见。以伊拉克战争为例，那些曾投票反对动武的人——125名众议员和23位参议员——没有一位担任同这个问题有关的职位，没有一位被任命为内阁成员。

■ 危机浪潮：未来在危机中显现 ■ Zukunft entsteht aus Krise

在这种情况下，独立的、持批评立场的媒体应该做出怎样的反应？

它们应该像选民民意调查的发起者那样做。贝拉克·奥巴马任命了一个内阁，在关键问题上沿袭了过去的传统，让克林顿夫人当上了国务卿，让上一届政府的国防部长留任，声称这样做是为了"保持连续性"。什么是连续性？贝拉克·奥巴马的竞选策略建筑在"变革"之上，也就是说，他要让选民们明白，他代表了他们的意愿。可是，要真正实行变革，外界的压力就是决定性的。媒体的作用就在于，在这种情况下反映大众的呼声，而要达到这一目的，仅有传统媒体那羞羞答答、不痛不痒的表白是没有用的：诸如华盛顿一些政府官员的官方态度，几家民主党或在野的共和党企业家的立场。政治光谱比这要广阔得多，应当得到全面的反映。

如此说，希望反过来变成了批评？

但绝不意味着变成了犬儒主义。这取决于人们介入的程度。如果人们坚持变革，就像许多人在竞选时所表白的那样，那么，他们在选举之后就不会轻易放弃，就仍然会为他们的政治诉求而斗争。在大选中我们曾经站在主张变革的一边，但那只不过提供了一个实现我们诉求的机遇而已。要改变整个制度是不容易的，需要时间。我相信，要使变革成为现实，人们现在就应该更深地介入。因此，我对媒体的呼吁是，向公众解释清楚我们目前在全球所处的状况。如果继续像今天这样，他们的愿望就会落空。但是，媒体在这段时间的中心任务，不仅是在各种社团和派别之间架设沟通的桥梁，而且还包括向人们描绘迄今为止被排斥的世界前景，在已经结束的旧时代和正在开始的新时代之间架设桥梁。媒体必须架设通往未来的桥梁，人们应该把握历史机遇，认识它所包含的潜力。所有这一切都是媒体应该起到的作用。人们应当知道，过去曾经发生过的重大变革是怎样发生的。如果没有马丁·路德·金那篇著名的演讲揭露了黑人的真实状况，种族隔离政策是不会被废除的。这个成功是公民运动争取来的结果。人们应当清楚，这就是事情的关键，因为历史的进程只有当我们不参与，不知道自己身处何处，不明白我们能够做些什么时，才是"命中注定"的。

世界拒绝战争

——与医生、和平活动家玛丽－韦恩·阿什福德对话

玛丽－韦恩·阿什福德（Mary-Wynne Ashford）博士，是医生与和平运动的活动家。20多年来，她在行医之余，为国际和平与裁军运动而斗争，1998—2002年任"防止核战争，医生的社会责任"（国际医生组织IPPNW）两主席之一；并以此身份与她的同事一道，接受了为这个组织颁发的诺贝尔和平奖。玛丽－韦恩·阿什福德博士是"争取全球生存医生协会"（IPPNW在加拿大的分支）董事会成员，《血流得够多了：对暴力、恐怖和战争的101种解读》（*Enough Blood shed*：*101 Solutions to Violence*，*Terror and War*）一书的作者。最近一段时间，她倾注精力最多的是向公民社会和媒体解释，和平运动在最近20年已经使战争的数量减少了90％。见www.ippnw.org。

这个世界上的大多数人有这样一种印象：战争越来越频繁，人与人之间的暴力冲突愈来愈尖锐了。而您的看法完全相反。

最初形成这种看法，是我为了写一本关于全世界的人如何用和

平手段解决争端的书而进行考察的时候。我研究了一些案例，发现这种用和平方式平息争端的情况并不在少数，而是有成千上万个例子表明，人们尝试用一种新的方式避免使用暴力。我于是渐渐明白，一场人们显然并未意识到的社会革命正在悄悄发生。后来我阅读了英国哥伦比亚大学"人类安全研究所"的一份报告①，他们在2005至2006年期间，作了一次调查，并得出结论：在大规模战争和种族屠杀中死亡的人数——平均每年1000人——下降了90%之多。在我为和平运动工作了四分之一个世纪之后，我几乎不能相信这是真的。我自然会问：我竟然没有察觉到，情况不但没有如我想象的那样恶化，而且有了改善，这怎么可能？

我想提出的第一个问题是，人们应该相信这个数字吗？因为每一个人听到它，肯定都会像您一样提出疑问："这怎么可能？这是真的吗？"

的确如此！为了证实这一点，连我也不得不仔细阅读整个报道②。他们得出的第二个结论是，即使是小的战争和杀戮，发生的次数也减少了，减少了大约40%。对于小的非正规内战来说，情况同样如此。根据他们的统计数字，在这段时间内，有61个独裁者在没有使用暴力的情况下被推翻。这些研究者并非不切实际的梦想家，而是非常认真的科学家，他们的头头是加拿大前外交部长罗伊德·艾斯华兹（Lloyd Axworthy）。所以我应该相信它。

战争的形式难道没有向恐怖主义方向转移？

---

① 见 www.hsrgroup.org/。

② 见 http//www.humansecurityreport.info。和 http//www.humansecuritygateway.info/。

这个问题在第一份报告发表之后,当然也是研究所的后续研究课题。因此他们着手研究恐怖主义。然而出人意料的是,他们在2008年的一份报告中指出,即使是恐怖主义袭击也下降了40%。他们目前研究的项目是平民伤亡数字的变化———一个我作为一名为IPPNW①工作的医生,自然特别关注的课题,因为在迄今为止的调查中,人们感兴趣的是阵亡士兵的数量,而不是由于战争而死伤的大量平民。尽管如此,这些数字仍然反映了一种令人惊异的趋势。

然而,您所说的一切,同我们对所发生的事情的主观估计几乎完全不符。假如这些数字符合实际,那么下一个问题就是:您为什么相信相反的数字呢?

媒体使我们相信,它们所报道的就是人们愿意读的东西。同我交谈过的持批评立场的记者告诉我:"'鲜血增加发行量',也就是说,暴力总是占据头条的说法并未过时。安静地解决争端的人总是被挤到了幕后。"

亨利·基辛格也说过类似的话。巴尔干战争爆发前,为了避免种族大屠杀,克罗地亚人请他出来充当调解人。他幽默地说:"人们不会由于制止了一场种族屠杀而获得诺贝尔和平奖,而会在所有人都厌倦了杀人后才有可能。"

和平研究者从这些结果中得出了什么结论?

他们简洁明了地认为,世界今天拒绝战争。当然他们也分析了出现这一倾向的原因。按照科学家的说法,这应当归功于联合国在

---

① IPPNW 为 "防止核战争,医生的社会责任国际医生组织" 的缩写。见www.ippnw.org 网。

建设稳定的共同事业方面取得的成功。他们确信，国际法的强调，特别是海牙国际法庭的建立，起到了重要作用。然而最重要的是公民运动不断扩大的影响，普通人积极参与到此类活动中来，强烈要求各国政府和跨国公司遵守伦理规范。在这方面，公民社会的知识和今天对决策者的影响，比过去任何时候都大。据我的观察，还应当补充第四点原因，那就是妇女在决策过程中所起的作用越来越大。总的说来，科学家们得出了这样的结论：人类在解决争端时愈来愈倾向于放弃武力。

在我们具体讨论各点之前，我还想回过头来谈谈一种现象：文化似乎往往无视正在发生的事情。如果这样一条令人难以置信的大标题，如"我们正在全球消灭战争！"既无人写，又无人看或相信，那岂不是与我们的感觉完全想反吗？

是的，这的确令人惊奇。这份报告公布出来后，短期内曾引起过一阵热议。但人们很快就平静下来，没有讨论，就像什么也没发生。令我特别担忧的是，和平运动对此似乎也一无所知——人们交谈时，谁都不相信有这回事。我也思考了很久，怀疑研究者是否弄错了——即使后来这些数字一再得到证明。看来要让人承认一件意想不到的事，是很困难的。或许，没有讨论并不意味着人们不关心，因为，即使是政府，对关于安全形势不断恶化的报道也十分重视。它一再告诉我们，我们有理由感到担心，因为世界正处于可怕的局面，而它可以保护我们，只有它才能为我们带来安全。我们的害怕和担忧对政府有好处，因为假若世界变得和平了，那它就必须花费更多的精力来解决实际问题：环境问题，经济困境，失业，金融危机等等。正因为如此，它才乞灵于过时的暴力模式。

然而与此同时，我们对中东局势的不断升级却似乎束手无策。我们难道是因为信息过量而变得麻木不仁的吗？或者说，战争今天已变成一种常态化的例外？

如果我们对这些数字的解读是正确的，那么，战争今天的确变成了例外。一旦一场新的战争爆发，就会到处出现反战者，人们就会到处抗议，质疑战争的合法性，揭露战争中犯下的暴行——比过去更加迅速，人数更多。这一点只要回顾一下越南战争，人们就会明白。那场战争持续了许多年，直到抗议运动变得如此强烈，使它在公众心目中声名狼藉。相比那时，今天的一切要迅速得多。我不想提伊拉克战争，但那场 2003 年爆发的战争直到今天才结束。在这段时间，美国政府不得不耗费大量精力来平息公众的愤怒，为战争的继续寻找合法借口。

如果战争的数量的确减少了 90%，那么，同一时期军费的大幅增长便毫无意义。难道这仅仅是广告宣传产生的效果？

毫无疑问是这样。军事工业集团及其游说班子甚至比烟草巨头的能量还要大。此外，在世界发生的各次战争中，各国政府花费的钱也越来越多。每一年投入军事行动的开销达十亿美元之多。随着经济的衰退，这一点或许会有所改变。再加上石油危机的威胁，因为，这一资源正变得愈来愈紧缺。美国五角大楼 2008 年公布了一份文件，宣称美国将不再按照目前的战略进行战争，因为这耗费太多的石油。他们的结论是，今天每一名士兵每天要消耗 15 加仑燃料，即 60 升汽油，而不久前，这一数字还仅仅是 16 升。我于是写了一篇社论，讥讽地问他们，他们是否想到过，用一种可持续的方法来解决争端，而不仅仅通过战争。我们再也不能这样下去了，不能再这样对待我们的星球，在经济上再也承受不起了。

可是，这也意味着，我们正在经历的不断加剧的危机，在金融层面上也可能对另一些领域产生积极的影响。由于石油和资金的缺乏而结束战争——这是否会使危机本身变成一种变革的征兆？

可能吧，但我们还是现实一点好。首先，如果政府再也拿不出钱来打仗，那么失业率就会大幅上升。但我们不应该忘记，在美国的许多州，军费支出是它们经济的基础，要完全停止这样的支出是非常困难的。不过，经济危机实在太严重了，迫使它们不得不削减这类开支。苏联那时的情况与它们相似，也不得不减少所有的军事支出。当时美国骄傲地说："我们在经济上赢得了同他们的军备竞赛！"而现在，在不同的条件下，同样的厄运降临到他们自己头上。这一回，由于经济转型，军备竞赛或许会被迫停止。

您谈到了造成战争次数奇怪地减少的各种可能的原因，其中一点是，联合国现在成了一个无所作为的巨人。这难道不符合事实吗？难道我们被这种印象欺骗了吗？

如果政治领导人把责任都推到联合国头上，那人们真的会得出一个欺骗性的结论。问题不在于某个叫做乔治·W. 布什的人站在安理会的讲坛上为向伊拉克开战而寻求支持，一旦得不到支持，便把联合国骂做"无所事事的辩论俱乐部"。其实，联合国应该在积极的意义上成为一个"辩论俱乐部"，应该通过辩论和谈判而不是武力来解决纠纷。我们不能让这样的政治家以这样的口气对联合国冷嘲热讽，而应该勒紧马嚼子，明确告诉他们："联合国有自己的任务，如果它认为一场战争非法，那它就一定是非法的，那就必须寻找另外的道路来解决纠纷。"我希望，华盛顿的政府更迭对联合国有好处。其他国家——德国，加拿大，还有斯堪的纳维亚国家，有时还有澳大利亚——已经走在前面,并在一些困难情况下支持了联合国。在此期间,联合国的成功甚至受到美国兰德公司(RAND Corporation)① 的肯定。在对联合国成功干预的民意调查中,它不得不承认——连它自己也感到吃惊——联合国在这些干预中的成功率达到将近70%。这个结果可以使联合国加分。

国际法庭的情况也如此吗?直到目前为止,某些大国如美国,仍然拒绝承认它。有人说它不过是一个没有牙齿的机构罢了,这一说法正确吗?它会不会有所改变?

我预料,不久之后它将会有很大的改变。国际刑事法庭还是一个比较新的事物,即使我们暂时还看不到它的直接作用,它仍然在道德层面上产生了效果。虽然美国和其他一些国家直到今天仍未在它的成立文件上签字,但这个法庭的道德影响力如此之大,使得美国长期以来不得不同它合作。这有点像1948年人权宣言刚刚颁布时那样。那时许多国家虽然说:"是的,当然,我们赞成这个宣言",但从未想过要遵守它确定的规则。然而此后,它们却不得不这样做,因为人权宣言已经成为一项国际准则。这种情况也将出现在国际刑事法庭上。它建立了一种道德行为准则,规定没有一位政治领导人不会因为种族屠杀、战争罪或反人类罪而不受惩罚。

您刚才说,"公民社会"作为促进和平的另一种力量,可以以各种各样的形式发挥作用——从两到三人提出的一项动议,到一个组织机构如"绿色和平"、红十字会或您所领导的IPPNW。那么,您个人是如何定义"公民社会"的,在您看来,

---

① 兰德公司为一家与五角大楼密切合作的美国未来研究机构。网址为www.rand.org。

它具有怎样的潜力？

我把公民社会看做积极的公民发出的一种声音，一种反映公众良心的声音，作为一种道德尺度，它与决策者的立场相对立。但同时，公民社会也不排斥任何有政府或军方背景的人，只要他们愿意作为公民和个人参与进来。当然，倘若他们代表的仅仅是政府、军方或一个企业，那他们就不能代表公民社会。不过我个人始终认为，将那些为政府或联合国工作的有影响的人士排除在公民社会之外，是不恰当的。公民社会应当是一个大的容器，应该能容纳所有非政府组织（NGO）、一切信仰团体和持各种立场的个人。它的本来意义就在于，它所体现和要求的，是一种明确的伦理原则。

如果人们回想起德国的和平运动，想一想它所发起的复活节大游行，或反对北约部署"潘兴 II"导弹的百万人游行，人们似乎不得不承认，它所起的作用并不是很大。但同时，公民社会的规模显然在不断扩大。那么，它的规模究竟有多大？

规模非常大。我觉得，把和平运动想象为一个会员越来越少的高尔夫俱乐部是错误的。事实完全相反，它是一场声势浩大的社会运动，越是在危机时代就越能显示出它的意义。在"常规情况"下，人们通常不会改变他们的行为方式。有些人仅因为今天不再有大规模反对核武器的游行示威，就以为民众的观点改变了，变得和以前完全不一样了。之所以会这样，其实是因为民众当前关心的是另一些问题：气候变暖，人权问题，现代奴役或拐卖妇女等等。只要和平的话题被某件现实的事件所激活，他们就会立即走上街头。今天公民社会运动在全世界蓬勃发展，它已不再是通讯渠道畅通迅捷的"发达世界"的专利。即使在非洲、南美和亚洲，公民社会也发展成一股强大的力量。人们早已看清了政府体制是如何运作的，看清了无所不在的腐败怎样毁掉了未来的机遇。我在"联合国争取妇女权利周"结束时曾经到过非洲,亲眼看到了那些完全没有受过教育的非洲妇女怎样泰然自若地走到麦克风前,那场面真令人感动。她们诉说了自己的小村庄在经济上陷入怎样的贫困,并将此与富国的现实政策联系起来。我好奇地问自己:"这些女人是怎么知道这一切的?她们是从哪里获得这些知识的?怎么能达到这样的水平?"真是令人惊奇!从1985年起,各国在扩大妇女的作用方面采取了许多措施,而这仅仅是开始。

您前面提到了妇女在维护和平方面所发挥的重要作用。那么,妇女参与政治有什么特别的意义呢?她们在反对暴力方面能够扮演什么特殊的角色?

我相信,我们是鸟的两只翅膀中的一只。世界迄今为止仅用一只翅膀在飞行,所以才偏离了方向。惟有用两个翅膀飞行,我们才能飞得直。问题不在于让女人取代男人的领导地位,那将是一个可笑的解决办法,而应当提倡在每一个政府部门,无论地方政府还是国家机构,男人和女人至少都占据40%的职位。这样做可以使政府在男女气质和性格互补的基础上,更加有效地运作,做出的决策也会更加平衡。如果妇女参与和平谈判——例如在柬埔寨,她们直到条约最终文本签署,始终起着作用——那么,找到的解决办法通常会更加牢固,更加持久。这比那些只有男人参加的、通过施压或威胁使用武力而达成的谈判结果更加有效。在发展中国家,特别是南亚国家,人们已经认识到这一点,并给予了相应的重视。

在这个问题上,我愿意更深入一步:即使战争的次数减少了,通过暴力解决冲突的情况却似乎更加频繁了。这说明,敌对势力之间的沟通比以前更加重要。而良好的沟通能力必须具备一个前提，那就是对自己，对对方，对全局都要有清晰的认识和了解。如此看来，在战争次数下降的背后，还隐藏着另外的因素。人们的意识是否正在改变，一种新的人际交往方式是否已经形成？

这是一个绝妙的问题！是的，我的确相信人们的意识正在改变，而且这种改变就发生在我们眼前。这不仅表明人们对于平等权利和妇女自由的意识在不断加强，而且说明，集体意识的转变正在跨越种族、阶级和宗教的界限，人们愈来愈相互尊重，并认真倾听对方的声音。而过去却不是这样，在为和平而工作的许多个年头里，我首先注意到这一点：过去，妇女在男人占支配地位的场合几乎见不到，有色人种的情况也与此相似，在大多数场合，白人占压倒性优势。而今天人们却表现出真诚的相互尊重。没有这一变化，我就当不上 IPPNW 的主席。这种态度一直在扩展，在科学领域，在法庭上，在商业来往中同样可以看到。这是一种值得注意的现象，因为，没有对正在成长的新人的提携，没有现有潜力的发挥，要实现共同目标是完全不可能的。

几乎所有的宗教都教导自己的信徒，真正的和平只能从内部生发出来。那么，究竟发生了什么"内部改变"呢？

我相信，发生深刻改变的，是"神的在场"的体现方式。今天，从原教旨主义立场出发，坚持所有人只能信奉某位神，一切不信奉这位神的人都必须受到惩罚的观点，愈来愈不被认同。这一变化建立在这样一种认识之上：我们大家信奉的是同一位神，只不过这位神显现的方式不同而已。我们可以以不同的语言，不同的话语向这种更高的力量祈祷。诚然，不同的宗教在财产、妇女的作用等方面会有不同的社会规则和安排，但一条基本原则是，我们大家所信奉的是同一位神，同一种力量。

> 这听起来似乎与神话中关于神的描述完全不符，有点将人与人的关系神圣化的味道……

我更愿意说，这其实是过去人们心目中的神的形象的颠倒：这位父亲式的男性的神高踞于天上，成了一种我们无法理解、无法企及的神秘力量。我觉得，我们实在太不宽容，而人类想象神的存在方式的能力实在太有限。我们应当学会从不同的角度去想象神。两千年前，我们或许需要一种确定的神的形象，因为没有一位可以想象的、确定的神，人们寸步难行。而今天，我们似乎不再需要它了。

> 您是否会说，人们从和平研究者的统计数字中，可以解读出一种精神和伦理层面上的变化？

不错，我相信是这样。当我写那本书①时，我几乎不敢相信我们正面临一场大规模社会革命的感觉。我问自己："我真的有勇气写这样一本书，而不被公众讽刺为理想主义者吗？"当此书付印时，人类安全研究所的那份报告刚好发表，及时为我在分析各种和平倡议时提出的观点提供了佐证。事实证明，书中所说的绝非个案，而是一种世界性的趋势。我们的确处在一场社会革命之中，它所涉及的范围比战争与和平要广泛得多。我坚信，这是一场触及我们意识的革命。

> 还是让我们从这个形而上领域，回到日常政治问题上来吧。

---

① 玛丽－怀恩·阿什福德：《血流得够多了。对伤害、恐怖和战争的101种解读》，New Publishers 出版社，旧金山，2006年。

和平运动上一次大显身手的时候还是在伊拉克战争之前，那一次大游行席卷了60个城市，总共有两千万人参加。为此，《纽约时报》发表了题为《一种名为公民社会的世界第二大力量》的文章。这个说法是否恰当？或者，这一运动比它自身所估计的还要强大？

我相信，这一说法非常恰当。当然，它是一种形式完全不同的力量。世界上有两种力量，一种是民族国家的实力，它不但通过选举获得了民主的合法性，而且拥有强大的军事和经济实力。另一种是公民社会，它的强大是通过道德力量来显示的。我们本来希望，道德的力量能像其他形式的力量一样强大，并制约整个人类的行为，使我们政府的行为也建筑在这种伦理道德的基础上。可是情况远非如此！所以，我们便时刻不能放松警惕，而必须努力工作来加强这种道德，因为阻碍我们这样做的势力是在太强大了。一方面，是金融势力，另一方面是那些觉得我们所做的一切不过是罗曼蒂克的幻想的人。已经出现的变化不会自动延续下去，它仅仅反映了一种趋势，我们应当加紧工作，使这一趋势取得突破性进展。

如此说来，"大卫战胜歌利亚"的策略①还要继续下去？

肯定是这样。不过我们还是使用另外一个比喻好些。这与一场旷日持久的谈判有些相似。我们应该像纳尔逊·曼德拉或德斯蒙德·图图那样，几十年坚持不懈地保持一种正义和现实的道德立场，并从这种态度出发，在更高的层面上提出所有人都能接受的要求。这或许会产生一个同大卫用投石器杀死一个巨人的比喻完全不同的

---

① 据《圣经·旧约》《撒母耳记》，在以色列人与非利士人作战时，还是牧羊少年的大卫（后来的以色列王）出其不意，用投石器投出石头，杀死了非利士巨人歌利亚。——译者注

比喻：我们用不着再杀死巨人，而要改造巨人，让他同我们合作，使他成为我们强有力的伙伴，以建设一个更好的世界。这个目标或许不那么革命，不那么具有"男子汉气概"，可是，公民社会的强大恰恰体现在这种看起来不那么强大，甚至有些复杂的作用上。

　　既然我们用不着再杀死巨人，那么，面对危机，我们是否要减缓他的崩溃呢？

　　我们肯定也必须这么做。我们应当看到他好的一面，应该让他安静下来。另一方面我也相信，在巨人休息时我们不应当打扰他，而应当利用这个时机建设另一种全球性制度，展望我们为了保障一种没有战争的安全，怎样在社会和经济上组织起来。我们无疑仍然需要一种能够提供安全、阻止一部分人通过暴力骑在另一部分人头上的制度，这样的现象必须被制止。我并不反对某种军事潜力，只要它处于国际监督之下，但我们决不能允许这个世界在经济和政治上回到过去的状态。

　　您所说的一切，核心意思是我们目前已经生活在一种与我们的感觉完全不同的现实之中。您是否能举几个例子，说明公民社会做到了许多我们似乎忽略了的事情？

　　我想到的第一个例子是禁止地雷的国际公约。反地雷运动最初的发起者是以朱迪·威廉姆斯（Jody Williams）为首的一小群人，他们来自一些非政府组织，如国际红十字会，还有参加过越南战争的美国老兵。他们在伦敦聚会，提出了这样一个问题："埋设地雷真的有必要吗？这样做是为了什么？"在三天之内，他们便奠定了一场世界性运动的基础，一些著名人物如戴安娜王妃和加拿大外交部长也参与其中，他们只用了四年时间便使这一国际公约获得了通过。据我回忆，这是我第一次与政府合作而不是对抗。对此，我为政治家鼓掌喝彩。另一个例子显然是成立国际刑事法庭①的决定，对核武器按照国际法是否合法的问题作出了明确表态。我想起一群新西兰人，他们在"反核武器医生组织"的一次集会上提出了这个思想，并说："倘若达姆弹是反国际法的，那核武器同样如此！但解决问题的唯一途径应该是让海牙国际刑事法庭来过问此事。"我那时就想："这是一个多么荒唐的想法！它将永远无法实现。"可是，当全世界三千万人在一份呼吁书上签名之后，这个想法真的实现了。这些签名证明世界公众舆论已经站到了这个法庭一边，而法庭也明确表态，核武器与国际法是不相容的，所有成员国必须依照人权条约的规定销毁这类武器。从此，它就成为人们一直向核大国提出的要求。

尽管如此，核武器直到今天仍然是公民社会不够成功的一个例子。既然这个星球上每一位有思想的人都认为使用这种武器是一种犯罪，那核武器为什么始终不能被销毁呢？

这样说当然对，可另一方面我们已经接近这个目标了。2000 年，在比尔·克林顿任总统期间，所有的核国家本来已经准备签署核不扩散条约了，可是短短几周后小乔治·布什上台，又拒绝在这个条约上签字。我们这儿说的是，唯一的一个人及其领导的政府毁掉了一次全球性的成功！对于反核运动的积极分子来说这当然是当头一棒。不过现在，在奥巴马总统将消灭核武器作为他追求的目标后，情况完全不同了，与俄罗斯的谈判，将核弹头近期内削减到 2000 枚以下的谈判，已经取得重要进展。由此开始，这一势头将继续下去。

未来战争最大的危险可能来自气候变暖及其引发的后果。

---

① 见 http://www.internationaler-strafgerichtshof.de/。

您认为在气候变化、二氧化碳急剧升高、石油资源枯竭与核武器之间,有直接联系吗?

毫无疑问,它们是紧密联系在一起的。我想起记者葛文·黛雅(Gwynn Diar 或 Gwynne Dyer)说过的一句话:只有美国崩溃才能拯救我们。她写道:"希望这种事能够及时发生。"——一个可怕的注释。然而,我却不得不对她表示赞成,因为,如果我们要在消灭核武器方面取得根本性进展,就必须寄希望于美国再也无法保持它的核支配地位。尽管如此,为了取得现实的进展,我们必须把目光投向世界当前面临的资源紧缺,以及怎样解决它的问题。我预计,在世界上的所有国家能够并且准备放弃它们的国家权力,精诚合作,共同致力于一种联合国认同的解决方案之前,还会出现更大规模的困难和痛苦。这并不一定意味着我们必须有一个管理一切人和事的世界政府,相反,我把欧盟视作一个榜样,一个各国为了共同解决人类面临的问题,放弃一部分自主权而联合起来的榜样。即将到来的这个时代绝不会是一个简单的时代,因为仍然存在着某些国家在困境和匮乏中采取老办法,为摆脱眼前的困难而发动战争的危险。像以往一样,这是一切解决方案中最坏的,它们自己很快就会发觉。

如果战争次数令人惊奇地减少的势头被气候危机所遏止,那么,未来战争是否就会围绕获得和保障资源而进行?

这就是大多数政治学家得出的核心结论。对此,我所持的立场有所不同。我相信,我们还必须同个别国家的战争和侵略冲动打一段时间的交道。然而简单的事实是,随着在可预见的未来石油资源的枯竭,那种试图通过战争解决问题的过时手段也将受到限制,因为战争取决于化石燃料,无论它是石油还是过去使用的煤炭。战争本身和战争中军队与物资的运送要消耗大量石油。我敢肯定,人们迟早会懂得这条路无法走下去。为了最后一点石油而争来斗去，并在这场争斗中将这一点点石油耗尽，实在非常愚蠢。因此，人们团结起来，共同考虑"我们缺乏关键性资源，我们必须解决怎样在全球公正地分配它"，只是一个时间问题。此外还有另一些问题需要考虑，如扶持工业化农业生产的资金的浪费，南方国家越来越贫困等等。所有这些事情都应当优先处理，找到全球性的解决办法。

您指出，石油短缺将使得未来战争难以进行，这里似乎也蕴含着一种范式转变。这难道不也是一种"危机红利"吗？

倘若对石油短缺带来的所有问题作一番审视，这种说法肯定是有道理的。石油是当今世界上所有危机的根源，不论是气候变暖还是环境污染。毁掉海洋的拖网捕鱼也耗费了大量石油，因为没有石油，那些巨大的、装备数公里长拖网的捕鱼船，还有那些跟随它们的加工和包装船队，就寸步难行。随着石油开采量的下降和油价上涨，我们还会面临另一场危机，即工业化农业生产的崩溃，因为这一生产靠的是化肥和农药，而化肥和农药恰恰是石油工业产品。此外当然还有其他与石油相关的原材料和环境污染，它们不仅以化学和生物污染的形式，而且以农产品毒素，以消费垃圾，以泛滥成灾的塑料制品的形式存在——所有这一切都是石油和这个依赖石油的社会带来的后果。所以，石油紧缺将对我们的整个生活方式产生无法估量的影响，其中有许多会给我们带来困难，但对这个星球却是有好处的。总而言之，未来岁月将会是艰难的，但可预见的困苦也会使人类生存下去。

除此之外，在未来的石油短缺与保留核武器的不理智行为之间存在着联系吗？

■ 危机浪潮：未来在危机中显现 ■ Zukunft entsteht aus Krise

我甚至相信，有人奉行这样一种战略：未来由于石油短缺而必须拥有核武器。在今天的世界，权力和经济支配只能通过获取和控制石油才能保持。俄国和美国近来的争端不再涉及意识形态分歧，而围绕石油资源和通往西方的输油管道进行。核大国之所以不肯放弃核武器，就是为了在最坏的情况下获得并保证其石油供给。要想减缓气候变化，最重要的就是要懂得，我们必须摆脱战争，摆脱对石油的依赖。而为了阻止核武器的使用，我们就必须停止对最后一点石油资源的争夺，将剩下的资源置于国际监管之下。从中得出的最终结论是，每一种加速向可再生能源转型的政治和个人举措，都不仅有助于遏制气候变暖，而且也将减少拥有核武器的必要性，使积极的和平政治得以贯彻。对于每一个个人来说，这意味着，他决不可放松争取一个没有核武器的世界的斗争，与此同时，也应该在生态保护方面约束自己：在选择交通工具、给自己的住宅供暖、减少使用热水、选择商品和处理消费垃圾、放弃使用塑料包装和瓶装水方面作出具体的贡献。还有减少从海外进口水果，放弃乘飞机度假。让我们结束这一切吧！让我们乘公交车出行，乘火车、骑自行车、徒步旅行！这样做就是为和平而斗争的另一种方式。

您似乎在极端的悲观主义和盲目的乐观主义之间来回摇摆。"消灭战争"也可以看做一个例子，说明我们在走向更好未来的途中，取得了比我们想象的还要大的进步。那么，我们还会滑向更深的谷底吗？

我认为我们无法逃脱这一命运，原因非常简单：我们直到今天都在如此恶劣地对待我们的星球。在这种局面下，还会有许多苦难等着我们。问题的实质在于，我们今天如何对待它们，明天又如何改变它们。因此重要的是，我们今天就必须筹划好，一旦旧制度坍塌，我们要建立怎样一个能够使人类生存下去的社会。我们现在就必须找到一种能够长期可持续发展的社会形式，而这肯定是一个不再自我复制，而是永远继续发展下去的社会。社会的集体目标不应该再是经济增长，而必须是在所有层面上实现人与地球以及人与人之间的和谐，因为只有这样才是可持续的。为了到达这个目标，我们拥有相当多的可能性。

从正在显现的未来出发，行动，参与，领导
——与社会学家、领导人才培训专家
克劳斯·奥托·夏莫教授、博士对话

克劳斯·奥托·夏莫（Klaus Otto Scharmer）教授、博士，麻省科技研究所（MIT）领导人才实验室（Leadership Lab）的教师和创建者之一，赫尔辛基经济学院客座教授，以及"负责任的领导人才全球研究所"创建者之一。他既是美国、欧洲和日本多家跨国企业的顾问，也作为创新专家和领导人才培训专家，为政府和国际公民社会组织担任顾问。作为他在 MIT 研究工作的一部分，克劳斯·奥托·夏莫 1995 至 2000 年期间，在世界范围内组织了一百多场对美国硅谷的高技术公司，以及领导、战略和知识更新方面的杰出人物的采访，并在 MIT 提出了他旨在加强现代和有效的企业运营的新方法的"U-理论"①。它所代表的开启对未来可能性感知的"在场"（Presencing）的思想，被认为是转变过程形成的新的途径。见 www.ottoscharmer.com

---

① U 理论是关于人类、团队、组织等社会主体学习、创新与变革的深层次过程与源泉的理论，由麻省理工学院奥拓·夏莫教授经过 10 年研究于 2004 年提出。这一理论探讨了人类学习与创新的深层次根源、生成过程（即 U 型曲线）与核心环节（在场；Presencing），并在领导能力开发、组织变革、解决复杂问题以及组织学习、创新等方面。——译者注

与 www.presencing.com。

在当前世界形势下，许多人似乎有一种感觉：旧的时代已经结束，人们正走向一种能打开新的潜力的未来。您是否有一种能描述这一感觉的个人体验，一种未来正在显现的体验？

这种旧时代已经终结，新时代正在开始，但还看不清楚而只能感觉到的体验，过去几年不仅在我个人的生活中，而且在我与各种组织、领导人才和一些个人的合作中经常出现。就我而言，这种体验第一次出现在我16岁时：有一天我回到家，看到我们那栋有250年历史的老房子燃起了熊熊大火。在看到我所生活的那个世界正在消失，我脚下的土地正在塌陷的同时，我也感觉到，我不得不告别过去，告别此刻正在化为灰烬的过去。正是在这个危机时刻，我开始理解，在经历了这一切之后，我必须摆脱阴影，重新振作起来。我不能再把注意力集中于已经失去的旧世界，而必须着眼于未来。这是一种心理感觉，一种内在的态度，它今天仍然激励着我的研究工作。

这种生存体验是怎样变成研究的动力的？

在过去15年中，我完成了多项新的学习和组织研究课题，采访了许多位研究者，提出并修正了多种理论。从中我得出了一个简单的结论：今天所有的学习方式都建立在一种基本模式，即对过去的反思之上。这就是认识产生的源泉。与此相反，今天不论是个人还是集体，在现实生活中都与正在崩溃的金融和实体经济市场密切相关。我们在世界范围内面临着巨大挑战，而这种挑战并不能通过对过去的反思被消除，而需要我们通过新的学习方式来应对。新的学习方式必须着眼于未来的潜能，并开发这种潜能。今天，随着大的自我的形成，我们置身于旧事物不断崩溃，新事物不断产生的中间地带。我们必须从正在形成的未来出发来思考和行动。

大多数机构今天正绝望地试图维持现状，您认为它们能够成功吗？

从长远来看当然不能，但这还要事实来证明。我们站在秩序和稳定随时都可能塌陷的薄冰之上。我们处在一个必须停下来，看看发生了什么，从废墟中重新站起来的时刻。我们这个时代的危机表明，一种过时的社会结构，一种固定的思维方式正在死亡。我们还没有学会，怎样使自己从延续了许多个世纪的古老的集体思维模式和体制化模式，转变到适应新现实的轨道上来。目前正在崩溃和死亡的社会结构——不论是地方的、区域的还是全球的——是一种前现代的传统思维和行为结构，一种现代性的工业社会的结构。今天，两种结构面对现实的问题都无能为力。结果可以预料——它只能逃避。

金融危机和原有安全感的丧失，是否就像您年轻时所看到的失火的房子？

我相信，我们过去几个月在经济领域所经历的危机局面，仅仅是一个开始。尽管情况急剧恶化，但此刻还没有到不可收拾的地步。危机随着金融经济泡沫的破灭而产生，目前正蚕食着实体经济。问题早已不再仅仅是旧结构的彻底垮塌了。人们最初的反应是用常规的办法来应对，这当然是可以理解的，也希望能取得预料的成功。但我们必须认识到，经济和经济学领域内的专家知识，并未能预见到危机的到来，而且，我们在危机局面下，几乎没有对任何超出旧话语方式的选择方案进行过讨论。人们讨论的仅仅是市场或国家是否能成为医治现实疾病的万能灵药。这里完全见不到新的经济思维方式的影子，见不到任何用新思维应对新挑战的努力。

在积极的意义上，危机是否能成为打破旧观念的契机，使我们能生活在一个安全的世界上？

我所观察到的，是一种在小的网络结构和群体中自发形成的新的"在场"形式。这是人与人之间联系的另一种方式，一种新的相互间关系，一种与正在产生的新事物之间的关系的新形式。如果一些群体从现实的未来愿景出发开始行动，那么，另一些人曾经经历的社会领域就会自动开启。在今天正在发生的过渡中，人们将与更深的创造性和知识的源泉结合起来，将过去的模式抛在身后。倘若他们以这种方式从自我出发来行动，那么就会产生一系列后果：个人活力的提升，注意力的集中，自信心和参与愿望的加深，对前进方向的清晰理解，超常的结果。在对危机的反应中，完全存在着摆脱过去模式，最大限度地开发未来潜能的可能。

阿尔伯特·爱因斯坦有一句名言：用旧的思维方式是不能解决旧思维提出的问题的。为了避免一再重复旧的反应模式，从而使危机进一步加深，我们应该怎么做，才能转换我们的思维方式？

观察一下西方经济的发展轨迹，我们基本可以归纳出三种思维模式，其中两种占据着主导地位。一种是市场经济模式，这种模式看到了国家职能的失效，从而要求更加开放市场。第二种认为，要解决由于市场失灵而出现的问题，必须强化国家的作用。占优势地位的话语于是在这两种范式之间来回摇摆。第三种模式的代表性论点是所谓的"绿色论点"。由于前两种思维范式并未取得令人满意的结果，人们于是抱怨"制度缺位"，而这种缺位首先表现在生态环境和健康方面。"绿色论点"认为，我们应该加强经济的地域化，让有不同要求的群体和"派别"参与到谈判和对话中来。您可以在任何一个问题上——生态危机或别的危机——看到这三种思维范式的分歧和斗争。不过，仅有这些还不够。

那么，我们还需要什么呢？

今天我们缺少的，是一种深入的分析，是承认这三种调控机制和分析方法虽然必要，但还远远不够。它们仅仅是我们所需答案的一部分，必须放在更大的总体关联中才能成立。这种总体关联就是，构成它的所有行动者必须坐在一起，共同制定出一种发展战略。换句话说，他们必须建立一个共同的认知和行动空间，从现实情况出发，直接制定出共同行动的方案。

在危机如此严重的情况下，这怎么可能呢？

我们在紧急情况下是怎样反应的？总的说来，我们用传统的调控方式已经无法减缓危机的发展。只要看一看气候变暖或由生态危机引发的其他问题，看一看全球金融与经济危机，我们就会明白，传统的调控机制早已失灵。相关者应该坐在一起，对局面作出共同评估，并像在紧急情况下那样，避免无休止的争论而采取必要措施，使局面得到控制是绝对必要的。

可是怎样才能做到这一点呢？

倘若我们重新思考世界，我们就必须找到我们行动的源头在哪里。这个源头对于大多数人来说是一个盲点，我们时代最核心的危机恰恰与它相关。我们在所有的制度层面上总是遇到同一个问题，即我们的盲点。而这个盲点就是我们自己：只要我们不能面对这个最根本的问题，就不能创造性地应对现实的挑战。一旦我们停止按照旧的模式行事，正视这种最隐秘的内心状态，我们就可以到达这个源头。我们面对的挑战要求一种意识转变，一种我们的行为赖以发生的内心定位的转变。只要我们看到这一点，我们就可以将它用作实际变革的杠杆。他能够使我们在当今世界的语境下看到一个不同的自己，让我们用另一种方式行事。从我们的本质出发而行动意味着，从最高的未来可能性出发来感知和行动。那样，我们就不会再用过去的观念看问题，而会从一个将我们纳入正在产生的未来可能性的过程来处理问题。

那样一来会出现什么情况？

如果我们放弃习惯性判断，重新定位我们扮演的角色，转变我们注意力的结构，告别旧的身份认同和目标，我们就能最终取得突破，达到正在出现的、代表未来发展趋势的新境界。在社会领域同样如此。今天我们所经历的危机，是当代资本主义正在以一种新的经济形式再生，向这种新经济形式转换的契机。这种新的经济形式将更加团结一致，更加注重生态和环境保护，其中实体经济和金融经济结构更加合理，减少金融泡沫，使实体经济市场变得更加稳定，使对社会基本设施——如教育和生态保护——的投资形式更加理性，使经济的地域化得以加速。

如果迄今为止实践者固守旧的制度，旧的范式，那您所描述的这一前景怎样才能实现呢？那个惯性的恶循环怎样才能被打破，尽管我们知道它对于我们并非好事？

■ 危机浪潮：未来在危机中显现 ■ *Zukunft entsteht aus Krise*

在东欧的计划经济体制崩溃时，那里实施了著名的"休克疗法"，即计划经济向市场经济的跳跃式转换，这一转换开始时根本行不通。为什么？就因为不存在相应的制度性框架条件。我们今天遇到的是同一个问题。为了从当前的市场经济形式过渡到经济发展的下一个阶段——在这个阶段，市场虽然仍扮演着重要角色，但已不是唯一角色——就必须建立新的体制形式。为此，实践者必须统一观念，统一意志，同心协力地致力于革新。而在当前的制度下，每一个群体都有自己抽象的利益，都试图通过院外游说和其他方法贯彻这种利益。可是我们现在需要的，是按照具体的价值创造链条，来重新组织这种利益。所有的参与者都必须被组合到这一过程中来——消费者参与生产过程，患者参与健康医疗制度的改革，学生参与教育体制的改革。倘若建立了共同的感知和意志形式，有了这种革新，就能够从整个制度中产生巨大的革新动力。可是，只要我们纠缠于抽象的个人和特殊利益，而又试图以牺牲他人为代价在议会中贯彻这种利益，所有这一切都不可能发生。正因为如此，我们需要深化民主结构，使新的参与形式和一体化形式得以贯彻。

过去 15 年，您在 MIT 致力于转换过程基本模式的研究，并将您的研究成果命名为"U-理论"。在英语中，"U"的发音与"You"相同，似乎指每一个人。或许，您的理论想借助"U"这个形象的象征，来说明我们在上升之前，首先必须跌落到谷底？

"U-理论"或您所说的"You-理论"，在其核心试图说明的道理非常简单：在许多个人和集体的转变过程中，都存在着一个关节点。这个关节点建立在这样一种认识之上：只要我们继续坚持旧的行为机制，旧的人际交往方式和旧的话语方式，拒绝倾听别人的意见，我们就无法前进一步。我们当然可以固执己见，我行我素，但那样一来我们就会寸步难行。我们今天遇到的大部分严重问题，只能通过参与者意识的转变才能解决，也就是说，它不是一种外部转变，而必须是一种倾听方式和在场方式的转变。这是一种意识转变，一种注意力的改变，而这种意识和注意力恰恰是我行动的源泉。这一转变不再仅仅涉及一个人的小我，而会扩大到"你"和"我们"，扩大到整个体制结构，而我只不过是其中的一个参与者而已。

那么，怎样才能跳出这个小我的牢笼呢？

为此，我们需要在理论上和实践中获得更多关于注意力和意识的不同阶段的知识，政治和经济的行为者正是由此出发来行动，从而产生出相应的经济和社会后果的。一旦我们认识了意识与从中产生的现实之间的这种联系，我们就能发展出实践的工具，从而加深和扩大我们的注意力、专注能力和意识。正是在这种联系中，我和我的同事一起创建了"U-理论"。现在，这本标题为《U-理论》的书已经以德文出版①，第一次全面而系统地介绍了这一理论。

这个最近在大企业的领导层以及公民社会组织中引起如此大兴趣的"U-过程"，究竟有哪些内容呢？

这个"U-过程"的基本原则其实很简单。它的出发点是，我们在每一次真正可持续的转变中，都必须经历三个不同的阶段，或经过三种不同的运动。第一个阶段，我们必须停止继续按照我们的习惯来行事，不再用相同的方式和态度对新的挑战作出反应。相反，我们应该停下来，开放我们自己，打开我们的心扉，深入到我们所

---

① 见奥托·夏莫：《U-理论，被未来所引领》，Carl-Auer 出版社，2009年。

■ 危机浪潮：未来在危机中显现 ■ Zukunft entsteht aus Krise

处的境况中，真正学会倾听：从我自己的小我中走出来，把自我放到我所遇到的具体情境中去。第二个阶段或运动是停顿下来，不但把注意力投向外部，同时也转向内部。让自己同自己更深的知识源泉连系起来，这里蕴含着我的直觉，可以让我找到我的内在感觉和知识。这里重要的始终是同一件事情：对外在经验在我的内心深处激起的共鸣要特别注意，要对感觉、情感智力和内在知识的层面特别警觉。第三种运动在于，在这种向外和向内的开放中，看到一种行动的动力，并把思想的闪光、灵感或显现出来的可能性直接转换成行动。我用英语将它称之为"act instant"（立即行动）。即使我从我的直觉出发做一件小事，我也进入了一个可以带来新知识的学习过程。

也就是说，这是一个由外向内发展的过程，我们进入了一个更深的层次，我们检验着自己的过滤和观照事物的方式，然后再主动地面向外部？

不错。这是一种向外开放，能使我从自己的内心出发感知到更多的东西。通过这种开放，我进入了一种运动，它使我获得另一种动力，并以另一种意识采取行动。这听起来有点太过理论化，但如果我们看一看艺术创作和其他的创造性过程，看一看变革和危机发生的过程，我们就会发现，它们都与这三种运动有关联。

在政治问题上和大的固定机构那里，我们为什么很少能看到这个过程？

我们在那里遇到的，往往是旧程序的不断"下载"（Downloading），即"通过老办法"解决问题。这是因为，在转换过程中，通常会出现三种阻力、对立面或"内部声音"，我们必须学会怎样面对它们。首先是一种针对自我或别人，或我所必须面对的环境的、发自内心的"判断的声音"。如果听信了这种声音，我便会重复旧的判断模式。这类模式可能会扼杀创造性的过程：第一步往往是过于相信自己的判断，即丧失了克制自己的判断、认真观察形势、开放自己思维的能力。第二种阻力来自于"厌恶的声音"。关于这一点，每个人都很清楚，当我们在情感上拒斥某件事物时往往会出现这种情况。这种厌恶感使我们拒绝在情感上介入这件事物，拒绝与别人交流。它阻塞了我们通向更深知识的渠道，从而也阻碍了我们的创造力和自我改善的能力。

> 这种犬儒主义态度，是否与害怕脱离熟悉的环境，害怕改变自己有关？

是的，第三种阻力的确来自于"恐惧的声音"，暴露了我们难以与旧事物决裂的弱点。当我们接触到我们不熟悉的新事物时，这种声音就会变得强烈起来。它可能让我们死抱住已经过时的东西不放，让我们留恋过去。以上就是我们不但在个人领域，而且在大的问题上不能采取开放态度的三种原因或阻力。只有当我们克服了对进入未知领域的恐惧，一个正在开始的未来才能在我们面前显现出来。也只有这样，我们才能把握全社会的变革进程，在组织上和个人行动上参与这一进程。如果我们想更深地参与这场社会和经济的大变革，就必须让自己变成这种动力的一部分。在这种意义上，所谓领导，就意味着培养克服这三种阻力的能力。这种能力决不应该枯竭，而只能获得更加成熟的形式。

> 您刚才描述的情形，似乎与意识研究、精神研究以及注意力训练的成果有关，您把这些成果运用到一个过去只有数学、力学和逻辑学才会涉足的领域。一场精神科学的革命是否也会

发生在经济领域？

这恰恰是我们需要跨过的一道门槛。我们今天一方面应当在经济学和社会科学之间建立一种新的联系，另一方面应该把意识研究引进到经济学中来，此外，还应当重视实际的体制转变。这三个方面应当紧密结合，同步发展。现在，不但在研究方面，而且在实践中都出现了有趣的变化。

我们应当怎样评估这种集体意识的变化呢？

正如物理学告诉我们的那样：例如，当水冻结成冰，它便是固态的；如果加温，它就溶化成水，倘若再加温，它就变成了气体。在社会领域同样如此。使它们发生改变的媒介是什么？是人际关系。那么，这种关系从一种状态——我用"冻结"这个词来形容它——向另一种状态，即液体状态，转化的条件又是什么呢？这就是为应对当今重大挑战，对作为社会科学研究的补充的意识结构所作的研究，以及为促使它改变而进行的工作。

企业家和政治家都在一个社会场内活动，这迫使他们按照既定的规则行事。倘若有人有意识地想在更深的层面上有所作为，他们拥有什么资源呢？这样做能否改变这个社会场，给我们带来一个新的未来？

让我们用一种特定的对话场景来解释这个问题，例如一场激烈的辩论。倘若辩论一直进行下去，它就会按照既定模式发展，就不会取得突破，并在意识层面转化为理性的探讨，转化为一种带来新的可能性的自我反思的对话。为了使这种理性的对话局面能够出现，就需要有人来引导！假如辩论者只在固有的思维框架内活动，坚守自己的观点，那么就必须有人来引导。当一种僵持局面出现，所有人都停留在原有的意识层面，无法推进到更高层面——从辩论转化为自我反思的理性对话——时，引导绝对是必须的。为了取得突破，我们所拥有的最重要的资源，便是把握全局、审时度势、坚定自我信心、解决复杂问题的能力。

这种开放态度和对自我能力的信任能起到什么作用？

只要我们注意到下列不成问题的问题就行了：什么是我们具有权威的自我？在我心中，是什么允许我从一位倾听者的角色转换为另一种角色的？这种动力从何而来？我怎样才能驾驭它？我们应该明白，在转换过程中，我们真正的自我是一种处于中心位置的、起重要作用的创造性的源泉。当我们在一种旧事物迅速崩溃，谁也不知道新事物从何产生的环境下活动时，我们应当向整个环境的现状开放，应当注意到，从我们面对的这个空间中将产生了什么。有各种各样描述这种与更深的知识源泉接触的方式，我把这种接触形容为"在场"，即"身临其境"或"对一种未来可能性的亲身体验"。这是一种对超出自身控制的、从现状中发展出来的东西的开放。而我今天所看到的，是越来越多的人和社区具有了在一种变革的环境下适应这种进化潮流的能力。这意味着，通过对一种"可能性空间"的亲身经历，以更加深入、更加专注的注意力有效地行动。

在您的书中，有一章的标题是"从未来出发进行领导"。这似乎与我们纯逻辑的、直线性的时间概念相悖，除非我们把未来重新定义为一种离我们不远的东西，而不是直接从当下产生东西。

■ 危机浪潮：未来在危机中显现 ■ Zukunft entsteht aus Krise

是的，它离我们很近。我们应该对未来作新的理解。说起未来，人们谈论得最多的是站在过去，对一种似乎很遥远的东西的猜想。这是一种早已有之的直线性的时间延伸观念，这种未来展望常常像怀念过去一样索然无味。两种想象都是不现实的，过去已经过去，未来还没有到来。惟一现实的东西就是当下，是现在，是我们正在经历的时间。在这种意义上，"在场"不是一种对尚未发生的东西的投机，而是一种对正在到来的未来的感知能力和感知敏锐性的强化。通种敏感性，通过对新事物接受力的加强，我们就能够形成一种敏锐的知觉，扩展我们应对当前局面的可能性空间。我们必须学会感知，学会看到隐藏在当下状况中的未来的潜在可能性。"在场"标志着一个人或集体将自身同一种更高的未来期待联系起来，从而直接采取行动的能力。而从这种更高的期待出发采取行动则意味着，从当下的一种权威的在场——从现在——出发，来采取行动。

但这也意味着，我们必须从一种熟悉的、纯理性的感知出发……？

看到一种未来的可能性就是看到一种我用眼睛或许看不到的东西，一旦我抛弃了旧的模式，它就会向我开放，因此我将它称之为"开放意识"（open minds）。一旦我运用我的情感智慧，它就变得可感知，在英语中人们称它为"开放的心灵"（open heart）。或者，它像"手的智慧"一样，可以称之为英语中的"开放意志"（open will）。我们需要这种种思维的开放，心灵的开放，意志的开放。倘若我们让这些智慧的形式变得更敏感，我们就可以在其他人丧失方向的情况下变成一根"天线"，从而找到正确的方向，确定下一步应该如何走。

在西非的传统文化中有一种说法，认为未来不是在我们前面，而是在我们后面。在我们前面的是已知的过去。按照这种说法，我们是倒退着走向未知的未来的。我们越是扩大我们对当下发生的事情的视野，就越是能够看清未来将会发生什么。这个说法有道理吗？

这种说法绝对是正确的。这里涉及到人所拥有的三种智慧，第一种是我们头脑的智慧，即"智商"（IQ），但这种智慧只局限在我们的大脑，即反思的思维方面。他可以认识整个宇宙，但仅仅从一个特定角度出发，只能认识过去的宇宙。我们能够反思已经存在的东西，即是说，运用这种智慧，我们的确可以回顾过去。但感知未来却是向另一个方向开放，看到我们视野中的盲点。为此，我们必须开放我们智力中更深的层面——情感的智力和意志的智力——使它们变得更加敏锐，更易于接受新事物。

在实践中，能够找到这方面的例子吗？

当然。如果您了解研究人员是如何提出新思想，发明者是如何获得灵感，新事物是如何从生活中产生的，那么，您就会发现，所有的新思想、新发明和新事物，开始时都几乎只是一种朦胧的感觉。这种感觉转化为一种行动的动力，推动人们去解开最初的疑问，寻找解决问题的办法。在人们的生活中，新思想并非首先出现在我们的大脑里，而产生于我们智力的较低的层面——情感层面，然后再逐渐转移到较高的层面——意志层面，最后才扩展到我们智力的最高层面——思想层面的。在这种意义上，一种指向未来的行动并非纯粹由大脑所支配，而同时需要情感智力和意志智力的介入。

还是让我们先回到"现实世界"上来吧。如果把您所描述的这个智力扩展的过程运用于一个企业、一个社会或一个"社会场"的变革,会出现怎样一种未来呢?

这方面的一个例子,是关于"可持续的粮食供应"问题的一项动议。在美国、巴西和欧洲一部分国家,一些企业、消费者组织、农民和中间商已经联合起来,试图共同改善整个粮食供应的链条。它们认为,今天的种植方式不仅越来越严重地摧毁着地球,而且使生产出来的食品质量愈来愈差。不仅如此,从事农业生产的人,有很大一部分自己也在挨饿。今天的这个制度在许多方面造成的后果,是任何人都不愿看到的。可是尽管如此,几乎所有的相关者——政府,企业,消费者组织——对改变现状都感到无能为力。类似的状况在医疗卫生和教育方面也显现出来。这个联合体所走过的改革历程恰恰与我前面描述过的三个阶段完全一致:相互感知,深入到各自的生活领域,从对整体关联更深的制度性理解出发,共同找出解决问题的方案。这就是人们联合起来,采取新的行动,共同制订并试验新的解决办法的一个典型例子。这个联盟开始时只有20家企业加入,而今天它已经扩展到70多家企业。尽管不能说它目前已经改变了世界性的粮食供应制度,但至少在转变这种制度方面已经开了个好头。倘若更多的人和企业效仿它们的榜样,整个局面就有可能改观。这种事出现得越多,现状也就改变得越快。

如此说,创造新的未来的希望,应该寄托在人们联合起来……?

今天所有人都认识到,真正的变革只有当他们超越体制和行业的界限联合起来,才有可能发生,因为,在行业和体制内部存在着相互矛盾的集体模式,联合只有在参与者之间建立了超越界限的信任之后,才有可能。而这种形成共同意志的信任,又必须经过一个社会过程才能建立起来。这个社会过程能加深共同意识，加深联合和共同行动的凝聚力。

倘若把"U－理论"的观点作为变革过程的基本模式，那就不仅在个人或企业层面上会发生变化，而且会出现一种文明和文化上的变化。后一种变化必须从个人层面开始吗？

这样说是对的。我们时代的危机的确是我们的文明所遭遇的危机。这不但是一场意识形态的危机，而且是旧的文化和社会形态的危机，这种危机建筑在一种广泛的物质主义世界观之上，今天越来越泛滥。对待它的态度今天有两种，一种是坚持旧的常规和价值，竭力用旧的黏合剂重新粘合早已解体的旧结构，试图修复它；另一种是坚决抛弃旧体制和旧结构，承认我们经历的这场危机是一场文明危机，这种文明在许多方面已经走到了尽头，只有真正发现改革的源头，才有可能迈出新的一步。这种改革的源头就隐藏在我们每一个人之中，但它不仅仅涉及到个人，而且是集体的宿命。这种宿命不能理解为集体的强迫，而毋宁说是一个在社会共同体和组织中发生的社会过程，在这一过程中我们在危机状况下团结在一起，向我们的本源不断趋近。通过更深的倾听、言说和在场的形式，我们相互走的更近，从中将产生一种全新的东西。在这种意义上，一种新的文化和文明形式的建立，政治形式的继续发展，世界经济和资本主义的改造，同一个新的、自觉地、更加自由的社会塑造是联系在一起的。在这样一个社会中，共同创造同一种人的形象联系在一起：人不再仅仅是获得某些东西就可以满足的生物，而是具有创造力的、在自己创造活动中展示自己建设一个新世界的能力的生物。

如果我们理解了这一点，是否就应该感谢这场危机？

■ 危机浪潮：未来在危机中显现 ■ *Zukunft entsteht aus Krise*

不错。我们所经历过的所有危机，对于我们的成长都是十分必要的。倘若我们过去经历过挫折，或许就没有一场危机能吓到我们。在这种意义上，当一场危机袭来，总是能为我们提供迈向一个我们此前未能达到的更高境界的机遇。

这一点迄今为止仅在个人心理方面为人所熟知——它几乎变成了一种老生常谈。假若我们把这一道理引入经济领域，那么，在个人生活中流行的"危机就是机遇"的说法，对于整个社会还适用吗？

肯定是这样。这一点我们今天在一些组织不断发展壮大的事实中也可以看到。今天，整个社会正面临一场严重的挑战，金融和经济危机就是最好的证明。这场挑战早已把所有人的命运连系在一起——不论我们是否愿意。只不过，我们的意识仍然局限在我们的自我，我们的家庭，我们所从属的组织，或我们自己的国家，很少有人把这种意识扩展到全球，而事实上，我们的命运与全球的状况息息相关，不可分割。换句话说，在经济上，我们事实上已经被并入一个全球网络，成了这个网络的一部分，但我们的意识还没有达到这个高度。把危机变成机遇，只有在以下意义上才有可能：困扰我们的许多经济问题，以及地球的所有生态和环境问题，都与我们每个人密切相关，我们所做的一切，都对这个网络化的世界产生着影响。

如此说来，您所主张的新的经济理论和领导理论，对于建立一个有活力的经济有机体，将是一种推动。而如果我们更好地认识自己，就可以创造性地影响这个有机体的进化……

……或者用约瑟夫·博伊斯的话来说，可以重新塑造社会雕像的整个形象。在约瑟夫·博伊斯看来，我们这个时代真正的艺术品并不是我用一支画笔，在一张空白画布上就能画出来的。他说过一句意味深长的话："如果我站在一张空白的画布前拿起画笔，一切就已经太晚了。"在他眼里，真正的艺术品就是人与人社会关系的整体塑造，这种塑造是我们每一个人，我们大家共同完成的。这就是我们这个时代最伟大的艺术品——一尊全球相互依存的雕像。我们既是这尊雕像的一部分，也是不断重新塑造它的艺术家。有意识地把握这个塑造过程，是我们时代面临的一大挑战。

在这一进化过程中，从废墟中生长出来的，将是一个怎样的世界？

新世界将从三种全球革命中同时产生，它们将赋予这个社会的、政治的、经济的、文化的世界以新的形象。首先是在生态革命的基础上建立一种新经济；其次是通过一场社会革命，在新的人际关系和交往结构的基础上，建立一个网络化社会；第三是通过一场文化－精神革命，形成一种新的意识。最后这场内在的革命有赖于作为一种全球力量的公民社会的建立。此外，它还取决与一个新的具有创造性的阶级①，特别是一种新的精神态度的产生。这就是一种进化潮流的三种运动。从中出现怎样一个世界，完全取决与我们自己。

这里的核心问题是今天个人与集体之间在两种质量上的碰撞，一场旧的自我与一个正在出现的更高的自我，体现一种更加美好的未来的自我之间的碰撞。我们今天在所有层面上，面临一种用"维持现状"的习惯性解决办法再也无法克服的挑战。习惯性的知觉和行为方式再也行不通。在新事物到来之前，我们必须跨过一道门槛，而这就是当前的挑战，它要求我们暂时停下脚步，深入思考，把自

---

① 参见本书中与马尔科·毕硕夫的对话。

己视为一个更大整体的一部分。我们必须提升集体的能力，改变我们行动的内在出发点。为此，我们必须学习，必须抛弃旧的工具，审时度势，积蓄新的力量。在旧结构崩溃之时看到一种开放的可能性空间的能力，全身心地投入，集中所有的力量并将这种力量投入到变革之中，或许是我们这个时代最重要的任务。

第四部分　向一种生态经济过渡

对危机不加利用是一种犯罪
　　　　应对这场全球性危机需要作出全球性反应
我们所缺乏的是货币的多样性
我要说，快建造木筏吧！
　　　谁不仅行动，而且按照未来愿景行动，谁就能生存

对危机不加利用是一种犯罪

——与经济学家、未来学家哈泽尔·亨德森对话

哈泽尔·亨德森（Hazel Henderson）教授、博士，1933年生于英国，在美国从事独立研究的未来学家，"另一种经济"研究专家。1956年移居美国，从1964年起在自学生态学的同时，开始了未来学研究，并在纽约发起了一项改善空气质量的动议。曾执教于圣巴巴拉大学，后任伯克利大学环境保护学教授。她是"守护世界"研究所（Worldwach-Institute）董事会董事、"罗马俱乐部"成员，曾获得多项荣誉博士头衔，并被授予"全球公民奖"（Global Citizen Award）。她的最新倡议是成立一家名为"伦理市场媒介"（Ethical Markets Media）的媒体企业，该企业作为电视台注册，并在互联网反映和支持了一种向可持续发展经济的全球性转折。在德国，她担任佩特拉·凯莉奖和海因里希·伯尔基金会的评委会委员。见网站：www.hazelhenderson.com，www.calvert-henderson.com 和 www.ethicalmarkets.com。

传统经济学总是试图将资本主义经济形容为一个有组织的

过程。然而在现实中，我们却一再听到关于现有经济的机体已病入膏肓的说法。这个生物学的比喻是否恰当？

大众媒体的确充斥着这种经济的健康状况每况愈下的诊断。银行巨头、政治家及其经济顾问，的确每日每时都在用医学术语描绘货币经济所患的重病。有的说它患了"心肌梗死"，有的说它患了"痉挛症"，还有的说它患了"循环衰竭症"，或身心医学上的所谓"自我信心丧失症"。将经济系统的疾病用医学概念来描述，认为它"处于休克状态"，"必须急救"，有时甚至说它"正躺在手术台上"，"急需动大手术"，需要服用经济政策方面的猛药，或"正在好转"，已经成为一种时髦。

从传统医学中我们得知，这类诊断大多只描述了一些表面症状。那么，一种真正触及这一病症根源的整体诊断，应该是怎样的？

的确，媒体的医学诊断大多是肤浅的、表面的。但它有利于我们从整体医学的角度了解我们经济的现状，使我们对这个濒死的系统的内在生命有所认识。在人们确定了这个经济制度亟需改革之后，看看它在过去四分之一个世纪究竟出了哪些问题，就非常必要了。长期以来我们知道，我们这个"经济机体"的金融部分患上了一种像恶性肿瘤一样迅速生长的怪病，不久前又快速扩散，今天已经占到国民生产总值的20%，即这个机体的五分之一。一个作为"社会血液循环系统"的正常的经济有机体，其金融资产只应当占整个国民生产总值，即整个系统生产力的10%。然而正如一个生物系统患上癌症有各种各样的原因，一个经济系统之所以生病，也有多种根源。从我个人的角度看，可以说我们的经济患上了"心脏扩大症"和"循环障碍症"，它的免疫系统已经失灵，肌肉和骨骼正在坏死，整个机体臃肿过度，积累了太多的脂肪。除此之外，它的大脑和神经系统似乎也出了问题，大量毒素沉积在体内。总而言之，这个经济的有机体正在全面崩溃。

一种患了心脏扩大症和循环障碍症的经济，意味着什么？

让我们把货币想象为一个经济系统的血液。与传统的治疗方法——如放血——不同，现代的经济医生试图用不断输血来缓解这种病症。这样一来，用一个医学比喻来形容，银行系统的疾病就可能突然走向反面，即变成内部大出血。由于人们想保持货币的存有量，便不断向这个经济机体输血，这当然会导致各个器官存积了过多这种"液体"，使它们肿胀并内出血。对付这种症状的唯一办法是一次大手术，放掉多余的血液，让华尔街臃肿的企业、银行和保险公司大大瘦身，并将血输送到急需它的地方，输送给急需救助的人，而这些人就是不动产危机的受害者——房产拥有者、普通企业、大学生、失业者和无家可归者、穷人、公益事业、空空如也的国库和社区财政、医疗卫生事业、学校等等。

这个生了病的系统好像既丧失了免疫能力，也失去了自我修复的功能。

整个危机好似免疫系统被摧毁的一个经典病例，免疫细胞、肝脏、肾和其他重要器官的调节功能遭到破坏。在这个经济机体的金融领域，出现了各种各样奇怪的有毒组织，如"共同债务责任承担"（Kolaterale Schuld-Obligation，CDOs）、一种影子金融——经济中的"投资工具结构"（Strukturierten Anlageinstrumenten，SIVs）或"信贷违约互换"（Credit Default Swaps，CDS）等等，通过一定的保险额来应对信贷风险。所有这一切所起的作用犹如遭到一种现有免疫系统无法识别的有害病毒的入侵。举例来说，这时最有效的、支持免疫系统的反击措施，就是投入有针对性的抗生素，如记者的揭露性报道，互联网上批评性的博客，或勇敢的"举报人"（Whistle-blowern）。另一剂猛药也可以是，通过注销某些银行、对冲基金和保险公司的营业资格，让那些不负责任的企业破产，将有毒废物从机体中清除。

> 即使这些不负责任的企业破产，似乎也无法改变结构性的功能丧失……

正因为如此，在我的初步诊断中，我提到了肌肉和骨骼萎缩症：一旦这个经济的生产性部分被摧毁，支撑它的整个结构也就解体了，产品的制造、基础结构建设、机器设备等等就会转移到调控不那么严厉的第三世界国家，因为那里的生产成本更加低廉。当整个基础设施如水坝、排水渠、水运设施、桥梁、街道和铁路设备陈旧老化，经济的整体支柱就会被大大削弱。这里有一种可以替代不断输血的治疗办法，这个办法可以修复受损的骨骼和肌腱，为被削弱的组织输送氧气：整个经济的物质结构必须恢复平衡，必须重新获得中心地位。①

> 按照这个方案，经济或许会在某些方面或某些行业得到一定的增长，但文化和社会的整体循环并不能完全恢复，我说得对吗？

如果我们大量投资汽车工业，与此同时却忽视公共交通的建设，

---

① 参见哈泽尔·亨德森：《关于全球化：建立一种可持续的全球经济》，Kumarian 出版社，1999 年。

以至于自行车道、人行道、城市公园的步行道等等日益破旧，就很可能会出现这种情况。对某些行业的过度投资，只能导致生物机体内的脂肪沉积，使它过度肥胖——在危机或危险出现的时刻，它的行动能力、反应能力和灵活性便会大打折扣。在这方面，特别值得注意的是医疗和制药工业的畸形发展——它今天已占到国民生产总值的 16%——和军事工业所获得的巨额订单——仅在美国，它每年便要吞噬掉 5000 亿美元。这种病态的增生只有在全社会实行预防性和整体性的医疗保障，大力削减军备支出和秘密特工的支出，增加外交和情报系统的投入，才能得到根本遏制。

整个系统之所以陷入瘫痪，是否因为神经系统再也感觉不到疼痛，大脑丧失了知觉加工的能力？

在经济领域的确出现了大脑和神经系统萎缩的症状，这种萎缩是由于大众媒体和广告制造的大量信息垃圾所造成的，导致了一种类似于思维麻痹的现象。广告不断虚构出过高的公众消费意愿，用这类消费垃圾吹出了一个虚假繁荣的大气泡，而媒体则在文化上不遗余力地攻击和诋毁将一种建筑在化石能源基础上的经济改造为一种使用可再生能源、有效利用资源的可持续的经济的主张。诊治这种疾病的药方应当是大力扶持发布真实信息的公法媒体，制订广告业的伦理规范，加强得到公共财政支持的政治行动，让它们广泛宣传可持续发展和公平贸易的理念。此外，应当改进教育体制，引进新的教学方法，增加教师的工资。① 更多的改进措施还有：大大减少经济学家、律师、企业经营者、中间商和经济师的数量，让他们从事更有意义的工作；改建房屋、公园和游戏场，建立更多的救助厨

---

① 参见哈泽尔·亨德森：《破碎的拼接画：建立一种平衡的经济》，Zed Books 出版社，2005 年。

房和无家可归者的栖身之所,扫除文盲——在美国,他们的数量仍然占到总人口的20%。

> 为了使经济转变为一种可以自行组织的整体,应该采取哪些措施?

当前的经济在最重要的器官里沉积了太多的有毒废物。这种沉积和淤塞使财政预算无法通过废除有毒的有价证券和破产将毒素排出体外。这类肮脏资金的积累导致调控的缺失,使它缺乏执行的力度,让它的排毒能力下降。治疗这种病的良药只能是严格限制院外游说集团的活动和以政治捐款形式出现的贿赂,在法律上制订并执行更加严厉的环保、健康和安全标准。要减少金融泡沫,就必须击败银行帝国,包括禁止前面提到的诸如"信贷违约互换"等奇怪现象,以及其他一切可疑的伎俩。此外,还应当把正常的银行业务同虚假的中间交易、恶意的投资和保险行为明确区分开来,原则上禁止期货交易、有价证券买空卖空等疯狂举动,在这类交易中,卖家手中根本不掌握所交易的货物,但却可以导致价格暴涨或暴跌。另一种有效的办法是大大提高这类中间交易的手续费。

> 没有相关人员伦理素质的彻底转变,这样一种改革能够奏效吗?

这就涉及当前问题成堆的经济的心理健康状况。只要看一看精英们的自恋癖、吹毛求疵癖、无端恐惧症、消费癖、对石油的依赖、对精神迷幻药的迷恋、面对癌变的全球条件,丧失了的现实感就行了。治疗这些病症,特别是美国精英们的病症的良药,就是中国、日本、OPEC国家的经济向他们猛击一掌,让他们清醒。这些国家每天借给我们30亿美元,让我们这些惯坏了的消费狂满足自己的欲望。还有一种急救药就是向这些人每天从外汇交易中获取的暴利——这些钱99%是通过投机得来的——征收30亿美元的税。这样的税收不仅可以结束外汇市场上的混乱，而且可以解决美国为实现联合国千年目标（Millennium Goals）① 亟待解决的资金短缺问题。按照这个目标，地球上的每个居民都可以获得医疗保障，得到受教育的机会，世界贫困人口将减少一半。此外，征收这项税收还可以严密监控逃税和洗钱行为，有效遏制和防止富豪们将钱转移到逃税天堂。②

您所开的药方能够让这个病入膏肓的经济机体恢复健康吗？

我相信能够！使这个系统恢复青春的改革，已经被提上奥巴马政府的议事日程，此外，它还制订了大规模干预的计划，按照这个计划，整个经济将被改造为一种建立在新的太阳能、地热能和其他可再生能源之上的经济。随着美元作为全球性主导货币的地位不断削弱，美国的消费者将被迫放弃对许多东西的依赖，不得不更多地依靠非中心化的区域经济。过度膨胀的康采恩将大大瘦身，而效益低下的公司将纷纷破产。华尔街妄想当"宇宙的主人"的梦想，连同僵化的军事冒险者试图建立一个世界帝国的梦想，都将彻底破灭。

可是，如果这个制度迄今为止仍然建筑在不稳定的、过时的规则系统之上，那么，谁会成为这场改革的新的出资人呢？

---

① "联合国千年发展目标"是联合国全体191个成员国一致通过的一项旨在将全球贫困水平在2015年之前降低一半（以1990年的水平为标准）的行动计划，在2000年9月联合国首脑会议上，189个国家签署《联合国千年宣言》，正式作出此项承诺。——译者注

② 参见哈泽尔·亨德森等：《这个星球上的居民：你的潜能、信仰和行动可以创造一个可持续的世界》，Middleway Press 出版社，2004年。

我相信，新的投资人将从信息社会和"知识掮客"（Wissens-makler）的队伍中涌现，扮演决定性角色。今天，这些新的投资人早已跃跃欲试，尽管传统的华尔街大亨和资金管理人不把他们放在眼里。对于那些经济和政治的全球性玩家来说，他们之所以不起眼，正是因为他们用以操作的不是金钱，而是信息。这些在综合经济和社会改革的意义上代表了一种新的、第二代"新政"（New Deals）的人，主张建立诚实稳定的、能保持可靠价值、作为稳定交换手段的货币。在这一前提下，他们把金钱视为一种人际交往形式，人类精神的一项伟大发明，而不是将其看做一种超级商品。他们主张改变货币的用途。一旦货币重新获得实际产品和服务的保障，得到协议的明确保证，它就能在一种可持续的自然财富和资源的交换中，很好地服务于人类的发明才能，服务于生产力的提高和贸易的发展。

很显然，我们应当深入思考并重新定义货币所扮演的角色。然而，关于货币过去所起的作用，我们应该知道些什么呢？

问题在于，必须把货币改造成一种诚实的媒介，使它成为可靠的支付手段，用它可以支付诚实的劳动。而现在，人们常常通过货币进行肮脏的交易，从而亵渎了它。从欧洲中世纪早期开始，人们就开始放债了：那时的铸金匠把顾客存放在他们那里的金子借给第三者并从中获利；后来，国王们也干起了不诚实的勾当：他们命人将金币的边刮下来。直到今天，我们都不得不同骗子们打交道：银行家大量印刷缺乏实物担保的纸币。人与人之间的货物交流，开始于原始的相互交换和相互赠与。直到3000年前，人类才发明了货币，最开始是小小的陶片和贝壳，后来是金属货币、银币和金币，直到今天的纸币，以及出现在电脑屏幕上、作为短期支付手段的电子货币。从300年前的工业革命开始，科技文明在全世界迅猛发展，人们之间的贸易与货物交换也兴盛起来。而这又导致了金融交换过程的改变。迄今为止作为大多数货币基础的黄金，变成了束缚国际贸易增长的枷锁，因为它的数量根本无法满足要求。许多商人于是将他们的货币兑换成白银和黄金。很快，黄金储备的短缺便促使各国政府利用自己的权威发行纸币，这种纸币除了很小一部分有黄金担保，其信用绝大部分仅建筑在政府的承诺之上。一些国家甚至关闭了"黄金窗口"（Goldfenster），如美国在1971年的那场危机期间就这样做了。许多国家的政府干脆禁止公民拥有黄金。以上就是造成今天这种状况的原因。

这样看来，今天的危机是否应当理解为世界金融系统当初达成的一项协议，即取消金本位制的1944年布雷顿森林（Breton Woods）协议，长期积累的后果？

在我看来，我们当前的危机已大大超过了过去由于缺少黄金或足够的可信赖纸币的储备而出现的证券暴跌、经济滑坡与萧条。中央银行从20世纪20年代的"大萧条"中吸取了教训，知道了可支配黄金的数量始终必须与一个国家的生产和外贸增长相适应，而不能超越它。可是，由于金融和科学技术的全球化，各国的经济今天已经紧密地纠缠在一起，货币的发行早已失去了控制，既催生了巨大的信贷泡沫，又堆积了高耸的债务之山。电脑在金融领域和市场方面的全球性推广使得交易可以在一秒钟内完成，由卫星支持的证券交易所之间24小时的联络，导致了金融衍生物和一种更加奇怪的"抵押贷款一揽子交易"（Hypotheken-Paketen）、"大学助学贷款"（Studienkrediten）和"信贷卡拆借"担保的爆炸性增长。而风险的分析和评估则推给了脱离实际的数学家，这些人的计算与现实状况风马牛不相及。所有这一切加起来，造成了货币的滥发和越来越严重的信贷泛滥。此外，华尔街轻率的、几乎不受约束的金融企业，还将它们不可靠的、有毒的抵押贷款"担保"推销给了全世界那些毫不知情的、轻信的投资者和养老基金。于是，无异于打赌谁将是下一个丧失支付能力者的"信贷违约互换"，发展到如此失控的程度，以至于违约金额达到了682万亿美元之巨，而世界的生产总值2008年还不到这个数额的十分之一，即仅有62万亿美元。

这种失控的局面难道就没有人预见到吗？

当然有。我和另外几个人早在数十年前就预言过，这场危机一定会爆发。[①] 货币的滥发和堆积如山的债务制造了虚幻的赢利和无法挽回的巨大损失，以及"债务转让"（Umschuldung）。金融泡沫的破裂使货币市场突然崩溃，由世界著名企业学校和经济系培养出来的中央银行高管和金融专家们只盯着货币和全球的外汇流通，几乎没有人相信货币仅仅是一种信息形式，今天，在这个系统一切可能的造钱手段失灵之后，它已经大大贬值。今天人们在电视里看到的，不过是中央银行为了填平683万亿美元的虚假承诺与62万亿美元的实体经济价值之间的鸿沟，如何疯狂地印刷钞票。因此，核心问题是，谁将最终成为这一疯狂举动的最终受害者。迄今为止，金融领域对政治的影响如此巨大，使纳税人不得不为此埋单。诚信的缺失和令人无法容忍的愚蠢，激起了愤怒公民的抗议浪潮，因为被扔进不负责任、贪得无厌的银行家喉咙的数十亿美元，本来可以用于改善全民的医疗保障或教育。不过，这一局面也意味着，一个建筑在金钱和金融泡沫之上的金融制度已经走到了尽头。现在，我们百分之百地知道了，在金融领域，也有一个轻重缓急和价值的问题。

让我们重新回到"新的投资者"的问题上来吧。他们会是

[①] 参见哈泽尔·亨德森：《可预见的范式：1991年的经济生活和知识系统》，另见哈泽尔·亨德森、E. E. 舒马赫：《建设另一种未来，经济学的终结》，Kumarian 出版社，1996年。

谁呢?

他们就是那些信息和知识的拥有者,是当今这个信息时代的弄潮儿,他们懂得这是一个依赖化石能源的社会向一个使用太阳能的社会过渡的伟大时代。在这场大变革的过程中,整个金融流通系统将在它自身的重压下彻底崩溃,这个巨大的交易机器将转换成一种现代的交换媒介,即互联网。在那里进行的信息交换与分配将促使一种新的经济混合模式产生,关于这一点,已经有一些专家和专业人士[①],如船桥·本克勒(Yoichi Benkler)、劳伦斯·莱西格(Lawrence Lessig)、唐·塔普斯科特(Don Tapscott)、维纶娜·艾丽(Verena Allee)等,作了详细描述。在我自己的企业"伦理市场媒介"(Ethical Markets Media)的框架内,我也在这方面作了深入研究。例如,我们在演讲、文章、录像影片和新闻报道中介绍并展望了新的负责任的社会投资,这种投资将促进全球公民社会的发展,引导人们奉行一种健康的、可持续的生活方式(LOHAS)。[②]

这种新的信息经济的结构和形态是怎样的?

我们可以说,这种混合经济一部分建筑在以货币为基础的竞争之上,另一部分则建立在信息的合作和交换之上。采取这种运作方式的企业已经明显增多,而且会越来越多。人们只要看一看数字证券交易所、通过计算机和通讯电路进行证券买卖的网络(Instinet)、"群岛"、纳斯达克、谷歌、"电子港湾"、"克雷格列表"、亚马逊、

[①] 参见桥船·本克勒:《网络的健康》(2007);劳伦斯·莱西格:《混合》(2008);唐·塔普斯科特:《维基经济学》(2008);维纶娜·艾丽:《知识进化》(1997)。

[②] 参见哈泽尔·亨德森、亨特·洛文斯:《伦理的市场:绿色经济的成长》,Chelsea Green Publishing 出版社,2007 年。

脸谱网、"微广场"和维基百科①，就会明白，这些商业模式已经把建立在货币之上的市场经济远远甩在了后面。因此，新的投资人就是那些立足于信息的企业，这些企业在它们的活动中，在对这个作为整体系统的星球和人类大家庭的理解上，早已超越了货币经济的范畴。

在您看来，货币将来还能起什么作用？

我们或许会重新诚实地使用货币，让它在产品交换中反映它的实际价值。可是我相信，它再也不会起到唯一的、主导一切的交易手段的作用。这一点可以用黄金作为例子来说明：黄金在爆炸性增长的世界贸易中虽然不再作为直接的货币使用，但仍然保留了它的价值。传统货币迟早会被电子货币所取代，从地区性交易网（LETs）开始，经过辅助性货币阶段，如美国的"波克夏尔"（Berkshares）和瑞士的"WIR"，今天已经出现了在互联网，如在"全球捐赠网"（Freecycle）上交换的形式，和通过地区性广播电视台进行交易的形式。当然，在货币市场上仍然占统治地位的企业，将会利用法律和制裁措施试图消灭这种在他们看来毁灭性的新科技和竞争者。例如，美国的调控机构"证券交易委员会"（Securities and Exchange Commission）就下令暂时关闭"繁荣网"（Prosper.com）的网页，这个网站由于提供不同企业间资金相互拆借和私人贷款的服务而业务繁忙。类似的事情也发生在英国的索帕网（zopa.com）和中国的"齐放网"（Qifang.com）。然而，这些新型企业提供的数字交易网络，在许多方面越过了界限，许多新的电子货币业务正在开展并已走上正轨。它们不久便将成为世界货币基金组

---

① "群岛"、"电子港湾"、"克雷格列表"、"微广场"均为网站名。——译者注

织（IMF）的特别提款权①（Sonderziehungsrechte）的一种补充，而这个组织同样只为国际经济的发展提供人造的数字货币。新的投资者很快就将告诉那些头脑僵化的金融大亨和中央银行高管，他们垄断货币、滥发货币的时代已经过去；未来将是一个这类建筑在信息之上的新型货币和交易网络普及的时代；现有的资源和地区性需求，将创造出新的产品和工作岗位——在地区、区域、国家乃至国际贸易的层面上。

当前的危机是否提供了建立一个全新的货币体系的机遇？

让危机不加利用地从身边溜走是一种罪过，因为当前的金融危机的确可以让我们跃上人类发展的一个新台阶：从国民生产总值有限的、被货币所束缚的增长，过渡到一种清洁的、绿色的、可持续发展的经济。政府现在也开始明白，必须改变目前一个国家的国民生产总值指数仅体现为货币的局面，生活质量和生态健康的指数同样应当受到重视。②让养老保险基金在短期内迅速盈利的方针是错误的，作为企业投资者，它不应该着眼于迄今为止仅追求利润的片面增长，而应当在社会、生态和内部领导质量三个维度上发挥作用。因此我要说：真诚欢迎信息时代的到来！

---

① 特别提款权（Special Drawing Right，SDR，亦称纸黄金）是国际货币基金组织创设的一种储备资产和记账单位。它是基金组织分配给会员国的一种使用资金的权利。会员国在发生国际收支逆差时，可用它向基金组织指定的其他会员国换取外汇，以偿付国际收支逆差或偿还基金组织的贷款，还可与黄金、自由兑换货币一样充当国际储备。但由于它只是一种记账单位，不是真正的货币，使用时必须先换成其他货币，而不能直接用于贸易或非贸易支付。由于它是国际货币基金组织原有的普通提款权以外的一种补充，所以称为特别提款权。——译者注

② 参见哈泽尔·亨德森：《生活质量指数：国家发展趋势的一种新的评估工具》，Calvert Group 出版社，2000年。

即使您所描述的这些措施作为长远目标得到贯彻,为了防止彻底的崩溃,我们现在也需要一种改革经济的战略。而正是这场崩溃,可能毁掉信息时代的未来金融家们施展自己才能的基础。那么,这种战略应该是怎样的?

应该是一种与当前的做法完全不同的战略。早在几十年前我就警告过,市场的全球化和相互纠缠必然会导致混乱,因为我们必须明白,过去25年来国际金融系统和经济、科学技术的全球化,不仅未实现预期的目标,而且加剧了不公正、不平等、社会动荡和生态摧毁。正因为如此,人们现在的调子变了。尽管那时危机刚刚露出苗头,2008年11月16日G20峰会公报的调子还相当乐观,但趋势已经很明显:现有的经济制度必须彻底改变。华盛顿和伦敦签署了改革金融体系、对证券和货币交易进行调控的协议——正是调控的缺失刺激了贪婪,导致了不负责任的风险的产生和债务的节节攀升。几年来我一直警告,全球化和这个失控的、疯狂的市场上纠缠不清的债务关系,总有一天会使整个系统陷入混乱。[1] 2008年20国峰会的那个公报虽然没有指名道姓地批评美国,但也指出,"一些发达国家的政治家以及调控和监督部门的失误"酿成了这场危机,他们"没有恰当地评估金融市场面临的风险"。而这又导致了信用的严重缺失,民众也感到被华尔街所欺骗,所出卖。欧洲的政府首脑们现在要求采取措施制止投机、限制对冲基金(Hedgefonds),减少个人财富的快速增长,以及前面提到的"信贷违约互换"之类的信贷衍生产品,这些金融产品将宝压在偿贷风险和企业的破产上,从而在一场总金额达63万亿美元的大崩溃中扮演了关键角色。

---

[1] 参见哈泽尔·亨德森:《生活质量指数:国家发展趋势的一种新的评估工具》,Calvert Group 出版社,2000年。

可是，这些要求能够触动那些应当为此负责的人吗？

几乎不可能。那些被公众咒骂的华尔街巨头和全球金融业大亨仍然在否认，金融业，特别是美国和英国的金融业，占有了相当于世界国民生产总值的四分之一的财富。瑞士同样陷入了棘手的麻烦，而破了产的冰岛则遭到了灭顶之灾。现在的问题是，怎样才能促使人们放弃对于虚幻盈利——今天它已变成了虚幻的损失——的期待，因为，正是这种不切实际的期待败坏了整个货币体系，危及到了它赖以支撑的实体经济。现在，人们围绕究竟谁应当为此承担责任的问题而争论不休：是那些在这种交易中赚了大钱的金融巨鳄，还是投资者和纳税人？在华尔街有权有势的游说集团看来，答案是明确的：必须为这场盛宴埋单的，是美国的纳税人。而与此同时，中国、巴西、印度、俄罗斯、南非和 G–20 国峰会的其他重要成员，则提出了"建立一个公平公正的国际货币体系"的要求。

鉴于改革的紧迫性，现实的第一步应该怎么走呢？

第一步也许应该是公正地分配国际基金组织、世界贸易组织和世界银行中的代表份额和投票权，这种分配应当反映当今世界的现实，美国不应该再充当世界经济的火车头。G–20 峰会主张建立一种"一揽子货币"的新建议，以及联合国提出的重新分配"特别提款权"的建议，将改变美元至今仍然是最重要的储备货币的局面，从而增加稳定。毫无疑问，今天全球国民生产总值——这当然是一个糟糕的衡量标准——的很大一部分，是由中国、印度、巴西和其他"门槛国家"创造的。尽管如此，美国作为世界上最大的负债国，却在世界基金组织中占有 17% 的席位，而中国仅拥有 3.6% 的席位。但是，即使是这些初步改革，也由于奥巴马的新领导班子中的重要人物，如拉里·萨默斯（Larry Summers）和蒂莫西·盖特纳（Timothy Geithner）——他们对这场经济危机负有不可推卸的责任——以及其他经济顾问如贾森·福尔曼（Jason Furman）和奥斯丁·古尔斯比（Austin Goolsbee），包括前任财长罗伯特·鲁宾（Robert Rubin）的阻挠而举步维艰。这些人都是一种过时的经济模式心胸狭隘的代表人物。

旧的体制能够提出一种超越头痛医头、脚痛医脚的做法，防范周期性危机的解决办法吗？

这在根本上取决于资本主义经济模式能否继续自我改善。美国的经济增长模式已经彻底破产，这种模式建筑在维护"自由"市场和"自由"贸易的所谓"华盛顿共识"之上，主张放开外汇兑换汇率、推行大规模私有化，完全放弃对金融市场的监控。① 它所带来的后果是显而易见的。一种欧洲宣传的，或遵照中国模式的，或多元化的新的社会市场经济会出现吗？无论如何，北京已经打造了同亚洲国家、欧洲国家、非洲国家和南美洲国家的新的合作模式，而布什政府却被排除在外。新的G20峰会还要求国际组织的公平化和民主化，将联合国安理会常任理事国席位增加一席——巴西、日本、印度，可能还有印度尼西亚成为候选国——因为这个机构"二战"后60年来，始终被这场战争的5个战胜国所垄断。我们现在离以上问题的最终解决虽然还很远，但却正在经历美国的"觉醒"：它突然意识到，它不再能无视别国的利益，在所有事务上独断专行了。此外，人们还必须认识到，不仅世界需要美国，而且美国也需要世界，尤其需要联合国。我们必须懂得，这场由华尔街酿成的金融危机，需要通过全球合作来应对。而这就是以奥巴马为总统的政府所面临

---

① 参见哈泽尔·亨德森：《建设一个双赢的世界：全球的经济冲突》，Barret-Koehler 出版社，1996 年。

的真正挑战。

那么，现在应该做些什么呢？

为了避免无辜者、穷人和弱势群体继续受害，对放弃调控的全球金融轮盘赌进行彻底的改革迫在眉睫。危机开始后第一次 G20 峰会的公报明确提出，必须扩大国际合作，特别是在监管世界性的大银行以及金融大炒家方面加强合作。为了防止一个国家为了自身利益剥削另一个国家，防止这种行为继续在"自由贸易"的幌子下被合法化，这种合作今天绝对是必要的。主权民族国家必须重新获得保护它们的公民不受私人企业的讹诈和剥削的权利，而不能被指责为"保护主义"。

对于现有金融体制的维护者，我们今天还能够寄予信任吗？

毫无疑问，全球货币系统已经腐朽不堪，构成一切经济市场基础的基本信任已经动摇。我们不得不做的，首先是不能把所有的经济活动全部交给常规的货币系统来做，而应当建立新的、成熟的、立足于信息的贸易形式。除了前面已经列举的例子，还有国与国、政府与政府、企业与企业之间的国际"物物交易"（Barterhandel）或"以货易货"的贸易。这类贸易可以涵盖一切，从粮食、原料到任何一种消费品。在这种贸易中，信息与货币往往是互通有无的交换形式，也常常同样有价值。许多投资者绕开华尔街和大的金融中心，宁愿通过他们更加信任的电子网络投入他们的自有资金。所有这些与信息和贸易网络有关的交换形式，包括地区性货币、以货易货交易和相互间的私人资金拆借，都是正在兴起的信息经济和太阳能经济的不可分割的组成部分，是变革当前这个依赖化石燃料的工业时代的一种重要动力。

■ 危机浪潮：未来在危机中显现 *Zukunft entsteht aus Krise*

为了稳定从当前危机中产生的新的经济秩序，您还建议采取哪些改革措施？

按照詹姆斯·托宾（James Tobin）的建议，在全球范围内对货币投机征收统一的高额税收，肯定是下一步必须采取的措施。削减全球每年数万亿美元的军费开支，也是必须采取的行动。面对阿富汗和伊拉克危机，以及其他地区的游击战式的武装袭击，军国主义做法越来越失去意义。此外，我们前面提到的许多建议也已经提上议事日程。我们始终应当牢记，全球性金融危机为改革全球的金融轮盘赌创造了可能，而这项改革已经讨论了几十年之久。金融世界最终必须回到它极其重要，但同时也是有限的作用上来——为实体经济提供财政支持。今天，所有这些改革货币，改革中央银行，引进直到今天仍然被压制的替代性货币、地区性的补充货币和电子货币，以及建立国际以货易货贸易的建议，都亟待贯彻。同样，"生态系统和生物多样性经济"（TEEB）研究报告[①]中提出的生态经济项目也必须得到落实。2008—2009年的金融危机，为我们革新金融体系，加快向一种可持续发展的经济的过渡，提供了百年不遇的机遇。全球气候变暖、金融危机和正在发展壮大的绿色经济，标志着人类的意识上升到一个新台阶，已经开始摆正自己在自然界的位置。对于向太阳能时代的过渡来说，这无疑是一种极大的推动。

您认为这种新的潜在可能性隐藏在哪里？

这种新的可能性既表现在旧的美国经济范式已经失败，也表现在中国、印度、巴西和其他G20成员国的崛起上。此外，世界经济

---

① 这份研究报告可以在网站 http：//www.unep.ch/etb/publications/TEEB/TEEB_ interim_ report.pdf 上找到。

由于欧盟和作为第二大储备货币的欧元的出现，今天已经成为制衡美元的一种强大因素。直到这次金融危机爆发，占统治地位的货币和经济范式，以及与此相关的经济和政治利益，从来没有受到过挑战，而这种范式的基础恰恰是货币、中央银行的措施、常规货币的流通及其垄断地位的保持。所有其他的财富价值，如人的潜力和有关生态生产方式的知识，在绝大多数企业、金融顾问和银行的计算中从来就没有任何体现。而现在，由于联合国环境规划署倡议机构（UNEPFI）[1]、联合国倡导的负责任的投资原则、"对社会负责任的投资运动"（Bewegung für verantwortungsvolles Investment）和一些公民社会组织，如罗马俱乐部、"洛基山研究所"（Rocky Mountain Institute）、"碳揭露计划"（Carbon Disclosure Project，CDP）、"新经济基金会"（New Economics Foundation）、"关注全球南方"（Focus on the Global South）[2] 的努力，这种局面正在改观。

可是，投资于新基础设施、教育、医疗保障和可持续企业的钱从何而来？

当然也应当由政府来提供！即使是经济学家，现在也声嘶力竭地要求采取大规模财政刺激措施，因为面对不断增长的财政赤字，

---

[1] 联合国环境规划署倡议机构（UNEPFI）每两年在世界各地举行一次全球圆桌峰会。芝加哥和纽约、法兰克福、里约热内卢、东京和墨尔本都曾作为东道主承办过该项会议。2009年圆桌峰会的主题为"投资变革，变革投资"。此次会议对传统的经济模式进行了反思，认识到推行可持续性经济发展模式的必要性。与会者认为，银行与金融业作为投资主体和经济发展的原动力，在此变革过程中起着关键作用。——译者注

[2] 见"UNEP 金融倡议"网，www.unep.org；"联合国负责任的投资原则"网，www.unpri.org；罗马俱乐部网，www.clubofrome.de；"洛基山研究所"网，www.rdproject.net；"碳揭露计划"网，www.cdproject.net；"新经济基金会"网，www.neweconomics.org；"关注全球南方"网，www.focusweb.org。

剩下的唯一解决办法就藏在常规的工具箱内。然而荒唐的是，其实我们并不缺钱。钱并不拥有实际价值，而毋宁说是人类精神的一项伟大和有用的发明，或者说一种信息。钱实际上像计算尺和算盘一样，仅仅是一种特殊的计量工具；像厘米、公里和英尺一样，只是一种计量单位。只要运用得当，金钱就能够成为一种有用的交换和储备工具。

那么，是否有一种特别适用于太阳能时代的货币呢？

澳大利亚自我管理专家舍恩·特恩伯尔（Shann Turnbull）建议，为了减轻生态电能的财政负担，应当为以可持续方式生产出来的电力，制订每一千瓦小时的统一定价。这个建议的核心在于，政府应该发放无息贷款，以广泛建立新的智能电站和可再生能源设施。建设这些设施所急需的贷款，可以从每一度电的收入中逐步偿还。特恩伯尔还指出，倘若通行的 8% 的利息能够被免除，那么风力发电甚至比燃煤发电更加便宜。赫尔曼·谢尔（Hermann Scheel）、恩斯特–乌尔里希·冯·魏茨泽克（Ernst-Ulrich v. Weizsäcker）和他们的同事起草的"德国可再生能源法"也提出了同样的观点。已经有无数事实证明，通过金融改革，不仅当前的危机可以得到遏制，而且一种绿色经济也能够建立起来。

可是，为了达到这个目标，似乎还需要一场文化革命。

今天，建设一种可持续的经济所面临的挑战在于，所有的竞选团队必须与相对弱势的政府机构和部门，如环境部门、医疗卫生部门和社会福利部门联合起来，共同向那些强势部门，如财政、经济、贸易部门和银行，施加政治压力，迫使它们接受正在兴起的生态的、立足于信息的金融范式。这当然需要大众媒体的支持，媒体出版人应当对变革传统的货币和增长模式持赞同立场。

那么,研究机构、政府和公民社会运动中支持新的经济范式、主张将其融入社会和生态系统的这些进步力量,怎样才能取得成功呢?

这些新的社会运动所关注的核心问题,是人类的生存问题,它们不像伦敦、华尔街和其他金融中心那些自命为宇宙统治者①的大人先生们一样,用权力与控制来谋取私利。相反,他们致力于新范式的贯彻,致力于揭露传统金融系统和经济模式的缺陷。今天人们已经认识到,经济从来就不是一门"科学",在这种语境下,具备生态意识的人、对社会负责任的企业、绿色投资者和进步的经济教育机构,应当超越迄今为止的宗派分歧和意识形态,同公民社会、工会、进步的政治家和开明的政府工作人员联合起来。只有通过这样的联合,旧的货币系统才能得到改进,以信息为基础的贸易形式才有可能成为它的补充。也唯有如此,一种绿色的"新政",一项在世界范围内推广可持续发展经济模式的"全球马歇尔计划"(Globaler Marshallplan)才可能得到贯彻。对于从化石燃料时代向太阳能时代的真正过渡来说,人类对货币这个媒介和替代性交换手段认识的进步,绝对是根本性的,因为它是一切的基础。我认为,只要我们卸下了这个媒介在所有交易中承担的过重的责任,货币的实际价值便会稳定下来。

---

① 参见哈泽尔·亨德森、简·豪斯顿、巴巴拉·马克斯 – 胡巴德:《阴的力量,女性意识的狂欢》,Cosimo 出版社,2007 年。

应对这场全球性危机需要作出全球性反应

——与诺贝尔经济学奖获得者约瑟夫·斯蒂格利茨教授、博士对话

约瑟夫·斯蒂格利茨（Joseph Stiglitz）教授、博士，1941年生于美国印第安纳州，为当代最著名的经济学家之一，现执教于纽约哥伦比亚大学。20世纪90年代，他曾任美国总统克林顿的首席经济顾问，1997—2000年任世界银行副总裁和首席经济师，由于在反对贫困的斗争如何选择正确道路的问题上与同僚发生争执而辞职。他的专门研究领域是市场的失效。由于对信息分配不对称的市场的分析，他于2001年与乔治·阿克洛夫（George Ackerlof）和迈克尔·斯宾塞（Michael Spence）一道获得诺贝尔经济学奖。2008年，联合国大会任命他为一个负责世界经济改革专家组的组长，此外，根据法国总统的提议，他还担任一个负责改善经济效益和社会进步评估工作组的组长。见网站：www.josepfstiglitz.com。

很久以前，您就警告过全球金融系统可能崩溃。尽管如此，您对这场崩溃的到来仍然感到吃惊吗？

危机有两个层面的原因，一方面是世界经济系统亟需改革，另一方面是金融领域存在严重的制度性问题。关于宏观经济过程的分析，我想说，我不幸而言中了。很久以来，现代经济理论便对无约束的市场为何不能自我改善，为什么政府在经济方面应当承担重要角色，作出了解释，然而许多人，特别是金融市场的从业者，却奉行一种"市场原教旨主义"，现在，这种市场原教旨主义的失败已显而易见。在金融领域，我虽然发现了许多弊端，但我仍然不明白这些弊端已经严重到何种程度。直到今天，我仍然对有多少钱打了水漂感到惊奇。世界目前已陷入巨大的、也许是四分之一个世纪以来最糟糕的全球性经济滑坡，比20世纪二三十年代的经济危机更甚。这场危机在许多方面是"美国制造"的，多年来，美国经济和金融系统的问题就显而易见，可是，这仍然无法阻止美国的领导层为减缓危机向那些制造了这场混乱的人求助。这些人长期以来认识不到问题的根源，直至我们滑到了一波新的大规模萧条的边缘，吞食掉一次又一次拯救银行所取得的成果。

悲观主义者预言，全球金融系统的彻底崩溃已不可避免，它所带来的后果无异于一场大规模战争造成的灾难。您如何评估它的规模，以及它对于不久的将来可能造成的损害？

今天人们已经形成一种共识，美国的萧条——它已经持续了一年——或许是长期和深层次的，几乎所有国家都将深受其害。那种以为美国发生的事情与他国无关的想象不过是一个神话，事实已经证明了这一点。情况将更加糟糕。我们正经历第二次世界大战后最深重的经济崩溃，但我们仍然未达谷底。正因为如此，我很悲观。2009年将是世界经济"二战"以来最坏的一年。根据世界银行的测算，它将萎缩1%至2%。即使是做对了一切、执行了比美国更加正确的宏观经济政策的发展中国家，也将受到它的影响。例如，中国的国民经济虽然仍会继续增长,但年增长速度——首先由于出口的急剧减少——将比过去几年的 11% 至 12% 有所下降。如果我们不采取措施,危机将使约 2000 万人跌入贫困。[①]

即使按照经济学家的说法,我们是否也"仅仅"面临金融危机?

不!我们面临的是两种危机,一种是深重的全球金融危机,由金融经济学错误的风险评估所造成,另一种是比这更加危险的气候危机,其影响虽然将来才会显现出来,但由于我们现在采取的不得当的措施,其后果将愈来愈明显。气候危机的风险总的说来会不断加大。特别是美国,面对这场危机,有可能会通过它抵抗金融危机的措施,为一波新的经济增长浪潮奠定基础,这种增长建立在环境友好型科技之上,以一种低二氧化碳排放的经济为基础。

您认为当前危机的根源在哪里?

还是让我们先谈谈金融领域的问题吧。乔治·W. 布什在他总统任期的最后几天曾说:"我们造的房子太多了。"这话虽然不错,但并不能解释哪些地方真正做错了。是银行错误的风险分析酿成了这场危机。美国将其放弃调控的自由市场哲学——由不动产抵押而不是由财产担保的有价证券——出口到了全世界,而这又助长了弄虚作假的会计核算的泛滥,从而参与了这场欺骗,前几年的安然丑闻

---

① 参见约瑟夫·斯蒂格利茨、卡尔·E. 韦尔士(Carl E. Welsh):《国民经济学:微观经济与宏观经济理论》,Oldenbourg 出版社,2009 年。

和互联网公司倒闭浪潮①便是例子。最终，美国将其经济衰退出口到了全世界。我认为，这一切的罪魁祸首是缺乏国家调控。此外，美国银行家的薪酬制度也是短视的，甚至可以说，银行家在薪酬支付方面只考虑自己的利益。贪婪的薪酬协议导致风险的放大，再加上前几年的减税，以及伊拉克战争和阿富汗战争的巨额支出，这一切造成了美国经济的削弱，鼓励了美国联邦储备银行实行廉价的货币政策。

那么，为了找到解决危机的办法，我们是否应当追究前任制度执行者的责任？

两种历史性因素引发了当前的危机。伊拉克战争，加上中东地区的不稳定，推高了石油价格。而生活必需品市场的波动，特别是开发生物能源的热潮，使粮食和其他农产品的价格节节攀升。尽管开发新能源受到普遍欢迎，但这并不是一条切实可行的道路，因为它损害了粮食生产，造成粮食供应量的减少。美国对从玉米中提取的乙醇实行的补贴使酒精生产者的钱包越来越鼓胀，却没能减缓地球变暖。美国和欧盟的巨额农业补贴使发展中国家的农业遭到削弱，在那里，国际援助并未用于提高农业生产的效率，对农业的发展援助从17%下降到今天的3%。有些国际援助者甚至要求减少对肥料的补贴，这使得财政困难的农场主愈来愈没有竞争力。但这一切仅仅是开始：我们如此对待我们最宝贵的资源——清洁的水源和空

---

① 20世纪90年代，美国出现了建立网络公司的热潮，这些公司成立时并无具体经营项目，而仅凭一个想法或创意便注册一个顶级域名，意在套取投机资金，因经营无方，只能通过会计上的弄虚作假来维持。从2000年1月开始，大量网络公司倒闭，仅2001年上半年，破产的公司就达330家。——译者注

气——似乎它们是无偿提供的。① 只有新的消费和生产模式——一种新的经济模式——才能解决这个绝对根本的资源问题。

一种新的经济模式迄今为止未见踪影。那么，我们首先应当采取的常规解决策略又是什么呢？

各国政府今天作出的反应，显然要比过去几个世纪应对经济危机时的反应要好一些。它们降低了利率，用景气纲领来刺激经济，从而走上了正确的方向，但这还不够。通过将无节制的货币发行同放松调控相结合，美国联邦储备银行导致了问题的产生，现在又试图用同样的办法来解决它，通过印刷钞票来提振经济——这是一着臭棋，充其量只能阻止最坏的事情发生。毫不奇怪，那些导致问题产生并对其后果束手无策的罪魁祸首，拿不出克服危机的办法。现在大萧条的局面已是确定无疑，情况在好转之前还会变得越来越糟糕。在某种意义上，联邦储备银行就像一名醉酒的司机，突然发现自己偏离了方向，正从一面墙撞上另一面墙。

一旦市场上货币泛滥，等待着我们的又会是什么呢？

人们希望，有一些钱能从"上面"，即银行，渗漏到"下面"，即经济和消费者手中。然而，这种渗漏却在一个关键的地方被阻塞了。首先，由于人们相信这种渗漏理论，以为只要将足够的钱输送给华尔街，其中的一部分就会以某种方式渗透到商人和房产主手里。但这种渗透从未发生过，这一次发生的可能性也很小。银行向房产主贷款，对后者并没有什么帮助：抵押贷款被收回的事越来越多。

---

① 参见约瑟夫·斯蒂格利茨：《全球化的阴影》，Pantheon 出版社，慕尼黑，2008 年。

此外，这种做法建筑在一种想象之上，认为根本问题是诚信的缺失。这当然是问题的一部分，但最糟糕的弊端却在于，金融市场发放了太多缺乏担保的抵押贷款，而且贷款的利息过高，于是产生了不动产泡沫。这个大气泡现在突然爆炸了，不动产价格在短短几个月内飞速下降，它或许还会下跌，房产被收回并被强制拍卖的事还会愈来愈多，即使人们将市场吹得天花乱坠也无济于事。贷款中的呆账和坏账在银行的收支账目中留下了无法填补的巨大窟窿。但如果以市场价收购这些不动产，那么，即使是国家的拯救措施也于事无补。这就像一位严重内出血的患者，即使大量输血也挽救不了他的生命。

目前的金融危机已经持续了一年。我们今天面临怎样的局面？

美国家庭买不起新建的房屋，这些房屋无人维护，正在变旧，而与此同时，却有数百万家庭被迫搬出他们原来居住的房屋。在有些地区，政府不得不出面干预——为了消化过剩的房产。而在另一些地区，局面仍在不断恶化。今天，即使是谨慎花钱、愿意维修自己住宅的美国公民，也面临他们房产的价格在市面上不断缩水，跌到他们做梦也想不到的低价的困境。而强制拍卖又导致了世界经济的滑坡。人们对前景达成了一种共识：这场大萧条将持续下去，范围会越来越广。当然，这并不代表自由市场经济已经失败，但从部分来说却暴露了一个问题：自由市场学说被有选择地运用——若服务于特殊利益，它便被夸大；若情况相反，就被抛弃。

仍然在民族的层面上应对这场危机，今天还有意义吗？

这场全球性的危机，要求作出全球性的反应。然而遗憾的是，作出这种反应的权力和责任，却仍然停留在民族的层面上。每一个国家制订的景气方案都致力于使本国公民——而不是让整个世界——获取最大的好处。在评估自己景气措施的规模时，各国所考虑的仅仅是本国财政将付出什么代价，得到哪些好处，对本国的经济增长和就业率的提高是否有利。由于担心一部分好处落到别国手里，景气措施往往比平时有所收缩。而这又导致了隐蔽的保护主义的泛滥。按照世界银行的说法，即使是2008年11月宣称反对保护主义政策的20个国家，也一再违反它们的承诺。可是，倘若各国只着眼于民族利益而这场危机的后果扩展到全世界，所谓景气纲领的国际效果将大打折扣，正因为如此，我们需要一种全球协调的一揽子方案。①

您期待巴拉克·奥巴马政府会作出这样的根本改变吗？

奥巴马在多次演讲中明确表示，他将有效地制止美国金融业的这场轮盘赌。可是奥巴马面临华尔街的压力，而他所继承的是一个自由市场经济，不可能在他上台后立即扭转局面。巴拉克·奥巴马总统在度过乔治·W.布什的黑暗时期后，似乎一再试图给美国的领导层注入必要的活力。幸运的是，美国现在有了一位对自然和问题的尖锐程度有一定理解，承诺实行强有力的景气计划的总统。这意味着，这个计划将与其他国家政府出台的措施一道，一定程度使大滑坡有所缓解。不过可惜的是，他做得还不够。景气纲领看似很庞大——每年占国内生产总值的2%——但其中的三分之一被用于减税。由于负债过多，快速增长的失业率，所有工业国中最糟糕的失业救助措施，以及不断下滑的不动产价格，美国人或许会把从减税中得到的大部分钱节省下来。奥巴马救助纲领真正的弱点不在于景

---

① 参见约瑟夫·斯蒂格利茨：《全球化的机遇》，Pantheon出版社，慕尼黑，2008年。

气计划本身，而在于他重振金融市场的努力，这种努力并不能使其结构有所改善。透明度的缺乏使美国的金融体系陷入了困境，使它无法恢复元气。

　　全世界的中央银行向金融系统注入了数千亿美元的资金，这有效吗？

这样做的目的是阻止大崩溃的发生，但无法修复经济，无法使正在快速萧条的经济重新恢复健康。车祸现场的一次急救已经无济于事。各国政府很想隐瞒为应对这场危机而花费的总支出，它们向银行输送的资金，大多只能让后者维持生存。它们不愿承认为解决问题总共花了多少钱，因此给银行的钱只够让银行系统不至于瘫痪，但却无法使其恢复健康。这样一来，后果就只能是信贷紧缺，每一个银行系统都缺钱。银行系统的困难在于缺少贷款，因为它很难得到贷款。而信贷紧缺最终削弱了经济。我们所陷入的，真的是一个恶性循环。

　　无论如何，美国政府为拯救银行花费了1万多亿美元，并为刺激经济景气投入了将近8000亿美元，这些钱是否太少了？

我相信是的，8000亿美元看起来很多，但实际上远远不够。首先，这笔钱的很大一部分要下一年才能到账，所以来得太迟了；另一方面，这笔钱的三分之一被用于减税，对刺激消费毫无帮助，因为人们会把因减税而得到的钱节省下来。私人手里的钱虽然增加了，长期来看对于个人经济状况的改善有好处，但对于经济的增长却毫无帮助。我担心，美国景气纲领最终收到的效果只能达到它所预期的一半，简言之，它虽然可能提振经济，但尚不足以促使其强劲增长。这对于世界上别的国家显然是一个坏消息，因为世界经济重新恢复元气的前提，是美国经济的稳步强劲增长。

如此看来，最终必须为这一纲领埋单的纳税人，被蒙在鼓里了？

可以这样说。奥巴马拯救银行的计划被媒体吹嘘为一种银行、投资者和消费者"三赢"的解决办法，但事实上，这却是一个"双赢加一输"的方案。银行和投资人虽然可能从中受益，纳税人却被剥夺了参加这一盛宴的权利。对于不良贷款的收购来说同样如此。人们最终将有风险的资产转嫁到纳税人头上，因为除了他们，没人愿意接手这些资产。这就像有人以纳税人的名义开了一家公司，并将不良资产交给这家公司，但没有一位私人投资者愿意接手这些不良资产，于是不得不将它们硬塞给纳税人。这实在是可怕！这种情况在每一次国有化行为中都出现过。至于向银行大量输送资金的行为，我更愿意称之为"替代性资本主义"，因为它将损失国有化而将盈利私有化。这相当于一种伙伴关系，其中的一方将另一方洗劫一空。这样的伙伴关系长远来看将带来恶劣的后果，甚至比我们深陷泥潭更加可怕。

这场危机发端于美国，然后蔓延到工业国。最近一段时间越来越明显的是，所谓"门槛国家"（Schwellenländer）和发展中国家同样深受其害。那么，联合国制订的到 2015 年将世界贫困人口减少一半的目标，还能够实现吗？

我所领导的"联合国改革国际货币与金融体系专家组"，在伦敦 20 国集团峰会召开前夕提交了一份报告，其中对这场危机可能对发展中国家带来的严重后果提出了警告。我们预计，2009 年全世界的失业人口将比 2007 年增加 3000 万至 5000 万。减贫计划将无法继续。

与此同时，我们也警告，如果不迅速采取措施加以阻止，至少有2000万人，首先是发展中国家的居民，将重返贫困。一项重要的中期倡议敦促联合国大会成立一个全球性的经济问题协调委员会，不仅协调经济政策，而且评估具有威胁性的问题和制度性缺陷。随着景气滑坡，可能会有一系列国家面临丧失支付能力的现象，而我们直到今天仍然没有适当的框架方案来应对这一问题。发达国家应当意识到这个问题可能带来的全球性后果，向发展中国家提供后续援助。然而，我们倘若想避免债务危机升级，这些援助的一部分——甚至是一大部分——就必须以补贴的方式提供给相关国家。过去，这些援助往往同各种各样的条件捆绑在一起，其中有一些甚至强迫受援国奉行相互矛盾、与当前实际需要背道而驰的货币和财政政策，放松财政调控。这无疑是造成当前危机的根本原因之一。此外，国际货币基金组织（IMF）强迫大多数向其请求援助的国家提高利率，紧缩开支，而这又加剧了经济的滑坡。火上浇油的是，工业国家的银行，特别是得到国家支持的银行，通过它们的分支机构和子公司，威胁要从发展中国家撤出信贷业务。大多数发展中国家，包括那些"做对了一切"的国家，看起来前景不妙。①

您相信，银行从当前深刻的危机中学到了什么吗？

我一点也不相信。这样的危机似乎每十年就要发生一次。我担心，经历了这场危机，纳税人已经做好了心理准备，准备在下一次危机中再次为它的始作俑者买一部分单。我的一位同事认为，本次危机将持续到2013年，到那时人们才真正可以说：我们现在终于可以实行彻底的改革了。而实际上，事情虽然有点复杂，但一场金融

---

① 参见约瑟夫·斯蒂格利茨：《公平交易：关于公平世界贸易的备忘录》，Murmann 出版社，2007 年。

调控的改革势在必行。

我们从这场危机中必须吸取哪些教训？

早在十年前亚洲金融危机爆发时，人们便就全球金融结构改革的话题展开过讨论。但在那以后什么也没有做。今天我们不但要适当地应对当前的危机，而且，为了建立一种更加稳定、更加成功、更加公正的世界经济，我们无论如何也应当实行必要的长期改革。金融炼金术的美梦早已破灭，我们首先必须为金融市场制订更加严格的规则。但改革决不能流于表面，而应当超出金融领域。竞争法则贯彻的不足使银行过于庞大，使得它无论如何不能倒闭而只能被拯救。糟糕的经营导致糟糕的风险评估和快速赢利的经营方向，利润之高连它们自己的股东也出乎意料。银行必须彻底重组，任何迟疑都将付出惨重代价，无论拯救行动的最终花费，还是给整个经济带来的损失都将是无法估量的。更好的办法是，集中精力降低信贷风险，让货币获得新的信贷潜力。政治家短视的反应——他们相信，通过过渡措施就可以度过难关，这些措施小到可以让纳税人满意，大到可以使银行高兴——只会使问题久拖不决。

您所领导的联合国专家组建议采取哪些措施？

核心建议是成立三个新的机构：我们首先需要一个比目前这个机构效率更高的新的全球性信贷组织。

其次，我们应当建立一个世界经济引导委员会，一个全球性的协调经济问题的机构，不仅协调经济政策，而且评估具有威胁性的问题和制度性缺陷。随着景气滑坡的加剧，一系列国家可能会陷入债务危机。而我们直到目前还没有一种有效的、循序渐进的框架方案来应对这个问题。在开始阶段，我们可以成立一个类似于国家间应对气候危机委员会的科学专家组来制定方案，引导讨论。下一步就可以成立一个政治机构，努力达成政治上的共识。

再次，我们需要一种新的全球性的货币储备体系。目前这个以美元为基础的体系存在根本缺陷，而倘若我们仅依赖两种或三种货币——如美元、欧元和日元——那只会使局面更加不稳定。正因为如此，我们需要一种新的全球性的储备货币。对于世界上最贫穷的国家来说，以低利率向最富有的国家借钱毫无意义，这个系统是不稳定的。建立在美元之上的储备体系已显露出衰败的迹象。可是用一种美元—欧元或美元—欧元—日元的体系来取代它，将带来更大的不稳定。而一种全球性的储备货币，仅通过被国际货币基金组织称之为"特别提款权"）的每一年的总支出，便能推动全球货币的总需求，从而促进发展，缓解气候变暖带来的问题。

最后，G20国家应当发出经济改革的信号，在这类改革中，原有的错误不应被重复。它们必须采取措施，为下一个十年奠定稳定增长的基础，而增长绝不能建筑在毫无可持续性可言的金融泡沫之上，相反，我们需要的是，从2009年12月哥本哈根会议开始，为"绿色变革"，为达成一项强有力的、高效的、公平的协议承担毫不妥协的义务。

主权民族国家必须采取哪些措施？

各国必须制订有效的规则。例如，既然一家制药厂在它的药品被推向市场之前，必须自行证明这些药品有效并无害，那么，为什么我们不能也要求银行为它们的产品的可靠性作出担保呢？我们还应该对银行高管的薪酬支付制度制订新的规则，迄今为止，这一制度加剧了风险而不是让他们谨慎从事。此外值得考虑的还有防止经济过热，例如，一旦出现这类苗头，就必须告诫银行提高风险防范。这将促使它们收紧油门并减少新贷款的发放。面对布什政府造成的、由于景气刺激措施而继续增高的债务之山,美国尤其应该对支出的每一个美元精打细算。过去留下的遗产——对科技,特别是绿色科技和基础设施的投资过少,以及不断扩大的贫富差距——要求它将短期支出与长远打算协调起来。除此之外,不但应该对税务制度进行改革,而且财政支出制度也必须重组。减轻穷人的税务负担,增加失业救济,而与此同时提高富人的税收,可能会提振经济,减少财政赤字,缓解收支不平衡。缩减战争经费和军费,增加对教育事业的投入,不论短期或长期,都将提高劳动生产率,减少赤字。

那样一来,民族与国际之间的紧张关系就将凸显出来。在各国经济紧密纠缠在一起的全球化时代,消除这场危机的努力会变得简单一些吗?

我相信是这样。由于全球化,一个国家的景气纲领对别国的经济也会产生影响。例如,一家美国康采恩承包了一项大的基础设施建设项目,从德国购买机器,从韩国购买水泥,从日本购买设计方案,这里面就有利益,对不同的民族国家来说就存在着利益,对该国刺激景气的计划就有好处,因为这可以增加国内就业并带来利润。在危机发生时仅仅有条件地承担义务,这种做法只有在引进了国际协调的情况下才能避免,因为国际协调能够减少各国之间的不平衡。美国由于其巨大的债务负担,几乎再也无力继续承担世界经济领头羊的角色。如果想提振全球经济,那么,这副担子必须由许多个肩膀来分担。这场危机暴露了全球化的根本问题:它本应对消除风险作现出贡献,然而,它却使美国的错误像一场恶性传染病蔓延到了全世界。倘若我们想阻止反全球化运动继续高涨,西方便应该作出迅速而强有力的反应,首先改善它与"第三世界"的关系。对生物能源的补贴必须取消,因为正是这一做法,使耕地越来越多地用于能源生产而不是粮食种植。此外,补贴给西方国家农民的数十亿美元，更应该作为发展援助提供给穷国，让它们能满足国内的粮食和能源需求。

放弃调控最终导致了危机的爆发，这种做法应当说是全球化的产物。那么，全球化本身是否是个坏东西？或者，当前出现的问题是经营管理不善，以及错误决策造成的后果？

这显然是一个决策错误和经营不善造成的问题。我相信，如果全球化的鼓吹者说，全球化可以使许多人富起来，那他们就说对了。这一点在世界一些地方确实做到了，只要看一看中国和印度就会明白。这两个国家的人口加起来有24亿，却实现了历史上从未有过的经济增长。尤其是中国，不仅利用全球化的市场取得了经济增长，而且使数亿人摆脱了贫困。然而在其他地方，全球化却带来了灾难性后果：穷国与富国之间的剪刀差总体说来比任何时候都大。同样毫无疑问的是，全球化给许多发展中国家的环境造成了灾难性的负面影响。批评者说，全球化违背了自己的诺言，这话一点也不错。

许多成熟的公民说，全球化是被有意识地策划和贯彻的。这难道是一个神话吗？您刚才所说的，听上去也似乎在暗示，大的机构跟在某个进程之后亦步亦趋，而这个过程是不以人的意志为转移的……

像全球化这样复杂的事情，是无法由人来策划的。任何人都不能在某个高端会议上作出决定说，中国和印度应当享受这样的增长率。即使某人想这样做，那也是无法做到的。不，全球化是由世界上无数个个人共同促成的，我们更应该将它理解为一个极其复杂的进化过程。

在已经全球化的经济中，民族国家今天还拥有多少主权？它们仍然是独立行动的主体，还是成了牺牲品，或者两者都是？

我想，最后那种说法更确切一些。全球化被贯彻的方式，常常导致相关国家民族主权的削弱，但这本来是可以避免的。事实上，是这些国家自己葬送了独立民族国家自主解决关键问题的能力。例如，这种被我称之为"非对称的全球化"的一个方面体现在，资本市场和货币流动的自由化，比劳动力市场自由化的程度要高得多。这使得相关国家无法控制货币。与此相反，企业却可以说："你们如果强迫我交税，我就把我的产品拿到别的地方去生产。"于是，劳动与资本的力量平衡完全被扭曲。另外，人们还制定了许多世界通用的标准，尽管这些标准在某些地区既不必要也毫无意义。例如，1994年的所谓"乌拉圭回合"，就在美国的操纵下，强行通过了在发展中国家推行专利权和精神产品所有权保护的安排，这对于那里的经济增长和技术进步有百害而无一利。

全球化毫无疑问，给国家政治带来了直接后果，不仅是失业率的上升和经济的衰退。这些问题反过来又影响到大选。您是否会说，我们作为选民，今天只能在两个同样无能为力的党派之间作出选择，因为全球化进程的动力来自于它自身？

不！虽然全球化极大地改变了政府的活动空间，但面对全球化和这样一场危机作出怎样的反应，仍然是立场各异的党派自己的事情。不过这一民主进程大多出现在发达国家，欠发达国家往往处在金融市场的巨大压力之下：金融巨头们有时会发出明白无误的威胁，一旦这些国家在大选中选择了错误的候选人，它们便将受到惩罚。这是一个严重问题，因为它意味着，华尔街比一个国家的自由公民拥有更大的权力。

遗憾的是，在高度发达的工业国，一些党派仍然抱有一种固定的信念：只有削弱社会网络，降低劳动保障，削减工资，使企业不至于外迁，才是应对全球化的最佳办法。而我以为，这在当前恰恰是最愚蠢的办法。我们怎么能认为，人们在全球化时代工资降低了却还能生活得更好呢？与此对立的看法是，面对全球化，我们应当加强社会网络，增加对教育和科学技术的投入，提高劳动生产率。倘若富人越来越富而穷人越来越穷，那我们就决不能允许我们的税收制度对这一趋势放任自流！恰恰相反，我们必须运用税收这一杠杆来遏止这一势头！每一个政党反正都会参加大选，其中必定会有一些赞成这样做，而另一些无论如何都会反对。

全球化似乎也损害了全球文化的多样性。经济和文化是否成了一对难兄难弟？

二者之间的关系同样极其复杂。例如，一方面，全球化同新的科学技术一道，使洛杉矶这样的大城市今天拥有了40家以不同的语言服务于不同族群和文化人群的广播电视台。另一方面，世界上许多人也对人们称之为"麦当劳化"的现象表示担忧——担心在未来，所有人将生活在单一文化之下。适应的压力与生活质量的丧失同步增长。一种全球化的消费文化将是贫乏的、毫无生气的，我们必须认真对待这种忧虑。

倘若汉堡包排挤了传统烹饪术，那就会直接威胁到人的文化认同和各自在本土文化中扎下的根。今天，消费品确实越来越淡化人们的文化认同。那么，文化认同在关于全球化的争论中，究竟起到一种什么作用呢？

文化认同不仅对于人们创造性地应对全球化的挑战极其重要，

而且是经济增长和发展的前提条件。一个社会内在的文化纽带对于提高共同解决问题的能力是必不可少的,正因为如此,在世界银行任职期间,我曾特别强调文化认同的重要性,并制订了相应的纲领。这绝不是什么不切实际的奢侈品,不!在我看来,文化认同是成功发展的关键,有一个专业词汇叫做"社会资本"——即人们保持建设性的良好关系并相互交往的方式。我觉得,所有国家都应当特别珍惜这种认同,保护好这种社会资本。我想,在一个全球化的世界,我们需要这种多样化的认同。我们可以是巴伐利亚人,是德国公民和欧洲人,但我们作为世界公民,却是整个人类的一部分。重要的是,我们大家在这种多样化的文化从属感中,都拥有人权。我们可以是一种宗教的信徒和一家企业的员工,但决不能相互排斥。一个成功的社会必须促进文化认同的多样性。在运行良好的社会中,所有的文化族群都应该和谐相处。

您是否主张全球经济应当经历一次道德和伦理转型,以便更好地服务于所有人?在《全球化的机遇》一书中,您将新自由主义,把我们推入危机的新自由主义,形容为一艘几乎无法改变航线的战船。

新自由主义的市场原教旨主义从来就是一种服务于特殊利益的政治教条。新自由主义好似一只装满各种方案的魔术袋,它建立在原教旨主义的想象之上,以为市场可以自我调节,资源可以有效得到利用,利益服务于公众。这种市场原教旨主义构成了"撒切尔主义"、"里根经济学"和所谓"华盛顿共识"的基础。私有化,自由化,一意孤行推高通货膨胀的独立中央银行被强化。至于经济理论,它从来就不屑一顾——这一点就发生在我们眼前。此外,我们也应该明白,市场原教旨主义并非建立在历史经验之上。从这一事实中吸取教训,或许能让我们透过笼罩在目前世界经济之上的一片阴云,看到一缕阳光。

> 如此说来，面对危机，您看到了变革的机遇？

从我写完关于全球化的那本书以来，全球化的卫道士们应该有足够的时间去思考。他们应当看到，这种趋势在几乎所有发展中国家都遭到了抵制，应当看到，公开质疑新自由主义是否有效的党派，在许多国家掌握了政权——拉丁美洲就是例子——世界上到处都有选民在用他们的选票明确表示：不，我们不相信它，它将给我们带来损害！即使一些机构如国际货币基金组织的工作人员，也不那么自信了，至少他们已经开始怀疑自己的信念是否正确。1997年，当国际货币基金组织将资本市场自由化时，我曾问他们："在采取这一措施之前，你们难道不应当先作一番调研吗？""不，"他们说，"用不着调研，我们知道肯定能行。"2003年，当调研不得不进行时，事实已经证明，资本市场的自由化并未像他们所预期的那样，促进了经济的增长，相反，这个系统变得更加不稳定了。到了2008年，再也没有人能够对这场大萧条视而不见。尽管许多机构的人仍然死抱着旧的教条不放，但他们至少已经开始怀疑自己的做法是否正确了。

> 这意味着，人们不再相信那个关于可以自动调节一切的"无形的手"的神话了，而是认识到，倘若要把这只"无形的手"真正变成一只"公正的手"，调控就必不可少？

完全正确！在这一点上必须强调，对于全球化的市场来说，国际贸易既不自由也不公平。现行的贸易规则是极端不对称的，富国的利益凌驾于穷国之上。最贫穷国家由于现行的贸易规则，日子比以往任何时候都艰难。只要看一看所谓的"北美贸易协定"就会明白,这个协定与自由贸易毫不相干。假若事实像这个协定所声称的那样,那么它便应当写上:我们取消我们的贸易补贴,你们则取消你们的;我们拆除我们的贸易壁垒,你们也拆除你们的。然而事实上,这个协定虽然有几千页之长,但"自由"一词仅仅出现在它的标题中。把这个文件称为"贸易指导方针"也许更加合适,因为它只不过促进了有利于工业国的对外贸易。我们从来就没有真正实行过自由资本主义,有的仅仅是政府的财政补贴,所谓自由市场经济不过是一个神话而已。

那么,怎样才能把所谓"自由市场"转变成"公平市场"呢?

首要前提是必须承认,我们今天所实行的,是与自由贸易背道而驰的、完全不对称的、歧视发展中国家的贸易规则。假如我们看到这种规则的缺陷,就可以着手去完善它们。不过这需要公民运动的介入。在发达国家,全球化首先是由跨国企业推进的,它们当然会为自己谋取最大的利益。普通公民绝不会知道这对于他们意味着什么。这一点必须改变——在这方面,"第三世界"国家走在了我们前面,因为它们对全球化带来的后果有惨痛的切身体会。对于局势,我们应当有严肃的理解,看到我们每个人遭受的伤害——如前所说,这种规则既不自由,也不公平。

全球化的推手们也已经把环境和气候变暖问题提上了议事日程。通过新的贸易协定,我们能在制止无节制地掠夺自然资源、减少温室气体排放方面做些什么?

我们今天所需要的,无疑是一套有约束力的、全球性的反对摧毁环境的规则系统。全球气候变暖肯定是最紧迫的问题。就在不久以前，我还主张就布什政府拒绝减少温室气体排放的行为采取经济制裁措施，并为此作了辩护，这些措施在禁止排放氟氯烃气体（FCKW-Gasen）①方面非常有效。在世界贸易组织的规则框架内，我们完全有权采取这些措施。我们所需要的，是一个"有行动意愿者的生态保护联盟"，做正确的事，并确保那些反其道而行之的人无法得逞。随着华盛顿的政府更迭，美国现在可以为在哥本哈根气候会议上达成协议提供强有力的支持。我相信，我们可以渡过金融危机的难关，即使改正错误的进程可能被延缓。但是，在应对气候灾难方面犯下的错误是不可逆转的。金融危机是由房产市场的信贷泡沫所引起的，而这种泡沫的前身则是"网络公司泡沫"。我们不能用新的泡沫来取代过去犯下的错误。我相信，只有加大对促进向一种几乎不排放二氧化碳转型的经济的投资，才能保证今后数十年的稳步增长，因为这才是一种真正可持续的、能提高生活水平的增长。而我们迄今为止所走的羊肠小道，是不可持续的。

可是，这难道不需要一种"全球治理"吗？

为此，我所领导的联合国专家组建议成立一个"全球经济协调委员会"，不仅协调各国的经济政策，而且评估当前的实际形势，发现全球的制度性缺陷并提供相应的解决方案。例如，我们急需一个"全球金融市场调控机构"，以它的权威来扭转调控措施一再流产的局面，防止又一次崩溃的降临。此外，有组织地解决危机期间一系列国家丧失支付能力的问题，也是极其必要的。我们还应该帮助发展中国家找到解决它们的债务问题、改善其资本管理的办法。这个委员会的重要任务还包括，创建一种新的储备货币。美元已不再能

---

① FCKW 气体，即氟氯烃气体，也称氟利昂。其中，F 为氟（Fluor）的简称，C 为氯（Chlor）的第一个字母，KW 则是碳氢化合物（Kohlwasser）即烃的缩写。——译者注

扮演这个角色。今天，谁也不能将大笔资金储存起来应付更加动荡的岁月——除非当前的局面变得更加糟糕——而且，这样一种政策将导致穷国几乎无息地将自身发展急需的资金输送给美国。所以，专家组要求建立一种"可操作的"、抗通胀并易于推广的全球性储备货币。

您也建议达成一项反垄断的国际协定，并成立一个贯彻这一协定的全球执行机构，这是否可行？

不错。我们需要它，因为我们今天第一次面临全球垄断现象。像微软这样的大公司，在第三世界比当地政府还要强大，一旦微软威胁要撤出这些国家，穷国除了屈服没有其他选择，因为没有微软的软件，它们根本无法生存。这反映了这种垄断难以置信的强大。即使有人不愿意听，但事实是，抵制这种垄断的唯一出路在于全球联合起来反对它。我们需要一种全球的权威，来保护经济竞争。

您所表达的某些观点，可能让人认为，您是一位 ATTAC 组织[①]的成员。您同这些虽然在语言表达上不够严谨，但却赞同您的许多主张的社会运动有何关系？这些运动的成员常常涌向大街，声嘶力竭地宣传您的观点。

公民运动在将我们这个全球系统暴露出来的问题转化为公众意识方面，扮演着极其重要的角色。抗议只是一方面，解决问题却是另一码事。我认为我的作用就在于揭示隐藏在我所建议的改革思想之后的经济规律。公民社会的任务应该是促使这些思想得到贯彻。

---

① ATTAC 为一个对全球化持批评立场的组织，1998 年成立于法国，目前已在 55 国有自己的分支组织并拥有自己的网站。该组织反对新自由主义的经济理论，主张实行一种公正的、保护生态的、可持续的全球化。——译者注

我们努力的方向其实是一致的。

您一再强调，您希望全球化取得成功。那么，我们今天是否应该既充当旧制度死亡的见证人，又扮演一个新世界诞生的助产士呢？

这个比喻非常恰当。迄今为止的这个制度已经失效，面临巨大的问题，已经走入死胡同。然而，我们不应当等旧制度死亡之后再考虑我们应该做些什么，我们必须在不可避免的灾难蔓延开来之前就看到问题。我坚信，另外一种更加公正的全球化，不但在发达国家，而且在贫穷国家也是可能的。在20世纪20年代的经济危机之后，世界曾需要15年和一场世界大战才能坐到一起讨论引发经济危机的全球金融系统的弊端。我希望，这一次我们不至于用这么长时间——因为如果那样，由于全球紧密纠缠的经济关系，我们需要付出的代价就实在太大了。

我们所缺乏的是货币的多样性

——与货币专家玛格丽特·肯尼迪教授、博士对话

玛格丽特·肯尼迪（Magrit Kennedy）教授、博士，1939年生于德国开姆尼兹，曾在达姆施塔特和匹兹堡学习建筑学，后在德国、尼日利亚、苏格兰和美国任建筑师、城市规划师和生态学家。在完成生态学和能源领域的多个研究项目后，任卡塞尔综合高等学院城市生态学客座教授。曾参与下萨克森州施泰尔贝格一个有150位居民的示范生态项目的规划和建造。1991年她被聘为汉诺威大学建筑专业的教授。多年从事生态保护工作的她，认识到生态原则的广泛运用之所以受到阻碍，完全是由于货币体系的弊端造成的。她的著作《没有利息和通货膨胀的货币：一种服务于所有人的交换手段》被译成20多种文字，有力地推动了国际补充性货币运动的发展。见网站：www. margritkennedy. de，www. monneta. org。

肯尼迪教授，在一系列论述货币的著作中，您一再警告，一场大崩溃即将来临。当这场突如其来的危机证实了您的预言时，您有什么感觉？

我倒希望，我能为避免危机的发生作出一点贡献。但与此同时，我仍然对消息来自于另外的渠道，越来越多的学者加入到关于这个话题的讨论中来感到高兴。作为人类，我们正经历一次巨大的发展飞跃，这场传统经济学未能预见到，迄今为止未能拿出稳定局面的应对方案的金融危机，在短期内将动摇所有的理论基础，从而使我们有可能走上新的道路。货币问题是这种意识转变的一个重要组成部分，我们或者转变我们的结构和我们的思维，或者作为人类，再也无法生存下去。

金钱统治着世界，这是毫无疑问的。然而，谁又统治着金钱呢？

对此，即使是专业人士也很少有一致看法。美国不动产泡沫将我们拖入的这场世界性危机表明，这个问题对于大多数人来说，愈来愈成为一个生存问题。这并不是我们近几十年来遇到的第一场银行和金融危机，只不过这一次的猛烈程度和延续的时间比以前大不相同罢了。现在的问题是：我们是继续听任股票市场上的投机商为所欲为，还是让所谓的"自由市场"来决定我们的货币价值几何，或者，由我们自己选择使用哪一种货币？

随着不动产泡沫的破裂，出现了哪些危机症候？未来几年，我们将面临什么样的局面？

在我看来，目前的危机只不过是向我们扑来的一波破产、倒闭和灾难的浪潮的先兆。银行在几年之内将收缩信贷，这意味着，靠贷款生存的许多公司将无法得到贷款，或无法偿还已经到期的贷款，大批企业将陆续倒闭，而这又会导致税收锐减，使国家再也没有足够的钱来保持收支平衡，并制订新的经济刺激计划。然后，很快就

■ 危机浪潮：未来在危机中显现 ■

会到达一条底线：人们只能靠印刷新的货币来维持局面，市面上流通的货币与现有的实物总量之间再也没有联系，货币大幅度贬值。

　　　　最大的灾难是整个货币体系的崩溃。类似的情况您已经在阿根廷经历过……

　　人们也许根本无法想象当时的混乱。那几乎有点像石器时代——当时，通行的只有以货易货。所有的银行都关门了，因为人们每天向它们的橱窗扔石头。一切基础设施都瘫痪了，人人大量抢购生活必需品，甚至自行组织这类物品的供应，货币如同废纸毫无用处。那时的景象真有点像战争时期。我相信，一场战争之后货币体系的崩溃，是人们能够经历的第二种最坏的事情。

　　　　说起"不动产泡沫的破裂"，我们能够想到的是什么？

　　这样一个充满投机价值的货币大气泡就像一个热气球，人们用并不存在的价值对它进行投机，希望这种假想的价值不断增长。而现在，像雷曼兄弟公司这样一家银行的破产，好似一根针刺进了这个气泡，它于是就突然爆炸了，一下子萎缩了。当货币体系重新回到与它的实际价值相符的水平时，事情才有个了结。只有到那时，货币才会有实物作担保。可是我们当前的这个货币体系所处的状况是，货币存量无节制地增长，而实际价值却在不断缩水。

　　　　在一个有限的世界，货币供应量的无节制增长是否是这场危机的核心弊病？

　　是这样。当我 27 年前第一次看到这两条曲线时，我就知道，这个体系迟早会出问题。① 我当然不知道何时会出问题，还希望这种事不要在我有生之年发生。我相信，直到最后，谁也不知道事情发展得这样快。人们80年代初以来所看到的，是货币体系愈来愈脱离实体经济。我们这个体系不断升温的货币无节制增长，在一个有限的星球上，长远看来是无法持续的，原因很简单：今天人们将钱存进银行，至少是为了得到利息，而人们从银行贷款，也必须付利息。问题的核心始终是利息和利上加利，即财富的无限增长。从短期和中期来看，这虽然行得通，但此后却到达了一个点，财富增长的速度超过了它的自然增长。这时人们的财产就会在短期内翻倍，并在相对短的时间内达到一个天文数字，而自然增长或实体经济的增长却无法跟上脚步——除非以癌症的速度生长。我们这个货币制度的主要目的，是让钱生钱。而国际金融市场提供了将无节制发行的货币用于投机目的的土壤——当然只是在某些时候。紧接着，这个气泡就会爆炸。从中获利的始终只是极少数人，而为此付出代价的却是绝大多数人。

假如我们把我们可怜的一点财产存入银行，让它"生钱"，我们便以某种形式参与了这种钱生钱、利滚利的过程。那么，我们对这种被称为文化的行为的根本误解是什么呢？

这里存在着三种误解。首先是对自然增长和非自然增长的误解。我们的身体在每个细胞中都有一种程序，使它在达到最佳大小后便停止生长。在文化上我们也相信，每一种增长都是有极限的。然而事实却是另一回事，财富的增长在这种钱生钱、利滚利的体制中就毫无节制，即是说，以一种病态的速度恶性膨胀。这一点人们很难

---

① 参见玛格丽特·肯尼迪：《没有利息和通货膨胀的货币：一种服务于所有人的交换手段》，Goldmann出版社，慕尼黑，1991年。

■ 危机浪潮：未来在危机中显现 ■ Zukunft entsteht aus Krise

理解，因为生物学的生命规律与此并不相同。正因为如此，我们才必须付出代价，这是无法改变的。

您能否为这种无节制的增长举一个例子？

这里有一个著名的例子，叫做"约瑟的芬尼"（Josephspfennig），我们可以用它来说明问题：耶稣诞生时，约瑟替他在银行存进了一个芬尼。2000年，当耶稣重返人世后，想从银行取回这笔年息5%、并且经过利滚利的存款。这时，银行应该付给他的钱，总额已经达到5000亿根金条，总重量与地球相当。用这个例子来说明货币的价值与实物价值的脱钩再合适不过了，因为在人类历史上，我们迄今为止开尚未采出体积超过18立方米乘以18米以上的黄金，所以，这么大的一笔钱简直是发疯！这里的问题并不在于利息，而出在利滚利上。因为倘若银行仅为"约瑟的芬尼"支付利息而非利上加利，那么，耶稣账户上的钱到2000年，总共就只有1欧元1欧分①。大多数经济学家当然不懂得这种利滚利意味着什么。这就是第一个误解。

那么，是谁在支付利息呢？

这就产生了第二个误解。大多数人不懂得利息是如何支付的。他们以为，人们向银行贷款时，只须支付利息就行了，但他们根本不知道，贷款人为购买机器、维持生产和自己的生存而向银行所借的钱，利息已经被计算在产品的价格中了。

---

① 计算似有误，按照5%的年息，1芬尼2000年的利息总共是100芬尼，因此，本息相加，不计复利，银行应该付给耶稣101芬尼，即1马克零1芬尼。而两个马克才能兑换一欧元，因此，这笔钱应该是0.5欧元加0.5欧分。——译者注

也就是说，是我们在支付利息——无论我们购买什么商品，总有一定的百分比是作为利息被银行拿走的……

恰恰如此。我一再提到的三个例子是，垃圾清运费包含了12%的贷款利息，自来水的价格中有38%必须作为利息返还给银行，而福利房建造的"资本代价"则高达77%。我们可以计算一下：一栋住宅的寿命是100年，建造这栋住宅的建筑商22年后便付清了他所贷款项的利息，然而，22年后房屋的租金并未因此而降低。这就意味着，直到这栋房屋的使用寿命到期，租金里仍然有一部分是作为利息付给银行的。在德国，所有商品的价格中平均有40%至50%，即将近一半，是银行利息。下面是第三个误解。表面上看，这似乎是一种公平的制度：所有人都支付包含在物价中的利息，所有人在银行存款也得到利息。可是，如果将德国人分成十个组，并作一番比较，看看他们谁会获利，谁又会受损，那么，我们便会发现，80%的人不得不支付包含在价格中的、双倍于他们在银行存款或预存养老金所得到的利息，另外10%的人得失相当，而剩下的10%则占有了那80%的人在利息上损失的钱。在德国，这笔钱每天竟达10亿欧元之巨，这些钱由那些每天为生存而辛苦劳作的80%的人来分摊，被那些"让钱生钱"的10%的人揣进了腰包。您是否也干过让钱生钱的事？

如此看来，所谓的财富增长，不过意味着我通过利息和利滚利得来的钱，是从别的什么地方搜刮来的？

这就是隐藏在货币运作后面的潜规则。在银行的广告牌上，我们常常可以看到一棵像苹果一样挂满美元、日元和欧元的大树，这类广告试图让我们相信，这些钱是自然生长出来的。可是，货币并不是自然产品，而完全是人造出来的，是人的"发明"，当然也可以由人来改变。财富的增长始终与分配联系在一起，只有通过分配，它才能"生长"出来。倘若一部分人的财富暴涨，那另一部分人必定会为此付出代价。这就是银行在它们的广告中千方百计所要隐瞒的苦涩的真理。不过，通过这个事实，那80%为此而埋单的人也终于明白了，为什么有必要建立一种新的货币体系。最后，从中获利的人也应当懂得这个道理，因为倘若他们今天坐在它的枝桠上的这棵大树一旦倒塌，对他们也并没有什么好处。如果经济这棵大树倒塌了，那10%的人也将成为受害者。

对于货币，我们应该作何种理解？

货币无疑是人们最想得到的商品，因为它有一种好处：可以换来任何东西。您假若有一袋苹果并想得到一双鞋，那您就必须先找到一个想要苹果而正好有一双鞋的人。不过用货币就简单得多了，这是一种进行交换的天才的手段。然而，问题却恰恰出在货币的商品性质上。如果某人有一张桌子和一把椅子，想用它们换来更多的东西，那为什么一张货币就不能生出更多的钱呢？而这更多的钱就是利息。这对于我们理解货币是什么，理解货币的商品性质大有好处。我们需要的，是一种服务于所有人的交换工具，应当停止通过囤积货币来换取利息的做法，这一点其实很容易理解。

尽管如此，您还是应该解释一下……

谁也不会想到要向一位使用货运列车而不肯卸下货物的人付钱，或我们所称之利息。相反，为了让别人也能尽快使用这辆列车，铁路部门会向那位不愿卸货的货主收取一笔逾期卸货费，这迫使所有的货主在列车到站后都忙不迭地卸货。为了摆脱今天的困境，对于货币，我们也应该这样做。唯有如此，货币才能充分体现出它的交换功能和价值,也只有这样,货币才不会作为保值和增值的手段无节制地增长。虽然它仍然可以作为保值手段,但它的无节制增长将会得到遏止。

在这样一种货币体系中,用货币来获取利息并让它利滚利,将不会受到鼓励,相反,货币的流动将会加快,囤积货币的做法将受到惩罚,我理解得对吗?

完全正确。以今天的利息为例,持有现金利息为零,短期存款的利息是3%,长期存款可以达到6%。我认为所有存款的利息都应该降到零,并宣布,那些将钱捂在钱包里的人都必须缴纳6%的税;短期存款要收取3%的税,即损失可以降到一半。如果有人把钱放到银行,而银行又将它们借给那些需要的人,那么,这个人就可以免遭损失。假若我们拥有一种不付利息的货币,那我们就可以消灭通货膨胀,而这意味着,我们终于可以引进一种持续稳定的货币系统了。您可以想象一下,如果我们用这种货币来买面包,今天的价格同30年后完全一样,那会是什么情形。这样一种新的货币系统当然不可能在一夜之间建立起来,但我们可以通过将利息与实体经济协调起来,创造一种稳定的货币环境,循序渐进地实现这个目标。这对于每个人都有好处。

如果我理解得对,您是说用今天这个货币系统去创造一种可持续的、开创未来的经济模式纯属幻想,因为目前的货币系统与这个长远目标完全格格不入?

是的。倘若我们用所谓的资本价值计算法——这种方法被用来评估一项投资是否值得——来衡量,那么,就没有人会对一项需要5年以上时间才能盈利的项目进行投资。也就是说,在这种资本价值计算法中，这个项目——如一个核电站——此后必须付出的成本，完全没有被考虑进去。因此，问题就在于，在这种货币系统中，人们根本不会作长远打算。只有当货币最终不再无节制地增长而恢复自然增长时，生态项目的建设以及对这类项目的投资才有可能。

迄今为止，我们是如何应对这场由货币的泛滥引发的危机的？

有三种经过历史检验的方法可以遏止货币的泛滥。一种是我们今天正在经历的大崩溃；第二种是一场社会革命，在这样的革命中，一夜之间暴富起来的那10%的人被砍掉脑袋。不过根据经验，这并不能改变制度，40至60年之后，同样的问题还会再次出现。第三种是一场大规模战争，一切都被摧毁，一切都必须从头再来。这就是迄今为止为消除由货币制度引发的危机而尝试过的最典型、最极端也是最糟糕的解决办法。而问题恰恰在于，这三种残暴的解决办法今天已经不再在人们的考虑之列，因为，我们已经拥有了能够摧毁整个地球，从而也毁灭整个人类的战争机器，而一场社会革命今天也不再能彻底解决问题。因此，我们所迫切需要的，是一种完全不同的制度性解决办法。

现实地说，我们现在怎样才能克服由于滥发货币而产生的危机？如果我们不想再数千亿、数千亿地向银行送钱，那么，为了利用这次危机，建立一种新的货币体系，下一步我们应该怎样走？

一个例子是瑞士1934年实行的制度——拥有自己货币的所谓"WIR经济圈"。"WIR"不仅是这种货币的名称，而且也是一个企业联盟。在瑞士，今天已有20%的中小企业加入了这个联盟。它们共同创建了一种与瑞士法郎挂钩的补充性货币，通过购买彼此的货物相互贷款并偿还贷款。在这个经济圈内有60个地区性集团，年销售额达到约20亿瑞士法郎。"WIR"货币的交换价值与瑞士法郎相同。这个"WIR"制度得到国际承认，它也发行信用卡，持这种卡既可以用"WIR"，也可以用瑞士法郎购物。

这种"WIR"货币起什么作用？

从根本上说，它支持中央银行和政府的反周期性政策。而其他银行的运作模式却是周期性的：倘若经济向好，它们便大量发放贷款，反之则收紧信贷。换句话说，这些银行通过它们的周期性行为，既支持了经济景气，也为经济滑坡推波助澜。而中央银行的运营则完全是反周期的，如果经济形势良好，它便会提高利率，使经济不至于过热；若经济恶化，它就会降低利率，以刺激经济增长。政府的所有应对措施与此相似，即都是反周期的，都着眼于防止经济下滑。

倘若回顾一下"WIR"在20世纪70年代的发展，我们就可以看到，在经济困难的年代，"WIR"的销售量稳步增长，而在经济繁荣的年代则有所下降。这一点很容易理解：假如我是企业家，我也会把我的货物以瑞士法郎出手，而不需要"WIR"，因为这是最简单的途径。然而在经济困难时期，我就乐于借助于补充性货币"WIR"的帮助，将我的产品在市场出售并购买我所需要的商品。

这是否是一种没有利息、不能通过利滚利增值的货币？"WIR"同瑞士法郎的真正区别又在哪里？

人们可以在任何地方使用瑞士法郎，用它来买任何东西，而不能在任何地方使用"WIR"，也不能用它买任何东西。这种货币只在加入了经济圈的人之间流通。例如，这个经济圈的一位建筑企业家可以说："我只接受20%的'WIR'作为工程款，其余的80%必须用瑞士法郎支付。"而占工程款的这20%的"WIR"他也只能接受，因为他必须用这种货币在经济圈内购买其他货物。人们应当将这个过程理解为一个封闭的循环圈，在这个圈内既可以发放贷款和接受贷款，也可以存钱，但没有利息。

那么，这个系统是可持续的吗？

作为单一的货币系统，"WIR"应该是可持续的。瑞士的这个系统很容易移植到欧洲。我和我的几位同事（见我与伯纳德·利泰尔的对话）认为，这或许就是解决当前危机的一种办法。一种欧洲的"WIR"作为补充性货币，不但可以防止大批企业破产，而且可以让它们联合起来，自行找到一条相互融资从而共同生存下去的道路。当然，这并不一定是一种在生态上可持续的模式，因为它不能自动阻止人们污染水源、空气和土壤并随意丢弃垃圾，浪费能源。令人遗憾的是，当前还没有一种万能的模式可以消除一切弊端，所以才需要我们去寻找新的模式。

那么，什么样的模式能帮助我们克服危机，比如气候变暖？

举例来说，一种可行的办法是以二氧化碳卡的形式发行欧洲的辅助性货币。持有这样一张卡，每个人都有在大气可承受范围之内排放二氧化碳的权利，从而体现人人平等。谁对这种权利使用得较少，就可以将它以货币的形式转让给那些使用得较多的人。从根本上说，这就像人们突然得到的一个银行存折，此外，它还可以促使人们节约能源。引进这样一种不依赖于银行贷款的辅助性货币，将有助于减少二氧化碳的排放。将"WIR"系统与二氧化碳卡结合起来，的确有助于克服当前世界系统中出现的严重信用危机，破产企业的数量将大大减少，税收将大幅度增加，国家将会有更大的空间解决失业问题，而气候变暖也将得到遏制。这对所有人都有好处。

这种新的辅助性货币体系同时意味着，常规货币体系将继续存在。那么，两种体系——现有的体系和新的体系——能够相互包容而不至于发生冲突吗？

这类货币仅仅是辅助性的，或曰"补充性的"[①]，而它的优点也恰恰在这里，对于今天的货币体系很有好处。从总体研究中我们得知，稳定不仅来自于效益，而且有赖于多样性。而我们今天所缺少的，恰恰是货币的多样性。我们之所以要尝试引进这类辅助性货币，原因也恰恰在这里：用货币的多样性来弥补它早已丧失的效益，从而使它恢复稳定并重新获得可持续性。因此，懂得辅助性货币最终将给整个金融系统提供支持，使它重新稳定下来，是非常重要的。我们必须取消这最后的垄断，垄断的时代已经过去，今天它再也行不通了。迄今为止，我们已经取消了经济领域内的所有垄断，除了货币垄断——这应当说是一个错误，因为，这恰恰是最危险的垄断，尽管它在某些时刻也取得了一定效益，但却是以牺牲可持续性为代价的。

我们现在应当将补充性货币作为一种延缓大崩溃的手段来使用吗？而这场崩溃恰恰是由于在会计学的逻辑上实行了利息制度和利滚利的制度而引发的。或者说，建立在这样一种计算方法之上的经济制度必然会崩溃。而我们通过引进补充性货币，

---

① 参见玛格丽特·肯尼迪、伯纳德·利泰尔：《区域性货币：可持续福利的新道路》，Riemann 出版社，慕尼黑，2004 年。

可以减轻这场灾难，减轻它带来的社会后果吗？

这里没有什么非此即彼的问题。我们应当抛弃只能有一种货币的幻想。即使是发行补充性货币，世界上有些地方也不会取消利息。我不相信，人们会一劳永逸地废除利息制度。不过，倘若看清了这个制度带来的弊病，我们就可以把握风险，就会发现，使用另外的货币可以获得更好的生活质量。一种平衡或迟或早总会出现，到那时，为特殊用途而设计出来并被使用的补充性货币，将成为整个制度的一部分。被用于投机目的的货币或许还会继续存在，但仅仅在实体经济也取得效益的情况下才有可能。

您认为这一变革会从当前的危机中直接产生吗？

显然会这样。我有时想到了孩子，他们在学习走路时可能摔倒，但他们会爬起来继续向前走，从而渐渐学会如何保持平衡。我们的社会同样如此：现在大多数人以为，市场是万能的，货币体系可以包办一切，地球上的资源永不枯竭，环境永远不会改变，但我们完全错了。面对今天突然出现的状况，我们于是变得惊慌失措。26年来我一直在谈论这些问题，但从未引起过今天这样大的反响。我看到了一种开放态度，一种热情，因为这些问题已经严重到几乎无法解决的程度。问题究竟出在哪里，为了创造一个不同的、可持续的制度，每个人应当做些什么，我于是突然有了一种解释。我感到了一种20多年来从未感到过的欣慰。但人们的反应是完全正常的。在我的生活中，我也会直到不得不作出改变时才采取行动。金融领域的情况同样如此：只要利润率不下降，人们还能获得巨额收益，就不会认真考虑另外的选择。在某种意义上，这场大崩溃也可以看做一次对不切实际的期待的大清洗。人们突然重重摔到了现实的地上，懂得了这样下去不行。许多人终于松了一口气，知道了这种病态的增长方式是无法持续的。

现在，我们每一个人能做些什么？难道我们应当等待上面恩赐给我们一种补充性的货币，来躲过这场危机吗？

不，我们必须自己把握自己的命运。在德国，有许多人对不断扩张的全球化表示不满，认为这样的全球化吸干了地区的血，使越来越多的人成为输家而很少有赢家。今天在德国，已经有60个地区提出了建立无利息的地区性货币、加强地区经济的倡议，其中30个地区已经发行了自己的地区性货币。人们应当加入这一潮流。我们希望，现在就建立一个企业家联盟，以"WIR"系统为榜样，最终联合为合作社，通过相互帮助走出这场危机。这样的联盟越多越好。此外，这种发行地区性货币的运动、ATTAC组织和"建立自然经济秩序运动"还应当团结起来，相互配合。在我看来，这就像一百只猴子可以扳倒一棵大树一样。其实用不着百分之百的人都理解一种新的解决办法，只要有7%至10%的人理解，这种办法就可以得到贯彻。但我们恰恰不知道，在旧制度蜕变为法西斯主义，一场新的战争或一场社会革命爆发之前，我们是否能达到这个程度。

难道地区性货币就是一种新经济的胚胎吗？

可以这样说。也的确存在着这样的希望，一旦有一天我们能让使用这种货币的人得到经济上的好处，他们就可以摆脱今天的困境：假若您今天到这些地区购物，您常常要比在国际购物花更多的钱。可是，您若在国际购物，价格虽然会便宜一些，但却损害了地区利益。不管怎样，事情总是反着来的。我们今天正在试验的新制度，使在地区购物无论对社会还是对经济都有好处。

危机浪潮：未来在危机中显现

您能否解释一下，这种"地区货币"是如何运作的？

人们当然可以用欧元在地区购物。而地区性货币的区别就在于，这种货币同样可以被您的亲戚朋友用来消费：一旦地区性货币流通起来，就可以创造更大的地区购买力，从而延长地区价值创造的链条。用欧元却无法做到这一点：假如一个人将他的钱存进银行，银行有责任让它"产生最大的效益"，倘若这个目的在本地区无法达到，存款无法获得两位数的收益，那存款人就会把钱投资到中国、俄罗斯或其他什么地方，而不是留在本地。现在，如果本地区居民想得到贷款，就必须支付同世界市场上一样高的利息。也就是说，世界市场在同本地区争夺这些钱。在这种不平等的关系中，愈来愈多的钱将流出本地区。我们亟需改变这种局面，并宣告：我们发行地区性货币，主要目的就在于加强本地区的货物流通。德国巴伐利亚的地区性货币"希姆高元"（Chiemgauer）就是这方面一个典型例子。

这种货币是如何产生的？

当然是印出来的。在希姆高，这种货币最早的确是在彩色复印机上印出来的。现在到处都出现了发行这类货币的热潮，其中大部分是由第一流的广告创意公司设计出来，为大工业服务的，如奥伯兰（Oberland）的地区性货币。这类货币由中央银行发行。至于"希姆高元"，则被分发到当地的各个联盟：它们用97欧元购买100希姆高元，然后再以1∶1的价格将其卖给自己的成员。也就是说，每购买100希姆高元，地区联盟就可以从中赚到3欧元，即3%的差价，并将赚来的钱用于公益目的。联盟成员可以用希姆高元在所有加入这个联盟的商店购物——在此期间，这类商店在希姆高已增加到700家。这些商店有两种办法处理希姆高元：或者将希姆高元兑换成欧元，这样一来，它们就要损失5%，2%作为发行费用支付给中央银行，而其余的3%已经作为兑换差价返还给地区联盟了；或者商人们让这种货币在彼此间流通，作为相互支付货款的手段，这样一来，他们就不会损失什么。如同预期的那样，愈来愈多的商人将希姆高元作为相互结算的手段。

也就是说，一位卖鞋的商人可以用希姆高元在一家接受这种货币的酒吧消费？

是的。这种模式最初出现在澳大利亚。人们看到，在最初的三年，70%的商人将地区性货币重新兑换成澳元，而只有30%的商人让它在自己圈子内继续流通。可是，到了第四年，将自己持有的地区性货币再换成澳元的人就只剩下7%。这意味着，不久之后，整个地区便将这种货币变成了一种有效的支付手段。在澳大利亚，那些不接受地区性货币的超市纷纷倒闭，而在希姆高，情况也许没有这么糟，但发展趋势也是相似的。此后，又出现了一种用希姆高元结算的信用卡，因为商人们——一旦他们彼此支付货款——不想带着大笔希姆高元现金跑来跑去，而只需一张卡。

如果希姆高元同欧元的兑换率为1∶1，那么，它在以欧元为基本货币的结构中与后者有什么区别？

主要区别就在于，人们用它不能获取利息，它仅仅是一种流通手段，一种结算工具，一种经济意义上的辅助性措施。也就是说，当人们将它捂在钱包里，它的价值就会缩水。在每一张希姆高元上都印了四个方框，持有者每一个季度——3月底、6月底、9月底和12月底——都必须在方框内贴一枚印花，一枚相当于票面价值2%的印花。这使得这张钞票的价值每一年将缩水8%。这迫使人们不能将钱攥在手里，而必须尽快花出去。对于那些想通过这种货币存钱的人来说，这种成熟的地区性货币体系也提供了一种可能性：他们可以将钱存进银行，让银行将它再借给别人。这样他们就不会损失什么。

这听起来有点复杂，在商界能行得通吗？

整个事情其实非常简单。我有时将它比喻为一辆装满欧元的购物车。我们在超市里为什么要使用购物车？因为这种车子可以随意停放。可是，如果一辆购物车里装满了欧元，就不会有人将它随随便便到处停放。我们大家都有点懒，但我要提醒大家，我们需要的，别人也会需要，尤其是钱。倘若我们将地区性货币攥在手里，那就不仅阻止了它的流通，而且会损失一部分。这一点很容易理解，即使是损失2%，人们也急于将它脱手。大多数商人之所以乐于这样做，是因为他们可以从税收中得到补偿。整个希姆高元体系是与"顾客服务"联系在一起的，商人们反正可以从顾客那里获得5%至10%的利润。除此之外，这种新的经济刺激体系还增添了一种新的功能：人们除了"效忠于"商人，还可以"效忠于"本地区。

每一季度损失2%，这会带来什么后果呢？

这使得这种货币的流通大大加快。有调查表明，希姆高元的流通速度大约是欧元的三倍。即是说，它在本地区创造了更高的价值，地区经济得到了促进。人们不但从荷兰购买奶酪，从新西兰购买苹果，而且也购买本地出产的奶酪和苹果。这样一来，一种过去不存在的循环链就建立起来了。

如此看来，这并不是一种"影子经济"，而是一种补充性的商业交换体系，商人们还是要交税的，是吗？

税还是用欧元来交。我可以负责任地说，为了支持这种地区性货币，政府最好还是允许各地区用它们的地区性货币来缴纳税款和其他费用。这将大大提高这类货币的信用度。那样一来，我们或许就能取得20世纪30年代在沃格尔（Wörgel）① 所取得的成功。

在奥地利，那时发生了什么？

当时，沃格尔地区发行了自己的地区性货币，在它的帮助下，这个地区在一年之内将失业率降低了25个百分点，而税收则增加了35%。这并不奇怪：哪里有钱，哪里就有工作；哪里有工作，哪里就有税可收。通过税收和其他收入的增加，这个地区于是富了起来，可以投资更多的项目，并最终积累了大笔财富。而我们目前这个欧元货币体系所带来的，却是交换过程的萎缩和所有阶层的贫困化。

还是让我们进一步探讨一下沃格尔的例子吧，尽管它已经过去了将近80年。为什么通过发行地区性货币，就能降低失业率，增加税收呢？

那时，沃格尔地区发行了一种同奥地利先令挂钩的地区性货币，人们可以用这种"劳动价值券"支付为公共项目劳动而得到的工资。他们为一直在街上游荡的失业者修建了避难所，改善了公共照明，改建了街道。那时的情况与今天有些相似，到处都有工作，到处都有找工作的人，所缺少的仅仅是交换手段，而这种新的支付手段将

---

① 奥地利西部蒂罗尔州的一个城市，距德国巴伐利亚州仅20公里。——译者注

未被利用的资源同未被满足的需求结合起来了。举例来说，这种地区性货币可以帮助电影院老板，让影院空着的座位坐满观众，或者青少年可以持以乘车券形式发行的新货币乘坐公共交通工具，就像在巴西的库里提巴（Curitiba）①那样。也就是说，到处都有可做的事情，而这些事情今天却没人去做。

听起来好像所有人都可以从地区性货币中受益。那为什么在我们的文化中，这种货币今天仍然是极少数呢？

因为我们仍然受到一种陈旧观念的束缚，以为只能有一种货币。我们一生下来这种货币就存在，并且包办了我们生活中的一切。在建筑学中，我们长期以来不知道必须将基础打进冻土层，所以30至40年后，建筑物就倒塌了。直到后来——大约在中世纪结束前后——我们才明白这个道理，才将基础打得更深。今天的经济也是这样，而货币体系就是经济的基础。它之所以每隔30到40年就要崩溃一次，就是因为我们不懂得怎样把它的基础打得更牢固，使它具有持续性。

一旦地区的发展和地区文化得到加强，最终就会出现一个与增长社会反其道而行之的文化社会。这样一种新的货币体系会变成一种文化推动力吗？

对于那些在今天的货币体系中很难获得财政支持的事业来说，如此设计和流通的补充性货币，恰恰可以在这方面提供强有力的支持。不仅教育事业和养老保险，而且整个文化事业，甚至中小企业

---

① 库里提巴为巴西东南部的一个城市，人口210万，其中42%不满18岁，是联合国命名的生态城市和"最适宜于人居的城市"。——译者注

的发展，都可以得到促进。而今天的货币系统仅着眼于财富的快速增长，一切与这个目的不相符的，都面临重重困难。

除了在地区流通的辅助性货币，是否还有为特殊用途而设计出来的货币？

在这方面，巴西有一个非常好的例子，很具有现实意义，因为在那里，40%的居民年龄在15岁以下。多年来人们就明白，必须加大教育投入。当移动通讯业被私有化时，他们将收入的1%拿出来存进银行，几年前这笔钱已达10亿美元。人们于是问：我们怎样才能把这笔钱用好？这时，伯纳德·利泰尔和他的一位巴西同事提出了建立一个教育基金的建议。在这10亿美元的基础上，他们在教育部的支持下发行了一种叫做"Saber"的代金券——Saber的意思是"知识"。这种代金券在学校发放给那些天资聪颖，有可能进入高校但家境贫寒的学生。这些学生可以用它来"购买"高年级学生的辅导课，而后者又可以用它换取更高年级学生的辅导。这10亿美元就这样在学校流通。17岁以上的学生得到它以后，可以用它来支付上大学的费用。大学是唯一能够将这种代金券兑换成美元或雷亚尔的机构。最有趣的是，这种代金券在学生的大学学业结束后三个月，价值就会降低20%，也就是说，它的用途仅仅是提供教育资助，人们不能用它在世界市场上进行投机或在日本购买汽车。在这里，它是如何产生的，用途是什么一目了然，完全透明，从这种货币中受益的是公众。一种新型的人与人之间的社会关联产生了，对学生、学校和这个国家都有好处。相反，仔细观察一下，今天的货币体系却只能让10%的人富得流油。

这类货币对那些为了支付社会福利而几乎破产的国家有帮助吗？

那些身居高位的人真的应该懂得，辅助性货币减轻了国家的一大负担。它同时也极大地减轻了中央银行的负担，因为补充性货币不论在地方层面、区域层面还是国家层面，都支持了中央银行的政策。现在甚至有人提出了一个绝妙的建议：发行一种名之曰"特拉"（Terra，意为"大地"）的全球性货币。这是一种抗通胀的辅助性货币，可以大大加快最重要商品和服务的国际流通速度。它建立在实际存在的商品总量之上，与商品的价值相符，可以通过电子系统计算出来。此外它是不附带利息的，仅作为交换手段使用。在一个大公司的全球联盟中，人们通过一种详细的电子供货清单（elektronische Liefer-scheine）相互交易并结算货款。通过这种"特拉"货币，任何人都可以在任何地方购买任何他想要的货物。由此将出现一种反周期的运动：一旦世界经济过热，人们所需的货物量就会大幅增加而缺少货币，而缺少货币则会遏制经济过热；倘若世界经济出现萧条，人们便可以将货物换成金钱，释放出来的货币则会刺激经济向好。此外，今天世界贸易的三分之一是通过"对等贸易"（Countertrade），即直接的以货换货来实现的。例如，百事可乐公司将浓缩的可乐原浆运往俄罗斯，以换取伏特加酒，一些大公司如西门子和戴姆勒－奔驰，建立了专门的对等贸易部门来协调这类贸易。之所以如此，是因为存在着货币的大幅波动，人们不知道，他们之间的交易在五六年后结束之时最终是否能获利。倘若一种货币贬值，他们就会蒙受损失。他们或者通过期货贸易防范这类风险，或者通过直接交换货物和商品的对等贸易，尝试着建立一种不附带利息、与当前货币体系挂钩的稳定的货币。

如此看来，这种"特拉"货币最终建立在直接的以货易货之上？

不，这是一种真正的货币，只不过它的流通并不附加利息，不会自动增值而已：人们知道，如果把"特拉"货币攥在手里，它就会贬值。由于囤积这种货币而产生的损失只能由囤积者自己承担，于是人人都急着将它出手。这样一来，我们就有了一种没有利息的、百分之百以实物做担保的稳定的世界性货币。这的确是一个天才的主意。

那为什么今天的经济学家想不出这个主意，而要您这样对文化感兴趣的、持批判立场的公民来提出建议呢？

我相信原因有许多。假如人们看清了这个货币体系的问题并想解决问题，很快就会质疑整个经济理论。人们若懂得这个货币体系是不可持续的，就必须提出一种新的经济学。而这恰恰是一大禁忌，就像谈论性曾经是禁忌一样，所有人都回避它。谈论死曾经也是一种禁忌，人们对此三缄其口。对于货币同样如此。我相信，现在是打破这种禁忌的时候了。我想，这场危机必将打破它，并且会相当突然。

我要说，快建造木筏吧！
——与经济学家、深层心理学家 伯纳德·利泰尔教授、博士对话

伯纳德·利泰尔（Bernard Lietaeer）教授、博士，1942年生于比利时的劳厄（Lawe），为金融专家，"另一种货币"的倡导者。在比利时中央银行工作期间，他负责后来成为欧洲统一货币的"欧洲货币单位"ECU①的设计与发行工作。在任一家成功的离岸外汇基金（Offshore-Währungsfond）的业务主管和外汇交易员期间（1989—1992），他被《商业周刊》（Buisiness Week）杂志聘为首席世界外汇交易员。在学术领域，他从1975—1978年、1983—1986年，在比利时洛文大学任国际金融教授，并于1992—1998年作为客座教授，执教于加利福尼亚索罗马州

---

① "欧洲货币单位"（European Currency Unit，ECU），欧元诞生前所依托的欧洲货币单位，创立于1978年。ECU是由当时欧洲共同体九国货币组成的一个"货币篮子"，初创时，各国在其中的权重按其在欧共体内部贸易中所占权重及其在欧共体GDP中所占权重计算，以确定各国货币在ECU内占有的份额：德国27.3%、法国19.5%、英国17.5%、意大利14%等等，并依即时汇率换算各国货币对ECU的比价。各成员国货币在ECU中所占权重每五年调整一次。此后，ECU逐步具有了计价、储备等功能，并最终于1999年演变为欧元。——译者注

立大学（Soloma State University），教授原型心理学①（Archetypische Psychologie）。2003—2006 年，他在科罗拉多创建了"商业与经济中心"。目前，他在伯克利大学"可持续资源和农业研究所"任国际金融教授。见网站：www.lietaer.com，www.futuremoney.de。

人们都说，人类统治着世界，然而真正统治世界的却是金钱。那么，我们统治着金钱吗？

从目前的情况看，当然没有。我相信，我们同金钱的关系大概就像鱼同水的关系，这种关系完全是无意识的。我们与它生活在一起，但我们既不知道它对我们意味着什么，也不清楚它究竟是什么，如何起作用。其实，它与我们的关系远远超出我们的想象。有些经济学家声称，金钱是中性的，它的作用不过像石油推动机器转动一样。而我觉得，这种说法并不真实。金钱决定着我们相互交往的方式。按照社会达尔文主义的观点，在一个人与人为了生存而相互竞争的世界上，对金钱的欲望和争夺财富的斗争，所起的作用犹如其他物种与人之间的斗争一样。②

倘若金钱是一个社会的神经系统，那么，有没有一个协调和控制所有神经元的大脑呢？

---

① "原型心理学"为奥地利心理学家卡尔·古斯塔夫·荣格（Karl Gustav Jung）创立的心理学流派，提出了人类"集体无意识"理论，而"集体无意识"又体现为多种"原型"（Archetyp），即不断重复出现的意象，如"母亲原型"、"阿尼玛"和"阿尼姆斯"、"阴影"、"自性"等。——译者注

② 参见伯纳德·利泰尔：《神秘的金钱，一种禁忌的意义和作用方式》，Riemann 出版社，慕尼黑，2000 年。

在传统的货币体系中,中央银行就扮演着大脑的角色。然而现在,我们却陷入了这样一种困境:中央银行对它所控制的贷款的垄断已无法维持。原因很简单,这个系统既没有足够的钱,也拿不出解决今天的社会所面临问题的办法。在当前的全球性危机爆发之前,从1971年尼克松放开外汇兑换汇率以来,世界范围内就爆发了96次银行危机和176次金融危机、当然,这些危机还只局限在某些国家或某个大洲,如1994年的墨西哥危机,90年代末的亚洲金融危机和俄罗斯危机等等。今天这个系统正处在一次进化变革之中。我们不但经历着金钱观念的更新过程,而且经历着整个系统的突变。

在您看来,当前危机的根源在哪里?

我们已经到达一个前所未有的危险的转折点,四种全球性危机相互交织:气候变暖,金融系统的崩溃,高失业率,老龄化社会的人口结构变化带来的财政负担。今天的金融危机并非仅仅是经营失误或周期性过程一再重复的问题造成的,而是整个结构的弊病带来的后果。证明这个观点正确性的事实是,这场危机出现在不同的经济发展阶段和完全不同的市场规则之下。我们迫切需要找出更好应对这种内在于制度的危机的办法。为此,我们决不应当忘记,上一次类似规模的经济大崩溃,即20世纪30年代的"大萧条",最终导致了法西斯主义的产生和第二次世界大战的爆发。

那么,您认为最现实的危险是什么?

货币危机总是有它的受害者,因为所有的协议,无论是工资协议、房租和养老金协议,都变得一文不值。这造成了普遍的恐慌和生存不安全感。正是在这种局面下,希特勒攫取了政权。80年代后期,南斯拉夫爆发了一场金融危机,货币大幅贬值,这场危机也演变成一场战争。民主只能建立在中产阶级的生存上，而一场金融危机却摧毁了中产阶级，同时也毁掉了民主。公民的生存恐惧为蛊惑准备了温床，这种危险是现实存在的，人们必须警惕。

> 您如何判断对这场危机的现实政治和经济反应？

直到目前为止，人们仅试图用传统的方法来解决问题，不论是美国对问题资产的国有化，还是欧洲的银行国有化。然而，两种办法只能医治这场危机的表面病症而并未触及到它的根源。实行有效调控现在也被提上了政治议事日程，但它的作用也未必比以上两种方法好。关于怎样调控，调控哪些东西，人们争论不休。当然，在这种情况下，改进对金融市场的调控不仅是不可避免的，而且符合公众利益。然而，数百年来的历史却证明，每一次调控都仅仅是调控者与银行之间玩的一场猫捉老鼠的游戏。更确切地说，这样的调控虽然可以防止规则的滥用，但却无法阻止熟悉这个系统的人找到新的漏洞，或想出新的赢利策略，而这一切又演变成现有危机的新的推动力，最终酿成新的银行危机。

> 尽管这样，人们几乎每天都可以听到"局势正在正常化"的消息，但大家却不太相信……

当前应对危机的措施仍然遵循着古典的模式，即退两步进一步的办法。哪怕是最小的进步或改善，都会被预先大肆宣扬为"危机的结束"。政府、银行和国际监控及调控机构的这种策略，明眼人看得很清楚，因为任何实事求是的报道都将加剧人们的恐慌情绪。然而，这种制度性危机却不以人的意志为转移，仍在自动升级，因为无论政府做什么，银行和其他金融机构在遭到巨额损失后为了恢复平衡，都大幅削减了信贷业务，而这一策略反过来又把世界经济推入了萧条。这种萧条在经济下行的螺旋中，由于信贷缺乏，又导致了新的萧条。这样一来，当所有的银行都收紧信贷时，无法收回的贷款便成了世界经济和整个金融系统的一个巨大"黑洞"。

> 您如何评价伦敦 G20 峰会建议采取的措施？它带来了某种改变，还是仅仅重复了旧的范式？

2009 年的这次峰会完全套用了老的范式，因此参加国政府强调通过国家财政赤字来重振经济。这一思想凯恩斯早在 20 世纪 30 年代就已经提出过了。即使是中国人关于用国际货币基金组织的"特别提款权"来取代美元的国际使用的建议，也有人在 50 年代就提出过。虽然这个建议被否决，但国际货币基金组织仍然获得了注资 2500 亿美元的承诺。其实，所谓的"特别提款权"，不过是一只装有四种最重要的常规货币的篮子，因此这项"改革"并未对参与国的行为模式有什么根本触动。

> 到现在为止，国家已经向银行注入了巨额资金。为什么政府还有纳税人，要如此不遗余力地拯救银行呢？

简短的回答是，对 20 世纪 30 年代世界经济大萧条的噩梦重演的恐惧，促使他们这样做。比较详细的答案则是：只要银行通过信贷业务垄断着货币的发行，银行的破产就会使贷款急剧减少，从而带来整个经济缺乏货币。没有资金，交易就无法进行，货物就无法生产出来，而这反过来又导致了大规模失业，导致社会问题的产生。因此，银行危机会引发我们所称的"第二波危机浪潮"，在这样的恶性循环中，实体经济将成为银行的牺牲品。总而言之，糟糕的银行经营导致了信贷紧缩，而贷款紧缩导致了经济的衰退，经济衰退使银行业绩再次下滑，这又让它们在恐慌中再次缩减信贷，从而使一切变得更加糟糕。为了阻止这种恶性循环的延续，政府不得不向银行注资。尽管这种行为自20世纪30年代以来一再重复，一再带来人们不愿看到的后果，但我们现在仍然到处可以看到：一旦一家银行过于庞大，想让它破产而又不给经济带来严重后果已不可能时，纳税人就不得不为它埋单。这使得银行继续一意孤行，我行我素。在世界银行所统计的、过去25年发生的96次银行危机中，应对方案始终是老一套：公民通过纳税，为国家旨在平衡财政预算的拯救计划提供资金。不过，这一次的数额比以往任何一次都大，全美国的纳税人为此付出的代价超过了4.6万亿美元。按照布隆伯格经济电台（Wirtschaftssender Bloomberg）的分析，这个数字还将上升到7.7万亿美元，即是说，分摊到全美国的男人、女人和孩子头上，平均每个人要负担2.4万美元。而在美国历史上，唯一一次吞噬掉如此巨额钱财的事件，仅有第二次世界大战，那次战争让美国耗费了3.6万亿美元。政府声称从上次世界经济危机中吸取了教训，声称银行系统的崩溃所带来的后果是任何人都无法承担的，因为它将拖累整个经济。而这一次，它应该吸取的教训却是，拯救银行系统所付出的代价，是任何人都无法承担的。

您所说的"第二波危机浪潮"是否暗示，在银行崩溃之后，还会有更多的受害者？

的确，"纯经济"预计将成为这场金融危机的下一个受害者。无论政府为银行做些什么，未来几年企业都将很难得到贷款。一旦危机的多米诺骨牌效应显现出来，造成实体经济的资金链断裂，并引发一系列后果如失业率上升和社会矛盾激化，那么，要阻止这一过程就比拯救银行系统要困难得多。因为从长远来看，在公民的潜力为拯救银行而耗尽之后，政府即使想拯救最重要的企业，希望也将落空。

那么，触及这场危机的根源，而非头痛医头、脚痛医脚的方案究竟是什么呢？

好消息是，人们现在不仅对这个体制有了更深刻的理解，而且也制订出了防止经济崩溃的技术方案。① 人们把希望寄托在整体系统研究，如生态系统研究的突破上。他们明确指出，一切整体的系统，包括货币和金融系统，一旦某一方面的功能过于突出从而丧失了多样性，在结构上都是不稳定的：系统的基础愈是多样，与环境的联系愈是广泛，它的稳定性便愈大。从系统论的观点来看，一个令人震惊的事实是，为了保持经济的可持续的获利，我们需要多种多样的货币和金融体制。这意味着，我们必须创造出在今天的情况下专门用做交换手段，而不是仅仅用来投机的货币。这种替代性货币应当将城市、地区和国家迄今为止未被利用的资源，同公众需要结合起来。这样的货币应当被看做"补充性货币"，因为它并不会取代常规的国家货币，而仅仅起到前者无法起到的作用。

政府是否应该主动发行这样的货币呢？

政府最好还是不要卷入这个系统的建立和管理。它的职责是制订被其允许发行的货币的质量标准。这对于政府保持一种千疮百孔的货币的支付能力其实也是有好处的。事实很清楚，补充性货币的存在有利于商业贸易，因为倘若常规货币和贷款很难得到，这类贸易就无法展开。增加了的贸易额提高了相关企业应该纳税的收入，而这又会引起积极的反作用，减轻因银行贷款减少造成的影响。

---

① 参见伯纳德·利泰尔：《未来的货币：论我们货币系统的破坏力，及这方面的另一种选择》，Riemann 出版社，慕尼黑，2002 年。

您怎么知道补充性货币系统会达到这样的效果?

因为这并不是一种干巴巴的理论。20世纪90年代末卢布危机爆发后，俄国政府曾允许各地方和企业用铜作为缴纳所得税的手段。我们的建议远没有这样激进：补充性货币是一种得到政府允许的标准化交换手段，为的是在补充性货币允许发行的地区，作为支付货款和服务报酬的手段。这里重要的是，政府要给予城市和地区支持本地发行的补充性货币的权力，并用它来缴纳本地区应缴的税款。原因有两方面：第一，如果不允许这样做，地区当局将作为最基本的政府单位，像今天这样更深地陷入财政困难；第二，一种建立在货币多样性之上的系统，对危机具有更强的抵抗力。由于这是一项全新的然而十分稳妥的措施，它首先应当在乡村和城市的层面上试行，而不是立即在国家层面上推广。

也就是说，这类补充性货币制度的引入，应该从地区和城市开始?

的确，每当经济衰退的社会后果开始显现，第一个受害者往往是基层当局，它们的税收收入会大幅下降，并更难获得贷款。

然而，对于受到金融危机打击最大、贸易额急剧下降的国际贸易来说，又有什么解决办法呢?

我建议引进一种名叫"特拉"（Terra）的新的全球性货币，这种货币不能用来进行金融投机，由实际存在的货物作担保。今天已有将近四分之一的国际贸易是通过以货易货的简单交换方式进行的，因为这种贸易不需要货币作为中间手段，因而获得了人们的信任。我还建议，可以确定一种标准化的交换单位，使这类贸易更加简便易行。它比现有的货币更加坚挺,因为它建筑在实际存在的货物和服务之上。它体现了自己真正的价值,不受货币系统波动的影响。此外,人们还可以通过它,将经济利益与长远规划协调起来。它有利于企业的可持续发展,可以帮助它们克服追求短期效益的做法。对于这样的货币,甚至已经有了历史的范例,通过这些范例,我们可以看到它是怎样运作的。在欧洲和亚洲,人们已经有兴趣做这样的实验。我想它能够行得通。

是否也有人不想建立一种全新的系统,而只想引进补充性货币呢?

这也是我所称之"备用轮胎模式"(Ersatzreifenmodell)的一部分。它之所以是"备用的",是因为只有当主轮胎破损时才用得上它。它是专门为国际贸易而设计的。这样的"备用轮胎"是为满足社会需要、地区需要、中小企业的需要而准备的。这里最有趣的是两种系统能够融洽地并存和相互补充。在与强大得多的国家货币的合作中,它在地区层面行使着一种补救的功能。不过,在超出国家利益的层面上,我们同样需要这样的救助工具。因此我建议在两个领域内引进这类补充性货币。在短期内我们可以说,有了补充性货币,我们就拥有了一个工具箱,既可以使个人,也可以使企业摆脱困境。在大多数情况下,它甚至在解决世界面临的问题方面也证明了自己的有效性。美国有30个州被联邦当局允许发行地区性货币,而新西兰政府则支持在那些失业率最高的地区发行地区性货币。今天在世界范围内,大约出现了2700种地区性的补充性货币。

补充性的"备用轮胎"会不会让整个车子失去控制呢?

这种模式在许多国家和地区都取得了非常好的效果。为了防止将来再发生危机，我们应当处理好它与传统货币之间的关系。那个古老的阴阳平衡的思想，对于调整好这种关系十分有用。现有的货币代表"阳"，作为有限的资源，它鼓励经济竞争，构成资本，服务于产品交换。地区性货币则代表"阴"，其职能是促进地方经济的发展，增加社会资本，降低失业、疾病、犯罪和吸毒所造成的社会成本。仅有一种货币体系我们无法解决所有的问题，特别是社会问题。我们的子孙后代或许会像我们看待石器时代的石斧那样，评价今天官方货币垄断一切的现象。既然我们今天在别的领域都能使用专门的工具，在货币领域为什么就不可以这样做呢？

您觉得引进这样一种货币体系真的可能吗？

我所推荐的方案在我们这个时代很快就会得到实行，因为已经出现了好几种管理这类补充性货币的软件，整个互联网已经开始作为交换平台为它服务。例如，在瑞士的"WIR"合作社，已经有一个可以用四种语言操作的系统准备投入使用，这个系统可以同时模拟通过官方货币和"WIR"所进行的交易。除此之外还有一系列可以立即投入使用的电脑软件。当然，如果能利用公开的软件来解决这方面的困难，那就更好了，这些软件可以适应各种不同的条件，将各种不同的新的功能，如将新的货币在各式各样的传统银行之间进行换算和转账的功能，加以联网。新西兰的"麦秆基金会"（Strohhalm-Stiftung）就为相互贷款系统设计了一种服务于公共目的的"开放原码软件"（Open-Source-Software），这个软件已经在多个国家投入使用。此外，欧盟与法国政府合作，开发了用一张智能卡（Smart-card）就可以用三种补充性货币进行交易的系统。这项技术目前在法国的五个地区正处于试用阶段，很容易就可以扩大到别的语言和用于企业与企业之间直接贸易的 B2B 货币（B2B-Währung）①。当然，这样一种措施应当小心地、逐步地推开，开始时必须限制在有限的范围内。

您能否再解释一下，这些综合方案有哪些好处吗？

我们的建议提供了一整套现有的体制不曾尝试过的治理金融系统弊病的解决办法。只有系统的治理才能防止同样的问题在将来再次出现。正如瑞士"WIR"货币的例子所表明的那样，补充性货币乃是促进金融系统的反周期性稳定的关键因素。这一点不但在20世纪30年代的经济危机中，而且在接下来瑞士经济的景气时期都得到了证明。一种涵盖多种利益群体的多层次的方案对于不同的参与群体，特别在我们正在经历的过渡时期来说，有许多好处。为了把社会从危机中拯救出来，今天的局面要求在不同的层面——公共和私人层面、地区和国家层面上——作出明确的决策。而以上措施将消除或明显减轻实体经济由于银行贷款的紧缩而面临的困难。从系统的角度看，这一根本改革其实在理论上早就应该实行了，然而历史告诉我们，货币系统的变革只有当社会陷入一场大的危机或一场战争时，才有可能发生。当前的危机恰恰提供了这样的机遇，迫使我们不得不进行彻底的改革。为了防止同样的危机再次出现，我们为什么不朝这个方向努力呢？

这样的改革会不会给政府带来风险呢？

政府可能作出的决策——允许部分税收以别的货币而不用常规

---

① B2B（Business to Business）货币为用于企业与企业之间直接贸易的结算手段，其实应称为"准货币"，因为它只能在相关企业之间使用。——译者注

货币来缴纳——完全在它的政治职权范围之内。这个策略是非常灵活的：它可以决定，这种办法适用于哪些税种，应该占多大的比例，实行多长时间，适用于哪些坚挺的，或已经证明产生了积极效果的补充性货币。引进补充性货币将开启一个全新的领域，使政府能集中精力实现特定的目标，应付世界面临的主要挑战。然而，或许最重要的是，这一方案将保护我们不至于再次遭受20世纪30年代大萧条所造成的可怕灾难。在那次危机中，人们对信贷紧缺掀起的第二波经济大滑坡浪潮无计可施，大批企业倒闭，生产性经济遭受灭顶之灾，失业率大幅攀升，民众生活水平跌倒了谷底。所有这一切酿成了灾难性的政治后果。赫亚马尔·沙赫特（Hjalmar Schacht），希特勒的帝国银行总裁认为，纳粹在选民之中之所以如此受欢迎，完全是"绝望和大规模失业造成的直接后果"，应该承认，他说得完全对。

倘若如您开始时所说，我们同金钱打交道是完全无意识的，那么，我们似乎也并不清楚金钱究竟是什么，它有哪些功能。难道说，为了防止金钱在政治上被滥用，我们应当更多地了解它的本质吗？

是的。我对金钱的定义是，它是一项社会内部达成的契约，被用来作为交换手段使用。说到底，金钱无非是一种信息。一个金融系统始终也是一个信息系统，甚至是人类最古老的信息系统。人类最早的文字记录出自公元前3世纪美索不达米亚的乌鲁克（Uruk），是一份商业来往账目的残片。也许，人类发明文字就是为了记录日常生活中的金钱来往账目。因此说，货币系统其实就是一个完整的信息记录系统。

货币系统应该随着文化的发展而变化，我们今天所面临的

■ 危机浪潮：未来在危机中显现 ■ *Zukunft entsteht aus Krise*

这样一场多层面的危机，能够在现有货币系统的框架内得到解决吗？

我相信不能！首先，现有的货币系统已经出了问题。这一系统一再引发金融与货币危机，是极其不稳定的。亚洲、墨西哥、俄国和拉丁美洲都曾爆发银行危机，人人都知道，这些并不是最后的危机，随之而来的还会有更多、更严重的灾难，因为不稳定是我们所称的"全球货币系统"的特殊结构所固有的特征。我之所以相信今天的货币系统对于我们解决现代社会所面临的问题毫无帮助，还有另一个原因。这一点可以用俾斯麦制定的养老金制度来加以说明：那时德国人的退休年龄是 65 岁，然而，他们的平均寿命却只有 48 岁。今天人们的寿命显然已经长了许多，所以必须考虑，这样一种制度是否还能维持下去。我以为这是一个棘手的问题，因为所有的解决办法，无论是提高税收、增加财政赤字还是降低养老金——这意味着生活质量的降低——对于老年人来说都是无法接受的。因此，说我们走入了一条死胡同，现行的货币体系必然会带来社会贫困。不仅在养老金问题上如此，在就业和增加工作岗位问题上同样如此：为了提高效益，刺激经济增长，所有的企业都在裁员。于是出现了这样的局面：经济效益虽然提高了，但工作岗位却减少了！如此下去，我们又怎么能让人们的收入增加呢？这个世界要做的事情实在是太多了，我们所缺少的看来是金钱，是办这些事情的金钱。

在这方面，补充性货币能够帮助我们摆脱困境吗？

我相信，现在是从这方面审视一番货币问题的时候了。今天世界上许多地方——从新西兰到德国——早就引进了替代性货币，从地区的角度看，社区和社会团体不但通过地方性货币的发行创造了工作机会，而且实现了地区经济的自立和自给自足。而这些地方性货币既没有带来通货膨胀，也没有给政府的财政收支造成影响。我们其实早就有了解决办法，而这些办法已经证明是有效的，它们只不过超出了传统体系试图垄断一切的框架而已。我们必须看到，现有的体系已经无法应对当前的挑战。

　　大多数政治家及其顾问，面对这场危机的反应几乎总是老一套，总是试图稳定这个早已失灵的体系。这是否是因为他们作为这个系统的头头脑脑，根本不清楚究竟发生了什么？

　　货币系统的这些头头肯定代表不了政府。最明显的例子是全球的外汇交易，这类交易本来只涉及各种货币之间的交换。在一个正常的交易日，货币互换总额可以达到2万亿美元。这个数额只有约2%被用于支付货物和服务的交易，如度假支出、购买石油和汽车等等，其余的98%全部被用来投机。用于外汇投机的货币总额竟然相当于全世界所有证券交易所交易总量的100倍。其疯狂程度简直难以想象。不过我们不应当忘记，这个系统是极不稳定的，任何人都无法控制它——国际货币基金组织不能，更不用说中央银行和政府了。

　　不仅政府，而且普通公民也高度依赖这个货币系统，为了弥补财政赤字，政府必须从银行借钱。我们生活在这样一个货币系统中，其中每一个欧元都来自于负债——政府的负债或个人的负债。所以，所谓货币其实就是债务。这就是人们与货币打交道的方式。在工业时代，这种方式是有效和成功的，然而在当代，我们的知识已经有了巨大的进步。我相信，今天我们已经可以有意识地成为金钱的主人，而不会继续让金钱统治我们。

　　这是否意味着，我们只能暂时使用现行的货币系统，而不能规划可持续的未来？否则，所有解决世界问题的尝试，将被

■ 危机浪潮：未来在危机中显现 ■

这股吞噬一切的货币洪流所吞没而不再有任何机会？

正因为如此，这些改革货币系统的新倡议和新措施不可能由银行和内阁提出来。政治家和金融巨头即使绞尽脑汁也想不出这样的方案。这些倡议只能出自于于普通老百姓，出自于小企业家，出自公民创意和公民运动。我有超过 4000 位倡议者的通讯地址，这个数字还在爆炸性增长，涉及的阶层也越来越广泛。他们列数了传统货币系统的弊端。但我们不能仅仅指责它，也不能绝望地试图改变它，我相信，尽管这个货币制度有许多问题和缺陷，但只要在全球实行补充性货币制度，我们还是能够与它共存的。

迄今为止，不论是补充性货币制度还是地区性的以货易货的贸易制度（Local Exchange Trading Systens，LETS）似乎还患着幼稚病……

一种新事物开始时看起来也许都不完美，不专业。但在变革时期，这完全是自然而然，可以理解的。它会慢慢成熟，逐步自我完善并稳定下来。我对于另一种货币系统将逐渐扩展开来并变得越来越重要持乐观态度，理由很简单，因为我们有太多的问题需要解决，而这些问题用常规办法是根本无法解决的。谁要是相信我们可以继续这样下去，我就要向他提出一个简单的问题：你们打算怎样遏止世界范围内不断增长的失业率？怎样解决社会老龄化问题？如何解决生态和环境问题？如果人们无法给出答案，那么，通过改革现有的货币系统来应对所有这些问题的努力，都应该是值得的。

依您看，全球货币系统一旦崩溃，会发生什么事？

我最好还是别去想这种事。一种货币系统一旦崩溃，将引发一场大灾难。德国在 20 世纪 20 年代曾经历这种事——我们都知道，它在政治上带来了什么后果。俄罗斯不久前也差一点陷入同样的困境，结果是国内的民主倒退了，超国家主义思潮抬头，再次变成了威胁世界安全的一种因素。亚洲金融危机带来的痛苦在程度上几乎无法想象，由于货币系统的崩溃，数百万人失业，几百万儿童不得不辍学。一旦全球的货币系统崩溃，我们就会看到一场世界灾难和政治大动乱。我衷心希望，甚至祈祷这样的事情不要发生。但我的头脑很清醒，知道未来几年，这场全面大崩溃发生的几率大约有 50%，因为我们现在的这个系统早已失去平衡，随时都有可能垮塌。我们再也不能信任和依赖这个系统了。意识到这一点是极其重要的。今后还将爆发更多的危机，我希望，它们不要比现在的这次更严重。但即使在这一点上，我的理智也告诉我，它们多半会发生。今天这个不稳定的局面仍然在恶化，情况正变得越来越糟糕。

可是，误导人们盲目相信货币神话的是什么呢？我们把哪些不切实际的愿望、情感和心理期待投射到货币上了呢？

每一个从事货币投机的人都会告诉你，促使他们这样做的，主要有两种心理，一种是贪婪，即梦想一夜暴富；另一种是由于穷困而产生的生存恐惧，他们会说："没有钱我就无法生存!"这两个极端决定了人们在货币市场上的行为。此外还有当前这个货币系统的弊病，关于这一点，我们已经深入讨论过了。可是我要提醒人们，这是一个相对年轻的、倡导竞争的等级化制度，而并非唯一的组织货币流通的制度模式，只不过我们已经习惯了这种模式，误认为它天生就是这样，再也无法改变而已。

我们对货币的盲目信任几乎达到了虔诚的程度，尽管我们有时也会自嘲，我们崇拜的是一个金钱的上帝。那么，在信仰

■ 危机浪潮：未来在危机中显现　■ *Zukunft entsteht aus Krise*

和金钱之间有什么联系吗？

其实，金钱就是信仰，因为信仰建筑在信任之上。这就是问题的关键：一旦信任丧失，就会出现一种危机。这就像一个预言一样，它一旦落空，随之而来的便会是失望和信任的丧失。正因为如此，我不大愿意谈论这方面的事情，因为我像其他人一样，不希望一场大崩溃发生。可是，这就是现实，看一看今天的形势就知道：我们不得不承认，过去几年差不多有10亿人成了危机的受害者，直到今天这个制度依然故我，没有任何改变，下一场危机指日可待。正因为如此，您的说法是对的：人们对货币的确存在着盲目的信任。而我的说法则是，"相信一种信仰"："你所信仰的，就是我所相信的。你说一张小纸片包含着某种价值，我于是乐意用实物来换你的小纸片，因为我相信也可以用它来换取别人的东西。"然而，这张印了某个数字的小纸片实际上一文不值：当我知道，我的交易伙伴相信它具有某种价值，愿意用实物来换取它时，我当然乐意这样做。可是，一旦这种信仰破灭，一切就改变了。因此说，对一种信仰的信任是相当脆弱的。相反，对一个人的信任却是牢固的，因为有他的人格做担保。相信别人的信仰是靠不住的，而这就是整个货币系统靠不住的原因。

听起来，这个系统就好似一道符咒，完全不能信任……

的确是这样。不久前艾伦·格林斯潘和本·伯南克的声明所起的作用就像"德尔斐箴言"（Orakel von Delphi）[①]。联邦储备银行的头头们的表白同样云山雾罩。有一个关于格林斯潘的笑话是这样说

---

① "德尔斐箴言"为传说中3000年前希腊德尔斐神庙门前石刻上的一句铭文："认识你自己。"这条铭文曾引起无数智者的深思，后来被奉为"德尔斐箴言"。——译者注

的:"你要是听懂了我刚才所说的话,那我就还没有表达清楚!"换句话说,他的声明可以作多种解释,就像一道符咒。

银行是否就是这种信仰的神庙?

完全正确!顺便说一句,所有的银行的确建造得像神庙,共同的特点便是新古典主义的建筑风格,即便在网上银行的页面上,也有一个类似于希腊神庙的徽标。建构一种信仰,这就是银行结构的一部分,因为这个货币系统所要兜售的正是这种信仰,为此,绝对有必要建构一种能保持这种信仰的结构。

您如何展望货币的前途呢?

我认为我们正处在一个根本性的过渡时期,与我们的时代向信息时代过渡密切相关。在信息革命的大潮中,人类最古老、最重要的信息系统必然发生剧变。只要我们正确地引导这场革命,它就会展现它许多好的方面。当然,它也有危险的一面——因为变革总是有风险的——但无论如何,它提供了无限的可能性。我所看到的前景是,人类的大多数将经历一次"可持续的发展"。只要我们动员已经掌握的知识,运用好我们与不同货币系统打交道的经验,就能克服上面提到的各种问题,因为在现有的体制下我们是找不到解决办法的。具有决定意义的是,新的方案已经有了,并且被证明是有效的,我们只须学习怎样推广它们就行了。

倘若我们回到开始时的那个比喻上,那么,这一切听起来好像是一条鱼要改变河水的流动方向。为了改变我们是一个我们赖以生存的制度的牺牲品的感觉,我们应该做些什么?

■ 危机浪潮：未来在危机中显现 ■ *Zukunft entsteht aus Krise*

我认为这首先是一个意识和认识问题：我们必须弄懂货币是怎样运作的。大多数人觉得这仅仅是财政部长的事，这显然是一个笑话，事情完全不是这样。其实，使用货币是一种私人活动。我们必须抛弃有关货币的一切幻想和神话，而这个目标只有通过学习新知识、接受新教育才能实现。第二步：让我们将世界上有创意的人聚拢起来。我们用不着像莱特兄弟那样发明新飞机，而只须对现有的方案稍加改进，使它们更加完善，就能让世界焕然一新。这里当然也有一个学习问题。总之，我认为我们迫切需要做的两件事就是转变意识，更新知识。我们难道不早就处在一场意识革命中了吗？如果这就是当今的潮流，那么，我们就应当展示，我们做出了哪些成绩，取得了哪些进步。

您警告未来五年内，一场带来可怕后果的全球金融大崩溃可能发生。那么，我们应该怎样做呢？难道要为泰坦尼克号的沉没做好准备？

要我说，那就赶快建造救生木筏吧。我不相信世界上的政治家能够坐到一起，通过一项新的布雷顿森林协议①来稳定金融系统。人们可能会对这个系统进行小修小补，将它装饰一新，使它看上去漂亮一些，但政府绝不会改变它的基本结构。可是那又会怎么样？唯一的办法只能是，自下而上地建立一个新的、足够坚挺的系统，来应对所有的市场波动。这个新系统的运作应当独立于现行的货币系统。这个备用轮胎看起来当然有点怪异，但如果主轮胎爆炸了，它还是非常有用的。假若我们在今天的危机爆发之前就有了它，当前的许多灾难就可以避免。所以我要说，让我们开始干吧！

---

① 在1944年的布雷顿森林会议上，与会国对国际金融体系作了改革，确立了与黄金挂钩的美元作为主导货币的地位，并引进了固定汇率制。——译者注

· 388 ·

看起来现有的货币系统已经解决不了我们面临的问题。这是否意味着，不进行一场货币系统的大变革，我们就不会有一个可持续的未来？

恰恰是这样！这也是我的核心看法！我一再强调，我们再也不能这样下去了，在这个系统的框架内，问题永远得不到解决。我们或许可以生产出够这个星球上所有人吃的粮食，但永远没有足够的钱来买东西；可以有足够的工作，但永远缺钱支付劳动报酬。自从现代货币产生以来，这个悖论已经存在很长时间了。然而，我们现在已经到达了一个点：要想我们的社会不至于崩溃，我们就不得不彻底颠覆这个悖论。否则，我们就将会养不起很快就会达到总人口25%的老龄人口，四分之一的人就会失业。这些人不得不为自己的生存担忧，因为国家再也拿不出钱来养活他们了。这一切将会发生，只是为了拯救这个货币系统的垄断地位。我曾经问自己，难道真的就没有别的解决办法吗？我相信，现在是猛醒的时候了，我们必须意识到，什么是可行的，什么是有用的。

为了构建一个关于货币的新神话，我们必须打破旧的神话吗？

我绝对无意构建一个新的神话。不过，我们的确应当认清旧神话的本质，尝试着利用和改变它，让它为解决当前的问题服务。但首先，我们看到，我们的货币制度被蒙上了一层神话的光芒。问题的实质是，我们必须明白，目前正在发生什么，因为只有这样，我们才能认真地审视这个系统是否真的为我们服务。我认为它早就不再为我们服务，早就失灵了。我们的认识越是滞后，我们的觉醒就越是充满痛苦。

谁不仅行动，而且按照未来愿景行动，谁就能生存
——与 Sekem① 创意者、Sekem 社区创建人易卜拉欣·阿布莱什对话

易卜拉欣·阿布莱什（Ibrahim Abouleish）博士，埃及药物学家、化学家、企业家，在居留奥地利和德国多年后，1977年决定回到祖国，创建一种全新的发展模式。他在距开罗以北60公里的沙漠中建立了一个名为 Sekem 的有机生态农场。在这个社区中有幼儿园、学校、成人教育设施、医院、艺术中心、社会保险系统，以及平等和人权组织。这个有机生态农场的成功，使得开罗周围的800个农场转变了种植方式。2003年，施瓦布基金会（Schwab-Fundation）——年度世界经济论坛的承办者——授予 Sekem 企业集团以可持续发展模范企业的称号。几个月后，易卜拉欣·阿布莱什获得了"另类诺贝尔奖"。见网站：www.sekem.com。

---

① Sekem(古埃及语，意为"生命活力源自于太阳"）为埃及药物学家、社会活动家和企业家易卜拉欣·阿布莱什于1977年在埃及首都开罗附近沙漠中创建的一个大型有机农业社区，其宗旨是在可持续基础上发展生态农业、社会福利事业和文化教育事业。——译者注

谁不仅行动，而且按照未来愿景行动，谁就能生存 ▶▶▶

关于从危机中会产生怎样一种未来的争论，如果不与现实的范例结合起来，就有流于空谈的危险。您在一个像埃及这样被危机困扰的国度所践行的创意，被人们赞誉为"沙漠中的奇迹"。您能否简短地描述一下 Sekem 究竟是什么？

Sekem 是 1977 年我在埃及提出的一个创意。它是一种发展模式，目的是促进地球、人类和社会的发展。为了贯彻这个创意，我们曾经问自己：在这个世界上，人们今天究竟需要什么？那些有能力推进变革的先行者，究竟能为人类做些什么？他们这样做不是为了谋取私利，而是为生命共同体谋福利。Sekem 今天在埃及全境已经拥有大约 850 个子农场，在 10000 公顷土地上推广有机生态农业，并共同将产品推向市场。不仅如此，它还是一个由 8 个成功的大农场组成的企业集团，生产、加工、出口粮食、香料和茶叶，从药用植物中提取药品并将其推向国际市场，将种植出来的生态棉花加工成健康的儿童服装。在拥有 2000 个工作岗位的 Sekem 社区中，有幼儿园、一所大型医院、数所学校和成人教育机构，2009 年秋天还建立了一所大学。另外，它还成立了研究所，建了剧院、残疾人保障设施、流浪儿童收容和教育机构。有大约 3 万人加入到 Sekem 网络中来，医疗中心能容纳 5 万埃及人就医。它的确成了一股推动发展的动力①，不仅在国内，而且在国际上也产生了影响。

是什么促使您在您的家乡实践这个原本被认为是不切实际，甚至是疯狂的想法的？是否是想挑战充满痛苦的现实？

当我看到在埃及有多少穷人生活在痛苦中时，我就产生了要在

---

① 见易卜拉欣·阿布莱什：《Sekem 面面观：东方与西方的相遇改变着埃及》，Mayer 出版社，斯图加特，2005 年。

■ 危机浪潮：未来在危机中显现 ■   *Zukunft entsteht aus Krise*

我的祖国实现一种全新的发展模式的想法。这个模式不但要表明，人的意识通过教育和不断学习是可以改变的，而且应当证明，人们通过可持续的方式，是能够参与这个国家的经济，和平地改造它的政治环境的。我不想说这是一种理想，它只是一种心灵的渴望而已。理想，特别是以这种方式表达的理想过于抽象，对人没有吸引力。而心灵的渴望就不同，它不是凭空产生的，而是一种感情。我感到我必须走进沙漠，在那里掘井，尽可能多地种植农作物，让牲畜有足够的牧草，让人能够在那里工作和学习。心灵的渴望非常实际：我渴望见到在这片沙漠中泉水从井里喷涌而出，鲜花盛开，我所种植的香料和树木茁壮生长。我感到了树下的荫凉，看到了沙漠一片葱绿，到处都有五颜六色的花朵；我听到昆虫在蜂鸣，鸟儿在歌唱。这就像心灵的祈祷，只要这幅图像出现在我的脑海里，我便会感到惊奇，并下决心去实现它。而现在它已经变成了现实。

　　在干旱的沙漠中建起这样一片绿洲，无异于在一场灭绝生命的、混乱的生态危机中建起一个天堂。这对您是一个挑战还是一种机遇？

　　在一种恶劣的环境中建起一片绿洲或一个小小的天堂，对我而言是一个新的开端，一场复活生命的奋斗的形象开始，犹如沙漠中漫长的黑夜过后升起的朝霞。在这种意义上，它需要夜的黑暗和沙漠的荒凉作为衬托。只有在这一背景下，我才明白我应该做些什么。在沙漠中的工作开始之前，我的眼前才出现一种模式。我的愿望其实大大超出了我所做的事情，因为我希望，全世界都得到发展。我做得越多，我内心的图景就变得越清晰：不断出现新的色斑，随着时间的推移，这些色斑不断扩展，逐渐连成一片。

　　您为什么要走进沙漠，而不利用已有的知识、文化和传统就地发展呢？

一个人如果真正想创造新事物，最大的挑战就是背离旧的事物，抛弃传统。在城市和乡村，到处都有存在了数百年的社会模式，要改变它们是十分困难的。而我知道，如果要真正改变什么，就必须远离所有这些现存的模式，在沙漠中为埃及创造一种新模式。这种模式需要一个空白的空间。我这才想走进沙漠，在那里试验一种新的发展模式。尽管其他人把沙漠看做发展的坟墓，但我却不这样认为，我认为这里恰恰是诞生一种新的发展方式的理想场所，这种发展方式不但适合于埃及人，而且适合于所有民族，适合于操各种语言、信奉各种宗教的人群。我梦想着，人们会从四面八方来到这里，参加一个新家园的建设，共同工作，相互学习，而不是彼此隔膜，相互敌视。带着从这儿积累的经验，他们可以回到他们曾经生活过的地方，在那里建设他们的新家园，从而把新事物推广到全世界。这就是这种新模式应当完成的任务：发展新事物，使人类摆脱对现状的依赖，随着时间的前进而改变旧的世界。

绿化沙漠的梦想的确具有划时代的象征意义……

您说得对，沙漠只是一个象征。可是，假若我们将它理解为一个象征，就必然出现这样一个问题：为什么在我们的生活中到处都是沙漠？为什么我们害怕它？它为我们提供了怎样的可能性？我们怎样才能将它转化成绿洲？我们无论生活在何处，都必须开发新的土地，绿化沙漠，将它变成人能够居住的地方。是信念促使我去探索新模式的，这比写1000本书所起的作用更大。即使需要几代人的努力，这样做也是值得的。完成这样一项工程就好比接近地平线：人们向它走去，但永远无法到达它的尽头，它还同原来一样远。然而有一种心灵的渴望驱使我们走向我们内心的地平线，它在我们行走的过程中逐渐清晰，不断变化。这样一道地平线无法用直线距离和时间的尺度来衡量。但我知道这一点。为了实现这个梦想，我必须有耐心和爱，必须从小处开始，相信它会越来越大。

也就是说您不看重图表和增长曲线，而是从系统，从综合循环入手？

前提是必须有一种综合的思维方式，一种整体的观念。这种观念不是建立在统治的基础上，而是像自然的生命过程中那样，立足于协作和伙伴关系，起关键作用的不是量，而是质。在这种观念下，所有生命都是一个生态共同体的成员，通过相互依存的网络联结在一起。这种认识使我发现，社会组织的理想结构其实就是网络结构。

Sekem 这个词的意思是什么？

Sekem 一词出自古埃及语，意思是"生命活力"。古埃及人将太阳的光和热视为创造生命的力量，它穿透一切，赋予一切以生命，使生命繁盛。我们在 Sekem 中所遵循的基本发展方针是非常广泛的。在"发展中国家"，人们通常通过资金援助帮助穷人脱贫，而我们却认为，这个办法效果并不好。要促进发展，首先必须有一种整体的经济构想，让穷人在经济上自立，因为文化和发展仅靠金钱是不可持续的，而从经济创意中产生的利润，却可以促进文化的发展——教育、艺术、科学研究、医疗卫生事业等等。可是，为了让参与者在经济上自立，又要让他们受教育，让他们有权利和安全感，只有这样，他们的人格和意识才能树立起来，他们的潜力也才能得到发挥。正因为如此，我们在建立带来财政收入的经济企业，成立促进医疗卫生事业、科研和文化教育基金的同时，还成立了一个保障人权的组织，让员工有意识地维护他们工作、学习和获得医疗保障的权利。当然，这也给整个社区带来了新的任务。总之，这三大任务——经济运作、文化发展和保障员工的人权和其他权利——构成了21世纪整个世界发展的新方向。①

您谈到了超越旧事物和旧思维，用整体论的观念看待现实的必要性。这种观念似乎有些前卫。在您的经历中，您是否接受过这方面的教育？

我不知道这种观念是否前卫。当我1956年离开埃及时，我的渴望是见识一个更大的世界，认识新事物。这对于迎接新的未来无疑是十分重要的。我从19岁开始在奥地利和德国接受高等教育，然后在那里工作，直到1975年才回故乡探亲。离开埃及时我还是个青年，那时的埃及是世界上最美丽的国家之一，全国1800万人口中，欧洲人将近800万。开罗是地中海最美的城市之一——亚历山大港同样如此——国家富足，人民健康，相互间的关系很融洽。这种记忆深深扎根在我的灵魂中。可是，50年代纳赛尔上台后，许多欧洲人离开了这个国家，埃及从此走上了下坡路。1975年回国探亲时，我发现它已经混乱不堪：人口从原来的2000万膨胀到现在的8000万，人民陷入了贫困，教育设施破旧。我当时就觉得，这个国家完了，它的文化也一定会完蛋。我的理智告诉我："你的祖国彻底变了。"但我的心和我对这个国家的情感却不愿承认这一切。贫困和混乱的景象激发我去探索一种解决办法，寻找人类更好的未来。我所看到的这个国家的危机就是激励我进行这种探索的动力。

处在两种文化之间，比只认同一种文化，信仰一种世界观

---

① 参见丹尼尔·鲍姆嘉特纳、米夏埃尔·巴德：《Sekem在未来的脉搏中，一种创意如何改变了埃及》，Pforte出版社，多尔纳赫，2008年。

■ 危机浪潮：未来在危机中显现 ■ *Zukunft entsteht aus Krise*

和一种意识形态，信奉一种宗教，是否更有优势？

在我的经历中，在不同的文化中生活过或许对我很有帮助。我青年时代在埃及度过的岁月，与我在欧洲生活过的年月完全不同。在这21年中，我认识并学习了光辉灿烂的欧洲文化，但我仍扎根在阿拉伯的土地上。相反，欧洲文化对我重新理解我的本土文化，包括我所崇敬和热爱的伊斯兰教，颇有益处。我的肉体生在埃及，但我在欧洲的经历却使我在精神上获得再生。欧洲让我觉醒，让我成熟，然后我满怀感激之情回到了我的祖国，以我微薄的能力为它做一点事情。这种在两种文化之间的转换，对我寻找新的道路是极其有用的。它点燃了希望的火种，使我能按照萨达特总统的要求去做我力所能及的事情——我同他很熟，他在1973年战争后号召人们重建祖国。当时我对这个国家的现状感到震惊，经过长时间思考，我有一天问我的家庭："我要回到埃及，在那里开始干一番新事业，你们觉得如何？"

那么，Sekem是一个欧洲的，还是一个阿拉伯的项目？

对于这个问题，我还是要用我的经历来回答。我前后生活在两种完全不同的文化之中。我诞生在阿拉伯世界，在欧洲世界学到了知识，但我今天既不是欧洲的，也不是埃及的，这一点在我欣赏艺术的时候感觉特别明显。我把亨德尔①的《弥赛亚》理解为对真主的一首祈祷曲。两种完全不同的文化认同的界限消失了，已经融合为第三种状态，不再有非此即彼。但这绝不是二者无原则的妥协，而是两种文化真正的融合，在我身上体现为两种重要的气质，两种

---

① 亨德尔（George Friderich Handel，1685—1759年），英籍德裔作曲家，毕生创作了46部歌剧、32部清唱剧以及《水上音乐》、《皇家焰火》等管弦乐曲。《弥赛亚》是他的一部清唱剧。——译者注

互补的精神。所以说，我的灵魂今天既不是东方的，也不是西方的，而是两者合一的。在这种意义上，Sekem 和 Sekem 的创意，同样既不是东方的也不是欧洲的，而是二者的融合。

> 八个大企业，绿化了沙漠，数千人获得了工作和生活意义，对于这些令人钦佩的成就，您有没有一种解释？

在埃及面临严重危机的情况下，我的愿望是建立一个所有社会阶层融洽相处、幸福生活的社区。这是一项来自公民社会运动的创意，我同附近村子的一位村民开始了筹备工作。没有基础设施，没有电，什么都没有，土地必须得到灌溉，必须被绿化，我很快便明白，实现我的梦想不仅是我自己，也是我们的后代毕生的事业。整个工程从一开始就建筑在自然基础之上，应该在文化和经济上有所创新。开始时，我们从药用植物中提取药品，并将其销售到美洲，以获取我们紧缺的资金。第二步，我们成立了各种机构，并陆续开办了一些企业，它们不但要盈利，而且要按照伦理道德的——最终也是文化的——准则运营。我们同样需要文化、医疗卫生和科研设施，于是便开办了学校和医疗中心。所有这一切工作都必须按照规则和法律开展起来，组织起来并最终被体制化。整个规划开始时似乎像一座空中楼阁，有些虚无缥缈，但我们就是要在地上将它建立起来。我知道，要实现这样一个梦想，一个人的力量是无法办到的，为了完成这项国际公民社会的工程，我们需要全世界合作伙伴的参与。这在当时是一件新事物，今天仍然是一种新的模式。

> 这项全新工程的开端是否是在新开垦的土地上开展有机生态种植？

为了让微生物发挥效能，让土地变得肥沃，我们开始发展有机生态农业，因为只有在健康的土地上一切才能茁壮生长。发展这种方式的农业不仅出于经济上的考虑，而且也有着根本的文化意义。只有当土地重新变得肥沃起来，一切生命才能欣欣向荣。在英语中，"agriculture"（农业）一词是由"土地"和"文化"两部分组成的，它的确是一种"土地文化"，与德语中的"农业"（Landwirtschaft）一词有根本的区别。在德语中"农业"的意思是"土地经济"。其实，农业与经济并没有多大关系，农业的目的并不是生产剩余价值，相反，只有当它生产出来的东西成为人们充饥的粮食、治病的药品和保暖的衣物时，它们的价值才能体现出来。而这个思想恰恰是Sekem 社区的指导方针。我们的目标不仅是绿化一小片沙漠，而是要将它作为治疗国家和人类的疾病、促使其健康生长的起点。我们迈出的关键一步，是开展自然植物的保护，大规模种植埃及的棉花。这些年，我们在埃及数千公顷土地上种植了生态棉花。

> 在您的叙述中一再出现三个词，即经济、文化、权利……

这就是 Sekem 的三根主要支柱。从第一天起，我们就成立了三个机构：一个创造利润的企业；一个发展文化、促进教育、医疗卫生事业和艺术的非政府组织；一个维护人权的组织。这三个机构并不相互矛盾，而是紧密合作，就像一支交响乐队的各个声部。Sekem 的最终目的是要改正人类在自身发展中犯下的错误，而这个错误恰恰表现在经济快速发展而文化却远远落在了后面。在 Sekem 社区，两者应该共同繁荣。于是，我们在农业方面开展了有机生态种植，生产绿色药材、蔬菜、棉花和香料。目前有数千人从事农业生产，他们收获的产品被加工成药品、食品、服装。我们的工厂有 2000 名工人，他们都清楚自己的权利和义务，知道怎样去维护或履行它们。从农业和工业生产中产生的价值被用于修建学校、文化和科学研究设施，而这些设施又促进了人格和个性的完善。所有这一切其实都

谁不仅行动，而且按照未来愿景行动，谁就能生存 ▶▶▶

与鲁道夫·施泰纳（Rudolf Steiner）① 一百年前提出的三方面同步发展的模式不谋而合。不过，Sekem 并不是受鲁道夫·施泰纳的影响才建立的，它与伊斯兰精神完全吻合，适应了一个全球化世界发展的需要。

在这种三方面同步发展的模式中，Sekem 是否是一种可持续发展的文化的微型范例？

这就是 Sekem 所要达到的目的——为世界开辟一条新的、可行的道路。您可以将它称做开创未来的一项试验或一次尝试。这样的尝试是人们坐在写字台边想不出来的，只有真正实践，才会发现它需要作多么大的修改，需要多么大的智慧和坚持下去的毅力，或许，还需要妥协的勇气。要开创未来，就不能按既定方案行事，而必须考虑明天，作长远打算。人们无法想到一些细节，因为许多困难是在建设过程中随时出现的。我们当然应该从小处着手，但也要照顾到全局，即始终保持社会生活三大领域的均衡发展，这就要求我们的管理在质量上要非常好，既要达到生态要求，认真负责，又要尊重个人的人格和个性。除此之外，我们还必须适应国内的政治大环境和人权状况。所有这一切都必须经过深思熟虑——即使我们从小处着手。我们的年增长率达到了将近 30%，但这样一种增长速度是健康的，即使是专业人士也感到不可思议。我们的文化和法律机构还培养了一批科研和艺术方面的人才。因此说，教育就是 Sekem 成功的秘诀。

---

① 鲁道夫·施泰纳（Rudolf Joseph Lorenz Steiner，1861—1925 年），奥地利神秘学家、哲学家、"人智学"（Anthroposophie）的创建者，这一学说对现代教育学、艺术、医学、宗教和农业（有机生态农业）产生了重要影响。——译者注

> Sekem 的创建应当说归功于公民社会的一项倡议。那么在文化建设方面，它是否也受到了公民社会的启发呢？

可以这样说。我们的文化发展机构的任务是让员工们受教育或继续受教育。所有在 Sekem 工作的人，从普通工人到医生和管理人员，都必须接受一个长期的学习和培训过程。这个机构能容纳 500 多人，负责学员们从幼儿园到小学，从小学到中学的学习，以及职业教育。医疗中心和研究机构则培养医务和科研人才。由于文化事业要消耗大量资金，它们于是同经济部门展开合作，企业为他们提供财政支持，它们则为企业提供人才。此外，文化机构每年还获得来自全世界的数百万美元的捐款。儿童、青年和成人通过学习和培训，不仅在精神上得到发展并增长了技能，而且具备了独立意志和独立人格。加上完善的医疗和健康服务，以及对各种疾病的研究，人的生存问题大多得到了解决。

> 授予 Sekem 以"另类诺贝尔奖"的授奖词中，将这种把经济发展和文化建设结合起来的模式称之为"爱的经济学"……

这种称呼本来是我们生产和销售农产品的合作伙伴想出来的。"爱的经济学"的称号之所以流传开来，是因为我们邀请所有参与经济循环的人——从农民到产品加工者、运输者到国内外的销售者——每年参加一次聚会，相互交流经验。每位参加者都制订一份计划。无论埃及的农民还是德国的商人，都确切地知道产品的价格，销售一种产品能获得多少利润，也就是说，整个生产和流通过程都是透明的。

> 您自己如何看待这个充满敬意的称呼？

要无愧于这个称号，就必须不断地努力，不断地迎接新挑战。Sekem 的经营方针必须符合生态伦理，即无论如何不能对地球进行掠夺式开发，要保护和节约资源。只要我们对地球充满敬畏，保护好地球上生长的植物，健康地对待它们，人也就会变得越来越健康，带来一种良性的循环。这完全符合人类的利益。这种不间断的良性循环建筑在人对自然的尊重之上，唯有如此，我们才能从自然中不断开发出新产品，建立新型的服务和人际交往方式。只有这样的增长才是合法的，符合人类利益的。也只有这样的发展方式，才配得上"爱的经济学"这个称号。不管世界上生活着多少个民族，他们在全球市场上的行为怎样不同，拥有多少个企业，他们所有的活动都必须有利于地球，有利于人和人的整体。

这些年，您建立了许多个相互配套的企业，将大部分收入和利润投入文化教育事业和员工内在人格的提高。在今天这个企业的生存越来越艰难的时代，人们自然会问，您是如何做到的呢？

Sekem 的确取得了快速增长。为了促进增长，它当然需要许多投资。我们同一些银行，如 GLS 银行、Triodos 银行和 DEG 银行开展了合作，这些银行认同我们的伦理原则，不只想着赚钱。不过，要维持这样一个大企业在国内外的运转并让它盈利，同样需要现代科技和先进的管理方法。为此，在这样一个庞大的网络中工作的人必须学习，不断提高自身的素质和管理能力。文化投入的好处恰恰在这里，因为通过教育的发展，整个机体就会变得越来越强壮。

也就是说，主要着眼点不是在利润最大化的意义上创造价值，而在于全面的价值创造？

把经济看做一部创造利润的机器是一种误解。经济发展的根本目的是人的发展，或"人的完善"。人是我们关注的核心，我们所做的一切，都必须着眼于使人在最大程度上得到全面发展。在这方面有许多途径。当他工作时，就可以学到更多的知识，增长自己的技能，这样，他的人格就会变得更加完整。他们不应该只从书本中获取知识，而且，不论从事何种工作，都应该在实践中学习。只有这样，他们的人格才会不断提高。而人格提高了之后，他们便会更加负责任，提供更加优质的服务，生产出质量更好的产品。对于科研来说同样如此：人的素质的提高是创新的伦理基础，每一项创意、每一个灵感都来自于高素质的人。因此，不但经济，而且我们生活中所有的一切，都应当服务于人的素质的提高。一旦人的素质提高了，就会爱护地球、爱护他人、爱护植物和动物。而人所犯下的所有错误正是产生于无知和素质低下。

对于"增长"，您是否有另一种定义？

总的说来，所谓增长，就是人、社会和地球的共同发展。然而，今天的所谓全球增长却是令人悲哀的。因此，为了实现真正的增长，我们在全世界还有许多事情要做。在 Sekem 社区，我们努力实现经济、文化和人的权利的共同发展，为的是使社会的这三大支柱获得一种平衡与和谐。只要这个目标达到了，我们就可以干更多的、甚至前人不敢想的事情。未来取决于我们自己的努力。

让我们回到公民社会这个话题上来。它代表了世界的未来……

我相信，对于埃及这样的国家来说，希望就寄托在公民社会身上。这意味着，我们再也不能让政府决定我们的命运，而必须把它掌握在自己手中。公民社会的主旨是，我们作为公民，要在我们自己的社区内提出和贯彻新的伦理和生态思想。在这方面我们完全可以向政府咨询，而政府正面临巨大的挑战，也试图与公民社会沟通。公民社会能够而且应该影响经济，因为他们是产品的购买者和消费者，可以要求企业生产出质量更好而且符合生态标准的产品。一个国家想要发展，它的人民就必须迫使政府顺应民意，接受公民社会的改革要求。而现在，我却看不到政府准备真正实行改革。这个国家和许多别的国家的公民运动蕴含着巨大的潜力，面临十分艰巨的任务，民众也准备负起责任来。我们可以看到，民众今天对公民社会寄予的信任比对政府要大得多。在我看来这是好事，因为它说明政府越来越不得民心。它向统治集团表明，他们再也不能垄断权力，国家的事情必须有普通公民的民主参与。公民社会意味着人民自己管理自己，自己为自己负责。政府的权力是人民给予的，人民随时可以推翻它。

"社会创业者"（Social Entrepeneur）这个现代概念能够概括您在 Sekem 中所起的作用吗？

"社会创业者"是一个新名词。而 Sekem 的历史要比这个概念长得多。所以我要说，Sekem 包含着"社会创业"的成分，但它的内涵却更加广泛。如果您从前面提到的社会生活三根平行的支柱的角度来看，那么，我们在经济上属于世界经济的一部分，因为我们的产品供应国际市场，并入了世界网络。此外，Sekem 还是一个促进教育、艺术、医疗卫生、科研的基金会，是一个独立的机构。人权联盟同样也是一个参与国内政治、维护人权的组织。这三个机构既并行不悖，又相互关联。例如，在 Sekem 的经济决策中，人权联盟所起的作用犹如一个顾问委员会。文化机构则为政府提供咨询，并把自己的经验介绍出去，以促进改革。企业经常与政府协商，向它提出刺激经济景气的新思想。总而言之，目的是让社会的三根支柱获得均衡、和谐的发展。所以说，Sekem 并不仅仅是一家社会企业，它还是一个涵盖一切生活领域的、有生命力的社区。

这样一种模式是否需要一种新的国际合作的形式？

没有与欧洲的紧密合作，就没有今天的 Sekem。当初，这个创意就是与欧洲的合作伙伴共同提出来的——这既是一种精神、心灵的默契，也是具体的实践，我们共同行动，有共同的思想，共同的文化追求，做大家共同想做的事。这种建筑在伦理和生态价值之上的国际合作，今天应当在世界上大力推广，您想想，如果人们任由他们犯下的错误继续下去，那么地球的气候就会急剧变暖，许多社会弊病如贫穷、暴力和原教旨主义就会愈来愈严重。仅在民族和国家的层面上，这些问题是无法解决的。即使欧洲人今天仍然生活得很好，那他们的下一代会怎样？假若我们拒绝迷途知返，我们如何面对我们的后代？因此说，我们应当相互帮助，认识到这一点，按照这条原则去做，就叫做负责。我们今天所想、所做的一切都会对未来产生影响，所谓可持续发展，就是意识到我们为全球的未来所承担的责任。

您很早就考虑到了未来的发展方向，并成立了一个未来委员会。它的作用是什么？

它其实是整个规划的核心。它的任务是，将知识同未来发展结合起来，不断提出新创意，将创新力量加以整合。Sekem 的未来委员会承担着为各部门提供咨询、推广新创意的角色。这个委员会的成员制订未来的规划，对这些规划进行探索和讨论，并向外界宣传。但这些并不是他们的全部职责，他们还应当加强自身的科学素养，积累知识，并在思想上提高自己。委员会成员包括对 Sekem 创意有兴趣并愿意对这一模式继续进行研究的各界友人。我觉得，这样的研究有助于使这一新事物更加科学，更加完善，并使它更加符合未来的需要。他们的研究涵盖了所有生活领域，即不限于经济和自然科学方面，而且也涉及精神科学和社会科学。这样一种全面而完整的科学研究，使整个社区不断有所发展，有所创新，一些陈规陋习被革除，新风气和新事物不断涌现，人不再只想着自己的利益，而变得更有责任感，更加开放，更加自由。我认为，Sekem 的未来委员会可以说是我们成功的一个秘诀。

在全球都陷入危机的情况下，Sekem 何以能获得成功？

各种各样的危机推动着我们前进。当我们停止用飞机在棉田大面积喷洒给埃及带来健康和生态危害的杀虫剂时，我们曾不得不与来自四面八方的反对声作斗争，这引发了一场巨大的危机。很多人对我们的做法感到愤怒——这是可以理解的，因为化学工业由于我们的措施损失了数十亿美元。媒体也散布了许多不利于我们的谣言，指责我们这些异教徒亵渎了太阳。这的确是我们的敌人向我们发起的一次恶毒的进攻，直接危及到我们的生存。不过，这次诽谤运动也变成了我们的机遇，因为我们邀请反对我们的人来农场参观，向他们展示，我们的工作完全符合伊斯兰教义，符合《古兰经》的精神。由于我深谙伊斯兰教义并受到它的启发，来参观的人很快便理解了我。到后来，他们甚至开始为我辩护，并向外界宣传我的做法。这场危机说明，当新事物受到旧事物威胁时，必须处理好人际关系，不仅要用语言，而且要用事实来说话。我们应当理解他们的疑虑和担忧，向他们解释我们这样做的目的：让人类和地球免受这种剧毒的、极其危险的农药之害。一旦民众认识到这种化学杀虫剂的危害和我们的做法的优点，他们就会心悦诚服，就会变成我们的支持者。

今天，我们发明的生态除虫法已被推广到全世界。很显然，没有这场危机，我们是做不到这一点的。

在 Sekem，人们是如何应对危机的？

困难对我们来说就像一次次考验，我们需要这样的考验来锻炼我们的思想和意志。在克服了一次又一次危机之后，我们的认识和力量都上了一个台阶。新事物只能从危机中产生，在困难的局面下，它大多要经过艰苦的努力才能站稳脚跟，被人们所认可。我们周围有太多不够宽容的人，他们对新事物不够耐心，眼界比较狭窄，习惯于因循守旧，这些人需要教育和沟通。其实，每个人都希望变革，心中都埋藏着对新事物的向往。只不过传统的力量太强大了，人们没有勇气去打破它罢了。我认为，我们中96%的人都对现状不满，希望看到它有所改变。只有经历了危机，克服了停顿，新事物才可能生长起来，人们的意识也才能得到提高。所以我们的首要任务是帮助人们理解和认识新事物。

面对当前的危机，人们在经济方面应当如何创新呢？

现有的经济是一种仅着眼于"股东价值"（Shareholder va-lue）的经济，所追求的是在尽可能短的时间内使利润最大化。在我看来，这种经济已经走到了尽头，行将覆灭。今天出现了许多"绿色银行"，越来越多的人将钱存进这些银行，对绿色的、可持续的项目进行投资。我相信，一个投资者用人性的、伦理上公平公正的标准衡量一个企业的业绩，要求企业提供质量上符合生态标准、着眼于未来的产品和服务的时代，一个市场不再充斥着廉价的劣质商品，而是提供负责任的、高质量产品的时代，一个生产者和消费者不再相互对立、相互欺诈，而是成为兄弟的时代，一个经济上负责任的时代，即将到来。今天，越来越多的人已经认识到它的必要性，它前进的步伐已不可阻挡。

不久前，Sekem 的未来委员会举办了一次世界金融前景研讨会。这次会议最重要的成果有哪些？

所有与会者都坚信，我们需要一种服务于人类和地球的、充满活力的经济。涉及未来的金融业与经济，一个特别令人感兴趣的建议，是呼吁未来的机构在监控金融市场方面，应当吸收公民社会、实体经济和议会的代表参加。即使银行的损失通过国家担保最终必须由纳税人埋单，也必须得到监控机构多数成员的同意。这将强制银行遵守规则，迫使金融业为整个社会和实体经济服务。除此之外，我们还建议，所有拯救银行的措施，都应当与拯救企业结合起来，标准是它们的经营和生产是否符合可持续和生态标准，是否执行相应的贷款原则。我们主张，政府应当转变衡量经济增长的方法，除了计算国民生产总值，还必须将人的发展和生活质量的提高作为评判标准。我们还认为，地区性的补充性货币应当得到支持，因为它对于自下而上地稳定经济大有帮助。

在建设 Sekem 的过程中，您起到了带头人的作用。在一个危机频发的过渡时代，先行者和前卫人士扮演着什么样的角色？

在任何一个社会，任何一个时代，觉醒的人开始时都不会是大多数，而始终只能是极少数。我不知道这些准备为新使命奋斗的极少数人来自何方，也不知道他们受什么动机驱使。也许这就是天意吧。他们不畏艰难，前仆后继，勇往直前。这些先行者就是我们的榜样。人们信任他们，爱戴和钦佩他们，愿意追随他们，他们带领着民众创造未来。我们需要这样的人。

这些先行者为什么能获得普遍的信任呢？

在大多数情况下，是他们的信仰或精神感动了民众。我本人是穆斯林，我的信仰来自于对真主的爱，对民众的爱。我相信，只要我们坚守伦理和生态原则，以我们的情感和行动满足民众的需要，我们就会得到真主的支持。

我们的先知告诉我们，只要有信仰，就应该行动。这同耶稣基督所教导我们的是同一个意思："在世界末日来临之前，如果你手中还有一株小树苗，就应该将它种进土里。"对未来毫不动摇的信仰，是人必须具备的品质。这在某种程度上需要对神的敬畏，无论是谁，都不能缺少神的指引和帮助。一个人倘若胸怀大志，就必须敬畏更高的整体，敬畏神，只有这样，他才会有勇气去行动。这里绝没有什么迷信，不是什么原教旨主义，因为原教旨主义最终是人的弱点的表现、落后的表现。它既与伊斯兰教，也同基督教或印度教毫无关系。与它联系在一起的是无知，是魔鬼。

Sekem 在信仰冲突频发的危机时代，是否也是一个典范？

我希望是这样。只谴责原教旨主义是毫无用处的，人们还应当用高尚的思想和具体的行动来反击它。在 Sekem，信仰各种宗教、充满人性、热爱和平的人紧密合作，取得了很大成绩，这表明，在一个共同体内，信仰的多样性不但是可能的，而且是必要的。危机其实也是机遇。在阿拉伯世界，许多人相信，他们正面临西方的文化入侵，而事实却是，这些国家许多好的东西都来自于西方。在对西方文化入侵恐惧的背后，隐藏着的其实是人的自我价值的失落和精神的迷惘，因为一旦他们迷失了方向，失去了自我，就会在过时的传统、在原教旨主义中寻找答案。他们在两个极端——西方或原教旨主义——之间进行选择，但那里有答案么？今天人们需要的是改变现状，过更好的生活，而 Sekem 恰恰在这方面作了有益的尝试，给出了答案。我们不仅在理论上对伊斯兰的教义进行了解释，而且通过我们的成就令人信服地实践了它。我们从西方拿来了最好的东西，但并没有丧失自我，丧失了自己的传统。很明显，伊斯兰教今天也需要改革。我们对《古兰经》进行了多年的研究，对它的内容有了更深刻的理解。我们发现，Sekem 所做的一切，都与伊斯兰教的基本教义完全吻合。我们的工作虽然受到欧洲人智学的启发，但它立足于人的教育、立足于无公害农业、普及医疗和经济发展——所有这一切都符合伊斯兰教义而与它绝不矛盾。许多穆斯林面对活生生的事实都对我们表示了支持。面对今天出现的问题，伊斯兰教需要提供新的答案而不是从过时的原教旨主义中寻找解决办法。

> 尽管如此，寻找未来的生活价值，在这里仍然像是一次精神的洗礼……

神并不存在于某个具体的地方，我们离他并不很远。对于信仰，我有不同的理解：神其实就是我的理想，我应当努力去接近他，也许这一辈子我也无法达到这个目标，但我在任何情况下都应当用它来要求我自己。我们应该对古老的经文作出新的解读，并在其中发现新的精神。在《古兰经》里，Chalq 的意思是"创造"，而世界的创造者便是 Chaliq，他所做的一切都是创造。在《古兰经》里，真主说过这样一番话，将它译成今天语言就是："我们将要在宇宙和我们灵魂的深处向他们展现我们的符号，他们将会发现，微观宇宙与宏观宇宙是完全吻合的。"这番话的意思是，我们是创造的一部分，永远不能脱离创造。它告诉我们，在宇宙中和地球上，没有什么与我们无关，我们是它们的组成部分。没有创造，就没有存在。我们必须尽我们所能为它们承担责任。做到了这一点，我们的工作便顺应了神的意志。

> 为了做到这一点，我们需要将精神、科学和社会行动统一起来吗？

人类很久以前就认识到，他们所做的一切都是错误的。过去几个世纪，人类出于自私的目的对环境的摧毁，完全是无意识的。没有人料到，他们的行为会带来如此严重的后果。欧洲人也没有估计到，他们的经济增长会对环境造成毁灭性的破坏。这绝不是疏忽，他们明知化学工业会污染大气、水源和土地，但出于自私的目的，仍然任其大肆扩张。他们的想法是："让后人来承担这一切吧。"而今天，他们果然尝到了气候变暖的恶果。我们必须从中吸取的教训是：我们既不能仅按照科学规律行事，也不能只遵照宗教规则生活，而必须把科学和宗教结合起来。唯有在这样的结合中，我们才会为土地、水源和空气承担起责任，也只有在两种思维方式的结合中，河流才不会变成航道和排污渠，我们才会理解它的本质，保护它。宗教、科学和艺术是一个统一体，将它们分割开来会带来毁灭性后果，而将它们结合起来则会提高我们对未来的责任感。我们如何把这种责任贯彻到我们的行动中，则取决于我们的工作和科研，同宗教并没有多少关系。宗教仅仅是一种动力，虽然它极其重要。但具体的操作——Sekem 的组织工作，数千公顷土地的耕作，数千人的工作和生活——应该完全按照科学原则，用先进的科技和管理方法来进行。没有科学，没有艺术，没有宗教精神，就没有可持续性可言，那样一来，我们就会不顾后果，对土地进行掠夺式开发。科学、艺术和宗教是一个整体，必须得到均衡、全面的发展。而三者的结合必须在经济生活、艺术生活以及人的权利和素质的提高上体现出来。

> 也就是说，最终的结果是一个人与人、人与文化、科学与信仰、文明与自然和谐相处、共同发展的新型共同体的形成？

我们的主要目的在于，为这样一个核心问题提供答案：怎样才能建设一个充满生命力的共同体，一个保证人们能快乐地工作、学习并和睦相处的共同体，一个如歌德所说，"绝非色彩单调，而是五光十色"的共同体？在这个共同体中，生活着从事各种工作、信奉各种宗教、来自各大洲、从属于不同种族的人。为了开启未来，这种多样性是非常必要的。我希望，我们起到了示范作用。世界经济论坛、联合国提出的"全球契约"（Global Compact）[①] 和 Sekem 的"正确生活方式基金会"（Right Livelihood Foundation）都着眼于此。人仅仅通过股票赢利来实现自身的、赤裸裸的"股东经济"，今天已经转型为另一种形式的承担社会责任的经济。过去 30 年，Sekem 在这方面树立了一个榜样。

从中是否产生了一个由许多新项目构成的网络，一种与人们称之为全球化的经济相抗衡的经济模式？

经济全球化已经成为一个我们不得不接受的事实，我们应当利用它。在我看来，全球化是人类的一个理想，一个梦想。通过它，全世界的人团结起来，成为兄弟姐妹，相互认识对方的文化，并在认识对方文化的同时，加深对自身文化和宗教的理解，学习别的文化和宗教中蕴含的真理，学会承认和尊重人类思想的多样性。只有这样，全球化才能成为一种积极的因素。即使人们常常诟病的、在全球销售它们的产品的"跨国企业"，也并不是什么坏东西——Sekem 也这样做——坏的仅仅是某些产品的质量，它们的制造方式，对人和自然的掠夺，以及公正和公平的缺失。他们奉行的是一种

[①] 在 1999 年达沃斯世界经济论坛年会上，联合国秘书长科菲·安南提出"全球契约"计划，并于 2000 年 7 月在联合国总部正式启动这项计划。该计划号召各公司遵守人权、劳工标准、环境及反贪污方面的十项基本原则。——译者注

危机浪潮：未来在危机中显现 *Zukunft entsteht aus Krise*

"物质至上主义"，把人只当成消费者和商品的购买者。这种做法完全违背了全球化的真正含义，走向了它的反面。

> 看起来，您的这些观点在 Sekem 得到了很好的贯彻，您创造了一个人们可以和谐生活、迎接未来的微型世界……

这正是我的愿望。一个人只要胸怀这样一个理想，在伦理和人道主义的意义上做到问心无愧，他就不必担心他在现实中是否会遭到挫折。只要心中充满对自己理想的热爱和激情，他就会坚持不懈地奋斗下去，直到这个理想实现。他也绝不会害怕竞争。在 Sekem 成立之初，许多人预言它无法生存，认为在这样一个贫穷的国度，它怎么能制造出质量优良的产品并将它们销售出去呢。但今天，我们生产的产品有一半销售到埃及，埃及人对它们的评价很高。只要有对未来的憧憬，一个人就能生活下去，就会对自己的事业充满激情，就会发现他绝不是孤立的，他会找到许多支持他的兄弟姐妹。

> 您是否觉得您仍然走在实现自己理想的道路上？

为了实现自己的理想，我始终在努力前行。当我回顾过去时，觉得自己有些目标似乎已经达到了，但只要想到人类的前途，我心中就明白，这个理想需要几代人的奋斗才能实现。正因为如此，我们成立了赫里俄波利斯大学，传授 30 年来未来学研究的知识和成果。经过数代人的努力将这个国度引入未来，从第一天开始就是我们的目标，我们更高的追求。

> 可是从长远来看，这需要时间……

我们有几个世纪的时间，30 年后我们仍然感到我们刚刚开始。

> 谁不仅行动，而且按照未来愿景行动，谁就能生存

尽管这样，我还是觉得我们已经有所收获。我想以 Sekem 为标本成立一个研究机构，与世界其他研究机构合作制订一份更加详细的未来蓝图。这份蓝图不应该是抽象的，而应该向世界传递一个信息：没有什么比将所有人的心连接在一起的、无形的生命之网更强大的了，这张网比我们的理性更加牢固。在我们相互握手之前，我们的心早就被这张看不见的网联结在一起。它由无数根线结成，比任何武器威力更大，任何暴力都无法将它摧毁。从这张网产生的是真正的和平，是一个值得生活于其中的未来。谁若信任这张网，谁就会创造出最美好的社会形式，就会充满力量，坚韧不拔。这张将所有人连接起来的网，就是推动今天深陷危机的世界走向新的未来的最强大的动力。

第五部分　培育未来的温室

问题的关键是，每一天都要使未来变得更清晰

我行动，故我在

问题的关键是,每一天都要使未来变得更清晰

——与"争取全球未来"活动家雅可布·冯·郁克斯居尔对话

雅可布·冯·郁克斯居尔(Jakob v. Uexküll),1944年生于瑞典乌普萨拉,集邮家、记者、翻译家、作家。目前担任德国绿党驻欧洲议会议员。此外,他还是公民社会的捐赠者和国际网络专家,曾在牛津大学攻读政治学、哲学和经济学,1980年成立"正确生活基金会"(Right Livelihood Foundation),设立了"另类诺贝尔奖"。此外,他还是"另一种经济峰会"(The Other Economic Summit,TOES)的创始人,德国"绿色和平"组织理事会成员和"捐赠联合国全球委员会"(Global Commision to Fund the United Nations)委员。近年来,他投身于"世界未来委员会"(World-Future Council)的建设,在这个委员会中,公民社会的活动家和积极分子共同制订如何保护子孙后代的伦理标准。见网站:www.rightlivelihood.org,www.worldfuturecouncil.org。

对全球化持批评立场的"另类媒体"描绘了一幅危机四伏的危险景象,一方面对经济崩溃和生态摧毁发出了警告,另一

■ 危机浪潮：未来在危机中显现 ■ Zukunft entsteht aus Krise

方面预测资本主义行将灭亡。您认为当前危机的规模有多大？

　　许多危机同时向我们袭来，人们对金融危机和增长极限的恐惧，现在似乎压倒了生态危机。但尽管如此，所有的危机都出自于同一种根源。多年来，许多人预见到气候灾难和金融危机必定爆发，问题只不过是何时爆发而已。很显然，旧秩序即将寿终正寝，原有的风险在不断扩大：东欧一场新的切尔诺贝利灾难也许明天就可能使这个洲的大部分变成不毛之地；第三世界民众的苦难日复一日地在继续；水源、空气、土壤还有我们自己被毒化的趋势已无法遏制；在短期之内不仅一场新的石油危机无法避免，而且其他重要资源在今后几十年也行将衰竭。石油产量可以预见的减少难以避免，因为我们的生活事实上建筑在石油之上，而且依赖廉价的石油。这意味着，对少量剩余资源昂贵的开采成本，将使我们的生活水平大幅降低。接踵而来的是水危机和粮食危机。因此，金融危机首先爆发，对我们也许是好事，因为它最容易被驯服，由此开始转向也最容易。总而言之，我们必须在全球，在各个领域找到新的模式，而且刻不容缓。

　　掠夺式的资本主义已经成为历史了吗？

　　至少越来越多的人已经认识到，我们再也不能寄希望于一种不遵守任何规则的西部牛仔式的经济了。由于市场理论允诺每一个人都能从增长的大蛋糕中分到一口，人们数十年来不再担心公平的缺失。而现在，我们终于知道，市场这只所谓公平的手，事实上根本就不存在。于是，公平这个问题对于我们重新变得紧迫起来。谈到公平，就应当建立一种承认资源的有限性，大家通力合作的经济。[①]

---

　　① 参见雅可布·冯·郁克斯居尔：《我们有愧于子孙后代：为了世界的未来》，法兰克福，欧洲出版局。

当然，这种合作的秩序也应该提倡竞争，以便从众多方案中选出最佳解决方案。不这样做，我们便将陷入越来越严重的物质短缺，彼此间爆发愈来愈频繁、愈来愈严重的冲突。英国国防部 2008 年的一份研究报告指出："我们如果不能遏止气候混乱带来的一切后果，就将陷入两次世界大战那样规模的冲突，而这场冲突将持续几个世纪之久。"

如此说，我们正走在毁灭自己前途的道路上？

在当前的金融危机中再次走红的英国经济学家凯恩斯曾说："问题不在于为未来制订方案，而在于抛弃旧的思想。"美国《未来》杂志几年前有一份研究报告，对未来学家已经出版的数十本著作作了调查，发现其中只有两本提到了环境危机。涉及气候危机的当然更少了。迄今为止——不仅几十年，而且一个多世纪以来——我们奉行着一种未来乐观主义，误认为增长是无限的，科学技术是万能的。但我相信，我们的问题在于，共产主义垮台之后，我们迷恋上了一种"历史终结论"的世界观，以为自己生活在一个最好的制度下，一切还会变得越来越好，在突破了某些界限之后就能够突破一切界限。自然科学把这叫做"成功的第一步之后的狂妄"。而现在，人们突然发现什么是"举步维艰"了，发现有些界限是根本无法突破的：在一个有限的世界上，经济增长既不可能是无限的，也不会是万能的。因此说，我们正在走的这条路，的确是一条死胡同。这并不是说我们现在正朝墙上撞，一切都毫无希望了。恰恰相反，我们还有许多条路可供选择，只不过一切都取决于我们自己罢了。摆在我们面前的有多种选择，关键是要把握时机，绝不可重复过去犯下的错误。

您认为真正严肃的改革已经开始了吗？

■ 危机浪潮：未来在危机中显现 ■ Zukunft entsteht aus Krise

当前的局面充满矛盾。我们看到的事实是，政府首脑在各种会议上的声明，像几年前绿党发表的宣言一样，听起来让人鼓舞，然而我们却看不到行动，看不到解决问题的实际措施。大多数政治家宣称，民众不愿意为一种可持续的、保护环境的世界秩序作出牺牲。此外，面对短期经济利益，政治总是退向幕后。几年前曾有人说："这一切当然应该做，但我们不能干扰《关税及贸易总协定》的谈判（GATT-Verhandlungen）和欧盟的谈判，不应该影响增长！"言外之意是人们根本就不愿意付出任何代价。当然不愿意，因为当全世界的人都不再相信蛋糕会越做越大时，他们就不得不防避像今天这样，再次为所谓的过渡措施埋单。新模式必须建立在合作之上，而不应当加剧对越来越紧缺的资源的争夺。

我有一种感觉，人们不再相信我们还能找到解决的办法。您认为这样的办法存在吗？它应当来自政府吗？而政府现在更多地是想维持现状，而不是去改变它……

办法当然不可能来自正承受巨大压力的政府。可是，对国家丧失信心也不可取，因为所有的解决方案最终都必须在法律上得到政府的认可。马丁·路德·金曾说："法律虽然不能打动人心，却可以阻止黑心的人恶行。"我认为有一点非常重要：我们必须自下而上地施加压力，但仅此还不够，因为大多数人既不是持不同政见者也不是堂吉诃德，他们不想战斗，不想彻底改变自己的生活。他们觉得这样做毫无用处，因为这个社会的法则本来就缺乏人性。他们应当齐心协力，向上面施压，而解决办法则应该来自上面。我们并不缺少解决办法。

您能不能列举几种呢？

我们必须转变我们的思维。每一种规划，每一种方案和纲领，都应当从"我们怎样才能拯救环境？"的立场出发。这并不是说我们没有其他问题，但所有的问题都必须从这一立场出发来考虑。拯救环境必须成为人类文明的中心任务。认识现在已经有了，缺的仅仅是将自己的党派引导到这条路线上来的能力或勇气。为此，我们需要从下面施加压力。与此同时，我们还需要全球层面上的合作，需要成立新的机构，制订新的规则和法律。此外，我们应当更多地介入政治，因为正确的思想需要正确的执行方案，而没有正确的机构，这类方案也不能得到贯彻。这方面一个好的例子是"国际可再生能源总署"（IRENA）①的成立，这个机构是根据德国国会议员、"另类诺贝尔奖"获得者赫尔曼·谢尔（Hermann Scheer）的倡议，得到德国联邦政府的支持，不久前在波恩成立的，目前已有75个国家加入。我们必须明白，经济是一个有赖于自然环境的子系统，人类的福祉源自于我们的知识，我们的生产力，我们的创意，我们的发明创造，而这些东西并不是无限的。

如此说来，金融危机对您来说完全是意料之中的了？

但它所造成的后果却是出人意料的。不过它也带来了机遇。我们欠下的账是由于我们破坏了自然而积累下来的。金钱账我们可以偿还或延期偿还，然而环境账却永远无法偿还。所以我认为，金融危机要容易克服得多。金融破产、国家破产历史上经常出现，所带来的恶果顶多持续几年或几十年，但环境的破产却可能持续数千年。相比之下，我们在金融危机中遭到的损失算得了什么呢？我相信，这点微不足道的损失只会迫使我们清醒，迫使我们转变思维，因为

---

① 国际再生能源总署（International Renewable Energy Agency，IRENA），2008年1月成立于波恩，其任务是为各国政府提供可再生能源技术，以及技术转移、选项和成本等方面的咨询。——译者注

■ 危机浪潮：未来在危机中显现　*Zukunft entsteht aus Krise*

金融泡沫是建筑在环境破坏之上的，是迷信"永恒的增长"，无视自然法则和自然界限的结果。正因为如此，危机应该说是一件好事，可以让我们重新开始，让我们变得现实起来，去创造真正的财富而不是制造金融泡沫。但愿这种回归现实的态度，能让我们重新思考什么是真正的幸福，促使我们放弃摧毁地球——健康的土壤、水源和空气——抛弃牺牲环境换取财富的愚蠢行为。这场金融危机应当让我们明白，我们建立起来的不过是一个空中楼阁而已。它给了我们一个反思的机会，让我们思考，对于我们的生活和幸福，什么才是最重要的。这种反思已刻不容缓，因为粮食危机、水危机和资源危机已迫在眼前。我们没有多少时间了，不用说几十年，哪怕几年恐怕都不会有了。这场金融危机还告诉我们，一种世界观、一种制度是多么脆弱，只要一场暴风雨就能使它瞬间崩溃。

全球化已不可逆转，回归地域已不再可能了吗？

我认为，我们必须作好回归地域的准备。我们不能再放任全球化无限度地发展了，因为当今的全球化并不符合这个地球上所有人的利益。它所作出的使大多数人从中获益的承诺，不过是一个谎言。现在我们知道，它根本就无法兑现。回归地域和区域已经成为一种趋势。我们常常犯错误，作为人这是不可避免的，但我们应当有改正错误的勇气。

那么，市场经济也应当抛弃吗？

它早就不再是一种与社会合拍的市场经济了，而蜕变成一种绑架社会、试图主宰所有社会领域的工具。这种所谓的市场经济必须被抛弃。第三世界的人早就意识到，这种经济发动的是一场反对穷人的战争。从各国的情况看，在过去10到20年中，第三世界人民的生活水平不但没有提高，反而降低了。这在医疗卫生和教育方面体现得特别明显，因为他们再也没有钱支付昂贵的费用。除此之外，那里的政府还阻止他们自救，因为这对于官方的经济增长毫无帮助。这的确是一种发疯的经济。今天的问题是，我们怎样才能建立一种给人类带来福利的、环保的、充满人性并有利于社会的经济制度，一种保护文化的经济制度，因为文化也已经被摧毁，地域文化成了国际竞争的牺牲品。我们再也不能允许作为社会一部分的经济，变成凌驾于社会之上，决定并主导社会生活的上帝。我们所需要的，是一种让所有人能受教育、人人享受医疗保险、老年人得到赡养、生态环境得到保护的经济。

在政治上，这对于投机性的金融交易意味着什么？

这样的金融投机倘若在法律上没有政府的财产和金融担保，那么，它明天就应该被取缔。在许多国家，赌球和赌博欠下的债务是不受法律保护的，因为这类活动是不道德的。倘若我们同样严厉地禁止这种无用的、不能生产价值的金融投机，国家不提供担保，法律上不受保护，那么，它们同样很快就会绝迹。如果政府实行这样的政策，生产性经济就会得到增长，一种保护生态的、可持续的文化就能繁荣，未来就会变得美好。现在，人们正在讨论一年前尚不存在的解决方案，在短短几个月内就发生了令人惊奇的变化。我始终认为，只要有政治意愿，只要自下而上地施加压力，巨大的变革不需要几十年，而会在几个月内发生。这样的事我们曾经经历过：当 20 世纪 30 年代末英国和美国决定反击法西斯主义的猖狂进攻时；在 1989—1991 年期间，当共产主义崩溃时。而今天，我们再次面临一场范围更加广泛的全球性变革。

对于第一步应该如何走，您有何建议？

■ 危机浪潮：未来在危机中显现 ■ Zukunft entsteht aus Krise

我所创建的"世界未来委员会"（World Future Coucil，WFC）①建议国家和国际经济政策彻底转变路线，在应对金融危机方面大大加快步伐。我们要求颁布新的股票和企业法，让有产者承担起社会和环保责任，为社会和生态破坏提供补偿。

这些新规则的一部分是银行和企业高管的薪酬不得超过员工最低工资的25倍，因为企业的成功并非他们独自的功劳。此外，应当达成一项国际协议，明确企业的义务和权利。按照世界粮食理事会（World Food Council，WFC）的估计，这次金融危机为经济的绿色转型、为全球气候变暖和贫困问题的解决提供了前所未有的机遇，可以创造数百万个工作岗位。与其用数十亿欧元来拯救银行系统，还不如将这笔钱用于结构改革。国家应当停止向劳动者征税，相反，对那些破坏环境和浪费资源的企业和个人，应当处以高额罚款。这些措施将增加就业机会，促进经济结构的绿色转型。国家对某些企业，如汽车制造企业所提供的财政补贴，应当与发展环保型技术挂起钩来。拯救破产的银行必须附加一个条件：他们的贷款必须用于支持可持续项目的建设。银行监管机构必须由企业家、公民社会的代表和议会议员组成，并拥有否决权，以保证银行服务于公众利益而不是让自己的赢利最大化。为了遏止金融业的投机行为，应当加大对这类行为法律惩罚的力度。这种行为虽然不可被禁止，但参与者所遭受的损失绝不能通过法律诉讼得到补偿。除此之外，那些不以赢利为目的、未参与投机交易的小银行则应得到扶持。等级评定和经济风险评估公司（Ratingagenturen und Wirtschaftsprüfungsgesellschaften）的费用不应当由企业来支付，这些机构必须被置于国家监管之下，其费用应当从企业所缴的税收中扣除。

在一场旧的信念丧失殆尽的危机中，还有什么是值得信赖

---

① 见网站：www.worldfuturecouncil.org。

的？现在，连政治家也没有什么信念了……

这就是最大的问题，因为没有信仰和信任，一切都无从谈起。这一点我们从银行危机中恰恰可以看得很清楚：由于信用丧失，任何人都再也无法得到贷款。在政治领域，情况也差不多。文明史家阿诺德·汤因比教授有一篇研究文章谈到了文明的灭亡。他确信，文明之所以灭亡，最根本的原因往往是对精英阶层信任的丧失——人们不再相信他们。只要这种信任还在，即使要付出极大牺牲，一切仍然有挽救的可能。最能说明问题的是温斯顿·丘吉尔，今天的奥巴马也在朝这个方向努力。然而问题是，在欧洲各国，今天在台上执政的正是制造了这场危机的人，他们一反常态地告诉我们，他们早在几年前就知道这场危机必然爆发，并试图说服我们，他们有能力战胜它。不过可惜的是，再也没有人相信他们了。

这场危机是否提出了一项重新开始的历史使命？

我们的确面临一项重大使命。在世界历史上，我们还从未经历过这样一场全球性的、席卷众多领域的、在许多方面空前绝后的危机。但与此同时，我们也面临一个建设一种和平的、符合环保和生态要求的世界秩序的绝佳机遇。要做到这一点并不存在技术上或经济上的困难，所缺少的仅仅是政治和心理上的障碍。但这些障碍都是人自己制造出来的，必须由人自己来克服。解决办法已经有了，我相信，今后几年将是决定500年后，人类究竟是重新回到石器时代，还是今天的文明继续发扬光大的时刻。在历史上，许多代人曾经面临决定他们命运的时刻，但他们都经受住了考验，赋予了自己的生存以更大的意义，更高的价值。而今天，我们同样生活在这样一个时代，危险和挑战是空前的，不但是全球性的，而且后果无法估量。正因为如此，我们应对挑战的方式也必须是全新的：我们必须在许多方面改变思维，不能坐等一个万全的方案出台，而必须迈出坚实的第一步，一旦取得了成效，再采取下一个步骤。

在这样一个困难的过渡时期，是否会产生许多冲突？

我以为，相信变革会顺利地进行，旧制度会乖乖地投降，是极其幼稚的。要改革就不可能不产生冲突。今天，即使许多旧秩序的代表人物也不相信这种秩序能继续支撑下去。关键在于我们要找出替代旧秩序的方案，而这样的方案不仅应来自地方，来自各个社区和生态村——尽管它们也很重要——而且必须来自于国家和全球层面。

作为"另类诺贝尔奖"的创建者，您对许多地区、国家和国际创意及其成功的实践者进行了表彰，为他们颁了奖。这些获奖者能否看做30年来探索新模式的先行者？

我始终看重的是人们如何推动了实际的变革。我的经验告诉我，许多人提出了富有创意的、可行的方案，但这些方案大多仍停留在口头上或书面上，并未认真得到实行。我明白，应当对那些勇敢地践行新方案的人进行表彰。这样一来，人们便可以通过媒体了解他们的事迹，学习和效仿他们的做法。由此我产生了设立两个新的诺贝尔奖项的想法，即"环境奖"和"第三世界奖"。在诺贝尔奖评奖委员会拒绝了我的建议后，我以我有限的财力，自行设立了这两个奖项。幸运的是，它们获得了成功，并且影响越来越大。

这一百多位获奖者能否说明，一种新的未来今天已初见倪端？

是的，我相信是这样，我们的获奖者正在做这样的努力。他们是未来的先行者，是我们的榜样。他们自己掌握自己的命运，不再等待，而是自行开辟通向未来的道路。他们认识到，单独的一个人尽管力量有限，但仍然能做许多事情。一个美好的未来不会从天而降，不能指望专家或权威的恩赐，而必须由人们自己去创造。专家和权威拥有许多专业知识，我们可以向他们请教，但不应让他们牵着我们的鼻子走。获得"另类诺贝尔奖"的示范项目大多来自于地区，来自于下层，但这些项目都是独特的，史无前例的，它们并非由某个神奇人物灵机一动想出来，而是经过长期实践逐渐成熟的，不仅适合于当地，而且可以在别国推广。除此之外，这个奖项还可以鼓励地区精英去勇敢创新。假若这些项目能在第三世界推广，过去关着的大门就会打开。一位获奖者曾说："获奖之前，我们甚至无法走进那个部的大门，而获奖之后，部长却亲自登门拜访我们了。"这就是我们想达到的效果。我认为，不管主动还是被动，"上边"都应该给予公民社会的创意以更大的支持，不能封杀和威胁他们，而应当鼓励和支持他们探索未来的新途径。

> 然而，迄今为止在这方面似乎少有作为……

很明显，局面至今没有发生根本变化，地球上大多数人的生活却越来越困难。不过，我们仍然给了人们希望，这就是设立这个奖项的目的。它旨在表彰和支持获奖人把他们的创新推广开来，从而起一种示范作用，带动其他人在其他领域也作出类似的创新。正如美国印第安人的一条谚语"实践你说过的话"所要求的那样，我们不应当只是空谈而不采取行动，不能说："我有一个绝妙的主意，只可惜联邦总理没有给我回信，专家没有找我，银行没有给我贷款，电视台没有宣传我的想法。"我们的获奖者并没有坐等银行贷款，专家上门，总统回信，而是在极其困难的条件下自己想办法解决问题。

■ 危机浪潮：未来在危机中显现 ■ Zukunft entsteht aus Krise

这启发和鼓舞了许多人效仿他们的榜样。而这正是"另类诺贝尔奖"要达到的目的。

也就是说，我们需要多种多样的"另类"公民社会创意，来勾画未来的蓝图？

"另类"这个词也许不很恰当。在许多情况下，所谓"另类"根本就不能称之为"另类"，而是合理的、开创未来的、积极有效的方式方法，在现有的经济制度和生态环境面临崩溃的情况下，它们不但今天意义重大，而且会经受住未来的检验。它们并非人们灵机一动想出来的，而是经过艰苦努力被证明是成功的范例。这些项目有一些能使一百万甚至更多的人受益，如旺加里·马塔伊（Wangari Mathai）在非洲发起的"绿带运动"（Green Belt Movement）①。日本的"生活消费者创意运动"（Seikatsu-Konsumenten-Initiative）也有50万人参加。

这些项目是否就是这个崩溃时代的救生艇？

这些救生艇并没有停在那里等待灾难的发生，并不是说这些项目在对灾难的等待中就是现成的。我们的当务之急，是每一天都使未来变得更清晰。我不相信灾难某一天会突然到来，而第二天就会发生彻底的转变。在我看来，过渡将会是渐进式的。可是在这个危机频发的时代，与其呼唤"强人"的出现，不如自己去进行"另类"的探索。

---

① "绿带运动"是肯尼亚妇女旺加里·马塔伊于1977年发起的号召每人种1000棵树的运动。运动以农村妇女为主，旨在提高她们在健康、环保方面的意识，其活动包括建立育苗场、修建取水设施、提供就业机会等。为此，旺加里·马塔伊2004年被授予诺贝尔和平奖。——译者注

您怎样解释那种对时代的前途漠不关心的现象？众所周知，任何人都不愿再承担责任。

这种漠不关心的态度就是统治的意识形态的一个组成部分。它告诉人们："你们不过是一团物质！为了实现你们的愿望，你们应当尽可能地积累财富。此外别无选择。"按照这种说法，生活的意义仅限于此。现代世界观不是将人视为一个更大的、有生命力的整体的一部分，而是看做一个个孤立、自私的个体。他们毫无意义地生存在一个充满缺陷的世界上，必须接受科学的改造。由于他们的生存毫无意义，消费便是他们唯一能做的事。这样一种世界观当然不会教育人们为子孙后代承担责任。我在瑞士曾遇到一帮飙车族，他们在汽车上贴上这样的标语："我的汽车没有森林能开得更快！"，"未来同我有什么关系！"在周围人眼里，他们简直就是一个笑话。有人说，这帮人数量越来越多，许多人模仿他们的榜样。而这帮年轻人恰恰是在消费文化的熏陶下成长起来的，每日醉生梦死，丝毫没有社会责任感，对保护自然和开创未来毫无兴趣。今天的状况很可能带来一种恶性循环，人人只顾眼前，只想着自己的利益，完全没有使命感和紧迫感。

这是否是人类文明行将灭亡的一种先兆？

假若我在这样一种文化中成长起来，我也会把物质看做唯一现实的东西，会不择手段地攫取财富，从而为人类文明的灭亡，为发动一场所有人针对所有人的战争推波助澜。迄今为止的欧洲文明，的确应该定义为纯物质主义，只注重财富，这样的文明注定会灭亡。在它的垂死挣扎中，会显露出各式各样衰败的迹象。欧洲文明的倒退已经持续了数百年，迷信、对资源的争夺、恐怖、杀戮、战争绵延不绝，在这样的文化衰败中，唯一能够拯救它的力量只能来自外部。例如，罗马帝国覆灭后，知识和科学慢慢从凯尔特修道院重新渗透到已经野蛮化的欧洲核心地区，从而使它渐渐恢复了元气。不过可惜的是，我们今天的世界已经"全球化"，再也不会有来自外部或边沿的动力来挽救它了。

这种对未来麻木不仁的态度是否已经对子孙后代的生存造成了影响？

我们每日每时都在以一种难以置信的方式这样做。我们成功地使气候急剧升温，这在不久前还是难以想象的。我们毒化了生活：你死我活地相互竞争、为获取利润不择手段的跨国公司规划着我们的生活蓝图。请想一想核工业制造出来的放射性剧毒垃圾！今后数十万年内，我们的后代都不得不生活在它们的威胁之下。它们今天虽然被存放在人们接触不到的地方，但数千年后却可能给人类带来灭顶之灾。人们曾考虑过用什么方法向我们的后代发出警告，然而没有一种储存语言的工具能保留这样长的时间。为此，美国政府曾向符号学家和人类学家请教，怎样才能做到这一点。后者告诉它，必须发明一个可以保存遗传信息的匣子，使这个警告能世代相传。这当然是一个笑话。现代人为了自己能生活得舒适，不惜让后代人永远生活在恐惧和灾难之中，这就是他们的所作所为！从中我们可以看出现代生活方式的疯狂！我认为，我们必须创造出新的模式来改变这一切，应当扪心自问，我们今天奉行的价值是否正确，今天的状况是否"正常"，我们是否应当继续只顾自己而不管他人的死活，只顾眼前而不考虑子孙后代，只为金钱活着而抛弃生活的意义。

可是，要转变我们的价值观，就需要彻底的精神转向……

一种面向未来的价值将在许多方面带来全球性的改变。这种价值其实古已有之,问题仅在于我们是否愿意重新回归于它。而这就是宗教的功能。在拉丁语中,宗教一词的意思是"回归",回归古老的知识和智慧。它所要求的并非创造新的教条,而是重新发现我们早已遗忘的道路、知识和经验。人们总是以为,这些东西已经过时,完全是主观的,不可当真,因为它们无法在实验室里得到证实。这完全是胡说!我们应当为人类古老的、原初的经验和智慧保留空间,因为我们是一个大的整体的一部分,我们的自我并不局限于我们的身体,而是自然的组成部分。这样来理解和思考问题,我们的思维空间就会大大扩展,就会回归本源,回归原初的存在经验和智慧。

为了塑造未来,是否应当引进一种跨文化的伦理价值?

是的。它就体现在《地球宪章》(Erdcharta)① 之中。这是一份经过与全世界各界数万人士和组织数年的磋商与讨论才产生的。《地球宪章》也是促使"世界未来委员会"成立的基础性文件。当然,我只推崇一种价值,有了它其实就够了,这不是非洲或欧洲价值,而是一种全人类的价值,它如此强大,因为它体现了我们最深沉的愿望:"将一个至少比我们生活的这个世界更好的、尽可能完美的世界交给我们的子孙后代,让他们在这个基础上将它建设得更美好。"这应当是所有人的愿望,虽然我们的前辈和我们自己犯过许多错误,曾经将经济增长和科技置于一切之上。今天我们已经为此付出了代价,认识到尽管我们的经济有了快速增长,但我们的母亲比我们的上一辈更加不幸,我们的孩子更加不健康。现在,我们要在新的基

---

① 《地球宪章》(Earth Charter),又称《里约环境与发展宣言》(Rio declaration),1992 年 6 月,联合国环境与发展会议在里约热内卢召开,通过了此宪章。《地球宪章》在旷日持久的国际性讨论、磋商下诞生,受到了来自世界各地民众与众多组织的支持与签署。它的基本伦理原则是保护生态环境、维护人权、实现人类平等发展与和平。——译者注

础上重新开始，而座右铭则是：我们再也不能继续摧毁地球了！并且要利用今天的知识尽可能地修复它。

这种认识是否是为未来人类的生存着想的前提条件？

对我来说，这种认识也是逐渐形成的。为了拯救环境，拯救未来和我们的后代，我们应当成立一个咨询组织（Lobbyorganisation）。尽管我们生活在民主制度下，作为公民有选举权，作为消费者、劳动者和企业家有自己的组织，但作为全球生态系统的当事人和未来的责任承担者，至今没有一个强大的组织。正是这个想法促成了"世界未来委员会"的成立，并在2007年召开了第一次会议。"世界未来委员会"的50名成员都是世界各地的创新者和先行者[①]，他们来自政府、议会、公民社会、商界、科学和文化界。经过长时间的广泛磋商，他们选出了500位人士，为的是让委员会有尽可能广泛的代表性，能汇聚尽可能全面的知识和智慧。成员们并不希望代表任何人，但他们发出的声音强调了人类的共同责任和我们作为地球居民的共同价值观，宣示了我们的后代所拥有的权利。我们至今还没有一个"地球共同体"（Earth Community），没有一个"世界社区"，有的只是一个由相互竞争、相互利用、相互敌视的个体组成的"全球乌合之众"。因此，我们必须用一种建筑在合作之上的全球化，去取代今天的全球化模式——我始终将它称之为"最廉价产品的竞赛"（Competition for the Cheapest）——并代之以"争取更好质量的竞赛"（Competition for the Best）。

您在国际舞台上所从事的事业，在国家层面上获得了成

---

① 参见雅可布·冯·郁克斯居尔、赫伯特·吉拉德特：《塑造未来——世界未来委员会：世界未来委员会的任务》，Kamphausen出版社，2008年。

功吗?

如果它提出异议,政府必须作出回应。我相信这种模式——虽然没有否决权,但具有强大的影响力——在地区层面上是很有效的。在一些德国城市如慕尼黑,人们也发出了成立"慕尼黑未来委员会"的倡议。在许多国家,"未来委员会"作为自由的非政府组织,其影响丝毫不亚于任何一个其他非政府组织。我认为,在各式各样的机构中应当有后代人的代表参加,未来委员会不能仅仅是松散的顾问组织,而必须成为虽没有形式上的政治权力,却受到掌权者重视的机构。不仅应当成立国家一级的未来委员会,而且在议会中也应设置未来问题咨询委员会,这样,他们的成员在下一次大选中就不必从头开始,公民社会组织或经济联盟的代表就可以至少有八年的任期来对未来问题作长远思考。

罗伯特·容克(Robert Jungk)[①]的"未来工作室"(Zukungftswerkstätten)是否就是这类机构的萌芽?

罗伯特·容克多年前就是"另类诺贝尔奖"的获奖者。他的"未来工作室"遵循的思想是:我们必须懂得,未来不是现成地摆在我们面前的,而必须由我们自己去创造。为此,他告诉我们,未来并非从下一代人才开始,而是开始于下一分、下一秒。他第一个认识到,我们不能无视今天的问题而只讨论30年、40年乃至500年后

---

① 罗伯特·容克(1913—1994年),奥地利作家、记者、未来研究者,国际环保运动与和平运动的先驱者之一,为反对战争、反对核武器和保护生态,于1985年成立"未来工作室"、"未来问题国际图书馆"(Internationale Bibliothek für Zukunftsfragen)和罗伯特·容克基金会,从1964年起出版系列图书"一个新世界的模型",同年在维也纳成立"未来问题研究所"。1986年获得"另类诺贝尔奖"(亦称"正确生活方式奖",Right Livelihood Award)。——译者注

的问题。他的未来工作室遵循的信条是：人们必须创造一种新的未来以终结今天的全球混乱，我们每个人虽然渺小，但仍可以产生影响，我们的基本前提是要自己把握自己的命运。我们今天所继承的，正是他所留下的遗产。

这样的未来委员会在历史上有过先例吗？

我们的先辈的确在不同的文明中有过类似的组织。在殖民时代之前的印度，这样的机构已经成型，叫做"未来预言者委员会"（Räte der Seher in die Zukunft），它们甚至对影响未来的政治决策拥有某种形式的否决权。在世界其他地方，这样的组织大多是非官方的。北美洲的原住民有长老委员会（Ältestenrat），长老们有权对影响后七代人的决定进行干预。他们至今仍然保留了这种"为以后七代人着想"的传统。在非洲，在人们作出重大决定时，必须尊重和听取前一辈人和下一代人的意见。然而今天，我们作出在地理上和时间上影响深远的重大决定或决策时，却可以独断专行，丝毫不顾及我们的前辈和后代人。我们生活在一个时间上和空间上道德败坏的时代，因为我们今天的所作所为带来的后果，其影响无论在空间的广泛程度还是时间的延续长度上，都远远超出了以往任何一个时代。尽管如此，却没有一种喉舌、一个机构来为我们的后代奔走呼号。我们正尝试着改变这一现状。

未来委员会是否起到一种类似于非政府、非官方的良心的作用？或者说，一种将多种地域性解决方案汇集起来的作用，只不过这种作用被提升到全球的高度而已？

我相信，人们对世界未来委员会有各种各样的理解，对它抱有各式各样的期待，只可惜有些功能它今天尚无法起到。我只能说，它现在所做的仅仅是眼下所能做的。它有两个任务，一是让我们的后代发出响亮的呼声，二是敦促有关方面实行"最佳政治"（Best Policies），即拿出最好的政治解决方案。第一个任务我们的前辈已经提出过。在美国独立战争期间，有人喊出了"没有自决权就决不向英国人纳税"（no taxtion without representation）的口号。我们今天事实上仍在向我们的子孙后代征税，但却剥夺了他们的发言权。未来委员会的任务，是评估人类当前的集体行为是否对保护地球有利，是否符合未来世代的利益。若不是这样，就必须发出警告。

没有执行机构和法律部门的介入，这有用吗？

这类毁灭未来的行为当然不会立刻完全消失，但这可以造成一种强大的舆论压力，给破坏环境的人以震慑。而且，我们目前也正在与海牙国际法庭的法官们商讨，破坏生态、毁灭未来的行为是否可以以"危害后代生存罪"被追究刑事责任或遭到谴责。当然，真正将"危害未来罪"的罪犯送上法庭，可能还需要很长时间，但我相信，这个建议具有强大的道德威力，或迟或早总会被采纳。我们的当务之急是对已有的解决方案进行分析，并将一些切实可行的措施加以落实。例如，我们对哪些地方适合建太阳能发电站作了大量调研，发现巴塞罗那的条件最为优越。我们还对那些无力修建地铁的贫穷大城市如何改善交通状况，实现最佳交通方案进行了调查，发现哥伦比亚的波哥大在这方面做得最好，其他城市和地区应当学习它的经验和做法。

那么，您已经取得了哪些成绩？

面对全球气候急剧变暖的事实，我们的精力首先集中在可再生能源的推广。我们认为，德国颁布的《可再生能源法》，是推广和使

■ 危机浪潮：未来在危机中显现 ■ *Zukunft entsteht aus Krise*

用可再生能源方面最有效的法案，可以使清洁能源的使用尽快得到普及。这项法案已经在 40 个州和地区得到执行。此外，我们还发表了一份深入的研究报告，同 BBC 电视台合作拍摄了一部影片，观众达 1.5 亿。我们出版图书和刊物，举办听证会，组织各国专家和议员聚会，开设了一个专门的网页，让议员和记者了解，在法律方面应该采取哪些措施。通过这个网页，他们可以研究出最适合于自己国家的方案，并判断出哪些国家做得比较好而哪些做得还不够。例如，英国就有一套完全不同——但显然不太好——的法律。尽管英国由于其海岛地理位置的优势，拥有丰富的风力资源，但从德国进口的风力发电量却只占到本国电力供应量的 1/15。我们曾与一位英国议员讨论过此事，不久，同我们商讨如何改变这一现状的议员就增加到 35 位。紧接着，一场首先由"地球之友"发起的大规模公众抗议运动便开展起来。一年之后，英国政府被迫作出让步，承诺尽快出台节约能源的法案。我相信，正是大规模公民运动与未来委员会所做的专业性工作相结合，促使我们的行动取得了成功。我希望，这种合作能继续扩大。对于世界上生活在尚未通电地区的另一半居民来说，我们推荐他们学习孟加拉国"另类诺贝尔奖"获奖者迪帕尔·巴鲁阿（Dipal Barua）[①]的榜样，申请小额贷款自己安装太阳能发电设施，以解决自身用电问题。

　　这听起来似乎像一次长途行军，每次只能前进一小步，必需做艰难的说服工作。那么，公众看到了这些成绩吗？或者，您还需要采取更大的行动，比如像绿色和平组织那样，占领一座石油平台，来唤起世界的良心？

---

　　① 迪帕尔·巴鲁阿，孟加拉国银行家、企业家，创造了一种极其成功的、以市场为基础的可持续发展模式，为孟加拉国没有电网的农村地区人口供电，通过向农民发放小额贷款，共为他们安装了 24.5 万套家用太阳能系统，以和煤油差不多的成本让 220 万人用上了电。——译者注

绿色和平组织的知名度当然要高得多。对许多人来说，法律也许是枯燥乏味的，然而，正如马丁·路德·金所说，"法律虽然不能打动人心，却能阻止黑心人的恶行"，假若没有公正的法律，我们就寸步难行，永远只能做反对派。我从来不认为政治可以与社会脱节，对我来说，它们是同一回事。我们无疑应该更多地介入政治，绝不能在公民社会和政治之间人为地筑起一道墙。两者之间的关系必须是透明的。如果我们在一年之内就能迫使英国政府改变政策，那么我们为什么在美国、澳大利亚、南非就不能促使政府通过这方面的法律呢？此外，生态税（Öko-Steuer）也应该尽快征收，现在有哪个国家已经开征了这个税种？我们不仅需要进行一场生态效益的革命，而且在其他方面也必须进行相应的改革。例如，拥有清洁的空气和水资源的权利，获得必要生活资料的权利等等。在多座巴西城市，这些权利已经有了法律的保障。我们能够做的还有，敦促人们在自愿的基础上签署环保协议，并使这种协议具有法律效应。总而言之，我们想做的一切都应该得到法律的保证，这应当视为现代法律的进步。我们应当抛弃这些局部改革微不足道、不值一提的想法，因为小的改变积累到一定程度就会带来质的变化。今天的问题必须经过全球治理（Global Governance）才能得到解决，而这恰恰是未来委员会从伦理角度出发应对挑战，在实践中必须完成的核心任务。①

未来委员会作为对一个全球化了的世界的公民社会的回应，是否像一个另类的联合国，一个跨国家的非政府组织？

我们并不是一个非政府组织。我们之中有公民社会的代表，但也有政府方面的代表，其中一位非常活跃的成员就是埃塞俄比亚的

---

① 参见雅可布·郁克斯居尔、赫伯特·吉拉德特（出版人）：《开启一个新的未来是可能的：走出气候灾难的道路》，Europäische Verlagsanstalt，2009年。

环境部长。我们之中还有多位企业家和国会议员，以及从事文化和科学研究的人士，当然还有公民社会的活动家。他们彼此间并无隔阂，都是有志于改革的人士，他们不仅作为消费者，而且作为公民，有着相同的价值观。我们清楚地知道，今天的世界秩序是为一小撮跨国企业富豪的利益服务的。我们现在就必须改变规则，让它为人类的大多数服务，为此，我们不但要对国际不公正现象进行批判，而且应当提出解决的办法。

可是在这里，道德影响似乎比政治纲领更加重要。

道德和伦理的力量当然很重要，我们不能低估它的影响。在全球合作中，还有一种巨大的潜能尚未得到发挥：在许多南方国家，一些通过民主程序选举出来的议员常常有这样一种感觉，民众对非政府组织寄予的信任似乎更大，他们虽然很愿意为争取未来的运动出力，但却感到自己受到冷遇。因此，我们准备把"世界未来委员会"同"电子议会"（e-Parlament）① 结合起来，使世界各国的议员们通过互联网相互交流。这样，许多国家的议员就可以有效地向公众表达他们的看法了。除此之外，还应当加强议员们同世界未来委员会的合作，这样的合作当然只有在建立了一个由知名人士组成的常设机构之后才能展开。

世界未来委员会的工作必须依靠像汉堡这样的城市或奥托网络营销公司（Otto Versand）这样的企业提供赞助才能展开，

---

① "电子议会"（世界电子议会）由联合国、各国议会联盟、全球议会信息和通讯技术中心于 2007 年共同发起，旨在通过信息通讯技术，特别是互联网，为世界各国的民主议员，以及对民主议题感兴趣的组织或公民动员起来，为他们提供一个平台，就全球气候变化、生态保护及推广民主制度等共同关心的议题展开讨论。——译者注

这里难道不存在风险吗？

世界未来委员会是一个新兴的组织，它的出现在两三年前还不大可能。今天越来越多的精英认识到，过去走过的路是错误的。我们获得的赞助 50% 来自基督教民主党（CDU）掌权的汉堡，这表明，政治公众舆论对我们提出的解决方案愈来愈感兴趣。第一个向世界未来委员会征询解决办法的，是中东盛产石油并且最为保守的酋长国。当我问这个国家王储的顾问，他对我们提出的建议是否不够满意时，他回答道："不，关键是能否解决问题，我们需要的正是解决问题的办法。"今天，越来越多负责任的人士认识到，如果我们不抛弃"能换来金钱的就是有用的"哲学，继续一意孤行，我们就将面临一场全球性的灾难。这意味着，大门是敞开的，我们可以用我们的理念和方案力挽狂澜，这尽管很困难，但却是可能的，因为我们并不是一无所有，白手起家，并不是只有理论，而是有许多成功的例子。我们可以自豪地说："看，这些项目不是取得了很好的效果吗？"除此之外，我们是一个独立的组织，不依靠政府，不受它的控制。尽管这样，我还是要强调，我们仍然对世界未来委员会的前途感到担忧，因为我们的资金大部分来源于汉堡市和米夏埃尔·奥拓博士的赞助，而赞助协议 2009 年底到期。

没有世界未来委员会的努力，文化变革恐怕也难以推进。这是否意味着，你们的任务一方面是转变人们的意识，另一方面是联合各界人士，加快这一变革的进程？

是的。如何加快这一变革的进程正是我们最关心的问题，因为变革已经刻不容缓。我们必须建立新的合作结构，并参与这种结构。受到金融危机冲击的政治首当其冲地应当进行改革。今天，为政治正名的时候到了，人们再也不能认为市场可以决定一切，相反，政

■ 危机浪潮：未来在危机中显现 ■ *Zukunft entsteht aus Krise*

治和政治操作方式的重要性正日益显现。至于经济，我要说从来就没有什么纯粹的"经济"，有的只是疯狂攫取利润的短视的企业家和一小撮视钱如命的富豪——他们的日子已经不多了，要知道，汽车发明出来之后，造马车的人很快便被淘汰出局。当然也有当之无愧的企业家，他们做了许多好事。我们应当分清他们中谁是改革的支持者，谁是改革的绊脚石。按照我的经验，各党派之间并没有什么本质的区别，无论是左翼还是右翼，都对自然规律不屑一顾。

要改造社会，就需要大笔资金，这个问题如何解决？

这不是一个经济问题，而是伦理道德问题，一个关系到人类生死存亡的问题。现有制度的代表人物对此毫无兴趣，他们说，要改变这一切，需要付出的代价实在太大了。那么，我们就要问："为了拯救我们的子孙后代，这个代价难道不应该付出吗？"我们拥有一切条件，有知识，有人力物力，有科学技术。如果有人说我们缺钱，那不过是谎言，最大的谎言，就像有人说"我造不了房子，因为我没有米尺"一样。我们今天缺的不是钱，而是政治智慧和政治勇气。其实，我们并不缺少资金，只要有政治意愿，什么事情都可以做成，只要对货币投机征收一笔小小的税——这对于贸易和旅游业毫无影响＋就可以遏止投机，带来大笔财政收入。征收航空燃油税，每年就可以为经济与合作组织国家（OECD-Staaten）创造1000亿欧元的财政收入。倘若全球军费削减20%，节省下来的钱就足以解决当今世界的所有问题，使局面完全改观。总之，只要有政治意愿，就会有资金，只要想做，就没有做不到的事情！

今天的未来研究不再热衷于炮制预言，而致力于制订创造未来的积极战略，您认为这种说法对吗？

我们可以在各种各样的商品中进行选择，但不能在不同的经济制度之间作出选择。我们应当使社会和经济更加民主化，将未来把握在自己手中。现在的未来学家灌输给我们各式各样的神话，他们炮制出来的乌托邦大多不切实际。政治决策者向我们许诺的同样是神话，他们死抱住一种世界观不放，声称金融危机不可避免，人们只要适应了就会习以为常。市场建立的统治不过是一座空中楼阁，我们所要开启的未来当然与此相反。许多人仍然希望旧制度能自我改善，但绝大多数人认为这只是一个幻想，在这种制度下想要过一种更好的生活完全是不可能的。倘若我们想有一个更好的未来，每一个人就有义务做他力所能及的事情。无论如何，我们不能麻木不仁，丧失希望。

在我们有多少机会建设一种值得生活的未来方面，您是一位悲观主义者还是乐观主义者？

我既不是悲观主义者也不是乐观主义者，悲观主义既毫无用处也毫无意义，而盲目乐观，认为一切都会自动好起来，同样有害。我自认为是一个现实主义者。每个人都有自己的想法，自己的愿望，自己的梦想。我要说的是，就从现在，从我自己开始吧！

我行动，故我在
——与环境和粮食问题活动家弗朗西丝·莫尔·拉佩对话

弗朗西丝·莫尔·拉佩（Frangxes Moore Lappé），1944年生于俄勒冈，20世纪60年代成为反对世界性饥饿的活动家，1987年因"揭露了饥饿的世界性政治和经济根源"而获得"另类诺贝尔奖"。她主张每一个国家都应该拥有粮食自主权，对全球化的工业化农业和转基因农业持强烈的批判立场，并为此发起建立了多个世界性组织，如"粮食优先，粮食和发展研究所"（Food First, Institut for Food and Development）、"生存民主运动"（Living Democracy Movement）和"小小行星研究所"（Small Planet Institut）等。她的著作《养活一个小行星上的人口》（*Diet for a Small Planet*）以其300万册的销售量，成为世界畅销书。此后，她又写了15本书，均被译成20多种文字在世界范围内流传，此外，她还是150本著作的出版者或作者之一。她获得过17项荣誉博士头衔，现在是"世界未来委员会"的成员。见网站：www.smallplanetinstitute.org，www.foodfirst.org。

尽管当前面临多种危机，为什么我们仍然不去改变世界？

我想，原因就在于有人一再告诉我们，我们是多么无权无势，多么渺小。正是这种感觉使我们认为，面对这些危机我们无计可施，无能为力，因此，我们只能任其发展，听天由命。然而，这种态度完全忽略了一个事实：对于这场全球性危机，无论是有毒废物的困扰还是饥饿问题，其实早就有解决的办法了。危机为什么会发生？不是因为我们面临的挑战过于严峻，而是因为我们普遍感到被剥夺了实际参与解决问题的权利。所以，问题不在于"危机"本身，而在于那种无能为力的感觉，那种被捆住手脚无法动弹的感受。我们被困在一个怪圈之中，愈是觉得自己渺小，无权无势，便愈是不想去做点什么。[①] 真正的问题是那种无力将已有的解决方案落实到行动中去的感觉。

这是否是一个知觉问题？一个我们如何看待自己，如何正确理解和解释当前的全球局势的问题？

不错，这首先是一个看问题的方式问题。这种对自身自然的错误看法将我们引入了生态和社会危机，我们必须抛弃这种狭隘的世界观。在当前的危机中，到处都出现了新的现象。生态学正在成为我们的教师，因为它告诉我们，在生命系统中，不同生命之间的彼此相互依存怎样才能达到一种可持续的平衡。然而，我们人类迄今为止所做的却恰恰与此相反。由于无视无所不在的网络关系而相信权力的集中可以服务于生命，我们建立了极其不稳定的、功能极其低下的制度。

[①] 参见弗朗西丝·莫尔·拉佩、杰弗里·佩尔金斯：《你是有力量的：在一种恐惧文化中作出选择的勇气》(*You Have Power: Choosing Courage in a Culture of Fear*)，Tarcher 出版社，2005 年。

■ 危机浪潮：未来在危机中显现 ■ *Zukunft entsteht aus Krise*

您是否想说，当前的危机局面似乎是一种扭转事态发展的机遇？

我想用一个气象学的比喻来回答您的问题。我相信，我们正处在一场巨大风暴的中心，金融市场的风暴和生态灾难的风暴。在风暴袭来时，往往有许多大树被刮倒，我们于是能看到它们的根。通过这次危机，我们同样看到了现有制度的根，看到了它的弊病在哪里，以及这些弊病如何才能克服。现在的问题是，我们是否有勇气去正视并改变它。

美国总统巴拉克·奥巴马给我们带来了希望，但愿他能找到造成当前灾难的根源。至少，他在许多方面获得的支持，给了他相应的行动自由。但可惜的是，直到目前为止，进入他执政班子的人，仍然是那些对这次金融危机负有责任的人。

您的政治介入开始于对世界粮食问题的研究。从这方面出发，您想对当前危机的根源发表什么看法？

还在我 26 岁时，我就问自己，我应该怎样把我的日常工作同世界上普遍存在的苦难结合起来。凭着年轻人的直觉，我觉得我应该做一些实际工作，具体说来便是对饥饿和粮食问题作一些研究，揭示经济和政治方面罕为人知的秘密。那是在 60 年代，专家和媒体都预测，不久的将来会爆发全球性大饥荒，因为地球生产的粮食将很快到达极限，再也养不活更多的人了。我想看看这究竟是不是真的，于是带着我的问题几个星期泡在图书馆里。我很快便发现，这些所谓的专家所说的并不是事实。[①] 我得出的结论是：我们过去和现在其

---

① 参见弗朗西丝·莫尔·拉佩：《养活一个小行星上的人口》，Ballantine 出版社，2008 年。

实都有足够的粮食让所有人吃饱,世界上之所以会出现饥荒和粮食短缺,完全是这个制度造成的,而我作为西方世界的公民,便是这个政治和经济制度的积极参与者,正是这个制度使我们占有了大部分资源,导致了其他地区的粮食紧缺。这一点只要看一看超市的货架就会明白。以所谓效率最高的美国的工业化农业为例,为了生产1公斤肉类产品,就需要耗费16公斤粮食和大豆。我们正是以这种方式制造了粮食的短缺。

为了对这一问题有更深的了解,您又进行了哪些研究?

我的注意力最初集中在一个问题上:在一个资源丰富的世界上,为什么会出现饥荒?90年代以来,我所出版的多部著作则探讨了另一个问题:我们作为社会,为什么会制造一个我们作为个人完全不喜欢,根本不会选择的世界?在我们这里没有人会说"是的,我愿意每天有数百个儿童饿死"。但尽管如此,根据世界卫生组织(WHO)的报道,每天仍有1.5万至3万名儿童死于营养不良。在我们这里谁都不会说:"好极了,让我们毁灭地球,消灭物种吧!"然而问题是,为什么我们作为社会,却制造了一个损害人类的健康理智、蔑视人类道德的世界?

关于这个问题,您找到答案了吗?

我得出的结论是,我们之所以会有无能为力的感觉,首先是因为我们相信了短缺的神话,以为一切东西都缺少。[①] 这个神话灌输给我们一种想法:我们没有足够的粮食,足够的能源,城市里没有足

[①] 参见弗朗西丝·莫尔·拉佩、约瑟夫·科琳娜、彼得·罗塞特:《世界饥饿:12种神话》,Grove/Atlantic出版社,1998年。

够的停车位，如此等等——总而言之，我们什么都缺。比这种看法更糟糕的是，我发现人类在总体上缺乏仁爱，缺乏同情心。而我们在建立我们的政治和经济制度时，所遵循的唯一法则就是，人是自私的动物，只会追求物质享受，相互间残酷竞争。我们坚信，由于一切都缺乏，人于是不得不只为自己着想。在这样一种世界观和自我定位的前提下，人当然会怨天尤人，把自己的不幸归咎于别人，并处处算计别人。倘若人与人之间缺乏信任，彼此间残酷竞争，处处以邻为壑，那么，社会变得越来越冷酷无情，人越来越丧失同情心，就是自然而然的了：不论是政治家、商人和富豪，或罗纳德·里根所说的"市场的魔力"，都会变得贪婪、凶狠、冷酷。

如此说来，短缺的神话不仅是造成饥饿问题，而且似乎是引发当前危机的主要原因，因为我们现在什么都缺，缺少钱，缺少工作岗位，缺少石油，此外还缺少解决办法。那么，我们能够打破这一神话吗？

要打破这一神话，就必须挖掘更深层次的根源。德国社会哲学家埃里希·弗洛姆（Erich Fromm）曾经写道，正是人性让人变得越来越没有人性。在《人的堕落的解析》①一书中，他解释道，通过固定的模式看世界是我们的常态，这种模式好似一幅"情感地图"（mentale Landkarte）制约着我们的认知方式。也就是说，我们总是通过有色眼镜看世界，而现实总是染上了我们给它涂上的颜色。这副有色眼镜决定了我们所看到和没有看到的一切。它先行规定了我们对人的本性的认识，同时也决定了我们能够做什么，可以做什么。

当然，只要这副有色眼镜对生命有利，尊重生命，它也是有用

---

① 参见埃里希·弗洛姆：《人的堕落的解析》，斯图加特，德意志出版社，1974年。

的，可以接受的。可是，在今天这个混乱的时代，在社会上占压倒优势的"情感地图"却出了问题，导致一种根本错误的思维方式的泛滥，从而摧毁着生命。我认为，这幅看不见的"情感地图"正在扼杀着生命。① 为了阻止这种扼杀，我们必须首先认清这些摧毁生命的信条是如何逐渐渗透到我们的思想和情感之中，如何通过教育、广告和适应社会的压力而被我们误认为理所当然并接受的。

正是短缺的神话和无能为力的感觉的危险结合，使我们陷入了危机和大萧条的漩涡。我敢说，当前的世界性灾难已经转化为一场全球瘟疫，人变得越来越压抑、沮丧，因为在我们的世界图像中，正面和积极的价值既得不到承认也不被鼓励，而是受到压制。今天，压抑感和沮丧感已经成为职业失败和创造力衰退的主要原因。有调查表明，它已经上升为社会的第二大问题。近年来，自杀案例上升了50%便是证明。

您能否举几个例子来说明这种摧残人、带来人只能听天由命的感觉的趋势？

例如，我们被一种荒唐的理论牵着鼻子走，以为市场可以自行调节，人的本性是自私的。如果被这种理论所蛊惑，我们就会落入圈套。特别是在我们这个时代，我们对这种怪异的理论深信不疑，尽管自从人类社会产生以来有过多种形态的市场，但我们却把放弃监管的自由市场经济奉为神明，以为只有放任市场为所欲为才是最好的。今天的经济学大肆宣扬一条原则："让有产者的财富更快地增值，让富人更加富有。"然而，这给我们带来了什么后果？今天400名富豪所拥有的财富，相当于世界一半人口财产的总和。

---

① 参见弗朗西丝·莫尔·拉佩：《抓住机会吧：在一个发疯的世界上》Small Planet Media 出版社，2007年。

■ 危机浪潮：未来在危机中显现 ■ *Zukunft entsteht aus Krise*

在美国，零售业巨头沃尔玛家族不仅是这个国家最大的雇主，而且也是世界上营业额最高的超市集团，它所控制的财富超过了美国40%的家庭财产的总和。这样的财富集中自然对政治决策产生了影响，对此，我们在美国看到了最极端的例子。在当今的市场崩溃发生之前，我们可以很清楚地看出，那些"经济精英"们是如何制订一部又一部法律，来保证他们获取巨额利润的。华尔街游说集团对立法机构的影响，对这场大崩溃的最终发生负有不可推卸的责任。然而，这一局面又是怎样形成的？

倘若作更深层的分析，我们可以发现，世界上数亿人的贫困——这似乎又证实了物质短缺的谎言——完全是人为造成的，华尔街是多么贪得无厌。这个事实似乎进一步说明，"人是贪婪、自私的动物"。那个怪圈于是再次向下延伸：人更加感到自己是多么渺小，多么无能为力，而这又使问题更加复杂。因此，根本的危机源自于"权利被剥夺"的怪圈。

那么，这个毁灭性的怪圈怎样才能被打破，怎样才能形成一种致力于生命繁盛的良性循环呢？

问题恰恰在这里！一个好消息是，在摧毁变得越来越肆无忌惮的同时，人类也开始觉醒——特别是近几十年——人们开始打破这个恶性循环，力图扭转局面。当然，要阻止这个毁灭性的怪圈继续延伸，就必须彻底转变我们的基本观念。而这种转变的前提是，抛弃物质短缺的谎言，看到物质其实很丰富，在许多方面甚至过剩的事实。很显然，只要我们大力发展一种符合自然法则、尊重生命的农业，我们的地球就可以生产出足够的粮食满足所有人的需要。[①]

正如德国政治家和太阳能发电的倡导者赫尔曼·谢尔（Hermann

[①] 参见本书中与万达娜·希瓦的对话。

Scheer）所强调的，我们并不缺少能源：太阳每天为地球输送的能量，相当于人类目前每天消耗掉的化石燃料的 15000 倍。

> 尽管如此，您对于人们改变认知方式，使一切向好的方向转化的信心，似乎有点过于乐观……

转变认知方式是一切变革的前提条件。创造一种促进生命繁荣的良性循环，有这样的使命感和勇气绝不意味着，要将迄今为止的世界图像和自我认知颠倒过来，声称"人生来就不是自私的，而是善良的"，这样说显然过于绝对。我所要强调的与此相反：无论从人类社会史还是行为心理学的实验成果来看，人的认识水平在任何时候都是有限的。人的本性中既存在着自私和残暴的潜在因素，也埋藏着同情、怜悯、正义与合作种子。只有承认这一点，我们才能终止人性究竟是善还是恶的毫无意义的争论。只有认识到善与恶的种子都埋藏在人类的天性中，在适合的条件下两者都可能萌发，人才会最终成长并成熟起来。这绝不是虚无主义或悲观主义，而触及了问题的本质：人类为什么既能干出最荒唐残暴的事情，也能做出英勇伟大的壮举。

> 对于创建一个尊重和爱护生命的未来，这有什么意义？

只要我们发掘出人类本性中好的那一方面——宽容、同情、仁爱与合作精神，即善的潜能——我们就能够消除似乎不可弥合的分歧和冲突，坐到一起，发现共同的伦理价值。① 那样，我们便能制定出解决当前问题的方案，设计出一种为所有人谋幸福的未来蓝图。

---

① 参见弗朗西丝·莫尔·拉佩、杰弗里·佩尔金斯：《你是有力量的：在一种恐惧文化中作出选择的勇气》，Tarcher 出版社，2005 年。

■ 危机浪潮：未来在危机中显现 ■

也只有那样，我们才能打破自认为无权无势、无能为力、束手无策的怪圈，看到我们创造美好事物的潜力，通过我们自己的努力开创未来。一旦认识到自己的力量，我们就能够找出将人类推向毁灭的根本原因：权力的集中乃是万恶之源，它导致了人与人之间关系的陌生与敌对，导致了相互防范、彼此恶性竞争的风气，导致了残暴、战争和杀戮。

摆在我们面前的只有一条路：我们必须制订严格的规则和规范，保证权力在任何时候都处于分散状态并受到制衡。我们必须建立真正意义上的人类大家庭，再也不能面对我们的子孙后代有一种负罪感，更不应当将当今的所有问题都归罪于乔治·布什或奥萨马·本·拉登，而必须对地球上发生的一切负起责任来。

这是否反过来要求我们根本改变参与政治进程的方式？

在我的国家，是否参加大选完全是自愿的。财富的集中决定了哪些人当选，华盛顿执行什么政策。这显然造成了一种印象，似乎我们的民主"徒有虚名"[1]，我们名义上虽然"享有"民主，但其实并不拥有它。民主对我们来说不过是一大堆机构，是我们的前辈留下的遗产。这样一种民主概念使我们大多成了旁观者，成了幸运的看客。我们觉得自己很幸福，因为我们拥有世界上最民主的制度。然而在我看来，这实在是一种荒唐可笑的感觉。现在是把这种"徒有虚名"的民主变成一种充满活力的、实实在在的民主的时候了。

一种有活力的、实实在在的民主应该有哪些特征？

---

[1] 参见弗朗西丝·莫尔·拉佩、蕾切尔·伯顿、安娜·拉佩：《民主的边缘：为了给生活带来民主和拯救我的国家而进行的选择》，Jossey Bass 出版社，2005年。

这样的民主必须与一种体现人的优良品质的生活方式，一种以人为本的价值标准相统一。按照我们的愿望，它应当是宽容的，与我们的朋友精诚合作的，充分发挥人的潜力的，负责任的。我们应当将这些价值贯彻到我们的行为中，而不应相互排斥、彼此敌视。所谓好的生活绝不应当是坐在电视机前自得其乐，这样的生活是蔑视人更深、更加本质的天性的，因为我们是行动者，必须共同为一个更好的将来而奋斗。一种仅把我们当旁观者的民主是违反人的天性的。有研究表明，人们对民主的信心正在减退而不是增加，对于制造了金融危机，今天深陷其中的美国和欧洲式的"徒有虚名"的民主来说，情况同样如此。

就拿我的祖国——美国——来说，即使我们忽略每五个儿童中就有一个生活在贫困之下的事实，我们也不能自吹自擂地说，那里的民主是世界上最先进的。这样的民主怎么能成为别的国家的榜样？

我觉得，我们的政府正试图将这种"徒有其表"的民主强加给别人，而根本不懂得，只有做出正面的榜样，才能让别人信服，才能获得别人的信任。

民主是一种致力于不断自我改善、充满活力的实践，而不是一种竭力维持现状的行为。它应当给生命带来更多的意义，应当是宽容的、美好的、敬畏自然的。

倘若把民主理解为一种充满活力的实践，那么，我们应当在哪些方面作出改变？

从这种视角来看，我们关于民主的观念是封闭、僵化的，这样的民主带给我们的只有两件事：选举和消费。作为一个充满活力的制度，作为日常实践，作为一种参与的文化，民主虽然不是我们天生就有的，但却是可以学习的，因为我们的天性中就有这方面的诉求。关于这种作为共同追求的、实践的民主，我愿再次引用埃里希·弗洛姆的话。他写道："我们应当抛弃笛卡尔'我思故我在'的观点，因为这个观点不利于人的潜能的真正发挥。"他更欣赏"我行动故我在"这句话，它应该成为我们的座右铭。

这会使我们的感知发生哪些改变？

这能够扭转将我们推入危机漩涡的无能为力感和沉沦倾向，从中产生一种良性循环，使人认识到自己的力量和完整本质，促使他们共同负起责任来，制订新的规则和规范，通过紧密合作和创造力的发挥，解决当前面临的问题。民主不再是一种政府安排下的制度，而变成了在公众生活的所有方面体现出来的正面价值的集中表现。那样一来，我们在工作和学习中就不会将这些价值束之高阁，而会作为一种共同的思想和意愿将其落实到行动中：团结一致，宽容大度，相互帮助，高度的责任感。无能为力感和负罪感将会消失。只要我们朝这个方向努力，具有创造性的规则和规范就能够得到贯彻。

在这样一种充满创造性的氛围中，将会出现什么新的气象？

改变将会是根本的：我们将打破物质匮乏的谎言，认识到自己的力量，为开启未来铺平道路。我们不再害怕困难，而会勇于承担，做力所能及的事。我想举三个例子来说明这一点。

在巴西，公民们夺回了公共支出和预算方面的决策权，改变了财政预算长期被富有的精英及其游说集团把持的状况。

在美国的三个州，一项禁止在竞选中使用公共经费和政治捐款的法案已经获得通过，这使得普通公民也可以参加公共职务的竞争，当选的机会大大增加。在缅因州，85%的候选人在没有大财团资金支持的条件下参加竞选。当选的议员们可以在排除外界干扰的情况下独立作出决定，从而使一些具有历史意义的环保法案获得了通过。

假如我们将这些尊重生命的价值运用到经济领域,我们会发现一场捍卫公平贸易的运动正在兴起,消费者一致要求生产者提供的产品必须是环保的,高质量的。20年前,发起这个运动的还只是极少数环保人士,而在今天的英国,他们的主张已经成为经济生活中的一种广泛共识。今天,无论谁走进任何一家英国酒吧,都能感觉到那里发生的明显变化。

从保护生命的角度看,经济合作在过去30年几乎扩大了一倍,在世界经济论坛最近公布的一份名单中,每四家最成功的企业中,就有三家积极参与了国际合作。

这样一种积极的变化在您的主要研究领域,即世界性饥饿问题上,是否也得到了体现?

几年前,我和我的女儿作了一次环球旅行,会见了一些为这种有活力的民主而奋斗的人士,从中得到的感受足以改变我的生活。我们访问了巴西第四大城市贝拉荷里宗特(Bella Horizonte)。这个城市1994年当选的市政委员会在竞选中首次提出了"让所有市民享有获得足够营养的基本权利"的口号。这个竞选纲领的确改变了当权者迄今为止的思维框架。他们告诉市民:"即使你很贫穷,买不起很多东西,你也是我们中的一员,我们应当为你负责。"他们不是无偿地发放食物,让穷人更加依赖国家,而是将政府部门和企业领导人召集起来,共同研究解决贫民们的饥饿问题、让他们自救的办法。他们成立了一个协商委员会,让那些平时相互扯皮的部门和恶性竞争的企业坐到一起,共同商讨如何才能真正帮助贫民。通过协商,他们制订了数十项措施,如安排他们到本地区农场打工,以获取报酬，购买他们自己生产的产品。①

通过这个措施和许多类似的合作，贝拉荷里宗特在几年之内，便使死于营养不良的儿童的数量减少了一半，而为此支出的费用平均到每一个居民，每天仅为1便士。这个例子说明，只要改变观念，齐心协力去解决问题，我们就能打破旧框框，开创新的前景。

> 看起来，破除物质匮乏的神话在第三世界也非常必要。

的确，它提供了一个很好的范例。例如，在印度南部的喀拉拉邦，70年代以前人均收入只相当于美国人的5%，但今天，那里的人均寿命和受教育程度却接近了工业国家的水平。这个例子对于西方也具有参考价值，它可以从中学到如何提高教育水准，如何动员民众的经验，从而使广大民众受益。②

由此可以得出结论：我们可以取得任何人都认为不可能取得的成绩。另一个例子是肯尼亚的"绿带运动"（Green Belt Movement）：妇女们通过共同努力植树造林，既建立了让她们可以自给自足的农场，提供了日常生活的燃料，而且也使她们更加紧密地团结起来③，组成了一个相互帮助、和谐相处的社区。在那里出现了许多积极的变化，她们的做法成了一种值得学习的全球模式。

还有一个例子是巴西的"无地农民运动"（Bewegung der landlos-

---

① 参见弗朗西丝·莫尔·拉佩、安娜·拉佩：《希望的承载者：一位国际导游的绿色倡议》，Riemann 出版社，慕尼黑，2001 年。

② 见网站：www. ksp. org；另参见格塞科·吕普克：《另一种选择，另类诺贝尔奖的道路和世界图景》，Riemann 出版社，慕尼黑，第 250 页。

③ 同注释②，第 125—135 页。另见格塞科·吕普克、彼得·厄伦魏因：《一项充满希望的工程，展望另一种全球化——与旺加里·马塔伊对话》，第 128 页，Öko 出版社，2006 年。网站：www. greenbeltmovement. org。

en Bauern)①，贫苦农民不但成立了新的农业合作社，而且建立了数千个新型社区，数千所学校，通过自己选举出来的领导人出色地经营和管理着他们争取来的土地。这样的例子还有许多②。尽管官方媒体封锁了有关这个运动的所有新闻报道，但它在民众中仍然产生了巨大影响。在这种意义上，我们应当成为这些事件和运动的宣传者，用这样的例子来鼓舞人们的信心，使他们认识到，只要想做，任何事情都是可以做到的。

您所讲述的这些例子，不是更加提醒我们，今天大多数人仍然没有摆脱过时的观念和陈旧的认知方式吗？

我们的确仍然没有摆脱物质匮乏谎言的欺骗。这似乎是一个不断自我强化的神话，像权力的集中一样摧毁着我们的理智和想象力，使虚假的匮乏变成了人们生活中真正的匮乏。而这又反过来使匮乏的谎言变得似乎更加可信："瞧，我们的确什么都缺！"要打破这个神话，扭转当前的危机局面，只有一种办法，那就是认清楚，这种短缺局面是如何出现的，认识到我们自己其实也参与了这个谎言的制造和强化。这一点在粮食问题上表现得尤为明显，因为自从我20世纪60年代开始研究粮食问题以来，我发现世界人口的平均粮食占有量事实上不但没有减少，而且在过去几十年甚至增加了20%。而

---

① "无地农民运动"（葡萄牙文为 Movimento dos Sem Terra，简称 MST），兴起于巴西的一场大规模民众运动，1984 年正式成立组织，曾遭到多次武装镇压，直至 2000 年，在巴西 26 个州的 23 个州已设有分支组织，成员大约 150 万人。"无地农民运动"主张实行彻底的土地改革，改善无地农民的生活状况和社会地位。贫苦农民通过占领闲置和撂荒的土地，成立生产合作社，共同管理生产资料，建立学校。直到 1990 年底，"无地农民运动"已为 350000 个家庭争取到土地。此运动 1991 年获得"另类诺贝尔奖"。——译者注

② 参见弗朗西丝·莫尔·拉佩、安娜·拉佩：《希望的承载者：一位国际导游的绿色倡议》，Riemann 出版社，慕尼黑，2001 年。

与此同时，近两年世界上的饥饿人口却增加了数亿之多，饥饿的蔓延达到了创记录的程度，这的确是一个既荒诞又令人悲哀的事实。

> 那么，我们怎样才能摆脱我们自己制造出来并不断自我强化的这个恶循环，拆穿所谓短缺是我们的基本现实的谎言呢？

为了打破这一恶循环，我们必须明白，以我们的所作所为是无法实现真正的增长的。我们虽然把经济增长时刻挂在嘴边，但这却是一句无用的空话，因为这个制度制造了太多的不公正，太多的浪费。几个月前《纽约时报》曾刊登过一条头条新闻，说美国生产的能源有56%白白地浪费掉了，有将近一半的粮食被扔进了垃圾箱，超过90%的资源被用来制造消费品，从而被毫无意义地消耗掉了。我们就是以这种方式时时刻刻制造着我们所谈论、所担忧的物质匮乏的！我们之所以这样做，是因为我们相信世界上的资源太少，财富太少，唯有拼命攫取，尽可能多地占有，毫无节制地享受和浪费才不至于吃亏。

> 换句话说，您认为所谓的短缺，不过是人为制造出来的一种假象，一个幻想？

不，我是说正是物质的丰富导致了短缺，才使短缺变成了现实。只要敬畏和尊重自然法则，我们就能生产出足够多的产品满足所有人的需要，但如果我们蔑视自然法则——如为了生产1公斤牛肉而不惜耗费16公斤粮食和大豆的荒唐举动——那么，粮食的短缺就不可避免了。换言之，只有尊重自然而不是去统治并摧毁它，每一个人的物质丰富才是可以想象的。我以为，我们目前所经历的短缺只是一种假象，是现有的经济制度散布的一个彻头彻尾的谎言。

那么，世界上现实存在的饥饿，根本原因是什么？是不公正的分配，错误的经济政策，还是民主的缺乏？

分配的不公正不过是更深层次问题的一个方面或象征。而这个问题就是，人们没有自信，不相信有能力创造一种尊重自然的、真正有活力的民主，其根源则在于，统治的范式不但违背人的本性，而且与自然世界的法则背道而驰。我们通过生态系统的滥用，破坏了自然界的可再生能力，而粮食短缺则源自于需求量过大，这又必须归结于这个鼓励浪费的制度。类似的问题也出现在我们现行的、完全违背人的本性的经济制度中，这种经济和政治制度建立在权力的高度集中之上，从而使人性中的恶得以释放，使埋藏在每个人心中的冷漠、凶狠、残暴的种子得以萌发和生长。

这是否意味着，问题最终应当归咎于人类错误的社会化，错误的自我定位，对自身本质错误的认识？

我前面已经谈到，人的本性中既埋藏着恶的种子，也蕴含着善的因素。承认这一点就能让我们有意识地防范前者而释放后者，制订出遏制恶、倡导善的规则和规范。这类正面的规则和规范也许可以扭转当前黯淡的现实。这就是我的核心论点：今天的问题并不在于问题本身，即金融危机或饥饿危机，我们需要面对的真正的问题是，人感到自己过于弱小，如此无能为力，以致无法发扬和运用自己的健康理智。[①] 大多数人都认为，这些问题应当由强人来解决，而我们无能为力。

---

① 参见弗朗西丝·莫尔·拉佩：《让我们奋起！对一个疯狂世界的洞见，创造性和勇气》，J. Kamphausen 出版社，比勒菲尔德，2009 年。

■ 危机浪潮：未来在危机中显现 ■ Zukunft entsteht aus Krise

那么，怎样才能促使人们改变自己的行为，做他们相信的和能够做的事？

一个根本点是，我们对权力有一种错误的认识，我们把权力想象为本来就存在的，看做一种人或者天生拥有或没有的东西。今天人们渐渐明白，权力始终与人际关系联系在一起，因此一个人并不是生来就无权无势。我们应当抛弃那种把权力看做一种哪个人生来就占有的恒量的想法，将"权力"视做关系的产物。换句话说，"我所做的一切对别人都施加着影响"。因此，每一个人都有某种形式的权利。只要我们活着，我们就拥有这种意义上的权力。在拉丁文中，"权力"一词为 potentia 或 potestas，具有"能够做某事"之意。正是在这种意义上，我们应当看到自己拥有的权力，仔细思考我们同别人打交道的方式。这是非常重要的。

倘若我们能够从根本上改变今天的状况，对于 30 年之后的民主，您有何种想象？

假若社会能实行一种新的有活力的民主，它就将呈现出全新的气象。到那时，教育制度就会与今天完全不同，我们的孩子就会从小学习民主的艺术，年轻人就会充满信心，善于解决矛盾和冲突而不会逃避。他们在学校里就学会了如何与人相处，在以后的工作中不怕困难，勇于担当。这种生气勃勃的民主的核心在于，我们虽然一生下来就是社会生物，但却学会了如何运用民主：善于谈判，不把冲突看做坏事，而视为事物的良性发展必须经过的过程，视为各种利益的平衡和统一，实现真诚对话，耐心倾听，善于妥协和自我反思。这就是我对民主艺术的几点期盼。我相信，假若我们达到了这个阶段，我们就会生活在一个尊重生命、爱护生命的社会。共同生活是一个漫长的学习过程，我们不能期盼一蹴而就。

这样的民主会给经济带来哪些变化？

正在发生的结构转变，未来将会像意大利北部艾米利亚·罗马涅大区（Region Emilia Romagne）的合作社那样发展。在那里，整个大区生产总值的大约30%至40%是由合作社（Kooperative）创造的，每三个居民中就有一个是合作社成员。这样的合作社已经形成网络，它们相互支援，用自己缴纳的少量会费设立了一个基金，用于市场营销和投资新项目。这个阶段是人们在通往未来的道路上必须走的一步：不再孤立地固守自己的小天地，而是结成一个相互帮助、相互支援的网络。合作并不是个人空间的取消，而是相互信任的不断增长，是对体现在日常生活中的人类共同价值的一种认同。

所有这些例子似乎都说明，未来并不是由未来学家和"上面"规划出来的，相反，世界必须由我们自己去改变。您是否想说，未来只能从普通人的切身利益，从他们克服危机，建设一个更好的世界的行动中产生？

只有当人们懂得，人游离于共同之外既不能生存也无法实现自身利益。因此我们，一个更好的未来才会产生。人是社会生物。"利益"一词源自于拉丁文的"inter-esse"，意思是"生活在我所爱的人中间"。因此"切身利益"应当理解为"共同体中健康的共同生活"。无论我们身处何处，以何种方式与世界打交道，都是共同体的一份子，是人类历史的共同创造者之一。因此，我们应当胸怀坦荡，对别人以诚相待，而绝不能处处提防别人、敌视别人、算计别人。不论我们做任何事情，都应当考虑到别人，顾及别人的利益。近年来在许多地方出现的补充性货币就是一个很好的范例，这类地区性货币在现行经济制度行将崩溃时，通过民主协商、精诚合作和互相帮助，使这些地区的人共同走出了危机。

■ 危机浪潮：未来在危机中显现 ■ *Zukunft entsteht aus Krise*

　　为了加强彼此间的信任，共同建设一个美好的未来，我们需要一种怎样的内在认识和态度？

　　我把这种态度称为"勇敢的谦逊"（mutiger Demut）。我想先谈谈"勇敢"。我们应该承认，我们的全部文化价值都源自于远古时代的氏族社会，在文化进化的过程中，人懂得了什么是"恐惧"，知道人对恐惧会产生怎样的生理和心理反应。我们的文化史告诉我们，这样的感觉和反应意味着我们正面临危险，我们最好赶快离开。通过进化，我们学会了面对危险可能作出的三种选择：被恐惧所麻痹，奋起反抗，逃走。直到今天，人们面对危险作出的反应不外乎这三种。从另一方面来说，我们面对危险也可能采取积极、主动的措施。但无论如何，最坏的事情是因为犯了错误而被驱逐出氏族。

　　因此说，我们最害怕的是，由于做了违背集体利益的事情而被别人所不齿，被大多数人所痛恨、所孤立。例如，当我们对现状提出批评时，心里总是很害怕，害怕自己被孤立。这种从史前时期遗传下来的心理反应一直保留到 21 世纪。然而在 21 世纪，它又给我们带来了什么呢？今天是改变这种状况的时候了，因为它已不再适合当前的实际，因为我们这个被称做"文明化的超级氏族"正在走进一条自杀的死胡同。如果我们作为个人离开这条死胡同，并不会像史前时代那样由于被氏族驱逐而无法生存，相反也许会将整个共同体引导到脱离危险的方向。

　　如此说来，为了迎接一个新的未来，我们应当重新审视我们内心的恐惧，对这种情感作新的解释？

　　为了建设一个真正有生命力、敬畏生命的社会，我们必须对"恐惧"重新定义，因为如果我们不这样做，就不能成为未来的开创者，无法做必须的事情。恐惧其实只是一种信息而不是一种判断，它可以成为我们的动力，让我们主动去面对危险，抵抗并消除危险，从而使事物朝好的方向发展。对恐惧的身体反应向我们发出警告：我们正处在一个关键的时刻，置身于一个关键的地方，我们面临的选择有："继续向前"，"止步"，"不知所措"或"逃走"。倘若我们摆脱了恐惧感，我们就不会被它震慑住而会与它一同前行，就可以想出应对危险的策略。人类自古以来习得的如何面对危险的方法就会起作用。我相信，这对于建设一个美好的未来是极其重要的，因为人对任何一种新事物都会有恐惧感，过一种完全不同的生活会使人感到恐惧，背离我们这个"氏族"长期固守的信念也会令人恐惧。为了使社会向尊重生命的方向发展，我们应当放弃旧的信仰，克服这种恐惧感。这里的关键不在于人们面对新事物是否感到恐惧，而在于我们是否有勇气去面对它，而这种勇于迎接挑战的态度，就是我所说的"勇敢"。我们必须勇敢地与危险一同前行，去迎接一个新的未来。

对于"勇敢"这个概念，您有何指教？

30年前，我还觉得今天许多令人鼓舞、给人启示的新试验和新事物完全是不可能的。而现在，我可以真诚地说："请等一等，这里究竟发生了什么？我简直不敢相信自己的眼睛！难道我看错了么？"在这些新事物中，我看到了什么叫"勇敢"。我要说，"勇敢"就是对旧信仰的背离，就是确信人可以将一切不可能变成可能，变成现实。谦虚一方面是承认人的能力是有限的，不可能预见一切，预言未来，规划未来，另一方面是认识到人做任何事情都沿袭过去的老习惯、老经验，而我们今天所开创的事业，却是我们的前人未曾尝试过。我们有选择未来道路的自由和权利。虽然我们不能预见这条道路会多么艰险——我们成功的几率或许只有一半——但我们必须竭尽全力去奋斗，去争取。

危机浪潮：未来在危机中显现 ■ Zukunft entsteht aus Krise

对每一个具体的人来说，应当怎样投入这场争取未来的奋斗？

关于这一点，我只能说说我自己。就我本人而言，我也预测我们成功的几率只有50%。别人也许不同意我的看法，但随着年龄的增长，人会变得越来越现实，越来越谦虚。尽管如此，我们今天还是看到了许多令人鼓舞的例子：谁也不会想到，巴西的"无地农民运动"会引发一场大规模土地改革，而这场土地改革又会在西半球演化为一场声势浩大的社会运动，我曾经问这个运动的一位领导人，他们是如何取得成功的，他回答道："成功？事实并非如此，我们只不过做了我们必须做的事情！"这说明，他们并不知道哪些事可能成功，而哪些则不可能。这就是所谓自由，最大的自由。

另外一个例子是：有谁会想到，肯尼亚的旺加里·马塔伊领导的植树运动，会发展成一场大规模群众运动？那里的妇女迄今为止已经种下了两千万棵树。假如有人在我还是我女儿那个年龄时问我："你相信这样的事情吗？"我肯定会说不。特别在今天，在我们赖以生存的生态系统遭到毁灭性破坏以后，我们不知道这个世界和人类的命运将会怎样。在这种情况下，在我们致力于争取另一种未来的斗争中，猜测最后结果会怎么样是毫无意义的。让我们追随我们的心和我们的需要，行动起来去捍卫生命吧。正因为我们不知道结局会如何，我们才是自由的，才应当按照我们的意愿，去努力争取，努力创造一个我们所希望的世界。

后记：下一步——当危机变成我们的教师

在以上21篇对话中，学者们要求实行根本性的变革，这种变革必须是巨大而彻底的。这些对话展示了一种新的观照世界的方式，一种完全不同的看待危机乃至看待未来的视角。

危机还远没有过去，由于信贷短缺，它还将掀起第二波经济萧条和破产的高潮，导致失业率继续攀高，不平衡加剧，社会冲突频发。谁若将这场危机仅仅归咎于责任心缺失的银行家或泛滥成灾的不动产交易，谁就是短视的，因为货币经济不过是一种世界观念的表现，这种观念在很大程度上将宝押在投机，押在借贷，押在风险，押在生物圈的崩溃上。今天，更深层的危机已经初见倪端：石油危机，粮食危机，水危机，气候危机在不断加剧。倘若我们不从当前的危机中吸取教训，动荡的浪潮将会变得愈来愈凶猛。这里的"我们"不单单指政治，表现形式多种多样的"文化"亦将面临崩溃的危险。它必须竭尽全力，发挥它的全部创造性，去打破导致危机、萧条乃至于灭亡的文明神话，必须看到，不如此，它将随着这种神话一同覆灭。它必须认识到，如果社会如此堕落下去，它自身的生存亦将变得岌岌可危。总而言之，用一个比喻来形容：在这艘泰坦尼克号沉没之前，它必须提供救生艇。

今天，人们同样在古典自然科学中寻找引发危机的根源，甚至

■ 危机浪潮：未来在危机中显现 ■ *Zukunft entsteht aus Krise*

那些历来被视为理性世界观基础的学科，也开始了深刻的自我反思。生物学和物理学早就发现，生命是在绵延不绝的危机和非平衡中自我保存、自我变化和自我发展的。迄今为止，自然界和文化面对危机的不同方式已经到了必须统一起来的时候了。在自然界推动进化的力量，对社会而言不应当再被看做一种危险。

伊利亚·普里高津早就指出，持续不断的变化过程是正常的，不仅不会导致混乱，而且会使系统上升到一个更高的水平，形成一种质量更高的综合秩序，这项研究成果使他获得了1977年的诺贝尔化学奖。除此之外，他还告诉我们，稳定的系统是没有生命力的，被政治家奉为神明的"稳定"意味着生命力的终结，意味着系统即将崩溃。物理学的最新研究成果也教导我们：永远"稳定"的平衡状态只有在旧结构彻底解体之后才会出现，只有在所有的差异彻底被消灭，能量达到绝对均衡而不再流动时，才有可能。热力学将"混沌"定义为一种无差异、无生命、一切矛盾和对立统统消失的死寂状态。与此相反，文化和社会遵循着生命的法则：未来普遍产生于动态的变革，在这种运动着的变革中，危机将通过创造性的进化而得到克服，从而使系统达到更高一级的平衡。

倘若我们在文化上不相信未来可以从人的天才规划和发明中产生，而只能通过失败，通过控制的丧失，通过在危机和苦难中生长出来的创造性产生，那么，那些乐于"发明未来"的伟大的"思想工厂"，那些趋势预测者和未来预言家的工作也就变得十分可疑了。为此，本书介绍的新思想和新观念呼吁人们抛弃控制论和决定论的幻想，看到新事物的萌芽，看到一个新的世界孕育出来的花朵，看到正在形成的未来。

这样一场大变革要求我们抛弃人类优越的情结，这种优越论违背基础研究的所有成果，顽固地宣称，未来是可以规划的。它一如既往地相信，我们人类作为唯一具有反思能力的生物，肩负着规划、塑造、控制未来进化的任务。人类这种膨胀了的自大狂必须受到严厉的批判。聚集在这本书中的哲学家、自然科学家和活动家确信，完整的生命网络系统有它自己的智慧和内在动力，自然界有自己的法则和规律，这个网络系统的成员如果要在动态平衡中保存并发展自己，就必须适应和顺从这些法则和规律。

这场大变革还意味着必须承认，地球居民今天所面临的生存威胁，在本质上是各种各样史无前例的危机的积累所造成的，其核心是错误的认知方式。作为这种狭隘的世界观念的组成部分，一些人深信，现实是可以用锁在抽屉里的既定方案加以引导、加以控制的，犹如一辆汽车的方向盘，可以决定它朝哪个方向行驶一般。这种流毒甚广的决定论、机械论世界观好似宗教教条，在文化上规定了一个社会必须怎样发展才是正确的，才能带来永恒的幸福和完善，并且完全控制着整个发展进程，认为即使出现问题和危机，那也是可以解决和克服的，犹如工伤事故是由于疏忽造成，绝不能将其归咎于企业一样。正因为如此，全世界的政治和经济领导人及权威，对危机——无论它多么严重——的反应方式几乎一模一样，首先想到的便是如何维持现状，恢复危机发生前表面上的稳定。然而在本书的21篇对话中，一种新的看问题的方式像一条红线贯穿始终：未来是在一种动态平衡的过程中发展的，任何事情都可能发生，但只有一种不可能，那就是回到原来、回到旧的轨道上。

人类社会的发展之所以不可持续，根源归根结蒂在于它以其狭隘和错误的认知方式和世界观，摧毁了自然系统。这一根源深藏于人类自身的文化中，体现在人的总体认知方式、思维模式、伦理价值、行为方式及其社会关系和社会结构之中。要改变这一状况，就必须恢复人类早已萎缩了的能力、想象力和创造性，使新的认识、新的方案、新的模式和新的行为方式在我们的内在精神世界中重新萌发。唯有如此，我们才能加入到塑造未来的潮流中，在普遍的进化中使它朝着敬畏生命的方向发展，而不至于让世界走入死胡同。

倘若我们认识到，正是这种狭隘和错误的世界观威胁到人类的未来，并将最终把我们排除在宇宙的进化进程之外，那么，这场危机的核心问题就是一个文化和教育问题了。由于当前教育制度的主流对新的整体论认知方式、非传统的世界观和系统论的分析方法仍然十分陌生，下一步最重要的当然是开展这方面的教育，让人们了解相关的知识了。

在这本书中，学者们提出的许多建议都强调，应该对当前的危机作出真实可信的评估，其中最明显的有三点：第一，它并非单纯是一场经济危机和金融危机，而恰恰相反，是一场更加深刻的危机的先兆。第二，今天的危机——它还是比较容易克服的——之所以爆发，有其复杂的、深层次的原因。第三，当前应对货币和金融危机的措施只会使局面变得更加混乱和不稳定，因为人们的注意力和精力仍然集中在如何稳定现状、维持现状上。

不过，改正错误的进程也已经开始。被伯纳德·利泰尔称之为"信贷枷锁"，导致银行纷纷破产的"第二波危机浪潮"，迫使企业不再依赖银行，而转向在资金上相互支援、相互帮助——即使没有人大张旗鼓地宣扬本书中提到的"WIR"货币。而玛格丽特·肯尼迪提出的对巨额财产征收囤积税的建议也已经被采纳。2009年中，瑞士中央银行第一个开始向那些在中央银行存有大量现金的银行征收"负利息"（Negativ-Zins）。这项史无前例的措施意图很明显：资金不应被闲置并坐收渔利，而应当流向实体经济。现行的利息制度开始松动，对于全社会来说，这样的措施显然还太少。

人们从来没有像今天这样，把危机视为机遇——在局面由于危机的加剧而变得更加困难，在一场大变革到来之前，这或许是人类最后的机遇。而危机催生出的改革意愿也从来没有像今天这样强烈——无论是个人、群体还是作为整体的社会。一扇窗户首先被打开，人们似乎可以在一定时间和空间内采取行动。我们应当利用这个机遇，对各式各样的模式、哲学、形形色色的实践和观念进行清理、比较、评估、试验——这对于政治、公民社会和科学来说都十分必要。

看待未来的新视角

所有人为之忧虑的未来，已经丧失了它的本来意义。倘若将人类文化的发展史放到显微镜下观察，我们就会发现，所谓未来，不过是一个与现状完全背道而驰的乌托邦，它有时表现为一种超前的理想，有时又是一幅令人恐惧的世界图像（如奥威尔的《1984》），它那虚幻的影像有时像一块磁铁吸引着我们，有时又像一个警告，影响当下的发展方向。但无论如何，未来都似乎很遥远：现状如此稳定，在可以预见的未来，旧秩序似乎将延续下去。然而，今天一切都发生了改变。未来离我们并不遥远，而是愈来愈迫近，有时，当下的忧虑甚至超越了未来的期待：在文化和政治以批判的态度看待可以预测的发展趋势时，明天往往超越了今天。有研究表明，在当代，人类的知识可以在七个月内增长一倍，这意味着，在一年多的时间内，人类的知识水平将提高四倍，在五年半的时间里，人类拥有的知识可以增长 64 倍。在这种情况下，我们又如何能预测和规划十年后的未来呢？即使是专门研究变化的工作，也像是在一个假想的沙盘上进行一场猜谜游戏。

正因为如此，我们必须对"未来"重新定义。乔安娜·梅西提醒我们，当今的社会处在一个狭小的"时间孤岛"（Zeitinsel）上，尽管人类今天的行为所带来的后果可能会延续数千年，但要对深不可测的未来作出负责任的分析，也仍然是不可能的。雅可布·冯·郁克斯居尔强烈要求改变这一状况，因为当今世界的高新科技早已完全违背了发明者的初衷，深深地介入了未来。这不仅体现在核技术（它所产生的放射性核废料将存在数千年，对人类安全构成长远威胁）和转基因技术（它所培育出来的物种在整体上危害未来的生物进化）上，而且特别在所谓"汇聚技术"（即纳米技术、信息技

■ 危机浪潮：未来在危机中显现 ■ *Zukunft entsteht aus Krise*

和认知科学的"汇聚"）①之中。这一技术具有根本改变文化和物质现实的潜力，使科学幻想不断超越现实。尼坎诺尔·佩拉斯在本书中指出，这场新的技术革命的影响将超过第一次工业革命，导致社会的蜕变和危机的产生。他警告未来将出现一种人与机器的混合体——"机器人"（Cyborg）——人与机器的界线越来越模糊甚至消失。人的生理和心理机制将发生彻底改变，人再也不清楚自己是什么，要做什么。这最终将导致人的毁灭。到那时，人的精神本质和内在价值将需要作出重新界定。

关于未来的争论是极其多面而复杂的，要对它加以总结绝非易事。如果说过去人们对未来还有一种被广泛认同的看法——一种集体的乌托邦——那么，今天便再也不存在一种乌托邦的总体设计蓝图了。之所以如此，是因为存在着太多的似乎可能、可行而又反映了社会意愿的选择。然而，自从文明的生死存亡问题被提上日程以后，留给我们的时间已经不多了，我们虽然并不缺少解决方案，但能真正带来深刻变革的建议和方案并未受到重视，因为今天人类的全部知识和技术能力，都被用于稳定现状、维持现状上。乐观主义者在这种"现状的延续"中看到了未来的希望，而悲观主义者则担心，从中将出现一种"走向毁灭的增长"。唯一一致的看法是，预测未来、规划未来早已成了一个无法实现的梦想，我们再也无法控制未来的发展，它比任何时候都变得不确定了。

如果说预测和规划未来已经成了一个幻想，那么，我们就必须毫不犹豫地抛弃它。埃嘉·弗里德曼指出，与我们的文化神话所许

---

① "汇聚技术"（Converging Technologies，简称 CT）：为纳米技术、生物技术、信息技术与认知科学通过跨学科、跨专业融合（NBIC）而发展出的一种最新综合技术。其重点是改善和恢复人体丧失了的机能（如瘫痪者），从而提高其生活质量，但由于这种技术有被用于控制和操纵人之嫌（如在军事方面，美国已经开发出一种机器，能够精确推断出使用者的意图，记住与使用者打交道的经验，并模拟军事专家分析局势和作出决策），人们对其意图存在很大争议。不过，关于它的争论直到目前仍局限在专业圈子之内。——译者注

诺的完全相反，我们不但不能控制世界的发展进程，而且还应当作好准备，随时迎接似乎不可能的、完全出人意料的事情——生存危机——的发生。① 我们必须认识到危机所蕴含的推动进化的力量，而不应阻止它，试图消除它，因为这样做只会使危机升级。此外，我们不应当通过危机的应对，试图维护并恢复早已岌岌可危的现状，而应该将危机理解为带来变革、开启未来之门的契机。

如果说拥有一个怎样的未来的问题已经提上了我们的议事日程，那么，未来的不确定性同样应该受到我们的重视。这方面的研究、对话和讨论再也不能热衷于设计不切实际的乌托邦，而应当充分估计到发生更大、更严重的动荡和危机的可能性。这种动荡、混乱的局面一定会出现，只不过它的广泛程度和波及范围我们尚不知道而已。仅危机之一的地球气候的急剧变暖，便将对今后20年世界的发展造成严重影响，不仅风暴、洪水、干旱、酷热等造成的物质损失会达到前所未有的程度，而且世界范围内巨大的迁徙浪潮和涌向欧洲腹地的移民潮亦将无法遏止。伊丽莎白·萨图里斯提醒我们，全球20个超级城市中有13个位于大洋岸边，一旦海平面快速上升，它们将统统被淹没。除此而外，冰川的融化将使河流干涸，农田沙漠化和饮用水匮乏。按照科学家的预测，2035年世界人口的三分之二将无法获得清洁的饮用水。生存条件的这样一种变化所带来的物质、社会和文化灾难将是难以想象的。

对不可再生资源的掠夺同样威胁到人类的未来，这种掠夺不但将使今天的获益者遭受灭顶之灾，而且会危及整个生物界的生存。仅近年来关于"石油峰值"的讨论（Peak-Oil-Diskussion）② 便证明，

---

① 参见纳西姆·尼古拉斯·塔列布：《黑天鹅，完全不可能发生的事件的发生》，Hanser 出版社，慕尼黑，2008 年。
② 石油峰值（Peak Oil）为一种国际流行的观点，认为最晚到2020年，全球石油产量将达到有史以来的最高点，从此以后，产量将不断下降，而开采成本则不断上升，最终将无油可采。——译者注

我们这些年来奉行的是一种走向灭亡的石油文化，而我们的政治和科学却并未制定出如何在"后石油文化"下生存的方案。今天30岁的人将不得不面对这一令人绝望的尴尬局面。

但是，一场富有建设性的、关于怎样应对这种完全可以预料的前景的讨论，迄今为止并未发生，骰子并未被掷向大变革一边——或许现在已经太晚了。相反，两种反向推动、反向加速的未来趋势却被我们竭尽全力地局限在稳定制度、维持现状的行动之中。我们今天需要的，再也不是设计未来的官僚或乌托邦制造者，而是能带领我们度过危机、具有创造性的"驾机穿越混沌的飞行员"①。我们既不需要幻想人类可以逃进外太空的所谓的"未来主义者"，更不需要试图使一切重新回到从前的夸夸其谈者，我们需要的是具有创造力和适应能力的、高度灵活的前沿思想家和先行者，在似乎难以克服的危机氛围中保持勇敢而清醒的头脑，带领我们穿过混乱的羊肠小道，勇敢地迎接充满希望的未来。现在的关键是，在文化上充分发挥我们的能力，以百折不挠的毅力、镇定自若地利用危机，将它转化为变革的机遇。未来的政治先行者必须成为在错综复杂的危机中保持平衡的艺术家。在这方面谁也没有受过训练，因为直到目前为止，他们主要的行动目标是"保持现状"，而不是"创造性地改变现状"。

我们迫切地想知道，等待我们的究竟会是一种怎样的未来。在生存的恐惧感变得愈来愈强烈的今天，这个愿望也越来越普遍而急切。迄今为止，人们在不祥的预感中摇摆不定，时而忧虑，时而自我安慰，既感到了越来越临近的危险，又抛开这种无助感投入日常工作。笼罩在通往未来之路上的阴云使许多人迷失了方向，或停下来怨天尤人，或自暴自弃，得过且过，让这个醉生梦死的消费社会的娱乐工业来麻痹自己。这两种反应都是深层悲观主义的表现。然

---

① 参见网站：www.kaospilots.dk。

而，倘若关于未来的争论源自于恐惧，那么，隐藏在这后面的动机就不是对未知事物的好奇，而是对不愿看到、充满威胁、突如其来的局面的预防了，那样一来，"把握未来"的愿望便会蜕变为确保既得利益、维持现状的要求。而那些自称为乐观主义者的人则无忧无虑、放心大胆地走进阴云密布的区域，盲目相信现代科技成就不仅将确保他们免受雷电和冰雹的袭击，而且能保护他们不至于遭受气候变暖之害。我们必须摈弃这样的反应模式，而引进一种能帮助我们超越已知事物，摆脱传统文化的思维和行为方式。

所有这些倾向都表明，为了创造性地塑造未来，有必要对过渡时期的文化作全新的理解，唯有如此，从危机中才能生长出一种动力。为了克服当前社会危机中出现的歇斯底里情绪，我们必须认识到，危机不过是生命系统自我重组、自我修复过程的表现方式。倘若人们在危机发生时看到，他们的生活将与从前大不相同，他们或许会产生恐惧，而从恐惧中又会产生不安全感和拒斥。恐惧更倾向于小心谨慎，阻止人们去思考和尝试新事物，甚至可能让人变得迟钝和麻木不仁。只有对危机展开一场必要的大讨论，才能激发我们的创造性潜能。弗朗西丝·莫尔·拉佩建议人们，为了争取更好的未来，不要把恐惧变成让人变得麻木不仁和逃避的理由，而应当视做行动的动力，视为个人内心转换的必然过程。

今天，社会的一部分正处在恐惧和拒斥之中。然而，这种拒斥并不意味着过渡的终结，因为最基本的变革正在发生。这一过程将经历三个阶段，第一个阶段是"与旧事物的决裂"，第三阶段则是"站到新事物一边"，而第二阶段，即中间阶段便是从前者向后者"过渡"的阶段。这个阶段是最令人痛苦的：在一种前途未卜的氛围中，旧事物已经失效而新事物的前景尚未明朗，人处在一种进退两难的境地。这是一个不安全、失去方向感、不可控的、对旧的世界观和信仰的认同正在崩溃、解体的阶段。而我们目前正处在这个阶段。乔安娜·梅西用一个比喻来形容它：我们今天既是"旧事物死亡的见证人",又充当着"新事物诞生的助产士"。这两个过程都伴随着忧伤、恐惧和痛苦,甚至可能出现集体的迷惘。然而助产士的比喻说明,这一过程势不可当,远远超出了人所能控制的范围。死亡和再生绝不是人的意志所能驾驭的,尽管人可以在一段时间里延缓它,但永远不可能阻止它。

"统治的精英们仍然相信,通过一些小的调整便能渡过危机,这实在可笑。这一点永远也办不到,除非发生一场大变革。"德国作家和记者马蒂亚斯·格莱夫拉特(Mathias Greff-rath)写道。他提出了一个挑衅性的问题:"后期资本主义的卫道士们究竟想去往何方?我们生活在一种压抑的和平之下,犹如生活在垂死挣扎的资本主义的勃涅日涅夫时代。"然而,尽管如此,这个充斥着虚情假意的改革和复辟倾向的停滞时代,仍然极不情愿地为一个新的未来准备了温床。他们将少数有改革意愿的人吸纳进一切组织和机构——他们其实是反对改革的堡垒——利用这些人制造一种假象,似乎他们并不反对改革。对此,尼坎诺尔·佩拉斯指出,为了让那些倾向于改革的人抛弃他们早已动摇的忠诚,这个联盟应当继续扩大,我们应该超越意识形态的分歧,联合所有的人甚至反对派。在这种意义上,危机恰恰是点燃未来希望的火种。

如何才能更好地利用危机,使迄今为止难以实行的改革建议得到贯彻,这个问题的讨论直到今天几乎仅在政治和经济领域内具有复辟倾向的保守力量中展开。娜奥米·克莱恩在她那本广受争议的著作《休克主义》[①]中,对这种状况提出了强烈批评。她揭露这场人为制造出来的危机,是如何被利用,被用来使那些在民主的氛围下难以通过的政策,在紧急状态下得以通过的。例如,她详细讲述了2005年新奥尔良那场洪水怎样无情地被滥用:在当地居民仍处在

[①] 见娜奥米·克莱恩:《休克主义:灾难资本主义的兴起》,Fischer出版社,法兰克福,2007年。

惊慌和恐惧的情况下,一个稳定的公共学校系统轻而易举地就被一种彻底私有化的教育系统所取代。她告诉我们,保守力量为了在动荡时期实现其不可告人的目的,掏空民主的基础,将利润最大化,是如何有意识地制造着危机的。这与恐怖团伙为了使一场革命获得广泛的基础,通过恐怖袭击制造混乱,将一个民主社会变成警察国家的拙劣伎俩有何区别?这种伎俩实在不值得学习,特别是在革命已不再"时髦"的时代,因为这个广受争议的制度在自身的重压下就会垮台。尽管如此,一种面向未来的政治仍然应当利用这个缓慢崩溃的混乱时期,可以缓解崩溃带来的负面影响,为那些早已取得了成功的公民社会创意大面积铺开创造条件。

弗朗西丝·莫尔·拉佩指出,在我们的文化中起支配作用的"'情感地图'将人限制在一个根本错误的思维框架之内,从而摧残着生命"。因此,一种创造性的未来政治必然要质疑当前这个扼杀未来的文化范式。这里特别重要的是,应该重新理解"参与"(Partizipation)这个词的内涵。倘若将"参与"解释为"分享"(Teilhabe),那么,它就与"合作"有密不可分的关系了。直到今天,社会科学和文化研究都忽略了这样一个事实:"相互依存"的概念像一条红线贯穿了现代科学。几乎所有的自然科学今天都在研究相互依存的关系结构,而不再关注孤立的对象。相互依存的系统及其相互关系,成了研究的前沿课题。从最新的研究成果中凸显出一种与数千年来占支配地位的竞争范式相对立的合作范式。[①] 它们不再把竞争理解为驾驭进化进程的主要机制,而理解为一个更加复杂、包罗万象的相互依存关系的形成过程中的一种要素。这种新的社会范式应当被推广,并作为一种有生命力的、为所有人共享的民主得到贯彻。

如果要在更高的层面上理解错综复杂的现实,对现代基础研究

[①] 参见约阿希姆·鲍威尔:《人道的原则:我们为何应当从自然出发而紧密合作》,Hoffmann und Campe 出版社,汉堡,2006 年。

的观念进行一番回顾就十分必要了。这里的关键概念除了相互依存，还有系统的完整性和自为性。大量事实说明，自我创造、自我调节的完整生命系统是不可控制、不可操纵的。系统越是庞大，它的变化和演进就越是不可操控。在全球系统中，应当倡导这样一种观念："接受出乎意料的事物的出现"（Expect the unexpected），只有在系统完全透明的情况下，预测才是可能的。换言之，我们必须承认，"小的就是好的"（Small is beautiful），要使未来变得可以把握，就必须从小处着手，通过一个个具体现实问题的解决——如改善区域的经济循环，改进局部能源供应等等——将小的成果积累为大的成果，才有可能。

生命系统的进化并非线性发展的，它的演进过程并不是按照固定的平均值，而是不均衡的、跳跃式的、充满混沌间歇的，既会有高潮，也会出现突变、崩溃和解体——历史便是由这两种变化和运动共同塑造而成的。现实并非稳定不变的，而是不稳定的，由许多极其敏感的瞬间平衡和不平衡组成。在这种全新观念的观照下，正如汉斯－彼得·迪尔在本书中所指出的那样，任何不可能都是可能的，因为正是在这种貌似不可能中，最微小的变化最终会累积成引起巨大破坏的波澜。所谓"蝴蝶效应"正是说明，即使最微不足道的变革创意，也蕴涵着推动变革的巨大潜能，最终会影响事物的走向和结局。既然未来愈来愈变得不可预测、不可规划，那就必然会出现一个问题：我们应该怎样来描述未来，想象未来呢？这是否意味着预测科学的终结？倘若未来是由一系列突如其来的危机所构成，那么，未来研究是否就毫无意义了呢？

当然不会。但是，在我们引进一种新思维的同时，未来学和未来研究也必须发生改变。它不应再设计宏伟的蓝图，而必须认识到，在危机局面下出现的每一种具体的变革创意，都可能成为未来模式的塑造者。当这些"另类"的创意不再在学术的象牙塔内被想象出来，而是在那些受危机冲击最为严重的地方自发产生时，公民社会的作用便凸显出来了。到那时，人们便会通过或小或大的行动加入到另一种未来的建设中，创造未来将成为一种真正"参与"的运动，国家和文化也会被迫加入到这一运动中来。充分发掘这种在危机中迸发出的创造性潜能，便是"共同参与的未来研究"的真正含义，符合聚集在本书中的前沿人士的要求。

一种共同参与的未来研究的前景

过去几十年，传统的未来研究在本质上大多是一种"实证研究"，仅局限于经验数据的搜集和分析，以便从中透视出未来发展的趋势。而较为年轻的"倾向性研究"（Trendfor-schung）亦热衷于从人的行为方式、消费方式、艺术趣味和精神科学的发展趋势中推导出未来的生活方式、经济发展趋势和社会发展趋势。这种研究通常试图把握社会进化极其复杂的动因，从搜集到的数据中推导出未来发展的倾向。然而，随着知识积累的不断加速，我们预测未来的能力也在逐步下降，传统的未来研究只能预见线性发展的结果，即现状倘若持续下去，将会出现哪些危机，却并不能使我们突破有限的视野，透过危机看到另一种未来。而着眼于社会变革的未来研究，无论在观念还是方法上都完全不同。传统的未来和倾向研究往往把当前危机归结为一种总体上通过技术便可以解决的问题，因而固守现有的思维范式，不是对现存的文化价值观和世界观提出质疑，而是把一切归之于技术能力的缺乏。因此，近代以降的未来研究在目标和方法上，可以区分为不同的阶段。

在19世纪和20世纪之交，出现了形形色色的未来预言家，他们大多是狂热的技术决定论者，仅从技术发展的角度展望未来，预测世界的前景。大企业也纷纷聘请他们预测一些新发明的市场推广和销售价值。在两次世界大战期间，未来研究所关注和热衷的，则是大工程项目的规划和战争经济的建设：在20世纪三四十年代，所谓的未来研究几乎沦为战争爆发可能性及其结局的预测，堕落成扩军备战的狂热鼓吹者。只是在1948年以后，一种建立在科学之上的未来研究才在道格拉斯飞机制造公司旗下兰德公司（RAND Corporation）的引领下开展起来——其实，这家公司最初也是一家专门研究军事战略的机构。在50和60年代，出现了一种"可行性研究"（Machbarkeitforschung），大多受国家的委托，在技术上对一些大型项目进行可行性评估。

与此同时，第二次世界大战带来的灾难也催生出一种反对技术至上、认同人道主义与和平主义基本价值的"未来学"学派。如奥西普·K.弗莱西特海姆①就试图将可持续未来的规划和伦理哲学结合为一种新型的学科。在60年代后期和70、80年代，这一倾向发展演变为一种生态学的未来研究，其最值得一提的成果，是罗马俱乐部发表的研究报告《增长的极限》，以及罗伯特·容克所创建的"未来工作室"②。后者在公民社会的创意中，看到了另一种未来的希望。这种新的未来学研究告诫人们，应当及早摒弃单纯物质主义的政治和经济，否则人类将遭受灭顶之灾。与此同时，它也呼吁人们，尽快制订出行动方案，将其贯彻到具体实践中，以扭转今天的混乱局面，创造一个蕴含着希望的未来。

90年代以来，未来研究在国家层面上，更多地被用于技术风险的评估和地区发展规划。它已蜕变为一种服务性行业，愈来愈滑向一种受委托的市场与产品的开发和预测。这种所谓的未来研究已经与"未来"脱离了关系，仅服务于特定的商业利益。

国家操纵的未来规划的不可持续性，以及纯粹为获取利润而开展的所谓未来研究，遭到了大多数人的抵制和批评，因而在20世纪

---

① 参见奥西普·K.弗莱西特海姆：《未来学——争取未来的斗争》，科学和政治出版社，科隆，1983年。

② 参见罗伯特·容克、诺伯特·米勒：《未来工作室：用想象力来反对维持现状和自暴自弃》，Heyne出版社，慕尼黑，2000年。

80和90年代，以及新世纪的头十年，出现了一种在公民社会创意的基础上设计未来发展模式的研究方向，这类研究不是在书斋里仅凭想象炮制方案，而是从已经实施并取得成功的范例中汲取经验教训。这本书中的对话伙伴便是这一研究方向中的佼佼者。他们的观点和建议体现了一种"共同参与的未来研究"的真正含义。从他们的谈话和实践中，我们看到了一种值得期待的建设未来的希望和机遇。

当今蓬勃开展的"共同参与的未来研究"不应再局限于已有经验的总结和推广，只进行局部研究，而应当在文化进化的意义上开展一种跨学科的研究。因为，未来始终只能从困苦和危机中产生。因此，"共同参与的未来研究"必须以探索和试验的姿态投身于争取未来的斗争，探索以何种方式才能最大程度地参与并影响社会进化的过程。它不应再着眼于控制局面、维持现状，而必须成为社会进化的创造性参与者和推进者。

当前的未来研究所面临任务，一方面是揭露"稳定局面、维持现状"的政策可能带来的严重后果，另一方面是在世界范围内提出"另类"的解决办法，并将其作为新模式加以贯彻和推广，这些新的解决办法能够教育和训练人们怎样去面对已经到来并仍将到来的危机和变革，教育官方机构和个人，对危机不能作出歇斯底里的反应，而应当将它作为开创未来的机遇加以利用。它应当向人们表明，未来并不仅仅是2020年可能爆发的大灾难，而且也可能是从今天无数"另类"创意和实践中发展起来的焕然一新的局面。从现在开始，所有公民都必须用这些已经初显成效的解决方案武装起来。

公民社会的新内涵

既然完整的系统是不可驾驭、不可控制的，那么我们就必须拒绝那些集中化的、跨民族的、笼统的和"宏大的"解决方案。而必须重视那些局部的、暂时的、分散的、切实可行的改革倡议。今天，

■ 危机浪潮：未来在危机中显现■ Zukunft entsteht aus Krise

已经有许多另类但成功的范例和模式摆在我们面前。这些范例与模式并未从理论上和学术上规划未来，而是以实际成果实实在在地向人们展示了一种新的未来。特别是国际公民社会提出的大量倡议和已经采取的行动，已经成为人们关注的焦点，它们提供了如何创造未来的另一种选择。建筑在现实和文化生存问题上的未来研究，必须理解、承认、推动和推广这些倡议的贯彻。在这种意义上，我们不应把新的社会运动视做怪异的反文化，而应当看做"培育未来的温床"，因为它们恰恰把文化价值、现代伦理和最新科学技术融合为一体。

对可持续未来的探索往往发生在全球性危机造成的灾难最为深重的地方，发生在水土流失使土地荒漠化、大城市贫民窟中的贫困持续恶化、人权遭到践踏、空气污染损害人的健康最为严重的地方。这样的探索并非由那些为统治制度服务、对经济增长抱有宗教式信仰的人灵机一动想出来的，而出自于无权无势的"草根阶层"。

最晚到80年代末，公民社会的发展壮大已经势不可当，它所发出的声音被认为是对现存制度的威胁。这一声势浩大的民众运动从价值自觉和文化批判的立场出发，不是把开启未来的任务托付给国家和经济，而是积极介入到创造一种新的未来的斗争中，把自身理解为一种纠正科技万能的妄想、探寻新的可能性的力量。

最新出现的令人鼓舞的迹象，是一个名为"转型城镇"（Transition-Towns）的运动。早在2006年，爱尔兰"永续生活设计"（Permaculture）[1] 的活动家罗伯·霍普金斯（Rob Hopkins）[2] 便预见到，

---

[1] "永续生活设计"，按读音又译"朴门学"，由澳大利亚人比尔·墨利森（Bill Mollison）和戴维·洪葛兰（David Holmgren）1974年共同提出的一种生态设计理念。其主要精神是认识大自然的运作模式，按照这一模式来设计庭园、生活，以节约资源，保护生态，建构人类与自然环境的平衡关系，它最早是一种科学和农业的运作方式，后来发展成一种生活哲学和生活艺术。——译者注

[2] 参见罗伯·霍普金斯：《能源的转折点：未来生活方式指南》，Zweitausendeins 出版社，2008年。另见网站：http//transitionculture.org。

后记：下一步——当危机变成我们的教师

气候变暖和石油资源的枯竭将带来一场毁灭性危机，而政府和科技部门迄今为止未能拿出应对这场危机的可行性方案。他所成立的"转型城镇运动"（Transition-Town-Movement）① 首先开始在爱尔兰小城托特尼斯，在自己生活的社区探索降低化石燃料的高消耗，用可再生能源替代它的途径。这一公民运动旨在警告人们防范石油资源枯竭所引发的灾难。此外，它还主张，效仿生态系统的自为性和自足性，将经济彻底地区化，引进一种可持续的教育和医疗卫生体制，发行地区性货币。在短期之内，这个运动获得了长足的发展，成立一年之后，在英伦三岛便得到了30个城市的响应，在世界范围内有400个城市加入到这一运动中。他们认识到，由于现代社会对石油的依赖如此之深，于是按照"匿名酗酒者协会"② 的方法，制订了一份"戒石油纲领"，巧妙地加以宣传和贯彻。这个运动的核心不是渲染无油可用所引起的恐慌和困苦，而是通过开玩笑的方式和挑衅性语言，激发人们创造性克服危机的意愿和信心。这个运动的重点在于，通过社会交流建立起一个网络系统，积极参与示范项目的实施和建设。在很短的时间内便从中产生了一种"转型文化"（Trasition-Culture）——一种富有生命力的、以积极的态度直面危机、利用危机的"变革文化"。在这里我们看到了公民社会运动所蕴含的潜力和一种积极、乐观的文化动力。它给地区带来了未来希望，它的成功

---

① 为帮助人类社会顺利过渡到"后石油时代"，2006年，罗伯·霍普金斯等爱尔兰学者选择英国小山城托特尼斯为试验地，发起了以社区为本的"转型城镇运动"。经过几年发展，托特尼斯已成为英国乃至全球"转型城镇"的样本，"转型运动"也在全世界数百个社区展开。——译者注

② "匿名酗酒者协会"（Anonyme Alkoholiker，简称AA）亦称"匿名戒酒协会"，为一个反对酗酒的组织。1935年创建于美国，后扩展到全世界，退役士兵比尔和医生鲍勃是协会的共同创始人。此协会是一个自助团体，所有成员通过相互交流经验、相互支持和相互鼓励，来解除他们共同的苦恼——酒精成瘾——并帮助更多的人从酗酒的恶习中解脱出来。在它诞生后的70多年里，这个协会已经使二百多万人完全摆脱了酗酒的癖好。——译者注

■ 危机浪潮：未来在危机中显现　Zukunft entsteht aus Krise

是不言而喻的。到2009年中，"转型城镇"的数量已经上升到数千个。这一创意的魅力就在于，它不是否认和逃避现有和仍将爆发的危机，而是承认、正视它们，在危机的张力中发展一种"变革文化"。而这也是一个探索和试验的过程。

本书同样既描绘了一幅已经开始的大崩溃的阴暗图景，又展示了世界上到处生机勃勃地出现的正面和积极的景象。从中可以看出两种背道而驰的倾向，如所谓的"阴暗的乐观主义"（dunkler Optimismus）[1]就一方面渲染人类有能力创造一个奇妙的世界，与此同时却充满苦涩地承认，我们离这个目标还很远。相反，这本书中聚在一起的对话者，像"转型城镇运动"一样，告诫人们，要看到残酷的现实，我们在未来的岁月所面临的挑战，将比今天严峻得多。我们应当充满豪情地加入到文化变革的大潮中来，在这场力挽狂澜的斗争中，发挥我们的创造性。

乔安娜·梅西关于"死亡见证人"和"助产士"的比喻，在这种意义上十分中肯。尽管如此，选择的主动权仍然掌握在每一个人手里，无论他是悲观地看待工业社会和化石文明不可逆转的衰落，还是乐观地展望从我们的创造性、目标、灵感和希望中生发出来的"伟大的变革"。而要毫无愧疚地承担起助产士的责任，则只有在克服了对一种阴暗而悲惨的未来令人麻木的恐惧之后才有可能。当然，对大崩溃的悲伤，对已经习惯了的事物丧失的哀悼也是必不可少的，但这种情感必须转化为推进世界大变革的动力。对危机可能带来的可怕最终结果的预测，必须充分估计到的持续的动荡、突如其来的灾难和不可控制的局面的出现，因为这在我们穿越已经出现并仍将出现的危机时，提出了精神和情感的、智力和体力的要求。

在所有这些方面上为此作好准备，对于我们如何面对危机建设一个新世界，用何种工具开展在日常政治生活中采取行动，具有决

---

[1] 参见 www.darkoptimism.org 网站的网页。

定性的意义。

这是一件服务于我们内心成长的工作，必须帮助人克服恐惧，给人以勇气，将无权无势感转化为自觉，将绝望转化为变革的愿望。毫无疑问，促使人们行动起来的勇气会从混杂着恐惧、愤怒和悲伤的情感中产生，从对世界现状的忧虑和痛心中会激发出改变这种现状、争取更好生活质量的决心。崩溃和文化再生是不可分割地联系在一起的，前者是后者发生的原因，而后者则是前者的结果，因为正是混乱孕育了变革。我们必须牢牢把握危机创造的机遇，将文化提升到一个成熟的新阶段。

政治每时每刻都在谈论的所谓"回到正常性"，实质上意味着拒绝变化，拒斥改革。美国哲学家卡罗琳·贝克尔（Caroline Baker）在《神圣的崩溃》[①]一书中讥讽地指出，所谓"回到正常性"无非是回到消费的快感，即为了填充内心空虚，在购买无用的廉价商品后短暂的满足感，意味着回到所谓正常的"文明增长"：人们为支付高昂的日常消费，缴纳愈来愈高的税和利息，不得不做他们不愿意做的事情；意味着灭绝的物种、死亡的森林，消融的冰川、无生命的海洋不断增加的"正常性"。在旧的语境中，"正常性"与自然毫无关联，意味着对它貌似"正常"的无情掠夺。这种"正常性"除了消费，得过且过，干有害无益的事情，坐在电视机前打盹，丝毫不能体现生命的意义。

由于从危机中产生的变革可以使文化获得更多的意义，创造更高的生活质量，所以维持现状，返回现状便意味着意志的消沉和缓慢的死亡。危机将人从昏昏欲睡的状态中唤醒，在他即将睡去之时将残酷的现实推到他面前。

只要恐惧占据了上风，变革就毫无希望。唯有把危机看做机遇，

[①] 参见卡罗琳·贝克尔：《神圣的崩溃：漫步在人类文明的心灵小路上》，Collaps 出版社，2009 年。

看做新事物产生的温床,看做改革的推动力,必要的事情才会发生,彻底的变革绝不是轻而易举便能实现的:一旦危机超出了我们所能忍受的限度,我们就会在愤怒中逃避,就会变得垂头丧气,变得悲观,从而使社会状况更加恶化。但是,只要我们学会了如何把愤怒和绝望转化为内在的决心和行动的动力,这种情感便能激励我们去创造一种真正体现生命价值的、更加成熟的文明。

正因为如此,未来展望和未来设计只能从对现状的批判中产生。菲律宾的全球公民社会活动家尼坎诺尔·佩拉斯在这本书中明确指出,恰恰是那些从"草根阶层"中产生的看似微不足道的公民社会倡议,同众多国际非政府组织如"绿色和平"和"世界未来委员会"一起,共同构成了变革的文化力量。这样的倡议针对当前存在的实际问题,按照不同地域的具体条件,以其多样性和分散性,在极其艰苦的环境下展开了试验。他们为一种新思维奠定了文化基础,从中产生的"另类"经济和政治运行方式,将极大地影响世界的未来。

教育——为了创建一个新的未来

要突破世俗的生命维持系统,彻底改造西方社会的文化、科学技术、生活方式、经济和社会结构,就是不可避免的。然而,这种改造直到今天未见踪影。而当前危机的症候之一恰恰是,面对挑战或者无所作为,或者用过时的措施——甚至造成今天的混乱局面的措施——去应对。在这个星球陷入困境之时,我们仍然试图维持现状,而不是去寻找问题的根源,制订相应的方案去解决它。只要想一想2008年秋天金融危机爆发时,精英们向世界人民发出的呼吁,我们就会明白这一点:他们提出了"以消费促增长"的主张,尽管人人都知道,这个星球的面积、资源和再生能力是有限的,而迄今为止人类消耗资源的速度却相当于地球资源再生速度的2.5倍。这种疯狂的逻辑说明,我们是多么需要一种为未来着想的、全面的、具有危机意识的、尊重生命的教育、文化、治理机制和经济体制。这种威胁生命的文明真空的确必须得到填补!

今天,我们需要一种文化—伦理的价值观,一种可持续的整体论世界观,一种致力于人的意识不断提高的精神科学;我们需要新的评估科学技术的标准,需要分散的、可再生的技术,以及建筑在伙伴关系与合作之上的社会结构。我们必须建设有助于解决世界面临的紧迫问题的示范工程,把这些工程作为推进一种"学习文化"的范例加以推广。我们应当倡导一种对话式的、摒弃强权和暴力的人际交往方式,并将其视为一种新的组织结构的模型。我们必须总结新型的社会和生态社区的经验和做法,将所有的社区建设成经济上自给自足、生态环境上可持续的"生命单元"。我们应当在所有领域推进范式的转变,以及世界观、文化和社会的转型,而这种转型只能建筑在个人转型的基础上。我们还应当普及公民社会教育,尽管公民运动在争取未来的斗争中扮演着主要的角色,但人们在这方面的意识仍有待提高。总而言之,我们必须将今天世界上一切主张变革、致力于变革的力量动员起来,团结起来。而这就是我们正在筹备和建设的"未来先行者学院"(Akademie der Zukunftspioniere)的宗旨。

具有决定意义的一步是,将新的认识和实践,知识和情感传授给尽可能多的人。我们绝不能坐等新思维的自动扩散,留给经济和政治改革的时间已经不多了,经济危机、气候危机、生态危机和文化危机预计在今后几年将急剧恶化,现行的结构在这种根本性的文化危机中将遭到全面颠覆,我们的文明有可能面临全面崩溃。我们不能心存侥幸,认为这场大崩溃只会发生在个别领域,如气候、环境和经济方面,而不至于蔓延到整个社会。恰恰相反,即使在联合国的官方表态中也可以明显看出,全球气候变暖和生态急剧恶化将对人权和自由构成严重威胁,并不可避免地激化政治冲突和分配冲突,直接危及到民主。

为了使生命变得有价值，让我们的后代能够在地球上继续生存，人类有能力转变自己的思维和行为，能够珍惜资源，甚至使这个星球重新变得资源丰富；我们作为一个整体有能力融洽地共同生活，既使强者有自己活动的余地，也为弱者保留生存空间。我们有能力建立一种让所有人丰衣足食的经济；能够提高我们的认知水平，扩展我们的意识空间，积极探索和认识我们的生存空间和宇宙而不至于丧失好奇心。我们应当为整个人类和一切生命谋福利，减轻和消除现在和将来的一切弊端。彻底的变革虽然是艰难、痛苦的，但却是必须和值得的。本书展示的关于一个新世界的思想和设想，在这种意义上也是一种方式的教育和学习。

这种受教育和学习的需求今后将迅速增长。为此，我们邀请了一批有创造性的思想家和实践者参与这一教育和学习过程。通过会议、讲座、讨论和授课，人们将了解最新的理论、知识和实践。

被邀请与我们合作的，还有国际公民社会的活动家。他们之中不仅有这本书中的对话者，而且还有一百多位"另类诺贝尔奖"获得者，以及一种整体论思维和行为的代表人物。我们的创意得到了"另一种生活方式研究所"和世界其他创新教育机构的响应，我们与它们建立了紧密的合作关系。我们不是等待大学的帮助，而是自力更生，白手起家。在这个新思想的公民社会实验室里，不仅将传授新的理论，而且会介绍国际公民社会经过检验的成功范例，以及"学习行动"的实际方法。

我们的教育创意被命名为"未来的先行者"，人们可以在互联网，在 www.zukunftspioniere.org 的网址下了解详情。我们很高兴在那里再次与您见面。

> 当变革的风暴刮起，
> 有的人修筑防风墙，
> 有的人却建造风车。
>
> ——中国谚语

新书速递

中文书名：濒临失衡的地球——生态与人类精神
作　　者：〔美〕阿尔·戈尔（Albert Gore）
译　　者：陈嘉映
字　　数：295 千字
出版日期：2012 年 7 月
ISBN 978 - 7 - 5117 - 0960 - 8

内容简介：

本书直言不讳地道出了沉重的真相：我们正面临环境危机。同时，它让我们看到了解决的方向。本书作者戈尔把自己的个人遭际和广泛旅行所得的经验摆到政界和科学界的全球环境问题专家面前，同时也在历史、哲学、宗教、精神、经济、道德等各个领域进行了深入的探索，本书出版后，在美国被各大媒体赞誉不绝，而且一版再版。作品出版后的十几年来，作者所写的内容不仅经受住了时间的考验，而且被随后发生的一系列事件所证实。本书的作者，美国前副总统也因为对环境问题的呼吁、研究而获得诺贝尔和平奖。

新书速递

中文书名：气候风暴——气候变化的社会现实与终极关怀
作　　者：〔德〕哈拉尔德·韦尔策尔、汉斯-格奥尔格·泽弗纳、达娜·吉泽克主编
译　　者：金海民
出版日期：2013年8月

内容简介：

全球变暖的后果愈益展现，我们就愈益需要面对和研究的就是失败的社会。全球变暖可能导致"全球化的失败"。这时人文科学的作用便日益凸显。本书将气候变化作为气候文化问题加以论述，超越自然科学的视角，将气候问题的分析扩展到文化、社会、政治、法律、心理等深层领域，试图寻求人文科学涵义上的解读和突破。

Original title: ZUKUNFT ENTSTEHT AUS KRISE by Geseko von Lüpke © 2009 by Riemann Verlag, a division of Verlagsgruppe Random House GmbH, Müchen, Germany.
The translation of this work was financed by the Goethe – Institut China
本书获得歌德学院(中国)全额翻译资助

图书在版编目(CIP)数据

危机浪潮:未来在危机中显现/(德)吕普克编;章国锋译.
—北京:中央编译出版社,2013.8
ISBN 978 – 7 – 5117 – 1187 – 8

Ⅰ.①危…
Ⅱ.①吕… ②章…
Ⅲ.①未来学 – 研究
Ⅳ.①G303

中国版本图书馆 CIP 数据核字(2013)第 082717 号

危机浪潮:未来在危机中显现

出 版 人	刘明清
出版统筹	薛晓源
责任编辑	贾宇琰　侯天保
责任印制	尹　珺
出版发行	中央编译出版社
地　　址	北京西城区车公庄大街乙5号鸿儒大厦B座(100044)
电　　话	(010)52612345(总编室)　(010)52612375(编辑室)
	(010)66161011(团购部)　(010)52612332(网络销售)
	(010)66130345(发行部)　(010)66509618(读者服务部)
网　　址	www.cctphome.com
经　　销	全国新华书店
印　　刷	北京印刷一厂
开　　本	787 毫米×960 毫米　1/16
字　　数	410 千字
印　　张	32
版　　次	2013 年 8 月第 1 版第 1 次印刷
定　　价	78.00 元

本社常年法律顾问:北京市吴栾赵阎律师事务所律师　闫军　梁勤
凡有印装质量问题,本社负责调换,电话:(010)66509618